"十二五"普通高等教育本科国家级规划教材

机械设计制造及其自动化专业系列教材

测 试 技 术

Ceshi Jishu

第四版

主　编　贾民平　张洪亭
副主编　孙红春

中国教育出版传媒集团

高等教育出版社·北京

内容简介

本书是"十二五"普通高等教育本科国家级规划教材,是在第三版的基础上修订而成的。

本书系统地阐述了测试技术的研究对象、理论基础以及典型物理量的测试方法。

本书以加强学科基础、培养学生动手能力为宗旨,着重叙述基本的测试原理、信号的分析与处理方法、测试系统的特性以及测试技术的发展趋势,并在此基础上,对位移、振动、噪声、力、扭矩、压力、温度、流量等的测试分别进行了阐述。为了帮助学生掌握各章内容,每章后设有一定量的习题。书后附有实验指导原则与课程项目设计两个附录,以培养学生的实验设计、操作与分析能力。

本书可作为高等学校本科机械类各专业,自动控制、仪器仪表类有关专业"测试技术"课程的教材,也可供有关工程技术人员参考。

图书在版编目(CIP)数据

测试技术/贾民平,张洪亭主编.--4版.--北京:高等教育出版社,2024.5

机械设计制造及其自动化

ISBN 978-7-04-062108-2

Ⅰ.①测… Ⅱ.①贾… ②张… Ⅲ.①测试技术-高等学校-教材 Ⅳ.①TB4

中国国家版本馆 CIP 数据核字(2024)第 083006 号

策划编辑 卢 广		责任编辑 卢 广	封面设计 李卫青		版式设计 童 丹
责任绘图 黄云燕		责任校对 张 薇	责任印制 存 怡		

出版发行	高等教育出版社		网 址	http://www.hep.edu.cn
社 址	北京市西城区德外大街 4 号			http://www.hep.com.cn
邮政编码	100120		网上订购	http://www.hepmall.com.cn
印 刷	河北宝昌佳彩印刷有限公司			http://www.hepmall.com
开 本	787mm×1092mm 1/16			http://www.hepmall.cn
印 张	23.25		版 次	2001 年 12 月第 1 版
字 数	570 千字			2024 年 5 月第 4 版
购书热线	010 - 58581118		印 次	2024 年 5 月第 1 次印刷
咨询电话	400 - 810 - 0598		定 价	59.00 元

本书如有缺页、倒页、脱页等质量问题,请到所购图书销售部门联系调换
版权所有　侵权必究
物 料 号　62108-00

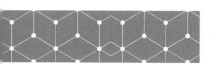

新形态教材网使用说明

测试技术
第四版

主编　贾民平　张洪亭

计算机访问：

1　计算机访问 https://abooks.hep.com.cn/12273469。

2　注册并登录，进入"个人中心"，点击"绑定防伪码"，输入图书封底防伪码（20位密码，刮开涂层可见），完成课程绑定。

3　在"个人中心"→"我的图书"中选择本书，开始学习。

手机访问：

1　手机微信扫描下方二维码。

2　注册并登录后，点击"扫码"按钮，使用"扫码绑图书"功能或者输入图书封底防伪码（20位密码，刮开涂层可见），完成课程绑定。

3　在"个人中心"→"我的图书"中选择本书，开始学习。

课程绑定后一年为数字课程使用有效期。受硬件限制，部分内容无法在手机端显示，请按提示通过计算机访问学习。

如有使用问题，请直接在页面点击答疑图标进行问题咨询。

扫描二维码
访问新形态教材网

https://abooks.hep.com.cn/12273469

前　言

　　测试技术课程是高等学校机械类专业普遍开设的一门专业主干课程,融合了工程数学、计算机技术、机械工程、控制技术、信息技术等诸多学科,具有多学科交叉的特点和较强的理论性和实践性。随着信息技术和智能制造技术的发展,工程测试方法和手段不断革新,同时对测试精度与适用性的要求也越来越高。智能传感与测试技术作为智能制造技术重要的辅助手段,其功能不断完善与改进,应用范围也越来越广泛,在智能制造中发挥着重要的作用。在新工科建设的背景下,多元化、复合型、创新型工程人才的培养目标要求学生既要具备扎实的基础理论知识,又要具有工程思维方式和较强的工程测试能力,这对测试技术课程提出了更高的要求。因此,有必要根据测试技术的发展与课程改革的要求对本书进行修订。

　　本书自 2001 年出版以来,先后被评为普通高等教育"十五""十一五"和"十二五"国家级规划教材。本次修订,增加了与智能测控、智能制造相关的传感器内容;主要章节增加部分例题以增加教材的实践性与实用性;减少概念题,增加计算题、应用题以提高学生综合运用理论知识解决实际工程问题的能力。

　　全书共分 13 章。第 1~6 章以信号获取流程为主线,着重介绍测试技术的基本知识,包括信号的描述及其分析处理、测试系统的特性、常见传感器、信号的调理与记录、现代测试系统等,是测试技术的必修知识,强调了动态信号的测试、计算机应用及数字信号分析;第 7~12 章以机电工程中典型物理量的测量为主线,包括位移、振动、噪声、力、扭矩、压力、温度、流量等的测量,不同专业可以根据教学要求有选择地进行讲授。第 13 章简要介绍了测试过程中遇到的误差及其测试数据处理方法。附录 1 给出了实验指导原则,使学生能够完成基本的实验,并培养其相关的实验设计、操作、分析等能力。附录 2 为课程项目设计,期望通过 3 个能力递增式的项目设计,使学生能够熟练掌握信号分析方法(项目 1),自己动手采集数据并分析给出结论(项目 2),并解决实际工程问题(项目 3)。

　　参加本次修订工作的有东南大学贾民平、东北大学张洪亭、东北大学孙红春、东南大学许飞云、东南大学胡建中。贾民平负责全书的统稿工作。

　　东南大学王兴松教授对全书进行了全面、认真、细致的审阅,提出了许多宝贵意见,编者在此表示深切谢意。

　　本书的出版得到各参编所在学校、高等教育出版社的大力支持,在此表示感谢。同时,也向参考文献的作者致谢。

　　由于编者水平所限,时间仓促,书中难免有错误和不妥之处,恳请各位专家、读者批评指正。联系邮箱 mpjia@ seu.edu.cn 。

编　者

2023 年 11 月

目　录

绪论 ······· 1

第1章　信号及其描述 ······ 5

1.1　信号的分类与描述 ····· 5
　　1.1.1　信号的分类 ····· 5
　　1.1.2　信号的描述方法 ····· 9
1.2　周期信号 ····· 9
　　1.2.1　周期信号的三角函数展开 ····· 9
　　1.2.2　周期信号的复指数展开 ····· 12
1.3　瞬变信号 ····· 14
　　1.3.1　瞬变信号的傅里叶变换 ····· 15
　　1.3.2　傅里叶变换的主要性质 ····· 17
1.4　几种典型信号的频谱 ····· 22
　　1.4.1　单位脉冲函数（δ函数）
　　　　　的频谱 ····· 22
　　1.4.2　矩形窗函数和常值函数
　　　　　的频谱 ····· 24
　　1.4.3　指数函数的频谱 ····· 24
　　1.4.4　符号函数和单位阶跃
　　　　　函数的频谱 ····· 26
　　1.4.5　正、余弦函数的频谱 ····· 26
　　1.4.6　周期单位脉冲序列的频谱 ····· 27
1.5　随机信号 ····· 28
　　1.5.1　随机信号的概念及分类 ····· 28
　　1.5.2　随机信号的主要统计参数 ····· 29
习题 ····· 31

第2章　信号的分析与处理 ····· 33

2.1　信号的时域分析 ····· 33
　　2.1.1　特征值分析 ····· 33
　　2.1.2　概率密度函数分析 ····· 36
2.2　信号的相关分析 ····· 39
　　2.2.1　相关系数 ····· 39
　　2.2.2　自相关分析 ····· 40
　　2.2.3　互相关分析 ····· 44
　　2.2.4　互相关分析的应用 ····· 47

2.3　信号的频域分析 ····· 49
　　2.3.1　功率谱密度函数 ····· 50
　　2.3.2　功率谱的应用 ····· 53
　　2.3.3　相干函数 ····· 56
　　2.3.4　倒频谱分析 ····· 58
2.4　数字信号处理基础 ····· 61
　　2.4.1　数字信号处理的基本步骤 ····· 61
　　2.4.2　时域采样和采样定理 ····· 62
　　2.4.3　量化和量化误差 ····· 65
　　2.4.4　截断、泄漏和窗函数 ····· 66
　　2.4.5　频域采样与栅栏效应 ····· 69
　　2.4.6　DFT和FFT ····· 71
习题 ····· 75

第3章　测试系统的特性 ····· 76

3.1　线性系统及其主要性质 ····· 76
3.2　测试系统的静态特性 ····· 78
　　3.2.1　非线性度 ····· 78
　　3.2.2　灵敏度 ····· 79
　　3.2.3　分辨率 ····· 79
　　3.2.4　回程误差 ····· 80
　　3.2.5　漂移 ····· 80
　　3.2.6　信噪比 ····· 80
3.3　测试系统的动态特性 ····· 80
　　3.3.1　传递函数 ····· 80
　　3.3.2　频率响应函数 ····· 81
　　3.3.3　脉冲响应函数 ····· 82
　　3.3.4　一阶和二阶系统的特性 ····· 82
　　3.3.5　环节的串联和并联 ····· 88
3.4　测试系统在典型输入下的
　　　响应 ····· 90
3.5　实现不失真测试的条件 ····· 91
3.6　测试系统特性的测定 ····· 93
　　3.6.1　测试系统静态特性的测定 ····· 94
　　3.6.2　测试系统动态特性的测定 ····· 95

3.7 负载效应 ······ 97
　3.7.1 负载效应概述 ······ 97
　3.7.2 减轻负载效应的措施 ······ 98
习题 ······ 99

第4章 常用传感器 ······ 100
4.1 传感器概述 ······ 100
　4.1.1 传感器的定义与组成 ······ 100
　4.1.2 传感器的分类 ······ 101
　4.1.3 传感器技术的主要应用 ······ 102
　4.1.4 传感器技术的发展趋势 ······ 103
4.2 传感器的选用 ······ 104
　4.2.1 传感器的主要技术指标 ······ 104
　4.2.2 传感器的选用原则 ······ 104
4.3 电阻式传感器 ······ 106
　4.3.1 电阻应变式传感器的工作
　　　　原理与特点 ······ 106
　4.3.2 金属电阻应变片 ······ 107
　4.3.3 半导体电阻应变片 ······ 110
　4.3.4 电位器式传感器 ······ 111
4.4 电感式传感器 ······ 113
　4.4.1 自感式传感器 ······ 113
　4.4.2 互感式传感器 ······ 116
　4.4.3 涡流传感器 ······ 117
4.5 电容式传感器 ······ 120
4.6 压电式传感器 ······ 124
4.7 磁电式传感器 ······ 127
　4.7.1 磁电式感应传感器 ······ 127
　4.7.2 霍尔传感器 ······ 129
4.8 光电式传感器 ······ 130
　4.8.1 光电效应及光电元件 ······ 130
　4.8.2 光电式传感器的工作
　　　　形式与应用 ······ 133
4.9 光纤式传感器 ······ 135
4.10 新型传感器 ······ 136
　4.10.1 微传感器 ······ 136
　4.10.2 智能传感器 ······ 138
　4.10.3 无线传感器网络 ······ 140
习题 ······ 142

第5章 信号的调理与记录 ······ 143
5.1 电桥 ······ 143
　5.1.1 直流电桥 ······ 143
　5.1.2 交流电桥 ······ 146
5.2 信号的放大与隔离 ······ 148
　5.2.1 基本放大器 ······ 148
　5.2.2 测量放大器 ······ 149
　5.2.3 隔离放大器 ······ 150
5.3 调制与解调 ······ 152
　5.3.1 幅值调制与解调 ······ 153
　5.3.2 频率调制与解调 ······ 158
5.4 滤波器 ······ 160
　5.4.1 滤波器分类 ······ 160
　5.4.2 理想滤波器与实际滤波器 ··· 161
　5.4.3 恒带宽比与恒带宽滤波器 ··· 166
　5.4.4 无源滤波器与有源滤波器 ··· 169
　5.4.5 数字滤波器 ······ 172
5.5 信号记录装置 ······ 174
　5.5.1 磁光盘记录器 ······ 174
　5.5.2 高速摄像仪 ······ 176
　5.5.3 数字存储示波器 ······ 176
5.6 工业控制系统中模拟信号
　　标准 ······ 178
习题 ······ 179

第6章 现代测试系统 ······ 182
6.1 计算机测试系统的基本组成 ··· 182
　6.1.1 多路模拟开关 ······ 183
　6.1.2 A/D 转换与 D/A 转换 ······ 183
　6.1.3 采样保持(S/H) ······ 188
　6.1.4 多通道数据采集系统的
　　　　组成方式 ······ 189
6.2 计算机测试系统的总线技术 ··· 190
　6.2.1 总线的基本概念及其标
　　　　准化 ······ 190
　6.2.2 总线的通信方式 ······ 191
　6.2.3 测控系统内部总线 ······ 191
　6.2.4 测控系统外部总线 ······ 194
6.3 虚拟仪器 ······ 199

6.3.1 虚拟仪器的出现 ……… 199

6.3.2 虚拟仪器的硬件系统 …… 201

6.3.3 虚拟仪器的软件系统 …… 201

6.3.4 基于 LabVIEW 的虚拟仪

器示例 …………… 202

6.3.5 虚拟仪器的发展趋势 …… 203

6.4 网络化测试仪器 ………… 204

6.4.1 基于现场总线技术的

网络化测控系统 ……… 205

6.4.2 面向因特网的网络测控

系统 ………………… 206

6.4.3 无线传感器网络测控系统 … 207

6.4.4 网络化测试仪器与系统

实例 ………………… 208

习题 ……………………… 213

第 7 章 位移的测量 …………… 214

7.1 常用位移传感器 ………… 214

7.2 位移测量应用实例 ……… 215

7.2.1 轴位移的测量 ………… 215

7.2.2 回转轴径向运动误差的

测量 ………………… 217

7.2.3 气动法位移测量 ……… 218

7.2.4 厚度测量 ……………… 219

7.2.5 刚度测量 ……………… 221

7.2.6 机床位移测量 ………… 222

7.2.7 光纤光栅位移测量 …… 226

7.2.8 物位测量 ……………… 229

习题 ……………………… 230

第 8 章 振动的测量 …………… 231

8.1 振动的基础知识 ………… 231

8.1.1 振动的类型及其表征参数 … 231

8.1.2 单自由度系统的受迫振动 … 233

8.2 振动的激励与激振器 …… 235

8.2.1 振动的激励 …………… 235

8.2.2 激振器 ………………… 238

8.3 振动测量与测振传感器 … 241

8.3.1 常用测振传感器 ……… 241

8.3.2 振动量测量及应用 …… 248

8.3.3 机械振动参数的估计 …… 251

8.3.4 测振装置的校准 ……… 255

习题 ……………………… 256

第 9 章 噪声的测量 …………… 258

9.1 噪声测量的主要参数 …… 258

9.1.1 声压与声压级 ………… 258

9.1.2 声强与声强级 ………… 259

9.1.3 声功率及声功率级 …… 259

9.1.4 多声源的噪声强度 …… 260

9.2 噪声的分析方法与评价 … 261

9.2.1 噪声的频谱分析 ……… 261

9.2.2 噪声的响度分析及评价 … 262

9.3 噪声测量常用仪器 ……… 267

9.3.1 传声器 ………………… 267

9.3.2 声级计 ………………… 268

9.3.3 声级计的校准 ………… 269

9.4 噪声测量及其应用 ……… 270

9.4.1 噪声测量应注意的问题 … 270

9.4.2 声功率级的测量和计算 … 272

9.4.3 噪声测量的应用 ……… 273

习题 ……………………… 275

第 10 章 力、扭矩、压力的测量 … 276

10.1 力的测量 ……………… 276

10.1.1 应力、应变的测量 …… 276

10.1.2 力的测量装置 ………… 281

10.2 扭矩的测量 …………… 287

10.2.1 应变片式扭矩测量 …… 287

10.2.2 压磁式扭矩测量 ……… 290

10.2.3 磁电感应式扭矩测量 … 291

10.2.4 光电式扭矩测量 ……… 292

10.3 压力的测量 …………… 292

10.3.1 压力测量弹性元件 …… 292

10.3.2 压力测量装置 ………… 295

习题 ……………………… 296

第 11 章 温度的测量 ………… 298

11.1 温度标准和测量方法 … 298

11.1.1 温度的测量方法 ……… 298

11.1.2 温标及其传递 ………… 299

11.2 热电偶温度计 ··············· 301

  11.2.1 热电效应和热电偶 ······· 301

  11.2.2 热电偶基本定律 ········· 303

  11.2.3 标准化热电偶 ········· 304

11.3 热电阻温度计 ··············· 308

  11.3.1 金属电阻温度计 ········· 308

  11.3.2 半导体热敏电阻 ········· 310

11.4 非接触式测温法 ············· 312

  11.4.1 全辐射温度计 ········· 312

  11.4.2 光学高温计和光电

       高温计 ············· 313

  11.4.3 比色高温计 ············· 314

  11.4.4 红外测温 ············· 315

习题 ··············· 315

第 12 章 流量的测量 ············· 316

12.1 容积式流量计 ············· 316

  12.1.1 椭圆齿轮流量计 ········· 316

  12.1.2 腰轮流量计 ············· 317

  12.1.3 齿轮流量计 ············· 318

12.2 压差式流量计 ············· 319

  12.2.1 压差式流量计的计算

       公式 ············· 319

  12.2.2 节流装置 ············· 320

12.3 流体阻力式流量计 ············· 321

  12.3.1 转子流量计(浮子流

       量计) ············· 321

  12.3.2 靶式流量计 ············· 321

12.4 速度式流量计 ············· 323

  12.4.1 涡轮流量计 ············· 323

  12.4.2 超声流量计 ············· 324

  12.4.3 电磁式流量计 ············· 327

12.5 涡街流量计 ············· 328

  12.5.1 工作原理 ············· 328

  12.5.2 结构特性分析 ············· 330

习题 ··············· 331

第 13 章 误差理论与数据处理 ······· 332

13.1 测量误差的基本概念 ········· 332

  13.1.1 测量误差的表示方法 ····· 332

  13.1.2 测量误差的分类 ········· 333

  13.1.3 测量结果的评价 ········· 334

13.2 测量误差的影响及其消除 ····· 335

  13.2.1 随机误差 ············· 335

  13.2.2 系统误差 ············· 337

  13.2.3 疏失误差 ············· 340

13.3 数据处理的一般方法 ········· 344

  13.3.1 最小二乘线性拟合 ······· 344

  13.3.2 最小二乘多元线性拟合 ··· 345

  13.3.3 简单的一元非线性拟合 ··· 347

习题 ··············· 348

附录 1 实验指导原则 ············· 350

附录 2 课程项目设计 ············· 352

常用术语(词汇)中英文对照表 ······· 354

参考文献 ··············· 361

绪论

1. 测试的基本概念

测试技术属于信息科学的范畴,与计算机技术、自动控制技术、通信技术共同构成了完整的技术体系。

测量是指以确定被测对象属性量值为目的的全部操作。测试是具有试验性质的测量,或者可以理解为测量和试验的综合。

在工程实际中,无论是工程研究、产品开发,还是质量监控、性能试验等,都离不开测试技术。测试技术是人类认识客观世界的手段,是科学研究的基本方法。

2. 测试技术的内容和任务

(1) 测试技术的内容

测试技术的主要内容为被测量的测量原理、测量方法、测量系统及数据处理四个方面。

测量原理是指实现测量所依据的物理、化学、生物等现象及有关定律。例如,用压电晶体测振动加速度时所依据的是压电效应;用电涡流位移传感器测静态位移和振动位移时所依据的是电磁效应;用热电偶测量温度时所依据的是热电效应等。不同性质的被测量用不同的原理去测量,同一性质的被测量亦可用不同的原理去测量,如位移、温度等的测量。

测量原理确定后,根据对测量任务的具体要求和现场实际情况,需要采用不同的测量方法,如直接测量法或间接测量法、电测法或非电测法、模拟量测量法或数字量测量法、等精度测量法或不等精度测量法等。

在确定了被测量的测量原理和测量方法以后,就要设计或选用装置组成测量系统。

最后,实际测试得到的数据必须加以处理,才能得到正确可靠的结果。

(2) 测试技术的任务

测试技术的任务主要有以下五个方面:

1) 在设备设计中,通过对新旧产品的模型试验或现场实测,为产品质量和性能提供客观的评价,为技术参数的优化和效率的提高提供基础数据。

2) 在设备改造中,为了挖掘设备的潜力,提高产量和质量,经常需要实测设备或零件的载荷、应力、工艺参数和电动机参数,为设备强度校验和承载能力的提高提供依据。

3) 在工作和生活环境的净化及监测中,经常需要测量振动和噪声的强度及频谱,经过分析找出振源,并采取相应的减振、防噪措施,改善劳动条件与工作环境,保证人的身心健康。

4) 科学规律的发现和新的定律、公式的诞生都离不开测试技术。从试验中可以发现规律,验证理论研究结果,试验与理论可以相互促进,共同发展。

5）在工业自动化生产中,通过对工艺参数的测试和数据采集,实现对设备的状态监测、质量控制和故障诊断。

3. 测试系统的组成

测试系统是指由激励装置,传感器,信号调理装置,信号处理装置,显示与记录装置和反馈与控制装置等有机组合而成的具有获取某种信息之功能的整体(图 0.1)。

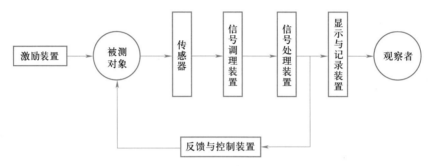

图 0.1　测试系统的组成

一个被测对象的信息总是通过一定的物理量——信号所表现出来。有些信息可以在被测对象处于自然状态时所表现出的物理量中显现出来,而有些信息却无法显现或显现得不明显。在后一种情况下,需要通过激励装置作用于被测对象,使之产生载有要获取信息的一种新的信号。

传感器是将被测量转换成某种电信号的器件。它包括敏感器和转换器两部分。敏感器一般是将被测量如温度、压力、位移、振动、噪声、流量等转换成某种容易检测的信号,而转换器则是将这种信号变成某种易于传输、记录、处理的电信号。

信号调理装置把来自传感器的信号转换成更适合于进一步传输和处理的形式。这种信号的转换多数是电信号之间的转换,如幅值放大,将阻抗的变化转换成电压的变化或频率的变化等。

信号处理装置对来自信号调理装置的信号进行各种运算、滤波和分析。

信号显示与记录装置将来自信号处理环节的信号以观察者易于观察的形式来显示或存储测试的结果,包括就地仪表显示记录,仪表框中仪表显示记录,以及通过网络远程传输、显示记录。

反馈与控制装置主要用于闭环控制系统中的测试系统。

图 0.1 中所示的测试系统中,对于信号的调理、处理、显示与记录以及反馈与控制等,目前通常采用的方法是经 A/D 转换后采用计算机等进行分析、处理,并经 D/A 转换控制被测对象。

这里需要指出的是,为了准确地获得被测对象的信息,要求测试系统中的每一个环节的输出量与输入量之间必须具有一一对应的关系,而且其输出的变化能够准确地反映其输入的变化,即实现不失真的测试。

4. 测试技术的发展动向

先进技术的发展日新月异,测试技术应该适应这种发展,根据先进制造技术发展的要求以及测试技术自身的发展规律,不断拓展着新的测量原理和测量方法及测试信息处理技术。具体体现在以下几个方面。

1）网络化测试系统、远程网络测试系统迅速发展。

2）传感器向新型、微型、智能型方向发展,微型、弹性、低功耗的无线网络传感器越来越普及。

3）测试仪器向高精度、多功能、小型化、在线监测、性能标准化和低成本发展。

4）参数测量与数据处理以计算机为核心,使测量、分析、处理、打印、绘图、状态显示及故障预报向自动化、集成化、网络化发展。

5）软测量技术(soft sensing technique)的迅速发展以易测过程变量(辅助变量或二次变量)为基础,利用易测过程变量和待测过程变量(难测主导变量)之间的数学关系(软测量模型),通过各种数学计算和估计实现对待测过程变量的测量。软测量是目前过程检测和控制研究发展的重要方向。

而就机械工程而言,测试技术在以下几个方面需要发展。

（1）测量方式的多样化

1）多传感器融合技术在制造现场中的应用 多传感器融合是提高测量信息的准确性的方法。由于多传感器是以不同的方法或从不同的角度获取信息的,因此可以通过它们之间的信息融合去伪存真,提高测量精度。

2）积木式、组合式测量方法 这种方法可增加测试系统的柔性,实现不同层次、不同目标的测试目的。

3）便携式测量仪器 如便携式光纤干涉测量仪、便携式大量程三维测量系统等,用于解决现场大尺寸的测量问题。

4）虚拟仪器 虚拟仪器是虚拟现实技术在精密测试领域的应用。一种是将多种数字化的测试仪器虚拟成一台以计算机为硬件支撑的数字式的智能化测试仪器;另一种是研究虚拟制造中的虚拟测量,如虚拟量块、虚拟坐标测量机等。

5）智能结构 它属于结构检测与故障诊断的范畴,是融合智能技术、传感技术、信息技术、仿生技术、材料科学等的一种技术,使传统检测转变为在线、动态、主动的实时检测与控制。

（2）视觉测试技术

视觉测试技术是建立在计算机视觉技术基础上的一门新兴测试技术。与计算机视觉技术研究的视觉模式识别、视觉理解等不同,视觉测试技术重点研究物体的几何尺寸及物体的位置测量,如三维面形的快速测量、大型工件同轴度测量、共面性测量等。视觉测试技术可以广泛应用于在线测量、逆向工程等主动、实时测量过程。

（3）测量尺寸继续向两个极端发展

两个极端就是指相对于现在测量尺寸的大尺寸和小尺寸。普通尺寸的测量在技术上已趋于成熟,也开发了多种多样的测试方法。近年来,国民经济的快速发展使得很多方面的生产和工程中测试的要求超过了正常测试的范围,如飞机外形的测量、大型机械关键部件测量、高层建筑电梯导轨的准直测量、油罐车的现场校准等都要求能进行大尺寸测量;微电子技术、生物技术的快速发展,探索物质微观世界的需求、测量精度的不断提高,又要求进行微米、纳米测试。纳米测量也多种多样,有光干涉测量仪、量子干涉仪、电容测微仪、X射线干涉仪、频率跟踪式法布里-珀罗标准量具、扫描电子显微镜(SEM)、扫描隧道显微镜(STM)、原子力显微镜(AFM)、分子测量机(molecular measuring machine)M3等。

5. 本课程的学习要求

测试技术是一门综合性技术。现代测试系统常常是集机电于一体,软硬件相结合的智能化、自动化系统。它涉及传感技术、微电子技术、控制技术、计算机技术、信号处理技术、精密机械设计技术等众多技术。因此,本课程要求测试工作者具有深厚的多学科知识,如力学、电学、信号处理、自动控制、机械振动、计算机、数学等。

测试技术也是实验科学的分支,学习中必须将理论学习与实验密切结合,参加必要的实验,以便得到基本实验技能的训练。

通过本课程的学习,要求学生能做到以下几点。

1)掌握测试技术的基本理论,包括信号的时域和频域的描述方法、频谱分析和相关分析的原理和方法、信号调理和信号处理基本概念和方法。

2)熟练掌握各类典型传感器、记录仪器的基本原理和适用范围。

3)具有测试系统的机、电、计算机方面的总体设计能力、实践动手能力。

4)具有实验数据处理和误差分析能力。

第1章 信号及其描述

从信息论的观点看,信息就是事物存在方式和运动状态的表征。在生产实践和科学研究中,经常要对许多客观存在的物体或物理过程进行观测,就是为了获取有关研究对象状态与运动等特征方面的信息。被研究对象的信息量往往是非常丰富的,测试工作是按一定的目的和要求,获取感兴趣的、有限的某些特定信息,而不是全部信息。

工程测试信息总是通过某些物理量表现出来,这些物理量就是信号。信号是信息的载体,信息则是信号所载的内容。信息与信号是互相联系的两个概念,但是信号不等于信息。例如一台机床在运行过程中,某一时间某一位置均会有热、声、振动等内部信息的外部表现,人们用测试仪器观测到的就是温度、声音、振动等变化的(数据形式或图像形式)信号。可以说,工程测试就是信号的获取、加工、处理、显示记录及分析的过程,因此深入地了解信号及其表述是工程测试的基础。

1.1 信号的分类与描述

1.1.1 信号的分类

信号按数学关系、取值特征、能量功率、处理分析等,可以分为确定性信号和非确定性信号、连续信号和离散信号、能量信号和功率信号、时域信号与频域信号等。

1. 确定性信号和非确定性信号

信号根据其随时间的变化规律可分为确定性信号和非确定性信号,其分类如下:

$$\begin{cases} \text{确定性信号} \begin{cases} \text{周期信号} \begin{cases} \text{谐波信号} \\ \text{复杂周期信号} \end{cases} \\ \text{非周期信号} \begin{cases} \text{准周期信号} \\ \text{瞬变信号} \end{cases} \end{cases} \\ \text{非确定性信号} \begin{cases} \text{平稳随机信号} \begin{cases} \text{各态历经信号} \\ \text{非各态历经信号} \end{cases} \\ \text{非平稳随机信号} \end{cases} \end{cases}$$

(1)确定性信号

能用明确的数学关系式或图像表达的信号称为确定性信号。

例如单自由度的无阻尼弹簧-质量振动系统,如图 1.1a 所示。其位移信号 $x(t)$ 可以写为

$$x(t) = A \cos \left(\sqrt{\frac{k}{m}} t + \varphi_0 \right) \tag{1.1}$$

式中：A——振幅；

    k——弹簧刚度；

    m——质量；

    φ_0——初始相位。

图 1.1b 所示为位移 $x(t)$ 随时间 t 的变化曲线。

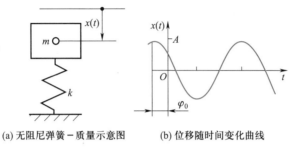

(a) 无阻尼弹簧－质量示意图　　(b) 位移随时间变化曲线

图 1.1　单自度无阻尼弹簧－质量振动系统

确定性信号可以分为周期信号和非周期信号两类。当信号按一定时间间隔周而复始重复出现时称为周期信号，否则称为非周期信号。

周期信号的数学表达式为

$$x(t) = x(t + nT_0) \quad n = \pm 1, \ \pm 2, \cdots \tag{1.2}$$

式中：T_0——周期，$T_0 = 2\pi/\omega_0 = 1/f_0$；

    ω_0——角频率；

    f_0——频率。

式(1.1)表达的信号显然是周期信号，其角频率 $\omega_0 = \sqrt{k/m}$，周期为 $T_0 = 2\pi/\omega_0 = 2\pi/\sqrt{k/m}$，这种频率单一的正弦或余弦信号称为谐波信号。周期信号的常用特征参量有均值、绝对均值、均方差值、均方根值(有效值)和均方值(平均功率)等。

复杂周期信号(如周期方波、周期三角波等)由多个乃至无穷多个频率成分(频率不同的谐波分量)叠加所组成，叠加后存在公共周期。典型的周期信号见表 1.1。

非周期信号分为准周期信号和瞬变信号。

准周期信号是由两个以上的谐波信号合成的，但是其频率比为无理数，在其分量之间没有公共周期，所以无法按某一周期重复出现。例如，下式所表达的信号：

$$x(t) = A_1 \sin (\sqrt{2} t + \theta_1) + A_2 \sin (3t + \theta_2) + A_3 \sin (2\sqrt{7} t + \theta_3)$$

这种由没有公共整数倍周期的各个分量合成的信号是一种非周期信号，但是这种信号的频谱图仍然是离散的，保持着周期信号的特点，这种信号称为准周期信号。在工程技术领域内，多个独立振源共同作用所引起的振动往往属于这类信号。

瞬变信号是在一定时间区间内存在或者随着时间的增长而衰减至零的信号，其时间历程较短。例如，有阻尼的、集中质量的单自由度振动系统的位移变化是一种瞬变信号。

表 1.1 典型的周期信号

信号名称	时域波形	傅里叶级数三角展开式	幅值谱图
周期方波（奇函数）		$x(t) = \dfrac{4}{\pi}\left[\sin(\omega_0 t) + \dfrac{1}{3}\sin(3\omega_0 t) + \dfrac{1}{5}\sin(5\omega_0 t) + \cdots\right]$	
周期方波（偶函数）		$x(t) = \dfrac{4}{\pi}\left[\cos(\omega_0 t) - \dfrac{1}{3}\cos(3\omega_0 t) + \dfrac{1}{5}\cos(5\omega_0 t) - \cdots\right]$	
周期三角波		$x(t) = \dfrac{8}{\pi^2}\left[\cos(\omega_0 t) + \dfrac{1}{9}\cos(3\omega_0 t) + \dfrac{1}{25}\cos(5\omega_0 t) + \cdots\right]$	
周期锯齿波		$x(t) = \dfrac{2}{\pi}\left[-\sin(\omega_0 t) - \dfrac{1}{2}\sin(2\omega_0 t) - \dfrac{1}{3}\sin(3\omega_0 t) - \cdots\right]$	
全波整流		$x(t) = \dfrac{2}{\pi}\left[1 - \dfrac{2}{3}\cos(2\omega_0 t) - \dfrac{2}{15}\cos(4\omega_0 t) - \cdots - \dfrac{2}{4n^2-1}\cos(2n\omega_0 t) - \cdots\right]$	

（2）非确定性信号

非确定性信号又称为随机信号，是无法用明确的数学关系式表达的信号。如加工零件的尺寸、机械振动、环境噪声等，这类信号需要采用数理统计理论来描述，无法准确预见某一瞬时的信号幅值。根据是否满足平稳随机过程的条件，又可以分成平稳随机信号和非平稳随机信号。

2. 连续信号和离散信号

信号根据其时间的连续性可分为连续信号和离散信号，其分类如下：

$$
\begin{cases}
连续信号 \begin{cases} 模拟信号（信号的幅值与独立变量均连续） \\ 一般连续信号（独立变量连续） \end{cases} \\
离散信号 \begin{cases} 一般离散信号（独立变量离散） \\ 数字信号（信号的幅值与独立变量均离散） \end{cases}
\end{cases}
$$

若信号的独立变量取值连续，则是连续信号，如图 1.2a 所示；若信号的独立变量取值离散，则是离散信号，如图 1.2b 所示。信号幅值也可分为连续的和离散的两种，若信号的幅值和独立变量均连续，则称为模拟信号；若信号幅值和独立变量均离散，则称为数字信号。目前，计算机所使用的信号都是数字信号。

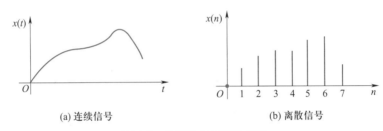

(a) 连续信号　　　　　　　(b) 离散信号

图 1.2　连续信号和离散信号

3. 能量信号和功率信号

在非电量测量中，常将被测信号转换为电压或电流信号来处理。在信号分析时，通常不考虑量纲，而直接把信号的平方及其对时间的积分分别称为信号的能量和功率。当 $x(t)$ 满足

$$
\int_{-\infty}^{\infty} x^2(t)\,\mathrm{d}t < \infty \tag{1.3}
$$

时，信号的能量有限，该信号称为能量有限信号，简称能量信号，如各类瞬变信号。满足能量有限条件，实际上就满足了绝对可积条件。要对信号进行傅里叶变换，要求信号必须是能量信号。

若 $x(t)$ 在区间 $(-\infty, \infty)$ 的能量无限，不满足式（1.3）的条件，但在有限区间 $(-T/2, T/2)$ 内满足平均功率有限的条件，即

$$
\lim_{T \to \infty} \frac{1}{T} \int_{-T/2}^{T/2} x^2(t)\,\mathrm{d}t < \infty \tag{1.4}
$$

则该信号称为功率信号，如各种周期信号、常值信号、阶跃信号等。

4. 时域信号和频域信号

信号根据其描述的自变量不同，可分为时域信号和频域信号。时域信号描述信号的幅值随时间的变化规律。频域信号是以频率为自变量，描述信号中所含频率成分的幅值与所对应频率的关系。频域描述是以频率为横坐标的各种物理量的曲线，如幅值谱、相位谱、功率谱和谱密度等。

时域描述和频域描述为从不同的角度观察、分析信号提供了方便。运用傅里叶级数、傅里叶变换及其逆变换,可以方便地实现信号在时域与频域的转换。

1.1.2　信号的描述方法

直接检测或记录到的信号一般是随时间变化的物理量。这种以时间作为独立变量描述信号幅值随时间变化关系的方法称为信号的时域描述。时域描述不能揭示信号的频率结构特征。为了更加全面深入地研究信号,从中获得更多有用的信息,常把信号的时域描述变换为信号的频域描述,也就是所谓信号的频谱分析。信号的时域、频域描述是可以相互转换的,而且包含同样的信息。一般将从时域数学表达式转换为频域表达式并加以分析的方法称为频谱分析,相对应的图形分别称为时域图和频谱图。以频率(ω 或 f)为横坐标,幅值或相位为纵坐标的图形,分别称为幅值谱图或相位谱图。本节将对周期信号、非周期信号和随机信号从时域和频域两方面进行描述和分析。

1.2　周期信号

谐波信号是最简单的周期信号,只有一种频率成分。复杂周期信号可以利用傅里叶级数展开成多个乃至无穷多个不同频率的谐波信号的线性叠加。

1.2.1　周期信号的三角函数展开

对于满足狄里克雷条件[函数在 $(-T_0/2, T_0/2)$ 区间连续或只有有限个第一类间断点,且只有有限个极值点]的周期信号,均可展开成

$$x(t) = a_0 + \sum_{n=1}^{\infty} \left[a_n \cos(n\omega_0 t) + b_n \sin(n\omega_0 t) \right] \tag{1.5}$$

式中,常值分量 a_0、余弦分量幅值 a_n、正弦分量幅值 b_n 分别为

$$a_0 = \frac{1}{T_0} \int_{-T_0/2}^{T_0/2} x(t) \, \mathrm{d}t$$

$$a_n = \frac{2}{T_0} \int_{-T_0/2}^{T_0/2} x(t) \cos(n\omega_0 t) \, \mathrm{d}t$$

$$b_n = \frac{2}{T_0} \int_{-T_0/2}^{T_0/2} x(t) \sin(n\omega_0 t) \, \mathrm{d}t \tag{1.6}$$

式中:a_0, a_n, b_n——傅里叶系数;

　　　T_0——信号的周期,也是信号基波成分的周期;

　　　ω_0——信号的基频,$\omega_0 = 2\pi/T_0$;

　　　$n\omega_0$——n 次谐频。

顺便说明:如果用 $-n$ 代替式(1.6)中的 n,可知 a_n 为 n 的偶函数,b_n 为 n 的奇函数。

由三角函数变换,式(1.5)可写为

$$x(t) = A_0 + \sum_{n=1}^{\infty} A_n \sin(n\omega_0 t + \varphi_n) \tag{1.7}$$

式中:常值分量 $\qquad\qquad\qquad\qquad\qquad\qquad A_0 = a_0$

各谐波分量的幅值 $\qquad\qquad\qquad\qquad A_n = \sqrt{a_n^2 + b_n^2}$ $\qquad\qquad$ (1.8)

各谐波分量的初相角 $\qquad\qquad\qquad \varphi_n = \arctan \dfrac{a_n}{b_n}$ $\qquad\qquad$ (1.9)

式(1.7)表明,任何周期信号若能满足狄里克雷条件,就可以分解成一个常值分量和多个成谐波关系的正弦成分。以 ω 为横坐标,以 A_n 或 φ_n 为纵坐标所作的图为频谱图。A_n-ω 图为幅值谱,φ_n-ω 图为相位谱。

由于 n 是整数序列,相邻频率的间隔 $\Delta\omega = \omega_0 = 2\pi/T_0$,即各频率成分都是 ω_0 的整数倍,因此谱线是离散的。$n=1$ 时的谐波称为基波,ω_0 称为基频,n 次倍频成分 $A_n\sin(n\omega_0 t + \varphi_n)$ 称为 n 次谐波。频谱中的每一根谱线对应其中一种谐波,频谱比较形象地反映了周期信号的频率结构及其特征。

例 1.1 求周期方波(图 1.3a)的频谱,并作出频谱图。

解 $x(t)$ 在一个周期内可表示为

$$x(t) = \begin{cases} A & \left(0 \leqslant t \leqslant \dfrac{T_0}{2}\right) \\ -A & \left(-\dfrac{T_0}{2} \leqslant t < 0\right) \end{cases}$$

因函数 $x(t)$ 是奇函数,奇函数在一周期内的积分值为 0,所以

$$a_0 = 0, a_n = 0$$

$$b_n = \frac{2}{T_0}\int_{-T_0/2}^{T_0/2} x(t)\sin(n\omega_0 t)\,\mathrm{d}t$$

$$= \frac{2}{T_0}\left[\int_{-T_0/2}^{0}(-A)\sin(n\omega_0 t)\,\mathrm{d}t + \int_{0}^{T_0/2} A\sin(n\omega_0 t)\,\mathrm{d}t\right]$$

$$= \frac{2A}{T_0}\left[\frac{\cos(n\omega_0 t)}{n\omega_0}\bigg|_{-T_0/2}^{0} + \frac{-\cos(n\omega_0 t)}{n\omega_0}\bigg|_{0}^{T_0/2}\right]$$

$$= \frac{2A}{n\omega_0 T_0}\left[1 - \cos(-n\omega_0 T_0/2) - \cos(n\omega_0 T_0/2) + 1\right]$$

$$= \frac{4A}{n\omega_0 T_0}\left[1 - \cos(n\omega_0 T_0/2)\right]$$

$$= \begin{cases} \dfrac{4A}{n\pi} & (n = 1,3,5,\cdots) \\ 0 & (n = 2,4,6,\cdots) \end{cases}$$

因此,有

$$x(t) = \frac{4A}{\pi}\left[\sin(\omega_0 t) + \frac{1}{3}\sin(3\omega_0 t) + \frac{1}{5}\sin(5\omega_0 t) + \cdots\right]$$

根据上式,幅值谱和相位谱分别如图 1.3b、c 所示。幅值谱只包含基波和奇次谐波的频率分量,且谐波幅值以 $1/n$ 的规律收敛;相位谱中各次谐波的初相位 φ_n 均为零。

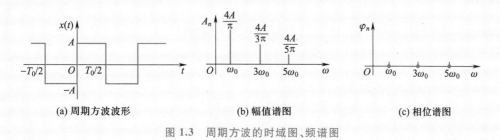

(a) 周期方波波形   (b) 幅值谱图   (c) 相位谱图

图 1.3   周期方波的时域图、频谱图

若将上式中第 1、3 次谐波叠加,则有图 1.4b 所示的图形,若将上式中第 1、3、5 次谐波逐次叠加,则有图 1.4c 所示的图形。显然叠加项愈多,叠加后愈接近周期方波,当叠加项无限多时,叠加后的波形就是周期方波。

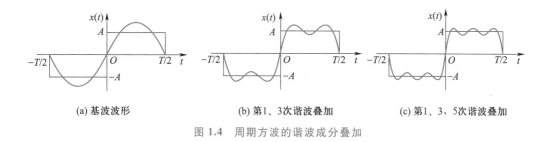

(a) 基波波形   (b) 第 1、3 次谐波叠加   (c) 第 1、3、5 次谐波叠加

图 1.4   周期方波的谐波成分叠加

图 1.5 所示为周期方波的时域、频域描述。采用波形分解方式形象地说明了周期方波的时域描述和频域描述及其相互关系。

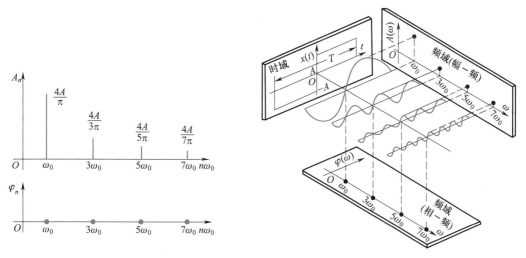

图 1.5   周期方波信号的时域、频域描述

1.2.2　周期信号的复指数展开

利用欧拉公式

$$\mathrm{e}^{\pm \mathrm{j}n\omega_0 t} = \cos(n\omega_0 t) \pm \mathrm{j}\sin(n\omega_0 t)$$

$$\cos(n\omega_0 t) = \frac{1}{2}(\mathrm{e}^{-\mathrm{j}n\omega_0 t} + \mathrm{e}^{\mathrm{j}n\omega_0 t})$$

$$\sin(n\omega_0 t) = \frac{\mathrm{j}}{2}(\mathrm{e}^{-\mathrm{j}n\omega_0 t} - \mathrm{e}^{\mathrm{j}n\omega_0 t}) \tag{1.10}$$

式中,$\mathrm{j} = \sqrt{-1}$。将式(1.5)改写为

$$x(t) = a_0 + \sum_{n=1}^{\infty}\left[\frac{1}{2}(a_n + \mathrm{j}b_n)\mathrm{e}^{-\mathrm{j}n\omega_0 t} + \frac{1}{2}(a_n - \mathrm{j}b_n)\mathrm{e}^{\mathrm{j}n\omega_0 t}\right]$$

若令

$$C_0 = a_0$$

$$C_{-n} = \frac{1}{2}(a_n + \mathrm{j}b_n)$$

$$C_n = \frac{1}{2}(a_n - \mathrm{j}b_n)$$

则上式可写为

$$x(t) = C_0 + \sum_{n=1}^{\infty}(C_{-n}\mathrm{e}^{-\mathrm{j}n\omega_0 t} + C_n\mathrm{e}^{\mathrm{j}n\omega_0 t})$$

即

$$x(t) = \sum_{n=-\infty}^{\infty} C_n\mathrm{e}^{\mathrm{j}n\omega_0 t} \qquad (n = 0,\ \pm 1,\ \pm 2,\cdots) \tag{1.11}$$

式中
$$C_n = \frac{1}{T_0}\int_{-T_0/2}^{T_0/2} x(t)\mathrm{e}^{-\mathrm{j}n\omega_0 t}\mathrm{d}t \qquad (n = 0, \pm 1, \pm 2,\cdots) \tag{1.12}$$

一般情况下 C_n 是复数,可以按实频谱和虚频谱形式,或幅值谱和相位谱形式写成

$$C_n = \mathrm{Re}\,C_n + \mathrm{jIm}\,C_n = |C_n|\mathrm{e}^{\mathrm{j}\varphi_n} \tag{1.13}$$

$\mathrm{Re}\,C_n - \omega$、$\mathrm{Im}\,C_n - \omega$ 分别称为实频谱和虚频谱;$|C_n| - \omega$、$\varphi_n - \omega$ 分别称为幅值谱和相位谱。两种形式的关系为

$$|C_n| = \sqrt{(\mathrm{Re}\,C_n)^2 + (\mathrm{Im}\,C_n)^2} \tag{1.14}$$

$$\varphi_n = \arctan\frac{\mathrm{Im}\,C_n}{\mathrm{Re}\,C_n} \tag{1.15}$$

例 1.2 如图 1.3 所示的周期方波，以复指数展开形式求频谱，并作频谱图。

解

$$C_n = \frac{1}{T_0} \int_{-T_0/2}^{T_0/2} x(t) e^{-jn\omega_0 t} dt$$

$$= \frac{1}{T_0} \int_{-T_0/2}^{T_0/2} x(t) \left[\cos(n\omega_0 t) - j\sin(n\omega_0 t) \right] dt$$

$$= \begin{cases} -j \dfrac{2A}{n\pi} & (n = \pm 1, \ \pm 3, \ \pm 5, \cdots) \\ 0 & (n = 0, \ \pm 2, \ \pm 4, \ \pm 6, \cdots) \end{cases}$$

$$x(t) = -j \frac{2A}{\pi} \sum_{n=-\infty}^{\infty} \frac{1}{n} e^{jn\omega_0 t} \qquad (n = \pm 1, \pm 3, \cdots)$$

幅值

$$|C_n| = \begin{cases} \dfrac{2A}{n\pi} & (n = \pm 1, \pm 3, \pm 5, \cdots) \\ 0 & (n = \pm 2, \pm 4, \pm 6, \cdots) \end{cases}$$

相位

$$\varphi_n = \arctan \frac{-\dfrac{2A}{n\pi}}{0} = \begin{cases} -\dfrac{\pi}{2} & (n > 0) \\ \dfrac{\pi}{2} & (n < 0) \end{cases}$$

实、虚幅值

$$\begin{cases} \operatorname{Re} C_n = 0 \\ \operatorname{Im} C_n = -\dfrac{2A}{n\pi} \end{cases}$$

实、虚频谱和幅值、相位谱如图 1.6 所示。三角函数展开形式的频谱是单边谱（ω 从 0 到 ∞），复指数展开形式的频谱是双边谱（ω 从 $-\infty$ 到 ∞），两种幅值谱的关系为

$$|C_0| = A_0 = a_0, \quad |C_n| = \frac{1}{2}\sqrt{a_n^2 + b_n^2} = \frac{A_n}{2}$$

C_n 与 C_{-n} 共轭，即 $C_n = C_{-n}^*$，且 $\varphi_{-n} = -\varphi_n$，双边幅值谱为偶函数，双边相位谱为奇函数。

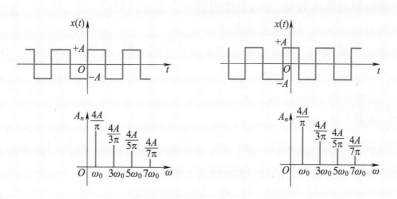

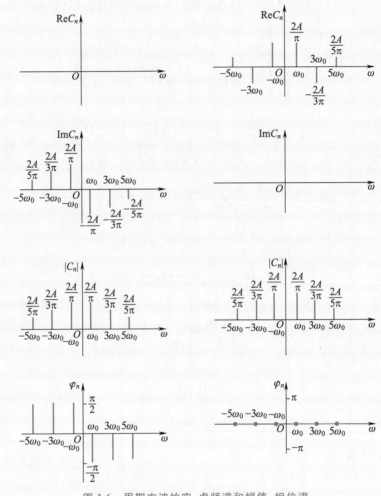

图 1.6　周期方波的实、虚频谱和幅值、相位谱

周期信号频谱,无论是用三角函数展开式还是用复指数函数展开式求得,其特点是:

1)周期信号的频谱是离散的,每条谱线表示一个谐波分量;

2)每条谱线只出现在基频整数倍的频率上;

3)各频率分量的谱线高度与对应谐波的幅值成正比,谐波幅值总的趋势是随谐波次数的增加而减小。

1.3　瞬变信号

瞬变信号是指一般非周期信号。图 1.7 所示为瞬变信号的一个例子,其特点是函数沿独立变量时间 t 衰减,因而积分存在有限值,属于能量有限信号。

1.3.1 瞬变信号的傅里叶变换

非周期信号可以看成周期 T_0 趋于无穷大的周期信号转化而来的。当周期 T_0 增大时，区间从 $(-T_0/2, T_0/2)$ 趋于 $(-\infty, \infty)$，频谱的频率间隔 $\Delta\omega = \omega_0 = 2\pi/T_0 \to \mathrm{d}\omega$，离散的 $n\omega_0$ 变为连续的 ω，展开式的叠加关系变为积分关系。则式(1.11)可以改写为

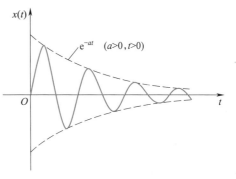

图 1.7　瞬变信号举例

$$
\begin{aligned}
\lim_{T_0 \to \infty} x(t) &= \lim_{T_0 \to \infty} \sum_{n=-\infty}^{\infty} C_n \mathrm{e}^{\mathrm{j}n\omega_0 t} \\
&= \lim_{T_0 \to \infty} \frac{1}{T_0} \sum_{n=-\infty}^{\infty} \left[\int_{-T_0/2}^{T_0/2} x(t) \mathrm{e}^{-\mathrm{j}n\omega_0 t} \mathrm{d}t \right] \mathrm{e}^{\mathrm{j}n\omega_0 t} \\
&= \int_{-\infty}^{\infty} \frac{\mathrm{d}\omega}{2\pi} \left[\int_{-\infty}^{\infty} x(t) \mathrm{e}^{-\mathrm{j}\omega t} \mathrm{d}t \right] \mathrm{e}^{\mathrm{j}\omega t} \\
&= \frac{1}{2\pi} \int_{-\infty}^{\infty} \left[\int_{-\infty}^{\infty} x(t) \mathrm{e}^{-\mathrm{j}\omega t} \mathrm{d}t \right] \mathrm{e}^{\mathrm{j}\omega t} \mathrm{d}\omega
\end{aligned}
\tag{1.16}
$$

在数学上，此式称为傅里叶积分。严格地说，非周期信号 $x(t)$ 傅里叶积分存在的条件是：

1）$x(t)$ 在有限区间上满足狄里克雷条件；

2）积分 $\int_{-\infty}^{\infty} |x(t)| \mathrm{d}t$ 收敛，即 $x(t)$ 绝对可积。

式(1.16)方括号内的部分对时间 t 积分之后，仅是角频率 ω 的函数，记做 $X(\omega)$。

$$
X(\omega) = \int_{-\infty}^{\infty} x(t) \mathrm{e}^{-\mathrm{j}\omega t} \mathrm{d}t
\tag{1.17}
$$

$$
x(t) = \frac{1}{2\pi} \int_{-\infty}^{\infty} X(\omega) \mathrm{e}^{\mathrm{j}\omega t} \mathrm{d}\omega
\tag{1.18}
$$

式(1.17)表达的 $X(\omega)$ 称为 $x(t)$ 的傅里叶变换(FT)，式(1.18)中的 $x(t)$ 称为 $X(\omega)$ 的傅里叶逆变换(IFT)，两者互为傅里叶变换对。当以 $\omega = 2\pi f$ 代入式(1.17)和式(1.18)后，公式简化为

$$
X(f) = \int_{-\infty}^{\infty} x(t) \mathrm{e}^{-\mathrm{j}2\pi f t} \mathrm{d}t
\tag{1.19}
$$

$$
x(t) = \int_{-\infty}^{\infty} X(f) \mathrm{e}^{\mathrm{j}2\pi f t} \mathrm{d}f
\tag{1.20}
$$

以上傅里叶变换的4个重要公式可用符号简记为

$$
\begin{cases} x(t) = \mathscr{F}^{-1}[X(\omega)] \\ X(\omega) = \mathscr{F}[x(t)] \end{cases}, \qquad \begin{cases} x(t) = \mathscr{F}^{-1}[X(f)] \\ X(f) = \mathscr{F}[x(t)] \end{cases}
$$

有时，时域、频域图中也常用"⇔"表示傅里叶变换的对应关系

$$
x(t) \Leftrightarrow X(\omega), \qquad x(t) \Leftrightarrow X(f)
$$

$X(f)$ 一般是频率 f 的复变函数，可以用实、虚频谱形式和幅、相频谱形式写为

$$
X(f) = \mathrm{Re}\, X(f) + \mathrm{jIm}\, X(f) = |X(f)| \mathrm{e}^{\mathrm{j}\varphi(f)}
\tag{1.21}
$$

两种形式之间的关系为

$$|X(f)| = \sqrt{[\operatorname{Re} X(f)]^2 + [\operatorname{Im} X(f)]^2} \tag{1.22}$$

$$\varphi(f) = \arctan \frac{\operatorname{Im} X(f)}{\operatorname{Re} X(f)} \tag{1.23}$$

需要指出,尽管非周期信号的幅值谱$|X(f)|$和周期信号的幅值谱$|C_n|$很相似,但是两者量纲不同。$|C_n|$为信号幅值的量纲,而$|X(f)|$为信号单位频宽上的幅值。所以确切地说,$X(f)$是频谱密度函数。工程测试中为方便起见,仍称$X(f)$为频谱。一般非周期信号的频谱具有连续性和衰减性等特性。

例 1.3 求图 1.8 所示的矩形窗函数 $w(t)$ 的频谱,并作频谱图。

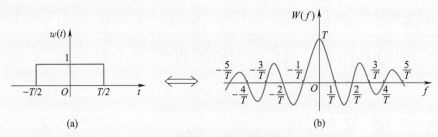

图 1.8 矩形窗函数及其频谱图

解 矩形窗函数 $w(t)$ 的定义为

$$w(t) = \begin{cases} 1 & (|t| \leqslant T/2) \\ 0 & (|t| > T/2) \end{cases}$$

根据傅里叶变换的定义,其频谱为

$$
\begin{aligned}
W(f) &= \int_{-\infty}^{\infty} w(t) \mathrm{e}^{-\mathrm{j}2\pi ft} \mathrm{d}t \\
&= \int_{-T/2}^{T/2} \mathrm{e}^{-\mathrm{j}2\pi ft} \mathrm{d}t \\
&= \frac{1}{-\mathrm{j}2\pi f}(\mathrm{e}^{-\mathrm{j}2\pi f/T} - \mathrm{e}^{\mathrm{j}2\pi f/T}) \\
&= T \frac{\sin(\pi fT)}{\pi fT} \\
&= T \operatorname{sinc}(\pi fT)
\end{aligned}
$$

频谱图如图 1.8b 所示,其中幅值谱为

$$|W(f)| = T|\operatorname{sinc}(\pi fT)|$$

由于虚频谱为 0,所以相位谱为

$$\varphi(f) = \begin{cases} 0 & \operatorname{sinc}(\pi fT) > 0 \\ \pi & \operatorname{sinc}(\pi fT) < 0 \end{cases}$$

这里定义了 $\operatorname{sinc}(x)$ 函数

$$\operatorname{sinc}(x) = \frac{\sin x}{x} \tag{1.24}$$

该函数是以 2π 为周期,并随 x 增大而衰减振荡,函数在 $x=n\pi(n=\pm1,\pm2,\pm3,\cdots)$ 时,幅值为零,如图 1.9 所示。

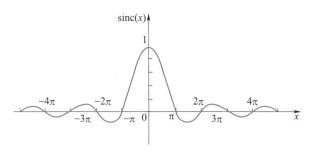

图 1.9 $\mathrm{sinc}(x)$ 函数的图形

1.3.2 傅里叶变换的主要性质

傅里叶变换是信号分析与处理中时域与频域之间转换的基本数学工具。掌握傅里叶变换的主要性质有助于了解信号在某一域中变化时在另一域中相应的变化规律,从而使复杂信号的计算分析得以简化。表 1.2 中列出了傅里叶变换的主要性质,以下对主要性质进行必要证明和解释。

表 1.2 傅里叶变换的主要性质

性质	时域	频域	性质	时域	频域
函数的奇偶虚实性	实偶函数	实偶函数	频移	$x(t)\mathrm{e}^{\mp\mathrm{j}2\pi f_0 t}$	$X(f\pm f_0)$
	实奇函数	虚奇函数	翻转	$x(-t)$	$X(-f)$
	虚偶函数	虚偶函数	共轭	$x^*(t)$	$X^*(-f)$
	虚奇函数	实奇函数	时域卷积	$x_1(t)*x_2(t)$	$X_1(f)X_2(f)$
线性叠加	$ax(t)+by(t)$	$aX(f)+bY(f)$	频域卷积	$x_1(t)x_2(t)$	$X_1(f)*X_2(f)$
对称	$X(\pm t)$	$x(\mp f)$	时域微分	$\dfrac{\mathrm{d}^n x(t)}{\mathrm{d}t^n}$	$(\mathrm{j}2\pi f)^n X(f)$
尺度改变	$x(kt)$	$\dfrac{1}{k}X\left(\dfrac{f}{k}\right)$	频域微分	$(-\mathrm{j}2\pi t)^n x(t)$	$\dfrac{\mathrm{d}^n X(f)}{\mathrm{d}f^n}$
时移	$x(t\pm t_0)$	$X(f)\mathrm{e}^{\pm\mathrm{j}2\pi f t_0}$	积分	$\displaystyle\int_{-\infty}^{t} x(t)\,\mathrm{d}t$	$\dfrac{1}{\mathrm{j}2\pi f}X(f)$

(1)奇偶虚实性

函数 $x(t)$ 的傅里叶变换 $X(f)$ 为实变量 f 的复变函数,即

$$X(f)=\int_{-\infty}^{\infty} x(t)\,\mathrm{e}^{-\mathrm{j}2\pi f t}\mathrm{d}t$$

$$=\int_{-\infty}^{\infty} x(t)\cos 2\pi f t\mathrm{d}t - \mathrm{j}\int_{-\infty}^{\infty} x(t)\sin 2\pi f t\mathrm{d}t$$

$$=\mathrm{Re}\ X(f) + \mathrm{jIm}\ X(f)$$

由于其实部为变量 f 的偶函数,虚部为变量 f 的奇函数,即

$$\text{Re}\, X(f) = \text{Re}\, X(-f), \qquad \text{Im}\, X(f) = -\text{Im}\, X(-f)$$

若 $x(t)$ 为实偶函数,则 $\text{Im}\, X(f) = 0$,$X(f) = \text{Re}\, X(f)$,为实偶函数;若 $x(t)$,为实奇函数,则 $\text{Re}X(f) = 0$,$X(f) = \text{Im}X(f)$ 为虚奇函数。

如果 $x(t)$ 为虚函数,则以上结论的虚实位置互换。

（2）线性叠加性

若 a、b 为常数,则

$$\begin{aligned}
\mathscr{F}[ax(t) + by(t)] &= \int_{-\infty}^{\infty} [ax(t) + by(t)] e^{-j2\pi ft} dt \\
&= a \int_{-\infty}^{\infty} x(t) e^{-j2\pi ft} dt + b \int_{-\infty}^{\infty} y(t) e^{-j2\pi ft} dt \\
&= aX(f) + bY(f)
\end{aligned}$$

即两函数线性叠加的傅里叶变换可以写为两函数傅里叶变换的线性叠加。

可以进一步写成

$$\sum_{i=1}^{n} a_i x_i(t) \Leftrightarrow \sum_{i=1}^{n} a_i X_i(f)$$

这个性质表明,对复杂信号的频谱分析处理,可以分解为对一系列简单信号的频谱分析处理。

（3）对称性

由于

$$x(t) = \int_{-\infty}^{\infty} X(f) e^{j2\pi ft} df$$

若以 $-t$ 代替 t,有

$$x(-t) = \int_{-\infty}^{\infty} X(f) e^{-j2\pi ft} df$$

再将 t 与 f 互换,则有

$$x(-f) = \int_{-\infty}^{\infty} X(t) e^{-j2\pi ft} dt = \mathscr{F}[X(t)]$$

该性质表明傅里叶变换与傅里叶逆变换之间存在对称关系,利用这一性质,可由已知的傅里叶变换对获得相应的逆变换对。图 1.10 所示是对称性应用举例。

（4）尺度改变性

若 k 为大于零的常数,则

$$\begin{aligned}
\mathscr{F}[x(kt)] &= \int_{-\infty}^{\infty} x(kt) e^{-j2\pi ft} dt \\
&= \frac{1}{k} \int_{-\infty}^{\infty} x(kt) e^{-j2\pi \frac{f}{k}(kt)} d(kt) \\
&= \frac{1}{k} X\left(\frac{f}{k}\right)
\end{aligned}$$

这个性质说明,当时域尺度压缩（$k>1$）时,对应的频域展宽且幅值减小;当时域尺度展宽（$k<1$）时,对应的频域压缩且幅值增加,如图 1.11 所示。

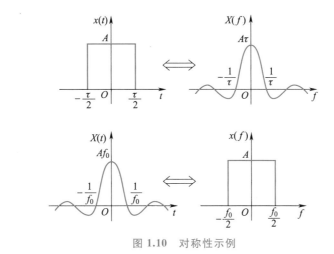

图 1.10 对称性示例

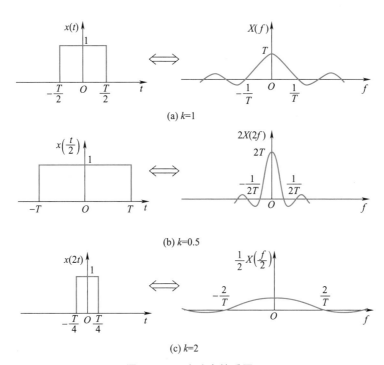

(a) k=1

(b) k=0.5

(c) k=2

图 1.11 尺度改变性质图示

工程测试中用磁带来记录的信号,当慢录快放时,时间尺度被压缩,可以提高处理信号的效率,但重放的信号频带会展宽,倘若后续处理信号设备的通频带不够宽,将导致失真。反之,快录慢放时,时间尺度被展宽,重放的信号频带会变窄,对后续处理设备的通频带要求可降低,但这是以牺牲信号处理的效率为代价的。

(5)时移性

若 t_0 为常数,则

$$\mathscr{F}\left[x(t \pm t_0)\right] = \int_{-\infty}^{\infty} x(t \pm t_0) e^{-j2\pi ft} dt$$

$$= \int_{-\infty}^{\infty} x(t \pm t_0) e^{-j2\pi f(t \pm t_0)} e^{\pm j2\pi ft_0} d(t \pm t_0)$$

$$= X(f) e^{\pm j2\pi ft_0}$$

此性质表明,在时域中信号沿时间轴平移一个常值 t_0 时,对应的频域函数将乘因子 $e^{\pm j2\pi ft_0}$,即只改变相位谱,不会改变幅值谱,如图 1.12 所示。信号在时域中延迟了 t_0,其幅值谱不会改变,而相位谱中各次的相角改变量 $\Delta\varphi$ 与频率 f 成正比,即

$$\Delta\varphi = -2\pi ft_0$$

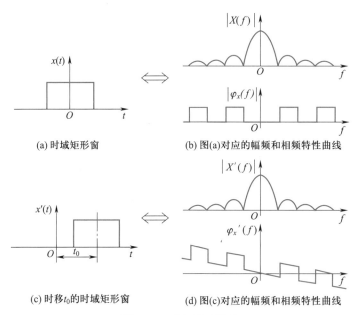

(a) 时域矩形窗   (b) 图(a)对应的幅频和相频特性曲线

(c) 时移 t_0 的时域矩形窗   (d) 图(c)对应的幅频和相频特性曲线

图 1.12   时移性质举例

（6）频移性

若 f_0 为常数,则

$$\mathscr{F}^{-1}\left[X(f \pm f_0)\right] = \int_{-\infty}^{\infty} X(f \pm f_0) e^{j2\pi ft} df$$

$$= \int_{-\infty}^{\infty} X(f \pm f_0) e^{j2\pi(f \pm f_0)t} e^{\mp j2\pi f_0 t} df$$

$$= x(t) e^{\mp j2\pi f_0 t}$$

此性质表明,若频谱沿频率轴平移一个常值 f_0,则对应的时域函数将乘因子 $e^{\mp j2\pi f_0 t}$。

（7）微分性质

若对傅里叶逆变换 $x(t) = \int_{-\infty}^{\infty} X(f) e^{j2\pi ft} df$ 直接进行微分,有

$$\frac{\mathrm{d}x(t)}{\mathrm{d}t} = \int_{-\infty}^{\infty} \frac{\mathrm{d}\left[X(f)\mathrm{e}^{\mathrm{j}2\pi ft}\right]}{\mathrm{d}t}\mathrm{d}f$$

$$= \int_{-\infty}^{\infty} \mathrm{j}2\pi f X(f)\mathrm{e}^{\mathrm{j}2\pi ft}\mathrm{d}f$$

$$= \mathscr{F}^{-1}\left[\mathrm{j}2\pi f X(f)\right]$$

$$\mathscr{F}\left[\frac{\mathrm{d}x(t)}{\mathrm{d}t}\right] = \mathrm{j}2\pi f X(f)$$

对于高阶微分可得

$$\mathscr{F}\left[\frac{\mathrm{d}^{n}x(t)}{\mathrm{d}t^{n}}\right] = (\mathrm{j}2\pi f)^{n} X(f)$$

（8）积分性质

因为
$$\frac{\mathrm{d}\left[\int_{-\infty}^{t} x(t)\mathrm{d}t\right]}{\mathrm{d}t} = x(t)$$

在等式两边取傅里叶变换,利用上述微分性质,有

$$(\mathrm{j}2\pi f)\mathscr{F}\left[\int_{-\infty}^{t} x(t)\mathrm{d}t\right] = X(f)$$

所以

$$\mathscr{F}\left[\int_{-\infty}^{t} x(t)\mathrm{d}t\right] = \frac{1}{\mathrm{j}2\pi f}X(f)$$

对于高阶微分可得

$$\mathscr{F}\left[\underbrace{\int_{-\infty}^{t} x(t)\mathrm{d}t \cdots x(t)\mathrm{d}t}_{n重积分}\right] = \frac{1}{(\mathrm{j}2\pi f)^{n}}X(f)$$

以上两个性质用于振动测试时,如果测得设备的位移、速度、加速度中任一参量的频谱,则可以由微积分特性得到其余两个参量的频谱。

（9）卷积特性

定义 $\int_{-\infty}^{\infty} x_1(\tau)x_2(t-\tau)\mathrm{d}\tau$ 为函数 $x_1(t)$ 与 $x_2(t)$ 的卷积,记做 $x_1(t) * x_2(t)$。

若 $x_1(t) \Leftrightarrow X_1(f)$, $x_2(t) \Leftrightarrow X_2(f)$,则有

$$x_1(t) * x_2(t) \Leftrightarrow X_1(f)X_2(f) \tag{1.25}$$

式（1.25）说明两个时域函数卷积的傅里叶变换等于它们各自傅里叶变换的乘积。

证明:

$$\mathscr{F}\left[x_1(t) * x_2(t)\right] = \int_{-\infty}^{\infty}\left[\int_{-\infty}^{\infty} x_1(\tau)x_2(t-\tau)\mathrm{d}\tau\right]\mathrm{e}^{-\mathrm{j}2\pi ft}\mathrm{d}t$$

$$= \int_{-\infty}^{\infty} x_1(\tau)\mathrm{e}^{-\mathrm{j}2\pi f\tau}\mathrm{d}\tau \int_{-\infty}^{\infty} x_2(t-\tau)\mathrm{e}^{-\mathrm{j}2\pi f(t-\tau)}\mathrm{d}t$$

$$= X_1(f)X_2(f)$$

同理

$$x_1(t)x_2(t) \Leftrightarrow X_1(f) * X_2(f) \tag{1.26}$$

卷积计算适用交换律、结合律、分配律：

$$x(t) * y(t) = y(t) * x(t)$$

$$x_1(t) * [x_2(t) * x_3(t)] = [x_1(t) * x_2(t)] * x_3(t)$$

$$x_1(t) * [x_2(t) + x_3(t)] = x_1(t) * x_2(t) + x_1(t) * x_3(t)$$

例 1.4 已知信号 $x(t)$ 的频谱为 $X(f) = \dfrac{A}{a + \mathrm{j}2\pi f}$，利用傅里叶变换的性质求以下函数的频谱（其中，$f_0$ 和 t_0 为常数）：

1) $x(t) * x(t)$；　　2) $x(4t)$；　　3) $x(t)\mathrm{e}^{\mathrm{j}2\pi f_0 t}$；　　4) $x(t + t_0)$。

解

1) $x(t) * x(t) \Leftrightarrow [X(f)]^2 = \left[\dfrac{A}{a + \mathrm{j}2\pi f}\right]^2$；

2) $x(4t) \Leftrightarrow \dfrac{1}{4}X(f/4) = \dfrac{1}{4}\dfrac{A}{a + \mathrm{j}2\pi f/4} = \dfrac{A}{4a + \mathrm{j}2\pi f}$；

3) $x(t)\mathrm{e}^{\mathrm{j}2\pi f_0 t} \Leftrightarrow X(f - f_0) = \dfrac{A}{a + \mathrm{j}2\pi(f - f_0)}$；

4) $x(t + t_0) \Leftrightarrow X(f)\mathrm{e}^{\mathrm{j}2\pi f t_0} = \dfrac{A}{a + \mathrm{j}2\pi f t}\mathrm{e}^{\mathrm{j}2\pi f t_0}$。

1.4　几种典型信号的频谱

1.4.1　单位脉冲函数（δ 函数）的频谱

1. δ 函数定义

在 ε 时间内矩形脉冲（或三角形脉冲及其他形状脉冲）$\delta_\varepsilon(t)$，其面积为 1，当 $\varepsilon \to 0$ 时，$\delta_\varepsilon(t)$ 的极限 $\lim\limits_{\varepsilon \to 0}\delta_\varepsilon(t) \overset{\text{def}}{=\!=} \delta(t)$，称为 δ 函数，如图 1.13 所示。δ 函数用标有 1 的箭头表示。

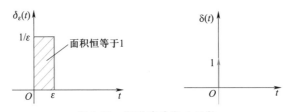

图 1.13　矩形脉冲和 δ 函数

显然，$\delta(t)$ 的函数值和面积（通常表示能量或强度）分别为

$$\delta(t) = \lim_{\varepsilon \to 0}\delta_\varepsilon(t) = \begin{cases} \infty & (t = 0) \\ 0 & (t \neq 0) \end{cases} \tag{1.27}$$

$$\int_{-\infty}^{\infty} \delta(t)\,\mathrm{d}t = \int_{-\infty}^{\infty} \lim_{\varepsilon \to 0}\delta_\varepsilon(t)\,\mathrm{d}t = \lim_{\varepsilon \to 0} \int_{-\infty}^{\infty} \delta_\varepsilon(t)\,\mathrm{d}t = 1 \tag{1.28}$$

某些具有冲击性的物理现象,如电网线路中的短时冲击干扰,数字电路中的采样脉冲,力学中的瞬间作用力,材料的突然断裂以及撞击、爆炸等都是通过δ函数来分析的,只是函数面积(能量或强度)不一定为1,而是某一常数 K。由于引入δ函数,运用广义函数理论,傅里叶变换就可以推广到并不满足绝对可积条件的功率有限信号范畴。

2. δ 函数的性质

(1) 乘积性

若 $x(t)$ 为一连续信号,则有

$$x(t)\delta(t) = x(0)\delta(t) \tag{1.29}$$

$$x(t)\delta(t \pm t_0) = x(\mp t_0)\delta(t \pm t_0) \tag{1.30}$$

乘积结果为 $x(t)$ 在δ函数位置的函数值与δ函数的乘积。

(2) 筛选性

$$\int_{-\infty}^{\infty} x(t)\delta(t)\,\mathrm{d}t = x(0)\int_{-\infty}^{\infty} \delta(t)\,\mathrm{d}t = x(0) \tag{1.31}$$

$$\int_{-\infty}^{\infty} x(t)\delta(t \pm t_0)\,\mathrm{d}t = x(\mp t_0)\int_{-\infty}^{\infty} \delta(t \pm t_0)\,\mathrm{d}t = x(\mp t_0) \tag{1.32}$$

筛选结果为 $x(t)$ 在δ函数位置的函数值(又称为采样值)。

(3) 卷积性

$$x(t) * \delta(t) = \int_{-\infty}^{\infty} x(\tau)\delta(\tau - t)\,\mathrm{d}\tau = \int_{-\infty}^{\infty} x(t)\delta(t - \tau)\,\mathrm{d}\tau = x(t) \tag{1.33}$$

$$x(t) * \delta(t \pm t_0) = \int_{-\infty}^{\infty} x(\tau)\delta[\tau - (t \pm t_0)]\,\mathrm{d}\tau = \int_{-\infty}^{\infty} x(\tau)\delta[(t \pm t_0) - \tau]\,\mathrm{d}\tau = x(t \pm t_0) \tag{1.34}$$

工程上经常遇到的是频谱卷积运算

$$X(f) * \delta(f) = X(f) \tag{1.35}$$

$$X(f) * \delta(f \pm f_0) = X(f \pm f_0) \tag{1.36}$$

可见,函数 $X(f)$ 和δ函数卷积的结果就是 $X(f)$ 图形移动,即以δ函数的位置作为新坐标原点的重新构图,如图 1.14 所示。

3. δ 函数的频谱

对 $\delta(t)$ 取傅里叶变换

$$\delta(f) = \int_{-\infty}^{\infty} \delta(t)\mathrm{e}^{-\mathrm{j}2\pi ft}\,\mathrm{d}t = \mathrm{e}^{-\mathrm{j}2\pi f \cdot 0} = 1 \tag{1.37}$$

其逆变换为

$$\delta(t) = \int_{-\infty}^{\infty} 1 \cdot \mathrm{e}^{\mathrm{j}2\pi ft}\,\mathrm{d}f \tag{1.38}$$

可见,δ函数具有等强度、无限宽广的频谱,这种频谱常称为"均匀谱"(图 1.15)。

δ 函数是偶函数,即 $\delta(-t) = \delta(t)$、$\delta(-f) = \delta(f)$,利用对称、时移、频移性质,还可以得到以下傅里叶变换对

$$\delta(t \pm t_0) \Leftrightarrow \mathrm{e}^{\pm \mathrm{j}2\pi ft_0} \tag{1.39}$$

$$\mathrm{e}^{\mp \mathrm{j}2\pi f_0 t} \Leftrightarrow \delta(f \pm f_0) \tag{1.40}$$

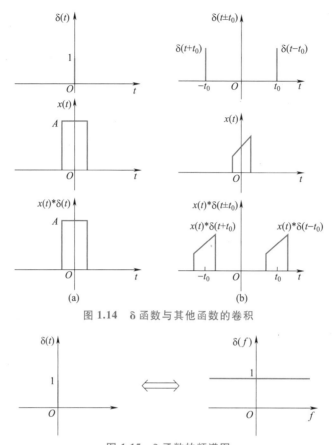

图 1.14　δ 函数与其他函数的卷积

图 1.15　δ 函数的频谱图

1.4.2　矩形窗函数和常值函数的频谱

1. 矩形窗函数的频谱

在例 1.3 中已经求出了矩形窗函数的频谱,并用其说明傅里叶变换的主要性质。需要强调的是,矩形窗函数在时域中有限区间取值,但频域中频谱在频率轴上连续且无限延伸。由于实际工程测试总是在时域中截取有限长度(窗宽范围)的信号,其本质是被测信号与矩形窗函数在时域中相乘,因而所得到的频谱必然是被测信号频谱与矩形窗函数频谱在频域中的卷积,所以实际工程测试得到的频谱也将是在频率轴上连续且无限延伸的。

2. 常值函数(又称直流量)的频谱

根据式(1.28)可知,幅值为 1 的常值函数的频谱为 $f = 0$ 处的 δ 函数。实际上,利用傅里叶变换时间尺度改变的性质,也可以得出同样的结论:当矩形窗函数的窗宽 $T \to \infty$ 时,矩形窗函数就成为常值函数,其对应的频域 $\mathrm{sinc}(x)$ 函数 $\to$ δ 函数。

1.4.3　指数函数的频谱

1. 双边指数衰减函数的频谱

双边指数衰减函数表达式为

$$x(t) = \begin{cases} -\mathrm{e}^{at} & (a > 0, t < 0) \\ \mathrm{e}^{-at} & (a > 0, t \geqslant 0) \end{cases}$$

其傅里叶变换为

$$\begin{aligned} X(f) &= \int_{-\infty}^{\infty} x(t)\mathrm{e}^{-\mathrm{j}2\pi ft}\mathrm{d}t \\ &= \int_{-\infty}^{0} -\mathrm{e}^{at}\mathrm{e}^{-\mathrm{j}2\pi ft}\mathrm{d}t + \int_{0}^{\infty} \mathrm{e}^{-at}\mathrm{e}^{-\mathrm{j}2\pi ft}\mathrm{d}t \\ &= \frac{-\mathrm{e}^{at}\mathrm{e}^{-\mathrm{j}2\pi ft}}{a - \mathrm{j}2\pi f}\bigg|_{-\infty}^{0} + \frac{\mathrm{e}^{-at}\mathrm{e}^{-\mathrm{j}2\pi ft}}{-(a + \mathrm{j}2\pi f)}\bigg|_{0}^{\infty} \\ &= \frac{-1}{a - \mathrm{j}2\pi f} + \frac{1}{a + \mathrm{j}2\pi f} \\ &= \frac{-\mathrm{j}4\pi f}{a^2 + (2\pi f)^2} \end{aligned}$$

2. 单边指数衰减函数的频谱

单边指数衰减函数表达式为

$$x(t) = \begin{cases} 0 & (t < 0) \\ \mathrm{e}^{-at} & (t \geqslant 0, a > 0) \end{cases}$$

其傅里叶变换为

$$\begin{aligned} X(f) &= \int_{-\infty}^{\infty} \mathrm{e}^{-at}\mathrm{e}^{-\mathrm{j}2\pi ft}\mathrm{d}t \\ &= \frac{1}{a + \mathrm{j}2\pi f} \\ &= \frac{a - \mathrm{j}2\pi f}{a^2 + (2\pi f)^2} \end{aligned}$$

单边指数衰减函数及其频谱图如图 1.16 所示。

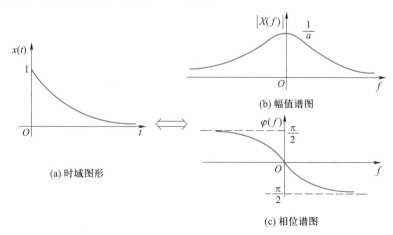

图 1.16 单边指数衰减函数及其频谱

1.4.4 符号函数和单位阶跃函数的频谱

1. 符号函数的频谱

符号函数可以看作是双边指数衰减函数当 $a \to 0$ 时的极限形式,即

$$x(t) = \begin{cases} -1 = \lim_{a \to 0}(-e^{at}) & (a > 0, t < 0) \\ 1 = \lim_{a \to 0}(e^{-at}) & (a > 0, t \geq 0) \end{cases}$$

$$X(f) = \int_{-\infty}^{0} \lim_{a \to 0}(-e^{at}) e^{-j2\pi ft} dt + \int_{0}^{\infty} \lim_{a \to 0}(e^{-at}) e^{-j2\pi ft} dt$$

$$= \lim_{a \to 0} \frac{-1}{a - j2\pi f} + \lim_{a \to 0} \frac{1}{a + j2\pi f}$$

$$= \frac{-j}{\pi f}$$

2. 单位阶跃函数的频谱

单位阶跃函数可以看作单边指数衰减函数 $a \to 0$ 时的极限形式。

$$x(t) = \begin{cases} 0 & (t < 0) \\ 1 = \lim_{a \to 0} e^{-at} & (a > 0, t > 0) \end{cases}$$

$$X(f) = \frac{-j}{2\pi f}$$

单位阶跃函数及其频谱图如图 1.17 所示。

图 1.17   单位阶跃函数及其频谱图

1.4.5 正、余弦函数的频谱

1. 余弦函数的频谱

利用欧拉公式,余弦函数可以表达为

$$x(t) = \cos 2\pi f_0 t = \frac{1}{2}(e^{-j2\pi f_0 t} + e^{j2\pi f_0 t})$$

其傅里叶变换为

$$X(f) = \frac{1}{2}[\delta(f+f_0) + \delta(f-f_0)]$$

2. 正弦函数的频谱

同理,利用欧拉公式及其傅里叶变换有

$$x(t) = \sin 2\pi f_0 t = \frac{j}{2}(e^{-j2\pi f_0 t} - e^{j2\pi f_0 t})$$

$$X(f) = \frac{j}{2} \left[\delta(f+f_0) - \delta(f-f_0) \right]$$

根据傅里叶变换的奇偶虚实性质，余弦函数在时域中为实偶函数，在频域中也为实偶函数；正弦函数在时域中为实奇函数，在频域中为虚奇函数，如图1.18所示。

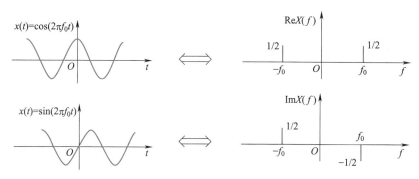

图 1.18　谐波函数及其频谱图

1.4.6　周期单位脉冲序列的频谱

周期单位脉冲序列函数（又称采样函数）表达式为

$$g(t) = \sum_{n=-\infty}^{\infty} \delta(t - nT_s)$$

式中，T_s 为周期，频率 $f_s = \frac{1}{T_s}$。因为周期单位脉冲序列函数为周期函数，所以可以写成傅里叶级数的复数形式

$$g(t) = \sum_{n=-\infty}^{\infty} C_n e^{j2\pi n f_s t}$$

利用 δ 函数的筛选特性，系数 C_n 为

$$\begin{aligned}
C_n &= \frac{1}{T_s} \int_{-T_s/2}^{T_s/2} g(t) e^{-j2\pi n f_s t} dt \\
&= \frac{1}{T_s} \int_{-T_s/2}^{T_s/2} \delta(t) e^{-j2\pi n f_s t} dt \\
&= \frac{1}{T_s}
\end{aligned}$$

因此，周期单位脉冲序列函数的傅里叶级数的复数表达式为

$$g(t) = \frac{1}{T_s} \sum_{n=-\infty}^{\infty} e^{j2\pi n f_s t}$$

根据式（1.40）有

$$e^{\mp j2\pi f_0 t} \Leftrightarrow \delta(f \pm f_0)$$

27

可得周期单位脉冲序列函数的频谱

$$G(f) = \frac{1}{T_s} \sum_{n=-\infty}^{\infty} \delta(f - nf_s) = \frac{1}{T_s} \sum_{n=-\infty}^{\infty} \delta\left(f - \frac{n}{T_s}\right)$$

周期单位脉冲序列及其频谱图如图 1.19 所示。可见,周期单位脉冲序列的频谱仍是周期脉冲序列。时域周期为 T_s,频域周期则为 $\frac{1}{T_s}$;时域脉冲强度为 1,频域脉冲强度则为 $\frac{1}{T_s}$。

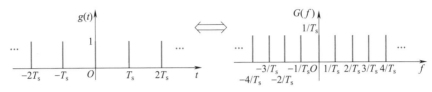

图 1.19　周期单位脉冲序列及其频谱图

上面给出常见函数的频谱,在工程实际中经常遇到多种信号线性叠加形式,以及多种信号相乘等复杂函数分析问题,这时可以采用线性叠加和卷积方法获得其频谱。

1.5　随机信号

1.5.1　随机信号的概念及分类

随机信号是工程中经常遇到的一种信号,其特点为:

1) 时域函数不能用精确的数学关系式来描述;

2) 不能预测它未来任何时刻的准确值;

3) 这种信号的每次观测结果都不同,但通过大量的重复试验可以看到它具有统计规律性,因而可用概率统计方法来描述和研究。

在工程实际中,随机信号随处可见,如气温的变化、机器振动的变化等,即使同一机床、同一工人加工相同的零部件,其尺寸也不尽相同。图 1.20 所示是汽车在水平柏油路上行驶时,车架主梁上一点的应变时间历程。可以看到,在工况完全相同(车速、路面、驾驶条件等)的情况下,各时间历程的样本记录是完全不同的,这种信号就是随机信号。

产生随机信号的物理现象称为随机现象。表示随机信号的单个时间历程 $x_i(t)$ 称为样本函数,某随机现象可能产生的全部样本函数的集合 $\{x(t)\} = \{x_1(t), x_2(t), \cdots, x_i(t), \cdots, x_N(t)\}$(也称总体)称为随机过程。

随机过程可分为平稳随机过程和非平稳随机过程两类。平稳随机过程又分为各态历经随机过程和非各态历经随机两类。

随机过程在任何时刻 t_1 的各统计特性采用总体平均方法来描述。所谓总体平均,就是将全部样本函数在某时刻之值 $x_i(t)$ 相加后再除以样本函数的总数。例如,要求图 1.20 中 t_1 时的均值就是将全部样本函数在 t_1 时的值 $\{x(t_1)\}$ 加起来后除以样本数目 N,即

$$\mu_x(t_1) = \lim_{N \to \infty} \frac{1}{N} \sum_{i=1}^{N} x_i(t_1) \tag{1.41}$$

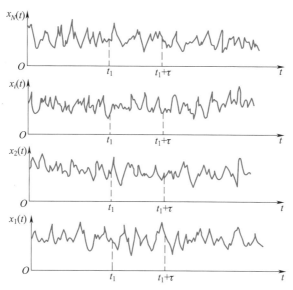

图 1.20 汽车行驶中车架主梁上某点应变的时间历程

随机过程在 t_1 和 $t_1+\tau$ 两个不同时刻的相关性可用相关函数表示为

$$R_x(t_1, t_1 + \tau) = \lim_{N \to \infty} \frac{1}{N} \sum_{i=1}^{N} x_i(t_1) x_i(t_1 + \tau) \tag{1.42}$$

一般情况下，$\mu_x(t_1)$ 和 $R_x(t_1, t_1+\tau)$ 都随 t_1 改变而变化，这种随机过程为非平稳随机过程。若随机过程的统计特征参数不随时间变化，则称之为平稳随机过程。如果平稳随机过程的任何一个样本函数的时间平均统计特征均相同，且等于总体统计特征，则该过程称为各态历经过程，如图 1.20 中第 i 个样本的时间平均为

$$\mu_x(i) = \lim_{T \to \infty} \frac{1}{T} \int_0^T x_i(t) \, \mathrm{d}t = \mu_x \tag{1.43}$$

$$R_x(\tau, i) = \lim_{T \to \infty} \frac{1}{T} \int_0^T x_i(t) x_i(t + \tau) \, \mathrm{d}t = R_x(\tau) \tag{1.44}$$

在工程中所遇到的多数随机信号具有各态历经性（又称为遍历性），有的虽不算严格的各态历经过程，但亦可当作各态历经随机过程来处理。从理论上说，求随机过程的统计参量需要无限多个样本，这是难以办到的。实际测试工作常把随机信号按各态历经过程来处理，以测得的有限个函数的时间平均值来估计整个随机过程的集合平均值。严格地说，只有平稳随机过程才能是各态历经的，只有证明随机过程是各态历经的，才能用样本函数的统计量代替随机过程总体的统计量。

1.5.2　随机信号的主要统计参数

通常用于描述各态历经随机信号的主要统计参数有均值、均方值、方差、均方根值，概率密度函数、相关函数、功率谱密度函数等。现分别说明如下：

（1）均值、均方值、均方根值和方差

各态历经随机信号 $x(t)$ 的均值 μ_x 反映信号的静态分量，即常值分量。μ_x 表示为

$$\mu_x = \lim_{T \to \infty} \frac{1}{T} \int_0^T x(t)\,\mathrm{d}t \qquad\qquad (1.45)$$

式中,T 为样本长度。

各态历经随机信号的均方值 ψ_x^2 反映信号的能量或强度,表示为

$$\psi_x^2 = \lim_{T \to \infty} \frac{1}{T} \int_0^T x^2(t)\,\mathrm{d}t \qquad\qquad (1.46)$$

均方根值为 ψ_x^2 正的平方根,即

$$x_{\mathrm{rms}} = \sqrt{\psi_x^2} \qquad\qquad (1.47)$$

方差 σ_x^2 反映 $x(t)$ 偏离均值的波动情况,表示为

$$\sigma_x^2 = \lim_{T \to \infty} \frac{1}{T} \int_0^T \left[x(t) - \mu_x \right]^2 \mathrm{d}t = \psi_x^2 - \mu_x^2 \qquad\qquad (1.48)$$

标准差 σ_x 为方差的正的平方根,即

$$\sigma_x = \sqrt{\sigma_x^2} = \sqrt{\psi_x^2 - \mu_x^2} \qquad\qquad (1.49)$$

(2)概率密度函数

随机信号的概率密度函数表示瞬时幅值落在某指定范围内的概率。它随所取幅值范围的不同而变化,因此是幅值的函数。图 1.21 所示为一随机信号 $x(t)$ 的时间历程,幅值落在 $(x, x+\Delta x)$ 区间的总时间为 $T_x = \sum_{i=1}^{k} \Delta t_i$,当观测时间 T 趋于无穷大时,比例 T/T_x 就是事件 $\left[x < x(t) < x+\Delta x \right]$ 的概率,记为

$$P\left[x < x(t) < x + \Delta x \right] = \lim_{T \to \infty} \frac{T_x}{T} \qquad\qquad (1.50)$$

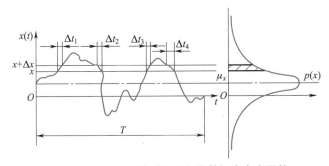

图 1.21　随机信号的时间历程及其概率密度函数

定义概率密度函数为

$$
\begin{aligned}
p(x) &= \lim_{\Delta x \to 0} \frac{P\left[x < x(t) \leqslant x + \Delta x \right]}{\Delta x} \\
&= \lim_{\Delta x \to 0} \frac{1}{\Delta x} \left(\lim_{T \to \infty} \frac{T_x}{T} \right) = \lim_{\substack{\Delta x \to 0 \\ T \to \infty}} \left(\frac{1}{T \Delta x} \sum_{i=1}^{k} \Delta t_i \right)
\end{aligned} \qquad\qquad (1.51)
$$

由式(1.51)可以看出,概率密度函数是概率相对于幅值的变化率。因此,可以从对概率密度函数积分而得到概率,即

$$P(x_1 < x < x_2) = \int_{x_1}^{x_2} p(x)\,\mathrm{d}x \qquad (1.52)$$

式中,$P(x_1<x<x_2)$为幅值 $x\in(x_1,x_2)$ 的概率。式(1.52)亦表明概率密度函数是概率分布函数的导数。概率密度函数 $p(x)$ 恒为实值非负函数,它给出随机信号沿幅值域分布的统计规律。不同的随机信号有不同的概率密度函数图形,可以借此判别信号的性质。概率密度的具体论述及相关函数详见第 2 章。

习　　题

1.1 以下信号,哪个是周期信号?哪个是准周期信号?哪个是瞬变信号?它们的频谱各具有哪些特征?

(1) $\cos 2\pi f_0 t\, e^{-|\pi t|}$

(2) $\sin 2\pi f_0 t + 4\sin f_0 t$

(3) $\cos 2\pi f_0 t + 2\cos 3\pi f_0 t$

1.2 求信号 $x(t)=\sin 2\pi f_0 t$ 的有效值(均方根值)$x_{\mathrm{rms}}=\sqrt{\dfrac{1}{T_0}\int_0^{T_0} x^2(t)\,\mathrm{d}t}$。

1.3 用傅里叶级数的三角函数展开式和复指数展开式,求周期三角波(图 1.22)的频谱,并作频谱图。

1.4 求三角窗函数(图 1.23)的频谱,并作频谱图。

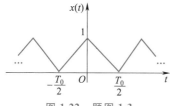

图 1.22　题图 1.3

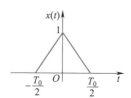

图 1.23　题图 1.4

1.5 求指数衰减振荡函数 $x(t)=e^{-at}\sin\omega_0 t$（$a>0$ 为常数）(图 1.24)的频谱,并作频谱图。

1.6 已知某信号 $x(t)$ 的频谱 $X(f)$(图 1.25),求 $x(t)\cos 2\pi f_0 t (f_0\gg f_m)$ 的频谱,并作频谱图。若 $f_0<f_m$,频谱图会出现什么情况?

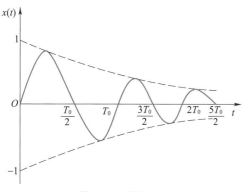

图 1.24　题图 1.5

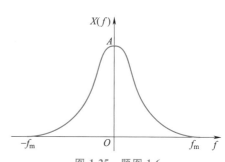

图 1.25　题图 1.6

1.7 求被矩形窗函数截断的余弦函数 $\cos\omega_0 t$(图 1.26)的频谱,并作频谱图。

$$x(t)=\begin{cases}\cos\omega_0 t & (|t|<T)\\ 0 & (|t|\geqslant T)\end{cases}$$

1.8 求用单位脉冲序列 $g(t)$ 对单边指数衰减函数 $y(t)$ 采样(图 1.27)的频谱,并作频谱图。

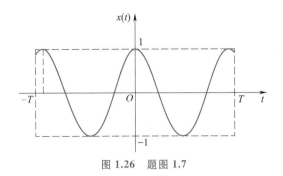

图 1.26　题图 1.7　　　　　　　　图 1.27　题图 1.8

$$g(t) = \sum_{n=-\infty}^{\infty} \delta(t - nT_0)$$

$$y(t) = \begin{cases} 0 & (a>0, t<0) \\ e^{-at} & (a>0, t\geqslant0) \end{cases}$$

1.9 求 $x(t)=\sin(2\pi f_0 t)$ 的绝对均值 $\mu_{|x|} = \dfrac{1}{T_0}\displaystyle\int_0^{T_0}|x(t)|\,\mathrm{d}t$ 和均方值 ψ_x^2。

1.10 矩形窗函数 $x(t)=\begin{cases}1 & |t|\leqslant T/2 \\ 0 & |t|>T/2\end{cases}$ 与余弦函数 $y(t)=\cos\omega t$ 的乘积为 $z(t)=x(t)y(t)$,在信号调制中,$x(t)$ 为调制信号,$y(t)$ 为载波,$z(t)$ 为调幅信号。请用图解法定性画出 $x(t)$、$y(t)$、$z(t)$ 的时域、频域波形。

1.11 利用傅里叶变换线性和时移性质,对图 1.28 所示的信号 $x(t)$ 求傅里叶变换。

1.12 已知 $f(t)$ 的傅里叶变换为 $F(\omega)=\cos(3\omega+1)$,求信号 $f(t)$。

1.13 求下列各周期信号的傅里叶变换。

(1) $\sin\left(2\pi t+\dfrac{\pi}{4}\right)$　　　　(2) $1+\cos\left(6\pi t+\dfrac{\pi}{8}\right)$

1.14 求题图 1.29 所示三角形调幅信号的频谱。

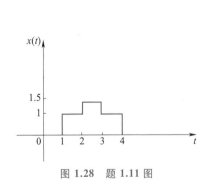

图 1.28　题 1.11 图

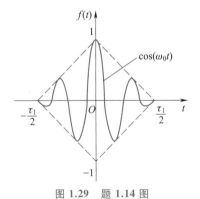

图 1.29　题 1.14 图

1.15 设 $f(t)=f_1(t)*f_2(t)$,则下列卷积等式哪个成立,哪个不成立?

(1) $f_1(t-t_0)*f_2(t+t_0)=f(t)$

(2) $f(t)*\delta'(t)=f'(t)$

(3) $f(t)*\delta(t)=f(t)$

(4) $f_1(2t)*f_2(2t)=f(2t)$

第 2 章　信号的分析与处理

在测试中所获得的各种动态信号,包含着丰富的有用信息,但是由于测试系统内部和外部各种因素的影响,必然在输出信号中混有噪声。有时,由于干扰信号的作用,使有用信息难于识别和利用,必须对所得的信号进行必要的处理和分析,才能准确地提取它所包含的有用信息。因此,信号分析和信号处理的目的是:① 剔除信号中的噪声和干扰,即提高信噪比;② 消除测量系统误差,修正畸变的波形;③ 强化、突出有用信息,削弱信号中的无用部分;④ 对信号进行加工、处理、变换,以便更容易识别和分析信号的特征,解释被测对象所表现的各种物理现象。

信号分析和信号处理是密切相关的,二者并没有明确的界限。通常,把能够简单、直观、迅速地获得信号的构成和特征值的分析过程称为信号分析,如信号的时域分析、幅值域分析、相关分析等;把经过必要的变换、处理、加工才能获得有用信息的过程称为信号处理,如对信号的频谱分析、系统响应分析等。信号分析和处理的内容包括时域分析、频域分析和时频域分析等,本章重点讨论频域分析。信号分析和处理的方法主要有模拟分析方法和数字处理分析方法。

数字信号处理可以在专用计算机上进行,也可以在通用计算机上实现。计算机软件、硬件的飞速发展使数字信号分析处理完全可以实现实时、高速,这为机械设备的在线故障诊断、各种物理现象的实时动态分析提供了一个良好的技术工具。

2.1　信号的时域分析

信号的主要统计参数有均值、绝对均值、均方值、方差以及幅值域的概率密度函数和概率分布函数。本节重点说明这些参数的计算、分析及应用。

2.1.1　特征值分析

1. 离散时间序列统计参数的计算

对于各态历经随机信号和确定性的连续信号,其统计特征可用式(1.45)~式(1.49)来表示。而在用计算机进行数据处理时,首先需要将测试得到的模拟信号经过 A/D 转换变为离散的时间序列。因此,对于离散时间序列的特征值统计是很有必要的。

(1)离散信号的均值 μ_x

对于离散信号,若 $x(t)$ 在 0~T 时间内,离散点数为 N,离散值为 x_n,则均值 μ_x 表示为

$$\mu_x = \lim_{N \to \infty} \frac{1}{N} \sum_{n=1}^{N} x_n \tag{2.1}$$

（2）离散信号的绝对均值 $\mu_{|x|}$

$$\mu_{|x|} = \lim_{N \to \infty} \frac{1}{N} \sum_{n=1}^{N} |x_n| \tag{2.2}$$

（3）离散信号的均方值 ψ_x^2

$$\psi_x^2 = \lim_{N \to \infty} \frac{1}{N} \sum_{n=1}^{N} x_n^2 \tag{2.3}$$

离散信号的均方根值 x_{rms} 即为有效值,其表达式为 $x_{rms} = \sqrt{\psi_x^2}$。

（4）离散信号的方差 σ_x^2

$$\sigma_x^2 = \lim_{N \to \infty} \frac{1}{N} \sum_{n=1}^{N} (x_n - \mu_x)^2 \tag{2.4}$$

σ_x^2 的开方称为均方根差,又叫标准偏差,表示为 $\sigma_x = \sqrt{\psi_x^2 - \mu_x^2}$。

在统计参数计算时,为防止计算机溢出、随时知道结果以及减少计算量等,常采用递推算法。N 项序列 $\{x_n\}$ 前 n 项的均值 μ_{xn} 的计算公式如下:

$$\mu_{xn} = \frac{n-1}{n} \mu_{x(n-1)} + \frac{1}{n} x_n \tag{2.5}$$

式中,μ_{xn}, $\mu_{x(n-1)}$ 分别为第 n 次计算和 $n-1$ 次计算的均值。

N 项序列 $\{x_n\}$ 前 n 项的均方值 ψ_n^2 的递推算法公式如下

$$\psi_n^2 = \frac{n-1}{n} \psi_{n-1}^2 + \frac{1}{n} x_n^2 \tag{2.6}$$

N 项序列 $\{x_n\}$ 前 n 项的方差 σ_n^2 的递推算法公式如下

$$\sigma_n^2 = \frac{n-1}{n} \left\{ \sigma_{n-1}^2 + \frac{1}{n} \left[x_n - \mu_{x(n-1)} \right]^2 \right\} \tag{2.7}$$

2. 特征值分析的应用

（1）均方根值诊断法

利用系统中某些特征点振动响应的均方根值作为判断故障的依据,是最简单、最常用的一种方法。例如,我国汽轮发电机组标准规定轴承座上垂直、水平方向振动的振幅不得超过 50 μm,如果超过就应该停机检修。

均方根值诊断法可适用于作简谐振动、周期振动的设备,也可用于作随机振动的设备。测量的参数:低频(几十赫兹)时宜测量位移;中频(1 000 Hz 左右)时宜测量速度;高频时宜测量加速度。

国家标准 GB/T 6075.3—2011《机械振动　在非旋转部件上测量评价机器的振动　第 3 部分:额定功率大于 15 kW 额定转速在 120 r/min 至 15 000 r/min 之间的在现场测量的工业机器》关于振动均方根的规定见表 2.1。

表 2.1　GB/T 6075.3—2011 关于振动均方根的规定

机器分组	支承类型	区域边界	位移均方根值/μm	速度均方根值/(mm/s)
额定功率大于 300 kW 并且小于 50 MW 的大型机器:转轴高度 $H \geqslant$ 315 mm 的电动机	刚性	A/B	29	2.3
		B/C	57	4.5
		C/D	90	7.1
	柔性	A/B	45	3.5
		B/C	90	7.1
		C/D	140	11.0
额定功率大于 15 kW 小于等于 300 kW 的中型机器;转轴高度 160 mm $\leqslant H <$ 315 mm 的电动机	刚性	A/B	22	1.4
		B/C	45	2.8
		C/D	71	4.5
	柔性	A/B	37	2.3
		B/C	71	4.5
		C/D	113	7.1

区域 A~D 的意义如下。

区域 A:新交付的机器的振动通常落在该区域。

区域 B:振动处在该区域的机器通常认为可无限制长期运行。

区域 C:振动处在该区域的机器一般不适宜作长时间连续运行,可在此状态下运行有限时间,直到出现采取补救措施的合适时机为止。

区域 D:处在该区域的振动通常认为其振动烈度足以导致机器损坏。

（2）振幅-时间图诊断法

均方根值诊断法多适用于机器作稳态振动的情况。如果机器振动不平稳,且振动参量随时间变化,则可用振幅-时间图诊断法。

振幅-时间图诊断法多是测量和记录机器在开机和停机过程中振幅随时间的变化过程,根据振幅-时间曲线判断机器故障。以离心式空气压缩机或其他旋转机械的开机过程为例,记录到的振幅 A 随时间 t 变化的几种情况如图 2.1 所示。

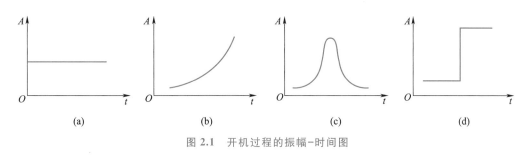

(a)　　　　　　(b)　　　　　　(c)　　　　　　(d)

图 2.1　开机过程的振幅-时间图

图 2.1a 表明振幅不随开机过程而变化,则可能是别的设备及地基振动传递到被测设备而引起的,也可能是流体压力脉动或阀门振动引起的。

图 2.1b 所示是振幅随开机过程而增大,则可能是转子动平衡不好,也可能是轴承座和基础

刚度小,另外,也可能是推力轴承损坏等引起的。

图 2.1c 所示是在开机过程中振幅出现峰值,这多半是共振引起的。包括轴系临界转速低于工作转速的所谓柔性转子的情况,也包括箱体、支座、基础共振的情况。

图 2.1d 所示是振幅在开机过程中某时刻突然增大,这可能是油膜振荡引起的,也可能是间隙过小或过盈不足引起的。

需要说明:大型旋转机械常采用动压轴承支承转子,该轴承靠油膜实现动静部件的配合,当油膜的厚度、压力、黏度、温度等参数一定时,由于动力失稳而产生油膜涡动和油膜振荡。油膜涡动是一种转子的中心绕着轴承中心转动的亚同步振动现象,其涡动频率约为转子回转频率的一半,常称为半速涡动或半频涡动。随着转子回转频率的增加,油膜涡动频率也增加,两者保持一个近乎不变的恒定比,即约为 50%。但当转子回转频率约为其一阶临界回转频率的 2 倍时,随着转子回转频率的增加,油膜涡动频率将保持不变,且等于转子的一阶临界回转频率。涡动频率与转子回转频率无关,振幅也不下降,出现强烈的振动现象,即所谓油膜振荡。产生强振的原因是油膜涡动与系统共振两者共同作用、相互促进的结果,因而这种振动也称为共振振荡。

若间隙过小,当温度或离心力等引起的变形达到一定值时会引起碰撞,使振幅突然增大。又如叶片机械的叶轮和转轴外套过盈不足,则离心力达到某一值时引起松动,也会使振幅突然增大。

2.1.2　概率密度函数分析

1. 概率密度函数

由第 1 章可知,概率密度函数是概率相对于幅值的变化率,因此可以从对概率密度函数积分而得到概率,即

$$P(x_1 < x \le x_2) = \int_{x_1}^{x_2} p(x)\,\mathrm{d}x \tag{2.8}$$

$P(x)$ 称为概率分布函数,它表示信号幅值在 x_1 到 x_2 范围内出现的概率。显然,对于任何随机信号有

$$\left.\begin{array}{c} P(x) = \int_{-\infty}^{\infty} p(x)\,\mathrm{d}x = 1 \\[6pt] P(x < x_1) = \int_{-\infty}^{x_1} p(x)\,\mathrm{d}x \\[6pt] P(x \ge x_1) = \int_{x_1}^{\infty} p(x)\,\mathrm{d}x = 1 - P(x < x_1) \\[6pt] p(x) = \dfrac{\mathrm{d}P(x)}{\mathrm{d}x} \end{array}\right\} \tag{2.9}$$

式中: $P(x<x_1)$, $P(x \ge x_1)$ 分别为幅值小于 x_1 和大于 x_1 的概率。式(2.9)亦表明概率密度函数是概率分布函数的导数。概率密度函数 $p(x)$ 恒为实值非负函数。它给出随机信号沿幅值域分布的统计规律。不同的随机信号有不同的概率密度函数图形,可以借此判别信号的性质。图 2.2 所示是几种常见均值为零的随机信号的概率密度函数图形。

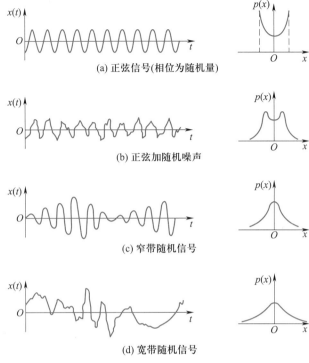

图 2.2　几种随机信号的概率密度函数

时域信号的均值、均方根值、标准差等特征值与概率密度函数有着密切的关系,这里不做推导直接给出

$$\mu_x = \int_{-\infty}^{\infty} x p(x) \, \mathrm{d}x \qquad (2.10)$$

$$x_{\mathrm{rms}} = \sqrt{\int_{-\infty}^{\infty} x^2 p(x) \, \mathrm{d}x} \qquad (2.11)$$

$$\sigma_x = \sqrt{\int_{-\infty}^{\infty} (x - \mu_x)^2 p(x) \, \mathrm{d}x} \qquad (2.12)$$

2. 典型信号的概率密度函数

(1) 正弦信号的概率密度函数

若正弦信号的表达式为 $x = A \sin \omega t$,则有 $\mathrm{d}x = A\omega \cos \omega t \mathrm{d}t$,于是

$$\mathrm{d}t = \frac{\mathrm{d}x}{A\omega \cos \omega t} = \frac{\mathrm{d}x}{A\omega \sqrt{1 - (x/A)^2}}$$

则

$$p(x)\mathrm{d}x \approx \frac{2\mathrm{d}t}{T} = \frac{2\mathrm{d}x}{(2\pi/\omega)A\omega \sqrt{1 - (x/A)^2}} = \frac{\mathrm{d}x}{\pi \sqrt{A^2 - x^2}}$$

所以

$$p(x) = \frac{1}{\pi \sqrt{A^2 - x^2}} \qquad (2.13)$$

由图 2.2 可以看出,与高斯噪声的概率密度函数不同的是:在均值 μ_x 处 $p(x)$ 最小;在信号的最大、最小幅值处 $p(x)$ 最大。

（2）正态分布随机信号的概率密度函数

正态分布又叫高斯分布,是概率密度函数中最重要的一种分布,应用十分广泛。如正常加工零件的尺寸、正常运行机器的振动等,其概率密度函数均是近似或完全符合正态分布的。正态随机信号的概率密度函数用下式表示

$$p(x) = \frac{1}{\sigma_x \sqrt{2\pi}} e^{-\frac{(x-\mu_x)^2}{2\sigma_x^2}} \tag{2.14}$$

式中:μ_x——随机信号的均值;

σ_x——随机信号的标准差。

图 2.3 所示为一维高斯概率密度曲线和概率分布曲线,在均值 μ_x 处的 $p(x)$ 最大,在信号的最大、最小幅值处 $p(x)$ 最小;σ_x 越大,概率密度曲线越平坦。由曲线可以看到,一维高斯概率密度曲线有以下特点。

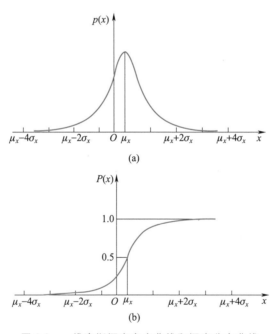

图 2.3　一维高斯概率密度曲线和概率分布曲线

1）单峰,峰在 $x = \mu_x$ 处,当 $x \to \pm\infty$ 时,$p(x) \to 0$。

2）曲线以 $x = \mu_x$ 为对称轴。

3）$x = \mu_x \pm \sigma_x$ 时曲线出现拐点。

4）x 值落在离 μ_x 为 $\pm\sigma_x$、$\pm2\sigma_x$、$\pm3\sigma_x$ 区间的概率分别为 0.683、0.954 和 0.997。即

$$\left. \begin{array}{l} P(\mu_x - \sigma_x \leqslant x \leqslant \mu_x + \sigma_x) = 0.683 \\ P(\mu_x - 2\sigma_x \leqslant x \leqslant \mu_x + 2\sigma_x) = 0.954 \\ P(\mu_x - 3\sigma_x \leqslant x \leqslant \mu_x + 3\sigma_x) = 0.997 \end{array} \right\} \tag{2.15}$$

二维高斯概率密度函数 $p(x_1, x_2)$ 的图形在垂直于 x_1、x_2 的面上投影都是高斯曲线,其表达式较为复杂,这里就不再列举了。

（3）混有正弦波的高斯噪声的概率密度函数

包含有正弦信号 $s(t) = s_0 \sin(2\pi ft + \theta)$ 的随机信号 $x(t)$ 的表达式为

$$x(t) = n(t) + s(t)$$

式中:$n(t)$ 为零均值的高斯随机噪声,其标准差为 σ_n。$s(t)$ 的标准差为 σ_s,其概率密度函数表达式为

$$p(x) = \frac{1}{\sigma_n \pi \sqrt{2\pi}} \int_0^\pi e^{-\left(\frac{x - s_0 \cos\theta}{4\sigma_n}\right)^2} d\theta \tag{2.16}$$

图 2.4 所示为含有正弦波随机信号的概率密度函数图形,图中,$R = (\sigma_s / \sigma_n)^2$。对于不同的 R 值,$p(x)$ 有不同的图形。对于纯高斯噪声,$R = 0$;对于正弦波,$R = \infty$;对于含有正弦波的高斯噪声,$0 < R < \infty$。该图形为鉴别随机信号中是否存在正弦信号以及从幅值统计意义上看其所占的比重,提供了图形上的依据。

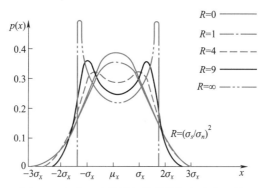

图 2.4 含有正弦波随机信号的概率密度函数

2.2 信号的相关分析

2.2.1 相关系数

在测试信号分析中,相关是一个非常重要的概念。所谓"相关",是指变量之间的线性关系,对于确定性信号来说,两个变量之间可用函数关系来描述,两者一一对应并为确定的数值。两个随机变量之间就不具有这样确定的关系,但是如果这两个变量之间具有某种内涵的物理联系,那么通过大量统计就能发现,它们之间还是存在着某种虽不精确但具有相应的表征其特性的近似关系。图 2.5 所示表示由两个随机变量 x 和 y 组成的数据点的分布情况。图 2.5a 中变量 x 和 y 有较好的线性关系;图 2.5b 中 x 和 y 虽无确定关系,但从总体上看,两变量间具有某种程度的相关关系;图 2.5c 各点分布很散乱,可以说变量 x 和 y 之间是不相关的。

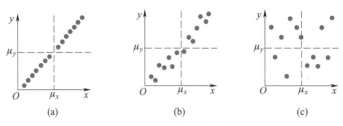

图 2.5 x 与 y 变量的相关性

变量 x 和 y 之间的相关程度常用相关系数 ρ_{xy} 表示:

$$\rho_{xy} = \frac{\sigma_{xy}}{\sigma_x \sigma_y} = \frac{E\left[(x - \mu_x)(y - \mu_y)\right]}{\sqrt{E\left[(x - \mu_x)^2\right] E\left[(y - \mu_y)^2\right]}} \tag{2.17}$$

式中: σ_{xy} —— 随机变量 x、y 的协方差;

μ_x、μ_y —— 随机变量 x、y 的均值;

σ_x、σ_y —— 随机变量 x、y 的标准差。

利用柯西-施瓦茨不等式

$$E\left[(x - \mu_x)(y - \mu_y)\right]^2 \leqslant E\left[(x - \mu_x)^2\right] E\left[(y - \mu_y)^2\right] \tag{2.18}$$

故知 $|\rho_{xy}| \leqslant 1$。当 $\rho_{xy} = 1$ 时,说明 x、y 两变量是理想的线性相关;当 $\rho_{xy} = -1$ 时也是理想的线性相关,只是直线的斜率为负;当 $\rho_{xy} = 0$ 时,表示 x、y 两变量之间完全无关,如图 2.5c 所示。

2.2.2　自相关分析

1. 自相关函数的概念

图 2.6 中,$x(t)$ 是各态历经随机信号,$x(t+\tau)$ 是 $x(t)$ 时移 τ 后的样本,两个样本的相关程度可以用相关系数来表示。若把自相关系数 $\rho_{x(t)x(t+\tau)}$ 简写为 $\rho_x(\tau)$,则有

$$
\begin{aligned}
\rho_x(\tau) &= \frac{\lim_{T \to \infty} \dfrac{1}{T} \displaystyle\int_0^T \left[x(t) - \mu_x\right]\left[x(t+\tau) - \mu_x\right] \mathrm{d}t}{\sigma_x^2} \\
&= \frac{\lim_{T \to \infty} \dfrac{1}{T} \displaystyle\int_0^T x(t)x(t+\tau)\mathrm{d}t - \mu_x^2}{\sigma_x^2}
\end{aligned} \tag{2.19}
$$

若用 $R_x(\tau)$ 表示自相关函数,其定义为

$$R_x(\tau) = \lim_{T \to \infty} \frac{1}{T} \int_0^T x(t)x(t+\tau)\mathrm{d}t \tag{2.20}$$

则

$$\rho_x(\tau) = \frac{R_x(\tau) - \mu_x^2}{\sigma_x^2} \tag{2.21}$$

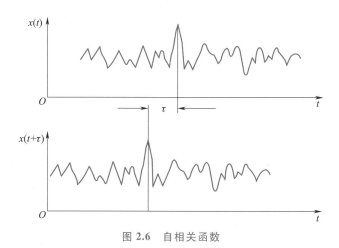

图 2.6　自相关函数

应当说明,信号的性质不同,自相关函数有不同的表达形式。对于周期信号和非周期信号,自相关函数的表达形式分别为:

周期信号

$$R_x(\tau) = \frac{1}{T}\int_0^T x(t)x(t+\tau)\mathrm{d}t \qquad (2.22)$$

非周期信号

$$R_x(\tau) = \int_{-\infty}^{\infty} x(t)x(t+\tau)\mathrm{d}t \qquad (2.23)$$

2. 自相关函数的性质

1）自相关函数为实偶函数,即 $R_x(\tau) = R_x(-\tau)$。因为

$$
\begin{aligned}
R_x(-\tau) &= \lim_{T\to\infty}\frac{1}{T}\int_0^T x(t)x(t-\tau)\mathrm{d}t \\
&= \lim_{T\to\infty}\frac{1}{T}\int_0^T x(t+\tau)x(t+\tau-\tau)\mathrm{d}(t+\tau) \qquad (2.24) \\
&= R_x(\tau)
\end{aligned}
$$

即 $R_x(\tau) = R_x(-\tau)$,又因为 $x(t)$ 是实函数,所以自相关函数是 τ 的实偶函数。

2）τ 值不同,$R_x(\tau)$ 不同,当 $\tau = 0$ 时,$R_x(\tau)$ 的值最大,并等于信号的均方值 ψ_x^2。

$$R_x(0) = \lim_{T\to\infty}\frac{1}{T}\int_0^T x^2(t)\mathrm{d}t = \psi_x^2 = \sigma_x^2 + \mu_x^2 \qquad (2.25)$$

则

$$\rho_x(0) = \frac{R_x(0) - \mu_x^2}{\sigma_x^2} = 1 \qquad (2.26)$$

式(2.26)表明,当 $\tau = 0$ 时,两信号完全相关。

3）$R_x(\tau)$ 值的限制范围为 $\mu_x^2 - \sigma_x^2 \leqslant R_x(\tau) \leqslant \mu_x^2 + \sigma_x^2$。

由式(2.21),得

$$R_x(\tau) = \rho_x(\tau)\sigma_x^2 + \mu_x^2 \qquad (2.27)$$

41

又因为 $|\rho_x(\tau)| \leqslant 1$，所以

$$\mu_x^2 - \sigma_x^2 \leqslant R_x(\tau) \leqslant \mu_x^2 + \sigma_x^2 \tag{2.28}$$

4）当 $\tau \to \infty$ 时，$x(t)$ 和 $x(t+\tau)$ 之间不存在内在联系，彼此无关，即

$$\rho_x(\tau \to \infty) \to 0$$
$$R_x(\tau \to \infty) \to \mu_x^2$$

若 $\mu_x = 0$，则 $R_x(\tau \to \infty) \to 0$，如图 2.7 所示。

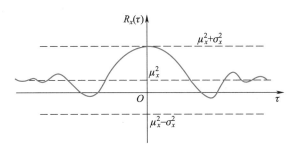

图 2.7　自相关函数的性质

5）周期函数的自相关函数仍为同频率的周期函数。

若周期函数为 $x(t) = x(t+nT)$，则其自相关函数为

$$R_x(\tau + nT) = \frac{1}{T}\int_0^T x(t + nT)x(t + nT + \tau)\,\mathrm{d}(t + nT)$$

$$= \frac{1}{T}\int_0^T x(t)x(t + \tau)\,\mathrm{d}t = R_x(\tau)$$

例 2.1　正弦函数 $x(t) = x_0 \sin(\omega t + \varphi)$ 的初相角 φ 为随机变量，求其自相关函数。

解　根据式（2.22），得

$$R_x(\tau) = \frac{1}{T}\int_0^T x(t)x(t + \tau)\,\mathrm{d}t$$

$$= \frac{1}{T}\int_0^T x_0^2 \sin(\omega t + \varphi)\sin[\omega(t + \tau) + \varphi]\,\mathrm{d}t$$

式中，T 为正弦函数的周期，$T = 2\pi/\omega$。

令 $\omega t + \varphi = \theta$ 代入上式，则得

$$R_x(\tau) = \frac{x_0^2}{2\pi}\int_0^{2\pi} \sin\theta\sin(\theta + \omega\tau)\,\mathrm{d}\theta = \frac{x_0^2}{2}\cos\omega\tau$$

可见，正弦函数的自相关函数是一个余弦函数，在 $\tau = 0$ 时具有最大值。它保留了幅值信息和频率信息，但丢失了原正弦函数中的初始相位信息。

几种典型信号的时间历程图、概率密度图、自相关图和自功率谱图见表 2.2。由图可知，只要信号中含有周期成分，其自相关函数在 τ 很大时都不衰减，并具有明显的周期性。不包含周期成分的随机信号，当 τ 稍大时自相关函数就将趋近于零；宽带随机噪声的自相关函数很快衰减到

零;窄带随机噪声的自相关函数则有较慢的衰减特性;白噪声自相关函数收敛最快,为 δ 函数,所含频率为无限多,频带无限宽。

表 2.2　几种典型信号的时间历程图、概率密度图、自相关图和自功率谱图

	名称	时间历程图	概率密度图	自相关图	自功率谱图
(1)	初相角随机变化的正弦信号				
(2)	正弦波加随机噪声信号				
(3)	窄带随机信号				
(4)	宽带随机信号				
(5)	白噪声信号				

例 2.2　图 2.8a 是采用不同的加工方法所形成的表面,图 2.8b 是用电感式轮廓仪测量工件表面粗糙度的示意图。金刚石触头将工件表面的凸凹不平度,通过电感式传感器转换为表面粗糙度 $x(t)$ 波形,再经过自相关分析得到其自相关函数 $R_x(\tau)$ 的图形。试根据自相关函数分析导致加工表面粗糙的原因。

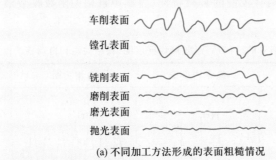

車削表面
镗孔表面
铣削表面
磨削表面
磨光表面
抛光表面

(a) 不同加工方法形成的表面粗糙情况

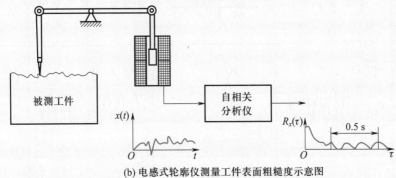

被测工件

$x(t)$

O t

自相关
分析仪

$R_x(\tau)$

0.5 s

O τ

(b) 电感式轮廓仪测量工件表面粗糙度示意图

图 2.8 表面粗糙度原因的自相关分析

解 从表面粗糙度 $x(t)$ 的自相关函数 $R_x(\tau)$ 可以看出,这是一种随机信号中混杂着周期信号的波形,随机信号在原点处有较大相关性,随 τ 值增大而减小,此后 $R_x(\tau)$ 呈现出周期性,这说明造成表面粗糙的原因之一是某种周期因素,例如沿工件轴向走刀运动的周期性变化,沿工件切向主轴回转振动的周期性变化等。从自相关函数图可以确定周期因素的频率为

$$f = \frac{1}{T} = \frac{1}{0.5/3} \text{ Hz} = 6 \text{ Hz}$$

根据加工该工件的机械设备中各个运动部件的运动频率(如机床电动机的转速、工作台拖板的往复运动次数、液压系统的压力脉动频率等),通过测算和对比分析,运动频率接近 6 Hz 的部件的振动就是造成加工表面粗糙的主要原因。

2.2.3 互相关分析

1. 互相关函数的概念

对于各态历经随机过程,两个随机信号 $x(t)$ 和 $y(t)$ 的互相关函数 $R_{xy}(\tau)$ 定义为

$$R_{xy}(\tau) = \lim_{T \to \infty} \frac{1}{T} \int_0^T x(t) y(t + \tau) \, dt \tag{2.29}$$

时移为 τ 的两信号 $x(t)$ 和 $y(t)$ 的互相关系数为

$$\rho_{xy}(\tau) = \frac{\displaystyle\lim_{T \to \infty} \frac{1}{T} \int_0^T [x(t) - \mu_x][y(t + \tau) - \mu_y] \, dt}{\sigma_x \sigma_y}$$

$$= \frac{\lim_{T \to \infty} \frac{1}{T} \int_0^T x(t) y(t + \tau) \mathrm{d}t - \mu_x \mu_y}{\sigma_x \sigma_y} = \frac{R_{xy}(\tau) - \mu_x \mu_y}{\sigma_x \sigma_y} \tag{2.30}$$

2. 互相关函数的性质

1）互相关函数是可正 、可负的实函数。

$x(t)$ 和 $y(t)$ 均为实函数，$R_{xy}(\tau)$ 也应当为实函数。在 $\tau = 0$ 时，由于 $x(t)$ 和 $y(t)$ 值可正、可负，故 $R_{xy}(\tau)$ 的值也可正、可负。

2）互相关函数非偶函数，亦非奇函数，而是 $R_{xy}(\tau) = R_{yx}(-\tau)$。

因为所讨论的随机过程是平稳的，在 t 时刻从样本采样计算的互相关函数应和 $t-\tau$ 时刻从样本采样计算的互相关函数是一致的，即

$$R_{xy}(\tau) = \lim_{T \to \infty} \frac{1}{T} \int_0^T x(t) y(t + \tau) \mathrm{d}t = \lim_{T \to \infty} \frac{1}{T} \int_0^T x(t - \tau) y(t) \mathrm{d}t$$

$$= \lim_{T \to \infty} \frac{1}{T} \int_0^T y(t) x(t - \tau) \mathrm{d}t = R_{yx}(-\tau) \tag{2.31}$$

式（2.31）表明互相关函数不是偶函数，也不是奇函数，$R_{xy}(\tau)$ 与 $R_{yx}(-\tau)$ 在图形上对称于纵坐标轴，如图 2.9 所示。

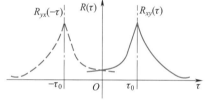

图 2.9 互相关函数的对称性

3）$R_{xy}(\tau)$ 的峰值不在 $\tau = 0$ 处，其峰值偏离原点的位置 τ_0 反映了两信号时移的大小，相关程度最高，如图 2.10 所示。

4）互相关函数的限制范围为 $\mu_x \mu_y - \sigma_x \sigma_y \leqslant R_{xy}(\tau) \leqslant \mu_x \mu_y + \sigma_x \sigma_y$。

由式（2.30）得

$$R_{xy}(\tau) = \mu_x \mu_y + \rho_{xy}(\tau) \sigma_x \sigma_y$$

因为 $|\rho_{xy}(\tau)| \leqslant 1$，故知

$$\mu_x \mu_y - \sigma_x \sigma_y \leqslant R_{xy}(\tau) \leqslant \mu_x \mu_y + \sigma_x \sigma_y \tag{2.32}$$

图 2.10 表示了互相关函数的取值范围。

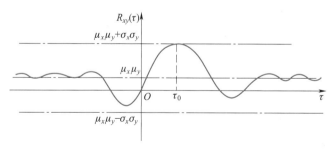

图 2.10 互相关函数的性质

5）两个统计独立的随机信号，当均值为零时，$R_{xy}(\tau) = 0$。

将随机信号 $x(t)$ 和 $y(t)$ 表示为其均值和波动部分之和的形式，即

$$x(t) = \mu_x + x'(t), \quad y(t) = \mu_y + y'(t)$$

则

$$R_{xy}(\tau) = \lim_{T \to \infty} \frac{1}{T} \int_0^T x(t) y(t + \tau) \, \mathrm{d}t$$

$$= \lim_{T \to \infty} \frac{1}{T} \int_0^T [\mu_x + x'(t)][\mu_y + y'(t + \tau)] \, \mathrm{d}t$$

$$= R_{x'y'}(\tau) + \mu_x \mu_y$$

$$= \mu_x \mu_y$$

当 $\mu_x = \mu_y = 0$ 时，$R_{xy}(\tau) = 0$。

6) 两个不同频率的周期信号，其互相关函数为零。

若两个不同频率的周期信号表达式为

$$x(t) = x_0 \sin(\omega_1 t + \theta_1), \quad y(t) = y_0 \sin(\omega_2 t + \theta_2)$$

则

$$R_{xy}(\tau) = \lim_{T \to \infty} \frac{1}{T} \int_0^T x(t) y(t + \tau) \, \mathrm{d}t$$

$$= \lim_{T \to \infty} \frac{1}{T} \int_0^T x_0 y_0 \sin(\omega_1 t + \theta_1) \sin[\omega_2(t + \tau) + \theta_2] \, \mathrm{d}t$$

根据正、余弦函数的正交性可知 $R_{xy}(\tau) = 0$，也就是两个不同频率的周期信号是不相关的。

7) 两个同频率正、余弦函数相关。

若两个同频率正、余弦函数表达式为

$$x(t) = x_0 \sin \omega t, \quad y(t) = y_0 \cos \omega t$$

则

$$R_{xy}(\tau) = \lim_{T \to \infty} \frac{1}{T} \int_0^T x(t) y(t + \tau) \, \mathrm{d}t$$

$$= \frac{1}{T} \int_0^T \sin \omega t \cos \omega(t + \tau) \, \mathrm{d}t$$

$$= -\frac{1}{2} \sin \omega \tau$$

8) 周期信号与随机信号的互相关函数为零。

由于随机信号 $y(t+\tau)$ 在 $t \to t+\tau$ 时间内并无确定的关系，它的取值显然与任何周期函数 $x(t)$ 无关，因此 $R_{xy}(\tau) = 0$。

例 2.3 已知同频率的正弦函数 $x(t) = x_0 \sin(\omega t + \varphi)$ 和 $y(t) = y_0 \sin(\omega t + \varphi - \theta)$，式中 φ 为 $x(t)$ 的初相角，θ 为 $x(t)$ 与 $y(t)$ 的相位差，求其互相关函数 $R_{xy}(\tau)$。

解 因为信号是周期函数，可以用一个共同周期内的平均值代替其整个历程的平均值，故

$$R_{xy}(\tau) = \lim_{T \to \infty} \frac{1}{T} \int_0^T x(t) y(t + \tau) \, \mathrm{d}t$$

$$= \frac{1}{T} \int_0^T x_0 \sin(\omega t + \varphi) y_0 \sin[\omega(t + \tau) + \varphi - \theta] \, \mathrm{d}t$$

$$= \frac{1}{2} x_0 y_0 \cos(\omega \tau - \theta)$$

由上例可见,两个均值为零且具有相同频率的周期信号,其互相关函数中保留了这两个信号的角频率 ω、对应的幅值 x_0 和 y_0 以及相位差 θ 的信息,即两同频率周期信号的互相关函数不为零。

2.2.4 互相关分析的应用

互相关函数的上述性质使它在工程应用中有重要的价值。利用互相关函数可以测量系统的延时,如确定信号通过给定系统所滞后的时间,如果系统是线性的,则滞后的时间可以直接用输入、输出互相关图上峰值的位置来确定。利用互相关函数可识别、提取混淆在噪声中的信号。例如,对一个线性系统激振,所测得的振动信号中含有大量的噪声干扰,根据线性系统的频率保持性,只有和激振频率相同的成分才可能是由激振而引起的响应,其他成分均是干扰。因此,只要将激振信号和所测得的响应信号进行互相关处理,就可以得到由激振而引起的响应,消除了噪声干扰的影响。

在测试技术中,互相关技术也得到了广泛的应用,下面是应用互相关技术进行测试的几个例子。

1. 相关测速

工程中常用两个间隔一定距离的传感器进行非接触测量运动物体的速度。图 2.11 是非接触测量热轧钢带运动速度的示意图,其测试系统由性能相同的两组光电池、透镜、可调延时器和相关器组成。当运动的热轧钢带表面的反射光经透镜聚焦在相距为 d 的两个光电池上时,反射光通过光电池转换为电信号,经可调延时器延时,再进行相关处理。当可调延时 τ 等于钢带上某点在两个测点之间经过所需的时间 τ_d 时,互相关函数为最大值。所测钢带的运动速度为 $v = d/\tau_d$。

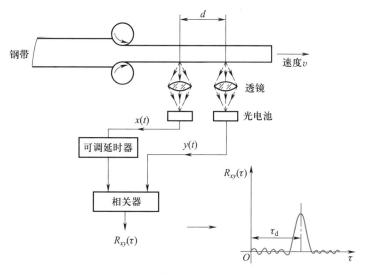

图 2.11 热轧钢带运动速度的非接触测量

利用相关测速的原理,在汽车前后轴上放置传感器,可以测量汽车在冰面上行驶时,车轮滑动加滚动的车速;在船体底部前后一定距离,安装两套向水底发射、接收声纳的装置,可以测量航船的速度;在高炉输送煤粉的管道中,在相距一定距离安装两套电容式相关测速装置,可以测量煤粉的流动速度和单位时间内的输煤量。

2. 相关分析在故障诊断中的应用

图2.12是确定深埋在地下的输油管裂损位置的示意图。漏损处 K 为向两侧传播声响的声源。在两侧管道上分别放置传感器1和2,因为放传感器的两点距漏损处不等距,所以漏油的声响传至两传感器就有时差 τ_m,在互相关图上 $\tau=\tau_m$ 处, $R_{x_1x_2}(\tau)$ 有最大值。由 τ_m 可确定漏损处的位置。

$$S = \frac{1}{2}v\tau_m$$

式中:S——两传感器的中点至漏损处的距离;

　　　v——声响通过管道的传播速度。

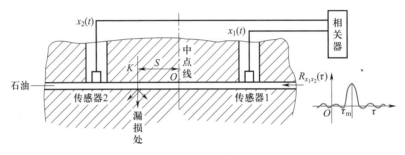

图2.12　确定输油管裂损位置

3. 传递通道的相关测定

相关分析方法可以应用于工业噪声传递通道的分析和隔离、剧场音响传递通道的分析和音响效果的完善、复杂管路振动的传递和振源的判别等。图2.13是车辆振动传递途径的识别示意图。在发动机、司机座、后桥放置三个加速度传感器,将输出并放大的信号进行相关分析。可以看到,发动机与司机座的互相关性较差,而后桥与司机座的互相关性较强,可以认为司机座的振动主要是由汽车后轮的振动引起的。

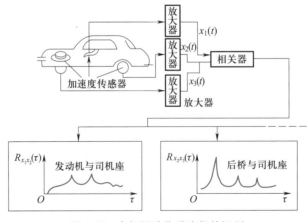

图2.13　车辆振动传递途径的识别

图 2.14 是复杂管路系统振动传递途径识别的示意图。图中,主管路上测点 A 的压力正常,分支管路的输出点 B 处的压力异常,将放置于两处的压力传感器的输出信号进行相关分析,便可以确定哪条途径对 B 点压力变化影响最大(注意:各条途径的长度不同)。

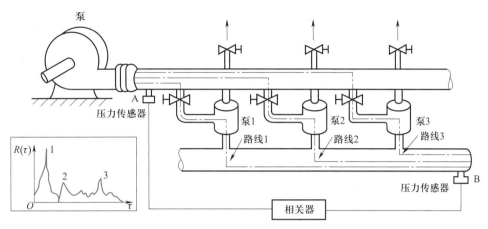

图 2.14 复杂管路系统振动传递途径的识别

4. 相关分析的声学应用

相关分析在声学测量中应用广泛。它可以区分不同时间到达的声音,测定物体的吸声系数和衰减系数,从多个独立声源或振动源中测出某一声源到一定地点的声功率等。图 2.15 是测量墙板声音衰减的示意图,离被测墙板不远处放置一个宽带声源,它的声压是 $x_1(t)$。在墙板的另一边紧挨着墙板放置一个微音器,其输出信号 $x_2(t)$ 是由穿透墙板的声压和绕过墙板的声压叠加而成。由于穿透声传播的时间最短,因而图 2.16 中的相关函数 $R_{x_1x_2}(\tau)$ 的第一个峰(穿透峰)就表示穿透声的功率。利用同样道理,在测定物体反射时的吸声系数时,可以把图 2.15 中的微音器放置在声源和墙板之间,这样直接进入微音器的声压比反射声来得早,则第二个相关峰就是反射峰。

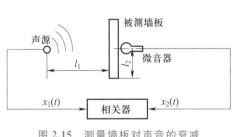

图 2.15 测量墙板对声音的衰减

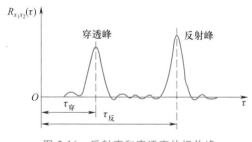

图 2.16 反射声和穿透声的相关峰

2.3 信号的频域分析

信号的时域描述反映了信号幅值随时间变化的特征,而频域的描述反映了信号的频率结构和各频率成分的幅值、相位大小。相关分析从时域为在噪声背景下提取有用信息提供了手段,功率谱密度函数、相干函数、倒谱分析则从频域为研究平稳随机过程提供了重要方法。

2.3.1 功率谱密度函数

1. 帕什瓦（Parseval）定理

帕什瓦定理：时域中信号的总能量等于频域中信号的总能量。即

$$\int_{-\infty}^{\infty} x^2(t)\,\mathrm{d}t = \int_{-\infty}^{\infty} X^2(f)\,\mathrm{d}f \tag{2.33}$$

式（2.33）又叫能量等式。这个定理可以用傅里叶变换推导出，即

由等式左边可得：

$$\int_{-\infty}^{\infty} x^2(t)\,\mathrm{d}t = \int_{-\infty}^{\infty} x(t)x^*(t)\,\mathrm{d}t$$

$$= \int_{-\infty}^{\infty} x(t)\left[\int_{-\infty}^{\infty} X^*(f)\,\mathrm{e}^{-\mathrm{j}2\pi t}\,\mathrm{d}f\right]\mathrm{d}t$$

改变积分次序，有

$$\int_{-\infty}^{\infty} x^2(t)\,\mathrm{d}t = \int_{-\infty}^{\infty} X^*(f)\left[\int_{-\infty}^{\infty} x(t)\,\mathrm{e}^{-\mathrm{j}2\pi t}\,\mathrm{d}t\right]\mathrm{d}f$$

$$= \int_{-\infty}^{\infty} X^*(f)X(f)\,\mathrm{d}f$$

$$= \int_{-\infty}^{\infty} X^2(f)\,\mathrm{d}f$$

其中，$x^*(t)$ 是 $x(t)$ 的共轭复数。

$X^2(f)$ 称为能谱，它是沿频率轴的能量分布密度。

2. 功率谱密度函数的定义

随机信号的自功率谱密度函数（自谱）是该随机信号自相关函数的傅里叶变换，记为 $S_x(f)$。

$$S_x(f) = \int_{-\infty}^{\infty} R_x(\tau)\,\mathrm{e}^{-\mathrm{j}2\pi f\tau}\,\mathrm{d}\tau \tag{2.34}$$

其逆变换为

$$R_x(\tau) = \int_{-\infty}^{\infty} S_x(f)\,\mathrm{e}^{\mathrm{j}2\pi f\tau}\,\mathrm{d}f \tag{2.35}$$

两随机信号的互功率谱密度函数（互谱）为

$$S_{xy}(f) = \int_{-\infty}^{\infty} R_{xy}(\tau)\,\mathrm{e}^{-\mathrm{j}2\pi f\tau}\,\mathrm{d}\tau \tag{2.36}$$

其逆变换为

$$R_{xy}(\tau) = \int_{-\infty}^{\infty} S_{xy}(f)\,\mathrm{e}^{\mathrm{j}2\pi f\tau}\,\mathrm{d}f \tag{2.37}$$

由于 $S(f)$ 和 $R(\tau)$ 之间是傅里叶变换对的关系，两者是唯一对应的。$S(f)$ 中包含着 $R(\tau)$ 的全部信息。因为 $R_x(\tau)$ 为实偶函数，所以 $S_x(f)$ 亦为实偶函数。互相关函数 $R_{xy}(\tau)$ 并非偶函数，因此 $S_{xy}(f)$ 具有虚、实两部分，同样 $S_{xy}(f)$ 保留了 $R_{xy}(\tau)$ 的全部信息。

3. 功率谱密度函数的物理意义

$S_x(f)$ 和 $S_{xy}(f)$ 是随机信号的频域描述函数。因随机信号的积分不收敛，不满足狄里克雷条

件,因此其傅里叶变换不存在,无法直接得到频谱。但均值为零的随机信号的相关函数在 $\tau \to \infty$ 时是收敛的,即 $R_x(\tau \to \infty) = 0$,可满足傅里叶变换条件 $\int_{-\infty}^{\infty} |R_x(\tau)| \, \mathrm{d}\tau < \infty$,根据傅里叶变换理论,自相关函数 $R_x(\tau)$ 是绝对可积的。

对于式(2.35),当 $\tau = 0$ 时,有

$$R_x(0) = \int_{-\infty}^{\infty} S_x(f) \, \mathrm{d}f \tag{2.38}$$

根据相关函数的定义,当 $\tau = 0$ 时,有

$$R_x(0) = \lim_{T \to \infty} \frac{1}{T} \int_0^T x(t) x(t + 0) \, \mathrm{d}t$$

$$= \lim_{T \to \infty} \frac{1}{T} \int_0^T x^2(t) \, \mathrm{d}t = \lim_{T \to \infty} \int_0^T \frac{x^2(t)}{T} \, \mathrm{d}t \tag{2.39}$$

比较以上两式可得

$$\int_{-\infty}^{\infty} S_x(f) \, \mathrm{d}f = \lim_{T \to \infty} \int_0^T \frac{x^2(t)}{T} \, \mathrm{d}t \tag{2.40}$$

式(2.40)表明:$S_x(f)$ 曲线下的总面积与 $x^2(t)/T$ 曲线下的总面积相等,如图 2.17 所示。从物理意义上讲,$x^2(t)$ 是信号 $x(t)$ 的能量,$\dfrac{x^2(t)}{T}$ 是信号 $x(t)$ 的功率,而 $\lim\limits_{T \to \infty} \int_0^T \dfrac{x^2(t)}{T} \, \mathrm{d}t$ 是信号 $x(t)$ 的总功率。这一总功率与 $S_x(f)$ 曲线下的总面积相等,故 $S_x(f)$ 曲线下的总面积就是信号的总功率。这一总功率是由无数不同频率上的功率元 $S_x(f) \, \mathrm{d}f$ 组成,$S_x(f)$ 的大小表明总功率在不同频率处的功率分布,因此 $S_x(f)$ 表示信号的功率密度沿频率轴的分布,故又称 $S_x(f)$ 为自功率谱密度函数。用同样的方法可以解释互功率谱密度函数 $S_{xy}(f)$。

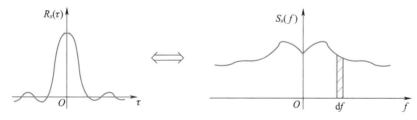

图 2.17 自功率谱密度函数的图形解释

下面说明自功率谱密度函数 $S_x(f)$ 和幅值谱 $X(f)$ 或能谱 $|X(f)|^2$ 之间的关系。根据帕什瓦定理,在整个时间轴上信号平均功率为

$$P_{\mathrm{av}} = \lim_{T \to \infty} \frac{1}{T} \int_0^T x^2(t) \, \mathrm{d}t = \int_{-\infty}^{\infty} \lim_{T \to \infty} \frac{1}{T} |X(f)|^2 \mathrm{d}f \tag{2.41}$$

由式(2.38)、式(2.39)、式(2.40)和式(2.41),可得

$$S_x(f) = \lim_{T \to \infty} \frac{1}{T} |X(f)|^2 \tag{2.42}$$

自功率谱密度函数是偶函数,它的频率范围是 $(-\infty, \infty)$,又称双边自功率谱密度函数(简称双边谱)。它在频率范围 $(-\infty, 0)$ 的函数值是其在 $(0, \infty)$ 频率范围函数值的对称映射,因此可用

在 $0 \sim \infty$ 频率范围内 $G_x(f) = 2S_x(f)$ 来表示信号的全部功率谱。$G_x(f)$ 称为 $x(t)$ 信号的单边功率谱密度函数(简称单边谱)。图 2.18 所示为单边谱和双边谱的比较。

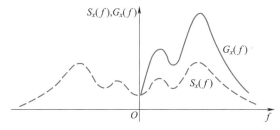

图 2.18 单边谱和双边谱

4. 功率谱的计算

功率谱的计算有以下几种方法:第一种为布莱克曼-图基(Blackman-Tukey)法。这种方法首先根据原始信号计算出相关函数,然后进行傅里叶变换而得到相应的功率谱函数。第二种为模拟滤波器法。它是采用模拟分析仪进行分析计算的一种方法。第三种是库利-图基(Cooley-Tukey)法,即用快速傅里叶变换(fast Fourier transform,FFT)法计算功率谱。前两种方法是较早采用的方法。由于计算机的飞速发展,用快速傅里叶变换法进行实时、在线信号处理已经成为现实,下面是这种算法的估计式。

模拟信号自谱的估计式为

$$\left.\begin{aligned} \hat{S}_x(f) &= \frac{1}{T} \mid X(f) \mid^2 \\ \hat{G}_x(f) &= \frac{2}{T} \mid X(f) \mid^2 \end{aligned}\right\} \tag{2.43}$$

数字信号自谱的估计式为

$$\left.\begin{aligned} \hat{S}_x(k) &= \frac{1}{N} \mid X(k) \mid^2 \\ \hat{G}_x(k) &= \frac{2}{N} \mid X(k) \mid^2 \end{aligned}\right\} \tag{2.44}$$

模拟信号互谱的估计式为

$$\left.\begin{aligned} \hat{S}_{xy}(f) &= \frac{1}{T} X^*(f) Y(f) \\ \hat{S}_{yx}(f) &= \frac{1}{T} X(f) Y^*(f) \end{aligned}\right\} \tag{2.45}$$

数字信号互谱的估计式为

$$\left.\begin{aligned} \hat{S}_{xy}(k) &= \frac{1}{N} X^*(k) Y(k) \\ \hat{S}_{yx}(k) &= \frac{1}{N} X(k) Y^*(k) \end{aligned}\right\} \tag{2.46}$$

2.3.2 功率谱的应用

1. 自功率谱密度函数 $S_x(f)$ 与幅值谱 $|X(f)|$ 及系统的频率响应函数 $H(f)$ 的关系

自功率谱密度函数 $S_x(f)$ 为自相关函数 $R_x(\tau)$ 的傅里叶变换,故 $S_x(f)$ 包含着 $R_x(\tau)$ 中的全部信息。自功率谱密度函数 $S_x(f)$ 反映信号的频域结构,这与幅值谱 $|X(f)|$ 相似,但是自功率谱密度函数 $S_x(f)$ 所反映的是信号幅值的平方,因此其频域结构特征更为明显,如图 2.19 所示。

对于图 2.20 所示的线性系统,若输入为 $x(t)$,输出为 $y(t)$,系统的频率响应函数为 $H(f)$,则

$$H(f) = \frac{Y(f)}{X(f)}$$

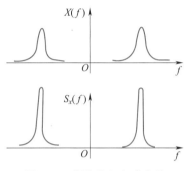

图 2.19　幅值谱和自功率谱

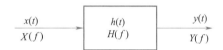

图 2.20　单输入、单输出的理想线性系统

式中,$H(f)$、$Y(f)$、$X(f)$ 均为 f 的复函数。如 $X(f)$ 可表示为

$$X(f) = X_R(f) + jX_I(f)$$

$X(f)$ 的共轭值为

$$X^*(f) = X_R(f) - jX_I(f)$$

则有

$$X(f)X^*(f) = X_R^2(f) + X_I^2(f) = |X(f)|^2$$

$$H(f) = \frac{Y(f)}{X(f)}\frac{X^*(f)}{X^*(f)} = \frac{S_{xy}(f)}{S_{xx}(f)} = \frac{G_{xy}(f)}{G_{xx}(f)} \tag{2.47}$$

式(2.47)说明,系统的频率响应函数可以由输入、输出间的互功率谱密度函数与输入功率谱密度函数之比求得。由于 $S_{xy}(f)$ 包含频率和相位信息,故 $H(f)$ 亦包含幅频与相频信息。此外,$H(f)$ 还可用下式求得

$$H(f)H^*(f) = \frac{Y(f)}{X(f)}\frac{Y^*(f)}{X^*(f)} = \frac{S_y(f)}{S_x(f)} = |H(f)|^2$$

$$|H(f)| = \sqrt{\frac{S_y(f)}{S_x(f)}}$$

在频率响应函数求得之后,对 $H(f)$ 取傅里叶逆变换,便可求得脉冲响应函数 $h(t)$。但应注意,未经平滑或平滑不好的频率响应函数中的虚假峰值(干扰引起),将在脉冲响应函数中形成虚假的正弦分量。

可以证明,输入、输出的自功率谱密度函数与系统频率响应函数的关系如下:

$$S_y(f) = |H(f)|^2 S_x(f) \tag{2.48}$$

$$G_y(f) = |H(f)|^2 G_x(f) \tag{2.49}$$

通过输入、输出自谱的分析就能得出系统的幅频特性。但这样的谱分析丢失了相位信息,不能得出系统的相频特性。

对于如图 2.20 所示的单输入、单输出的理想线性系统,由式(2.47)可得

$$S_{xy}(f) = H(f) S_x(f) \tag{2.50}$$

故从输入的自谱和输入、输出的互谱就可以直接得出系统的频率响应函数。式(2.50)与式(2.48)不同,所得到的 $H(f)$ 不仅含有幅频特性,还含有相频特性,这是因为互相关函数中包含着相位信息。

例 2.4 已知系统的脉冲响应函数 $h(t) = \begin{cases} 1, & |t| \leqslant T/2 \\ 0, & |t| > T/2 \end{cases}$,设输入功率谱密度 S_0 的白噪声,求输出信号的功率谱密度。

解

(1) 由题可知,输入信号的功率谱为 $S_x(f) = S_0$。

(2) 脉冲响应函数 $h(t) = \begin{cases} 1, |t| \leqslant T/2; \\ 0, |t| > T/2 \end{cases}$ 的频谱函数为

$$H(f) = \int_{-\infty}^{\infty} h(t) e^{-j2\pi ft} dt = \int_{-T/2}^{T/2} 1 \times e^{-j2\pi ft} dt = 2\int_0^{T/2} \cos(2\pi ft) dt$$

$$= T\frac{\sin(\pi fT)}{\pi fT} = T\mathrm{sinc}(\pi fT)$$

(3) 输出信号功率谱密度为

$$S_y(f) = |H(f)|^2 S_x(f) = |T\mathrm{sinc}(\pi fT)|^2 S_0 = T^2 S_0 \mathrm{sinc}^2(\pi fT)$$

2. 互谱排除噪声影响

图 2.21 为一个受到外界干扰的测试系统,$n_1(t)$ 为输入噪声,$n_2(t)$ 为加于系统中间环节的噪声,$n_3(t)$ 为加在输出端的噪声。该系统的输出 $y(t)$ 为

$$y(t) = x'(t) + n_1'(t) + n_2'(t) + n_3(t) \tag{2.51}$$

式中,$x'(t)$、$n_1'(t)$ 和 $n_2'(t)$ 分别为系统对 $x(t)$、$n_1(t)$ 和 $n_2(t)$ 的响应。

输入与输出 $y(t)$ 的互相关函数为

$$R_{xy}(\tau) = R_{xx'}(\tau) + R_{xn_1'}(\tau) + R_{xn_2'}(\tau) + R_{xn_3}(\tau) \tag{2.52}$$

由于输入 $x(t)$ 与噪声 $n_1(t)$、$n_2(t)$ 和 $n_3(t)$ 独立无关,故互相关函数 $R_{xn_1'}(\tau)$、$R_{xn_2'}(\tau)$ 和 $R_{xn_3}(\tau)$ 均为零,所以

$$R_{xy}(\tau) = R_{xx'}(\tau) \tag{2.53}$$

故

$$S_{xy}(f) = S_{xx'}(f) = H(f) S_x(f) \tag{2.54}$$

式中:$H(f) = H_1(f) H_2(f)$ 为系统的频率响应函数。

可见,利用互谱分析可排除噪声的影响,这是这种分析方法的突出优点。然而应当注意到,

利用式(2.54)求线性系统的频率响应函数 $H(f)$ 时,尽管其中的互谱 $S_{xy}(f)$ 可不受噪声的影响,但是输入信号的自谱 $S_x(f)$ 仍然无法排除输入端测量噪声的影响,从而形成测量的误差。

图 2.21 所示系统中的 $n_1(t)$ 是输入端的噪声,对分离感兴趣的输入信号来看,它是一种干扰。为了测试系统的动态特性,有时会故意给正在运行的系统以特定的已知扰动——输入 $n(t)$,从式(2.52)和式(2.54)可以看出,只要 $n(t)$ 与其他各输入量无关,在测得 $S_{xy}(f)$ 和 $S_n(f)$ 后就可以计算得到 $H(f)$。

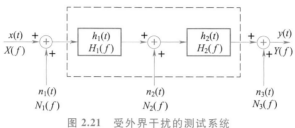

图 2.21　受外界干扰的测试系统

3. 功率谱在设备诊断中的应用

图 2.22 是汽车变速箱上加速度信号的功率谱图。图 2.22a 是变速箱正常工作时的功率谱图,图 2.22b 为变速箱运行不正常时的功率谱图。可以看到图 2.22b 比图 2.22a 增加了 9.2 Hz 和 18.4 Hz 两个谱峰,这两个频率为设备故障的诊断提供了依据。

4. 瀑布图

在机器增速或降速过程中,对不同转速时的振动信号进行等间隔采样,并进行功率谱分析,将各转速下的功率谱组合在一起成为一个转速-功率谱三维图,又称为瀑布图。图 2.23 为压缩机振动信号瀑布图。图中,在转速为 6 000 r/min 时有转速 0.5 倍频的振动,反映存在油膜涡动故障。在转速 6 000 r/min 附近的一倍频有较大振幅,说明该机器在 6 000 r/min 转速附近存在共振,也即为临界回转频率,该转速称为临界转速。

5. 坎贝尔(Canbel)图

坎贝尔图是在瀑布图的基础上,以谐波阶次为特征的振动旋转信号瀑布图。图 2.24 为汽轮发电机组振动的坎贝尔图。图中转速为横坐标,频率为纵坐标,右方的序数 1~13 为转速的谐波次数,每一条斜线代表转速在变化过程中该次谐波的谱线变化情况。坎贝尔图的绘制方法是:先在汽轮发电机组升速(或降速)过程中在各转速点上取振动信号,然后作出各转速点上振动的自谱图,以各条谱线的高度为半径,以该条谱线在频率轴上的点为圆心作圆,形成一个以圆大小表达的自谱图,将各转速上振动信号的圆自谱图组合起来,绘出各次谐波斜线就成为最后的坎贝尔图。这种谱图可更为直观地看出各次谐波频率

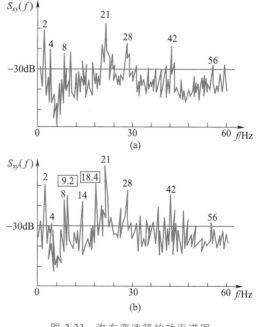

图 2.22　汽车变速箱的功率谱图

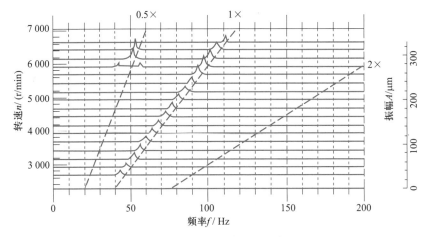

图 2.23 压缩机振动信号瀑布图

成分随着转速增加的变化。由该图可以看出,在 1 800~2 400 r/min 范围内基波频率成分较大,在 1 500~1 800 r/min 范围内第 13 次谐波成分较大。二者中尤以前者更为严重,所以可以看出危险的转速范围,并可根据它们找寻相应的振动响应过大的结构部分,对其加以改进。图中与水平轴平行的许多圆圈代表了机器不随转速变化的频率成分,一般表示某些构造部分的固有频率。

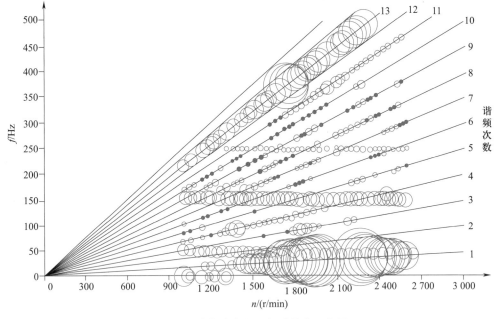

图 2.24 汽轮发电机组振动的坎贝尔图

2.3.3 相干函数

1. 相干函数的定义

评价测试系统的输入信号和输出信号之间的因果性,即输出信号的功率谱中有多少是测试

输入量所引起的响应,这个指标通常用相干函数 $\gamma_{xy}^2(f)$ 表示,其定义为

$$\gamma_{xy}^2(f) = \frac{\mid S_{xy}(f) \mid^2}{S_x(f)S_y(f)} \qquad [0 \leqslant \gamma_{xy}^2(f) \leqslant 1] \tag{2.55}$$

当相干函数为 0 时,表示输出信号与输入信号不相干;当相干函数为 1 时,表示输出信号与输入信号完全相干。若相干函数在 0~1 之间,则表明有如下三种可能:

1）测试中有外界噪声干扰;

2）输出 $y(t)$ 是输入 $x(t)$ 和其他输入的综合输出;

3）联系 $x(t)$ 和 $y(t)$ 的线性系统是非线性的。

若系统为线性系统,则根据式(2.48)、式(2.50)可得

$$\gamma_{xy}^2(f) = \frac{\mid S_{xy}(f) \mid^2}{S_x(f)S_y(f)} = \frac{\mid H(f)S_x(f) \mid^2}{S_x(f)S_y(f)} = \frac{S_y(f)S_x(f)}{S_x(f)S_y(f)} = 1$$

上式表明,对于线性系统,输出完全是由输入引起的响应。

2. 相干函数的应用

图 2.25 所示是船用柴油机润滑油泵压油管振动和油压脉动间的相干分析。

润滑油泵转速 $n = 781$ r/min,油泵齿轮的齿数 $z = 14$,测得油压脉动信号 $x(t)$ 和压油管振动信号 $y(t)$,压油管压力脉动的基频为

$$f_0 = \frac{nz}{60} = 182.23 \text{ Hz}$$

由图 2.25c 可以看到,当 $f = f_0 = 182.23$ Hz 时,$\gamma_{xy}^2(f) \approx 0.9$;当 $f = 2f_0 \approx 364.46$ Hz 时,$\gamma_{xy}^2(f) \approx 0.37$;当 $f = 3f_0 \approx 546.69$ Hz 时,$\gamma_{xy}^2(f) \approx 0.8$;当 $f = 4f_0 \approx 728.92$ Hz 时,$\gamma_{xy}^2(f) \approx 0.75$,……齿轮引起的各次谐频对应的相干函数值都比较大,而其他频率对应的相干函数值很小。由此可见,压油管的振动主要是由油压脉动引起的。从 $x(t)$ 和 $y(t)$ 的自谱图也明显可见油压脉动的影响（图 2.25a、b）。

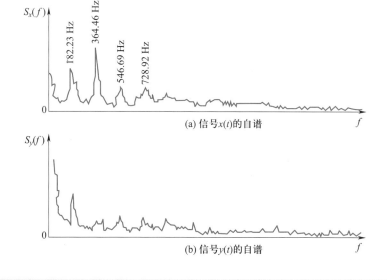

(a) 信号 $x(t)$ 的自谱

(b) 信号 $y(t)$ 的自谱

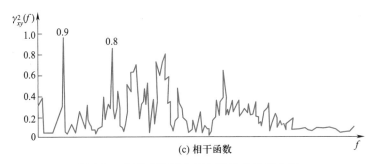

(c) 相干函数

图 2.25　压油管振动与油压脉动的相干分析

2.3.4　倒频谱分析

倒频谱分析亦称为二次频谱分析,是信号处理中的一项新技术,它可以检测复杂信号频谱上的周期结构,分离和提取在密集泛频谱信号中的周期成分,倒频谱对于同族谐频或异族谐频、多成分的边频等复杂的信号分析、识别非常有效。在语言分析中,倒频谱在语言音调的测定,机械振动、噪声源的识别,各种故障的诊断与预报,地震的回波与传声回响等领域也得到了广泛的应用。

1. 倒频谱的数学描述

已知时域信号 $x(t)$ 经过傅里叶变换后,可得到频域函数 $X(f)$ 或功率谱密度函数 $S_x(f)$,当频谱图上呈现出复杂的周期、谐频、边频等结构时,如果再进行一次对数的功率谱密度函数傅里叶变换并取平方,则可以得到倒频谱函数 $C_p(q)$,其数学表达式为

$$C_p(q) = \left| \mathscr{F}\{\lg S_x(f)\} \right|^2 \tag{2.56}$$

$C_p(q)$ 又称为功率倒频谱,或称为对数功率谱的功率谱。工程上常用的是式(2.56)的开方形式,即

$$C_0(q) = \sqrt{C_p(q)} = \left| \mathscr{F}\{\lg S_x(f)\} \right| \tag{2.57}$$

$C_0(q)$ 称为幅值倒频谱,有时简称倒频谱。自变量 q 称为倒频率,它具有与自相关函数 $R_x(\tau)$ 中自变量 τ 相同的时间量纲,一般取 s 或 ms。因为倒频谱是傅里叶正变换,积分变量是频率 f 而不是时间 τ,故倒频谱 $C_0(q)$ 的自变量 q 具有时间的量纲,值大的 q 称为高倒频率,表示谱图上的快速波动和密集谐频,值小的 q 称为低倒频率,表示谱图上的缓慢波动和离散谐频。

为了使其定义更加明确,还可以定义

$$C_y(q) = \mathscr{F}^{-1}\{\lg S_x(f)\} \tag{2.58}$$

即倒频谱定义为信号的双边功率谱对数加权,再取其傅里叶逆变换,联系信号的自相关函数

$$R(\tau) = \mathscr{F}^{-1}\{S_x(f)\}$$

可以看出,这种定义方法与自相关函数很相近,变量 q 与 τ 在量纲上完全相同。

为了反映出相位信息,分离后能恢复原信号,又提出一种复倒频谱的运算方法。若信号 $x(t)$ 的傅里叶变换为 $X(f)$

$$X(f) = X_R(f) + jX_I(f)$$

$x(t)$ 的倒频谱记为

$$C_0(q) = \mathscr{F}^{-1}\{\lg x(f)\} \tag{2.59}$$

显而易见,它保留了相位的信息。

倒频谱是频域函数的傅里叶变换,与相关函数不同之处是对数加权,其目的是使再变换以后的信号能量集中,扩大动态分析的频谱范围和提高再变换的精度。同时,由于对数加权的作用,易于对原信号的分离和识别。

2. 倒频谱的应用

(1) 分离信息通道对信号的影响

在机械状态监测和故障诊断中,所测得的信号往往是由故障源经系统路径的传输而得到的响应,也就是说它不是故障源的信号,如欲得到该源信号,必须消除传递通道的影响。如在噪声测量时所测得的信号不仅有源信号而且又有不同方向反射回来的回声信号的混入,要提取源信号,也必须消除回声的干扰信号。

若系统的输入为 $x(t)$,输出为 $y(t)$,脉冲响应函数是 $h(t)$,则两者的时域关系如下:

时域为

$$y(t) = x(t) * h(t)$$

频域为

$$Y(f) = X(f)H(f)$$

或由式(2.48)

$$S_y(f) = S_x(f)|H(f)|^2$$

对上式两边取对数,则有

$$\lg S_y(f) = \lg S_x(f) + \lg |H(f)|^2 \tag{2.60}$$

式(2.60)表达的关系如图 2.26 所示,源信号为具有明显周期特征的信号,经过系统特性 $\lg H(f)$ 的影响修正,合成得到输出信号 $\lg S_y(f)$。

对于式(2.60)进一步作傅里叶变换,即可得幅值倒频谱

$$\mathscr{F}\{\lg S_y(f)\} = \mathscr{F}[\lg S_x(f)] + \mathscr{F}\{\lg |H(f)|^2\} \tag{2.61}$$

即

$$C_y(q) = C_x(q) + C_h(q) \tag{2.62}$$

由以上推导可知,信号在时域可以利用 $x(t)$ 与 $h(t)$ 的卷积求输出;在频域则变成 $X(f)$ 与 $H(f)$ 的乘积关系;而在倒频域则变成 $C_x(q)$ 和 $C_h(q)$ 相加的关系,使系统特性 $C_h(q)$ 与信号特性 $C_x(q)$ 明显区别开来,这对消除传递通道的干扰很有用处,而用功率谱处理就很难实现。

图 2.26b 即为图 2.25a 的倒频谱图。图上清楚地表明有两个组成部分:一部分是高倒频率 q_2,反映源信号特征;另一部分是低倒频率 q_1,反映系统的特性。两部分在倒频谱图上占有不同的倒频率范围,根据需要可以将信号与系统的影响分开。

(2) 用倒频谱诊断齿轮故障

对于高速大型旋转机械,其旋转状况是复杂的,尤其当设备出现不对中,轴承或齿轮的缺陷、油膜涡动、摩擦及质量不对称等现象时,振动更为复杂,一般频谱分析方法已经难以识别反映缺陷的频率分量,而倒频谱则可以增强识别能力。

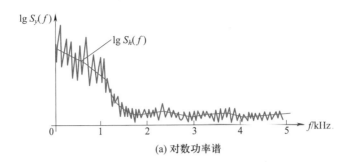

(a) 对数功率谱

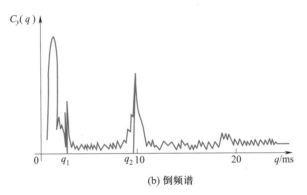

(b) 倒频谱

图 2.26 对数功率谱及倒谱图

如一对工作中的齿轮,在实测得到的振动或噪声信号中包含一定数量的周期分量。如果齿轮产生缺陷,则其振动或噪声信号还将大量增加谐波分量及所谓的边带频率成分。

设齿轮振动的信号如式(2.63),其振幅由于齿轮的偏心影响成为随时间变化的某一函数 $S_m(t)$,于是

$$y(t) = S_m(t)\sin(\omega_0 t + \varphi) \tag{2.63}$$

假设齿轮轴转动频率为 ω_m,则可写成

$$y(t) = A(1 + m\cos\omega_m t)\sin(\omega_m t + \varphi) \tag{2.64}$$

其图形如图 2.27a 所示,看起来像一个周期函数,但实际上它并非是一个周期函数,除非 ω_0 与 ω_m 成整数倍关系,在实际应用中,这种情况并不多见。根据三角函数关系,式(2.64)可写成

$$y(t) = A\sin(\omega_0 t + \varphi) + \frac{mA}{2}\sin[(\omega_0 + \omega_m)t + \varphi] + \frac{mA}{2}\sin[(\omega_0 - \omega_m)t + \varphi] \tag{2.65}$$

从式(2.65)不难看出,它是 ω_0、$\omega_0 + \omega_m$ 与 $\omega_0 - \omega_m$ 三个不同的正弦波之和,具有如图 2.27b 所示的频谱图。这里差频 $\omega_0 - \omega_m$ 与和频 $\omega_0 + \omega_m$ 通称为边带频率。

实际上,如果齿轮存在严重缺陷或多种故障,以致许多机械中经常出现不对中、松动及非线性刚度等现象,或者出现拍波截断等现象时,则边带频率将大量增加。

在一个频谱图上出现过多的频差时,频谱图难以识别,而倒频谱图则有利于识别,如图 2.28 所示。图 2.28a 是一个减速箱的频谱图,图 2.28b 是它的倒频谱图。从倒频谱图上可以清楚地看出,有两个主要频率分量:117.6 Hz(8.5 ms)及 48.8 Hz(20.5 ms)。

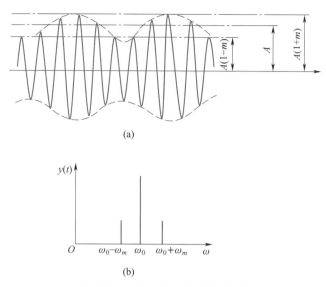

图 2.27　齿轮啮合中的拍波及频谱

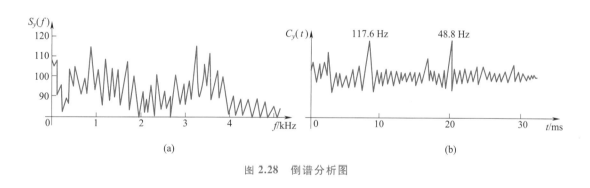

图 2.28　倒谱分析图

2.4　数字信号处理基础

相关分析和功率谱分析等信号处理方法可以消除噪声的影响,提取信号的特征,但是用模拟方法进行这些分析是难以实现的。数字信号处理就是用数字方法处理信号,它可以在专用数字信号处理仪上进行,也可以在通用计算机上通过编程来实现。20 世纪 40 年代末,Z 变换理论的出现使人们可以用离散序列表示波形,为数字信号处理奠定了理论基础;20 世纪 50 年代,电子计算机的出现及大规模集成电路技术的飞速发展,为数字信号处理奠定了物质基础;20 世纪 60 年代,一些高效信号处理算法的出现,尤其是 1965 年快速傅里叶变换（FFT）的问世,为数字信号处理奠定了技术基础。目前,数字信号处理已经得到了越来越广泛的应用,其处理速度可以达到实时的程度,数字信号处理技术已形成了一门新兴的学科,本节只介绍其中的基本内容。

2.4.1　数字信号处理的基本步骤

数字信号处理的基本步骤包括 4 个环节,如图 2.29 所示。

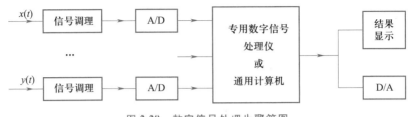

图 2.29　数字信号处理步骤简图

1. 信号调理

信号调理目的是把信号调整成为便于数字处理的形式。它包括：

1）电压幅值处理，以满足电子计算机对输入电压的要求；

2）过滤信号中的高频噪声；

3）根据需要隔离信号中的直流分量；

4）如果原信号为调制信号，则应解调。

信号调理环节应根据测试对象、信号特点和数字处理设备的能力安排。

2. 模/数（A/D）转换

模/数转换是把模拟量转换成数字量，即把连续信号变成离散的时间序列，包括对原信号采样、保持和幅值上的量化及编码等。

3. 数字信号分析

数字信号分析在专用数字信号处理仪或通用计算机上进行。不管计算机的容量和计算速度，其处理的数据长度是有限的，所以要把长序列截断。在截断时会产生一些误差，所以有时要对截取的数字序列加权，如有必要还可用专门的算法进行数字滤波，然后把所得到的有限长的时间序列按给定的程序进行运算，如时域的概率统计、相关分析，频域的频谱分析、传递函数分析等。

4. 输出结果

运算结果可直接显示或打印，也可用数模（D/A）转换器再把数字量转换成模拟量输入外部被控装置。如有必要可将数字信号处理结果输入后续计算机，用专门程序做后续处理。本节主要介绍数字信号处理理论。

2.4.2　时域采样和采样定理

1. 时域采样

采样是在模数转换过程中以一定规律，如等时间间隔，对连续时间信号进行取值的过程。它的数学描述就是用间隔为 T_s 的周期单位脉冲序列 $g(t)$ 乘以模拟信号 $x(t)$。$g(t)$ 可以写为

$$g(t) = \sum_{n=-\infty}^{\infty} \delta(t - nT_s) \qquad (n = 0, \pm 1, \pm 2, \cdots) \qquad (2.66)$$

由 δ 函数的性质可知

$$\int_{-\infty}^{\infty} x(t)\delta(t - nT_s)\,\mathrm{d}t = x(nT_s) \qquad (n = 0, \pm 1, \pm 2, \cdots) \qquad (2.67)$$

式（2.67）说明经时域采样后，各采样点的信号幅值为 $x(nT_s)$，其中 T_s 为采样间隔。采样原

理如图 2.30 所示。函数 $g(t)$ 称为采样函数。

采样结果 $x(t) * g(t)$ 必须唯一地确定原始信号 $x(t)$,所以采样间隔的选择是一个重要的问题。采样间隔太小(采样频率高),对定长的时间记录来说其数字序列很长,使计算工作量增大;如果数字序列长度一定,则只能处理很短的时间历程,可能产生较大的误差。若采样间隔太大(采样频率低),则可能丢掉有用的信息。如图 2.31 所示,采样频率低于信号频率,以致不能复见原始信号。

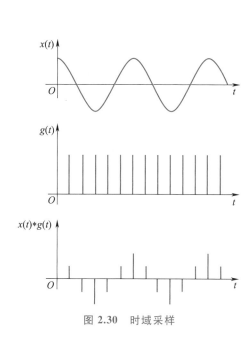

图 2.30　时域采样

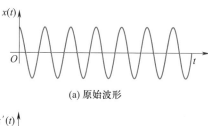

(a) 原始波形

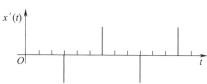

(b) 采样值

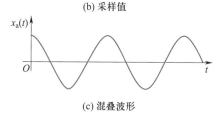

(c) 混叠波形

图 2.31　混叠现象

2. 混叠和采样定理

采样函数为一周期信号,即

$$g(t) = \delta(t - nT_s) \qquad (n = 0, \pm 1, \pm 2, \cdots) \tag{2.68}$$

写成傅里叶级数形式,有

$$g(t) = \frac{1}{T_s} \sum_{n=-\infty}^{\infty} e^{j2\pi n f_s t} \qquad (n = 0, \pm 1, \pm 2, \cdots) \tag{2.69}$$

式中:$f_s = 1/T_s$,称为采样频率。

对 $g(t)$ 取傅里叶变换,有

$$G(f) = \frac{1}{T_s} \sum_{n=-\infty}^{\infty} \delta(f - nf_s) = \frac{1}{T_s} \sum_{n=-\infty}^{\infty} \delta\left(f - n\frac{1}{T_s}\right) \qquad (n = 0, \pm 1, \pm 2, \cdots) \tag{2.70}$$

可见,间隔为 T_s 的采样脉冲序列的傅里叶变换也是脉冲序列,其间距为 $1/T_s$。

由卷积定理,并考虑到 δ 函数与其他函数卷积的特性,有

$$\mathscr{F}[x(t)g(t)] = X(f) * G(f) = \frac{1}{T_s} \sum_{n=-\infty}^{\infty} X\left(f - \frac{n}{T_s}\right) \tag{2.71}$$

式(2.71)为信号 $x(t)$ 经过间隔为 T_s 的采样之后所形成的采样信号的频谱,如图 2.32 所示。

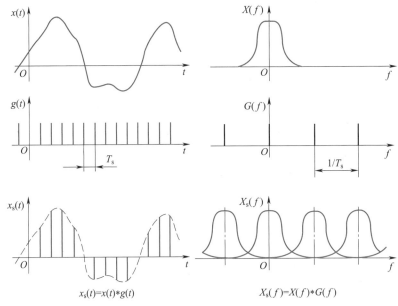

图 2.32 采样过程

如果采样间隔 T_s 太大,即采样频率 f_s 太低,那么由于平移距离 $1/T_s$ 过小,移至各采样脉冲对应的序列点的频谱 $X(f)/T_s$ 就会有一部分相互重叠,新合成的 $X(f)*G(f)$ 图形与 $X(f)/T_s$ 不一致,这种现象称为混叠。发生混叠后,改变了原来频谱的部分幅值,这样就不可能准确地从离散的采样信号 $x(t)*g(t)$ 中恢复原来的时域信号 $x(t)$。

如果 $x(t)$ 是一个带限信号(最高频率 f_c 为有限值),采样频率 $f_s=1/T_s>2f_c$,那么采样后的频谱 $X(f)*G(f)$ 就不会发生混叠,如图 2.33 所示。

为了避免发生混叠现象,采样频率 f_s 必须大于信号最高频率 f_c 的两倍,即 $f_s>2f_c$,这就是采样定理。在实际工作中,一般采样频率应选为被处理信号中最高频率的 2.56 倍以上。f_s 称为采样频率或奈奎斯特频率。

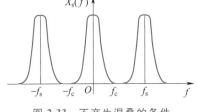

图 2.33 不产生混叠的条件

如果已知测试信号中的高频部分是由噪声干扰引起的,为了满足采样定理又不使采样数据过长,可先把信号做低通滤波处理。低通滤波处理使用的滤波器称为抗混滤波器,在信号预处理过程中是非常必要的。如果只对某一个频带感兴趣,那么可用低通滤波器或带通滤波器滤掉其他频率成分,这样可以避免混叠并减少信号中其他成分的干扰。

例 2.5 对三个余弦信号 $x_1(t)=\cos 2\pi t, x_2(t)=\cos 6\pi t, x_3(t)=\cos 10\pi t$ 分别做理想采样,采样频率 $f=4$ Hz。求三个采样输出序列,画出信号波形和采样点的位置并解释混叠现象。

解 因为采样频率为 4 Hz,所以采样间隔为 1/4 s。采样序列为

$$x_1(n)=\sum_{n=0}^{\infty}x_1(t)\delta(t-n/4)=\sum_{n=0}^{\infty}\cos(2\pi t)\delta(t-n/4)=\sum_{n=0}^{\infty}\cos\frac{\pi n}{2}$$

$$x_2(n) = \sum_{n=0}^{\infty} x_2(t)\delta(t - n/4) = \sum_{n=0}^{\infty} \cos(6\pi t)\delta(t - n/4) = \sum_{n=0}^{\infty} \cos\frac{3\pi n}{2}$$

$$x_3(n) = \sum_{n=0}^{\infty} x_3(t)\delta(t - n/4) = \sum_{n=0}^{\infty} \cos(10\pi t)\delta(t - n/4) = \sum_{n=0}^{\infty} \cos\frac{5\pi n}{2}$$

信号波形和采样点的位置图如图 2.34 所示。由计算结果及图 2.34 可以看出,虽然三个信号频率不同,但采样后输出的三个脉冲序列却是相同的,产生了频率混叠,这个脉冲序列反映不出三个信号的频率特征。原因是 $x_2(t)$ 和 $x_3(t)$ 的频率分别为 3 Hz 和 5 Hz,采样频率应分别大于 6 Hz 和 10 Hz。

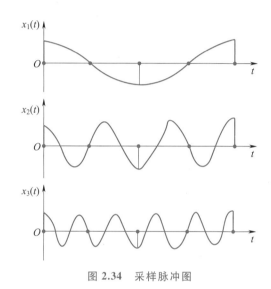

图 2.34 采样脉冲图

2.4.3 量化和量化误差

量化是在模/数转换过程中,对时域上每个间隔的采样分层取值的过程。它是采用有限字长的一组二进制码逼近离散模拟信号的幅值,而位数的多少决定了数字量偏移连续量误差的大小。数字量最低位所代表的数值称为量化单位(通常用字母 q 表示),它是分层的标准尺度。显然,量化单位越小,信号精度越高,但任何量化都会引起误差。

由量化引起的误差称为量化误差。当输入信号随时间变化时,量化后的曲线呈阶梯形,对应的量化误差 $\varepsilon(t)$ 既与量化单位有关,又与被测信号 $x(t)$ 有关。当量化单位与被测信号的幅值比足够小时,量化误差可看作量化噪声。

由于量化单位对应数字量最低位所代表的数值,所以

$$q = \frac{FSR}{2^n} \tag{2.72}$$

式中,FSR 为满量程输出范围;n 为 A/D 转换器的位数。

显然,截尾处理的最大量化误差为 q,舍入处理的最大量化误差为 $\pm q/2$。

由式(2.72)可知,A/D 转换器的位数越大,量化误差就越小。在工程应用中,为了提高信噪

比,用于振动冲击处理的 A/D 转换器至少 12 位字长。

量化误差是绝对误差,所以信号越接近满量程输出范围 FSR,相对误差越小。在进行数字信号处理时,应使模拟信号的大小与满量程匹配。当信号很小时,应使用程控放大器。

2.4.4　截断、泄漏和窗函数

1. 概述

在数字信号处理时必须把长时间的信号序列截断。截断就是将无限长的信号乘以有限宽的窗函数。"窗"的意思是指通过窗口使人们能够看到原始信号的一部分,原始信号在时域窗以外的部分均视为零。窗函数就是在模/数转换过程中(或数据处理过程中)对时域信号取样时所采用的截断函数。

在图 2.35 中,$x(t)$ 为一余弦信号,其频谱是 $X(f)$,它是位于 $\pm f_0$ 处的 δ 函数。矩形窗函数 $w(t)$ 的频谱是 $W(f)$,它是一个 $\text{sinc}(f)$ 函数。当用一个 $w(t)$ 去截断 $x(t)$ 时,得到截断后的信号为 $x(t)w(t)$,根据傅里叶变换关系,其频谱为 $X(f) * W(f)$。

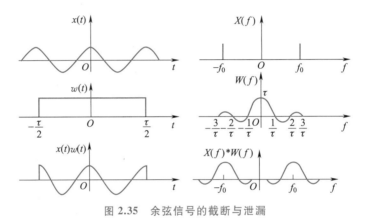

图 2.35　余弦信号的截断与泄漏

$x(t)$ 被截断后的频谱不同于它加窗以前的频谱。由于 $w(t)$ 是一个带宽无限的函数,所以即使 $x(t)$ 是带限信号,在截断以后也必然变成无限带宽的函数。原来集中在 $\pm f_0$ 处的能量被分散到以 $\pm f_0$ 为中心的两个较宽的频带上,也就是有一部分能量泄漏到 $x(t)$ 的频带以外。因此,信号截断必然产生一些误差,这种由于时域上的截断而在频域上出现附加频率分量的现象称为泄漏。

在图 2.35 中,频域中 $|f| < 1/\tau$ 的部分称为 $W(f)$ 的主瓣,两旁的部分即附加频率分量称为旁瓣。可以看出主瓣与旁瓣之比是固定的。窗口宽度 τ 与 $W(f)$ 的关系可用傅里叶变换的面积公式来说明。

由

$$W(f) = \int_{-\infty}^{\infty} w(t) e^{-j2\pi f t} dt$$

有

$$W(0) = \int_{-\tau/2}^{\tau/2} w(t) dt = \tau \tag{2.73}$$

同理

$$w(0) = \int_{-\infty}^{\infty} W(f)\,\mathrm{d}f = 1 \tag{2.74}$$

由此可见,当窗口宽度 τ 增大时,主瓣和旁瓣的宽度变窄,并且主瓣高度恒相当于窗口宽度 τ。当 $\tau \to \infty$ 时,$W(f) \to \delta(f)$,而任何 $X(f)$ 与单位脉冲函数 $\delta(f)$ 的卷积仍为 $X(f)$,所以加大窗口宽度可使泄漏减小,但无限加宽相当于对 $x(t)$ 不截断,这是不可能的。为了减少泄漏应该尽量寻找频域中接近 $\delta(f)$ 的窗函数 $W(f)$,即主瓣窄旁瓣小的窗函数。

2. 几种常用的窗函数

由以上的讨论可知,对时域窗的一般要求是其频谱(也叫作频域窗)的主瓣尽量窄,以提高频率分辨率;旁瓣要尽量小,以减少泄漏。但两者往往不能同时满足,需要根据不同的测试对象选择窗函数。

为了定量地比较各种窗函数的性能,特给出以下三个频域指标。

(1) -3 dB(分贝)带宽 B

它是主瓣归一化幅值 $20\lg|W(f)/W(0)|$ 下降到 -3 dB 时的带宽。当时域窗的宽度为 τ,采样间隔为 T_s 时,对应于 N 个采样点,其最大的频率分辨率可达到 $1/(NT_s) = 1/\tau$,令 $\Delta f = 1/\tau$,则 B 的单位可以是 Δf。

(2) 旁瓣峰值 A(dB)

A 越小,由旁瓣引起的谱失真越小。

(3) 旁瓣峰值渐进衰减速度 D(单位为 dB/oct,即分贝/倍频程)

一个理想的窗口应该有最小的 B 和 A,绝对值最大的 D。B、A、D 的意义如图 2.36 所示。

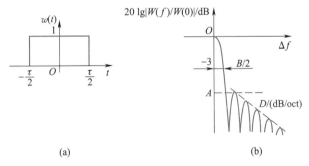

(a)   (b)

图 2.36 窗函数的频域指标

下面给出几种常用的窗函数。

(1) 矩形窗

$$w(t) = \begin{cases} 1 & \left(|t| \leqslant \dfrac{\tau}{2}\right) \\ 0 & \left(|t| > \dfrac{\tau}{2}\right) \end{cases} \tag{2.75}$$

$$W(f) = \tau\,\frac{\sin(\pi f \tau)}{\pi f \tau} = \tau\,\mathrm{sinc}(\pi f \tau) \tag{2.76}$$

$B = 0.89\Delta f, A = -13$ dB$, D = -6$ dB/oct

矩形窗及其频谱图见图1.8。矩形窗使用最普遍,因为习惯中的不加窗就相当于使用了矩形窗,并且矩形窗的主瓣是最窄的。

（2）汉宁（Hanning）窗

$$w(t) = \begin{cases} 0.5 + 0.5\cos\left(\dfrac{2\pi}{\tau}t\right) & \left(|t| \leqslant \dfrac{\tau}{2}\right) \\ 0 & \left(|t| > \dfrac{\tau}{2}\right) \end{cases} \tag{2.77}$$

$$W(f) = 0.5Q(f) + 0.25\left[Q(f + 1/\tau) + Q(f - 1/\tau)\right] \tag{2.78}$$

式中:

$$Q(f) = \tau\frac{\sin(\pi f\tau)}{\pi f\tau}$$

$B = 1.44\Delta f, A = -32 \text{ dB}, D = -18 \text{ dB/oct}。$

汉宁窗及其频谱图如图2.37所示。由式(2.78)可见,汉宁窗的频域窗可以看作是三个矩形时域窗的频谱之和,而括号中的两项相对于第一个频域窗向左右各有位移$1/\tau$。和矩形窗比较,汉宁窗的旁瓣小得多,因而泄漏也少得多,但是汉宁窗的主瓣较宽。

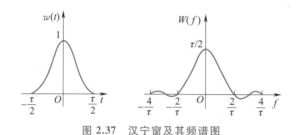

图2.37　汉宁窗及其频谱图

（3）汉明（Hamming）窗

$$w(t) = \begin{cases} 0.54 + 0.46\cos\left(\dfrac{2\pi}{\tau}t\right) & \left(|t| \leqslant \dfrac{\tau}{2}\right) \\ 0 & \left(|t| > \dfrac{\tau}{2}\right) \end{cases} \tag{2.79}$$

$$W(f) = 0.54Q(f) + 0.23\left[Q(f + 1/\tau) + Q(f - 1/\tau)\right] \tag{2.80}$$

$B = 1.3\Delta f, A = -43 \text{ dB}, D = -6 \text{ dB/oct}。$

汉明窗本质上和汉宁窗是一样的,只是系数不同。汉明窗比汉宁窗消除旁瓣的效果好一些,而且主瓣稍窄,但是旁瓣衰减较慢是不利的方面。适当地改变系数,可得到不同特性的窗函数。

（4）布莱克曼（Blackman）窗

$$w(t) = \begin{cases} 0.42 + 0.5\cos\left(\dfrac{2\pi}{\tau}t\right) - 0.08\cos\left(\dfrac{4\pi}{\tau}t\right) & \left(|t| \leqslant \dfrac{\tau}{2}\right) \\ 0 & \left(|t| > \dfrac{\tau}{2}\right) \end{cases} \tag{2.81}$$

$$W(f) = 0.42Q(f) + 0.25\left[Q(f + 1/\tau) + Q(f - 1/\tau)\right] + 0.04\left[Q(f + 2/\tau) + Q(f - 2/\tau)\right] \tag{2.82}$$

$B = 1.68\Delta f, A = -58$ dB, $D = -18$ dB/oct。

几种典型窗函数的性能见表 2.3。

表 2.3　几种典型窗函数的性能

窗函数类型	-3 dB 带宽 $B/\Delta f$	旁瓣峰值 / dB	旁瓣峰值衰减速度 /（dB/oct）
矩形	0.89	-13	-6
三角形	1.28	-27	-18
汉宁	1.44	-32	-18
汉明	1.30	-43	-18
高斯	1.55	-55	-6
布莱克曼	1.68	-58	-18

2.4.5　频域采样与栅栏效应

信号采样并加窗处理,其时域可表述为信号 $x(t)$、采样脉冲序列 $s_0(t)$ 和窗函数 $w(t)$ 三者的乘积 $x(t)s_0(t)w(t)$,是长度为 N 的离散信号,如图 2.38a~e 所示。图中左边为时域波形,右边为频域波形。由频域卷积定理可知,它的频域函数是 $X(f) * S_0(f) * W(f)$,这是一个频域连续函数。在计算机上,信号的这种变换是用离散傅里叶变换(discrete Fourier transform,DFT)进行的,而 DFT 计算后的输出则是离散的频域序列。也就是说,DFT 不仅算出 $x(t)s_0(t)w(t)$ 的频谱,而且同时对其频谱 $X(f) * S_0(f) * W(f)$ 实施了采样处理,使其离散化。这相当于在频域中乘上图 2.38f 所示的采样函数 $S_1(f)$,$s_1(t)$ 是 $S_1(f)$ 的时域函数。

$$S_1(f) = \sum_{-\infty}^{\infty} \delta\left(f - n\frac{1}{T}\right) \tag{2.83}$$

DFT 在频域的一个周期 $f_s = 1/T_s$ 中输出 N 个数据点,故输出的频率序列的频率间隔 $\Delta f = f_s/N = 1/(T_s N) = 1/T$。计算机的实际输出是 $\widetilde{X}(f)$,如图 2.38g 所示。

$$\widetilde{X}(f) = [X(f) * S_0(f) * W(f)]S_1(f) \tag{2.84}$$

根据傅里叶变换的性质,频域的乘积对应时域的卷积,故与 $\widetilde{X}(f)$ 相对应的时域函数是 $\widetilde{x}(t) = [x(t)s_0(t)w(t)] * s_1(t)$。应当说明,频域函数的离散化所对应的时域函数应当是周期函数,因此,$\widetilde{x}(t)$ 是一个周期函数。

用数字处理频谱,必须使频域离散化,实行频域采样。频域采样与时域采样相似,在频域中用脉冲序列 $S_1(f)$ 乘以信号的频谱函数,在时域相对应的是信号与周期脉冲序列 $s_1(t)$ 卷积。在图 2.38 中,$\widetilde{x}(t)$ 是将时域采样加窗信号 $x(t)s_0(t)w(t)$ 平移到 $s_1(t)$ 各脉冲位置重新构图,相当于在时域中将窗内的信号波形在窗外进行周期延拓。

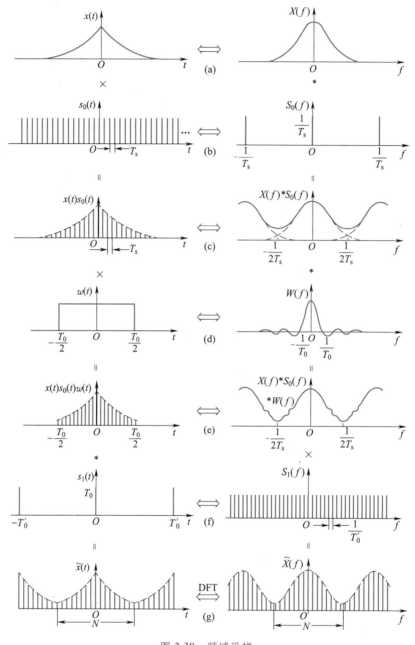

图 2.38 频域采样

　　对一函数实行采样,即抽取采样点上对应的函数值。其效果如同透过栅栏的缝隙观看外景一样,只有落在缝隙前的少数景象被看到,其余景象均被栅栏挡住而视为零,这种现象称为栅栏效应。不管是时域采样还是频域采样,都有相应的栅栏效应。只有当时域采样满足采样定理时,栅栏效应才不会有影响。而频域采样的栅栏效应则影响很大,"挡住"或丢失的频率成分有可能是重要的或具有特征的成分,使信号处理失去意义。

栅栏效应可以通过整周期采样来消除。若感兴趣的信号频率为 f_0，则希望 DFT 谱线落在 f_0 上，减小 Δf 不一定会使谱线落在频率 f_0 上。从 DFT 的原理看，谱线落在 f_0 处的条件是 $f_0/\Delta f=$ 整数。考虑到 Δf 与分析长度 T 的关系是 $\Delta f=1/T$，信号周期 $T_0=1/f_0$，可得 $T/T_0=$ 整数时，便可以满足分析谱线落在简谐信号的频率 f_0 上，才能获得准确的频谱。这就是整周期采样。

对于未知频率的信号，可以通过减小频率采样间隔 Δf，也就是提高频率分辨力的方法来减小栅栏效应。Δf 小，频率分辨力高，被"挡住"或丢失的频率成分就会越少。但是，由 $\Delta f=f_s/N=1/T$ 可知，减小 Δf，就必须增加采样点数，使计算工作量增加。解决此项矛盾可以采用如下方法：在满足采样定理的前提下，采用频率细化技术（zoom），亦可改用其他把时域序列变换成频谱序列的方法。

2.4.6　DFT 和 FFT

1. 离散傅里叶变换（DFT）

如前所述，傅里叶变换及其逆变换都不适合用计算机计算。要进行数字计算和处理，必须将连续信号离散化，无限数据有限化。这种对有限个离散数据的傅里叶变换，称为离散傅里叶变换，简称 DFT。

在进行 DFT 时，首先需要将连续信号离散化。在区间 $(0,T)$ 内，以时间间隔 $\Delta t=T/N$ 对 $x(t)$ 采样，得到 $x_0,x_1,x_2,\cdots,x_{N-1}$ 有限个离散数据组成的序列 $\{x(k)\}(k=0,1,2,\cdots,N-1)$。要用计算机对离散时间序列进行傅里叶变换，给出的谱线只能是离散值。由于频域中离散谱线对应时域中的周期函数，为此，要对此离散时间序列求频谱，必须假设信号是周期的，即以 T 为周期。在此假设的基础上，便可以利用周期函数的傅里叶变换公式分析上面的离散时间序列。周期函数的傅里叶变换公式为

$$x(t)=\sum_{n=-\infty}^{\infty}C_n\mathrm{e}^{\mathrm{j}2\pi fnt} \tag{2.85}$$

式中

$$C_n=\frac{1}{T}\int_{-T/2}^{T/2}x(t)\mathrm{e}^{-\mathrm{j}2n\pi ft}\mathrm{d}t \tag{2.86}$$

对信号进行时域离散的同时，频域同样需要离散。离散的基频 $\Delta f=1/T=1/(N\Delta t)$，高阶频率分别记为 $n\Delta f(n=0,1,2,\cdots,N-1)$。则式（2.86）变为

$$X_n=C_n=\frac{1}{T}\sum_{k=0}^{N-1}x(k\Delta t)\mathrm{e}^{-\mathrm{j}2\pi n\Delta fk\Delta t}\Delta t$$

式中：$\Delta f\Delta t=(1/T)\Delta t=1/N$，$\Delta t/T=\Delta t/(N\Delta t)=1/N$，则上式变为

$$X_n=\frac{1}{N}\sum_{k=0}^{N-1}x_k\mathrm{e}^{-\mathrm{j}2\pi kn/N}\qquad(n,k=0,1,2,\cdots,N-1) \tag{2.87}$$

式（2.87）称为离散傅里叶正变换，离散傅里叶逆变换为

$$x_k=\sum_{n=0}^{N-1}X_n\mathrm{e}^{\mathrm{j}2\pi kn/N}\qquad(n,k=0,1,2,\cdots,N-1) \tag{2.88}$$

式中，x_k 即 $x(k\Delta t)$，即离散后的时间序列；X_n 即 $X(n\Delta f)$，即频谱 $X(f)$ 在离散点 $n\Delta f$ 的值。有时，以上的 DFT 式也可以写为如下形式：

$$\begin{cases} X_n = \sum_{k=0}^{N-1} x_k \mathrm{e}^{-\mathrm{j}2\pi kn/N} \\ X_k = \dfrac{1}{N} \sum_{k=0}^{N-1} x_n \mathrm{e}^{-\mathrm{j}2\pi kn/N} \end{cases} \qquad (n,k=0,1,2,\cdots,N-1) \qquad (2.89)$$

2. 快速傅里叶变换（FFT）

按照式（2.87）可进行 DFT 运算，但计算一个 n 点的 X_n 值要做 N 次复数乘法，$N-1$ 次复数加法运算，计算全部 N 个 X_n 值就要做 N^2 次复数乘法，$N(N-1)$ 次复数加法运算，计算工作量随 N 的增大而急剧增大。快速傅里叶变换（FFT）的迅速发展使数字频谱分析取得了突破性的进展。FFT 的算法种类较多，而且选择使用的方式也各不一样。下面介绍时域分解基 2 型 FFT 算法的基本思路。

设 $\{x_k\}$ 是由 N 项构成的时间序列，且 $N=2^M$（M 为正整数），它的 DFT 为

$$X_n = \sum_{k=0}^{N-1} x_k \mathrm{e}^{-\mathrm{j}nk\frac{2\pi}{N}} \qquad (n,k=0,1,2,\cdots,N-1) \qquad (2.90)$$

令 $W=\mathrm{e}^{-\mathrm{j}\frac{2\pi}{N}}$，则式（2.90）可表示为

$$X_n = \sum_{k=0}^{N-1} x_k w^{nk} \qquad (n,k=0,1,2,\cdots,N-1) \qquad (2.91)$$

将式（2.91）写成矩阵形式

$$\begin{bmatrix} X_0 \\ X_1 \\ X_2 \\ \vdots \\ X_{N-1} \end{bmatrix} = \begin{bmatrix} w^{0\times0} & w^{0\times1} & w^{0\times2} & \cdots & w^{0\times(N-1)} \\ w^{1\times0} & w^{1\times1} & w^{1\times2} & \cdots & w^{1\times(N-1)} \\ w^{2\times0} & w^{2\times1} & w^{2\times2} & \cdots & w^{2\times(N-1)} \\ \vdots & \vdots & \vdots & \vdots & \vdots \\ w^{(N-1)\times0} & w^{(N-1)\times1} & w^{(N-1)\times2} & \cdots & w^{(N-1)\times(N-1)} \end{bmatrix} \begin{bmatrix} x_0 \\ x_1 \\ x_2 \\ \vdots \\ x_{N-1} \end{bmatrix} \qquad (2.92)$$

式中，$[X_0 \quad X_1 \cdots X_{N-1}]^\mathrm{T}$ 为输出向量；$[x_0 \quad x_1 \cdots x_{N-1}]^\mathrm{T}$ 为输入向量；$\boldsymbol{W}^{nk}$ 为 $N \times N$ 阶矩阵。在矩阵相乘运算中，有许多重复运算可以简化。以下以 $N=4$ 为例加以说明。当 $N=4$ 时，矩阵运算式（2.92）可以表示为

$$\begin{bmatrix} X_0 \\ X_1 \\ X_2 \\ X_3 \end{bmatrix} = \begin{bmatrix} w^0 & w^0 & w^0 & w^0 \\ w^0 & w^{1\times1} & w^{1\times2} & w^{1\times3} \\ w^0 & w^{2\times1} & w^{2\times2} & w^{2\times3} \\ w^0 & w^{3\times1} & w^{3\times2} & w^{3\times3} \end{bmatrix} \begin{bmatrix} x_0 \\ x_1 \\ x_2 \\ x_3 \end{bmatrix}$$

由上式可以看到，计算全部 4 个 X_n 值就要做 $N^2=16$ 次复数乘法，$N(N-1)=12$ 次复数加法运算。进一步分析 $\boldsymbol{W}^{nk}$ 矩阵可知：

1）$\boldsymbol{W}^{nk}$ 有周期性，即 $\boldsymbol{W}^{nk}=\boldsymbol{W}^{n(k+N)}=\boldsymbol{W}^{k(n+N)}$，当 $N=4$ 时，$\boldsymbol{W}^2=\boldsymbol{W}^6$，$\boldsymbol{W}^5=\boldsymbol{W}^9$，$\boldsymbol{W}^0=\boldsymbol{W}^4$，等等。

2）$\boldsymbol{W}^{nk}$ 有对称性，即 $-\boldsymbol{W}^{nk}=\boldsymbol{W}^{(nk+N/2)}$，当 $N=4$ 时，$\boldsymbol{W}^3=-\boldsymbol{W}^{-1}$，$\boldsymbol{W}^2=-\boldsymbol{W}^0$，等等。

则当 $N=4$ 时，$\boldsymbol{W}^{nk}$ 矩阵可以简化如下：

$$\begin{bmatrix} w^0 & w^0 & w^0 & w^0 \\ w^0 & w^1 & w^2 & w^3 \\ w^0 & w^2 & w^4 & w^6 \\ w^0 & w^3 & w^6 & w^9 \end{bmatrix} = \begin{bmatrix} w^0 & w^0 & w^0 & w^0 \\ w^0 & w^1 & w^2 & w^3 \\ w^0 & w^2 & w^0 & w^2 \\ w^0 & w^3 & w^2 & w^1 \end{bmatrix} = \begin{bmatrix} w^0 & w^0 & w^0 & w^0 \\ w^0 & w^1 & -w^0 & -w^1 \\ w^0 & -w^0 & w^0 & -w^0 \\ w^0 & -w^1 & -w^0 & w^1 \end{bmatrix}$$

以上矩阵从第一步变换到第二步进行了周期性简化,从第二步变换到第三步进行了对称性简化。可以看到,矩阵中的许多元素是相同的,因此可以使计算大大简化,这就是 FFT 计算的基本思想。

下面讨论 FFT 算法。基 2 型 FFT 算法的出发点是把 N 点的 DFT 分解为两组 $N/2$ 点的 DFT 运算,即把 $\{x_k\}$ 按 k 为偶数和奇数分解为两部分,组成两个子序列 $\{y_k\}$ 和 $\{z_k\}$:

$$\left. \begin{aligned} y_k &= x_{2k} \\ z_k &= x_{2k+1} \end{aligned} \right\} \tag{2.93}$$

由离散傅里叶变换可求得子序列 $\{y_k\}$ 和 $\{z_k\}$ 的 DFT 为

$$\left. \begin{aligned} Y_n &= \sum_{k=0}^{\frac{N}{2}-1} y_k \mathrm{e}^{-jnk\frac{2\pi}{N/2}} \\ Z_n &= \sum_{k=0}^{\frac{N}{2}-1} z_k \mathrm{e}^{-jnk\frac{2\pi}{N/2}} \end{aligned} \right\} \qquad \left(n = 0,1,\cdots,\frac{N}{2}-1 \right) \tag{2.94}$$

原序列 $\{x_k\}$ 也可以写成

$$\begin{aligned} \{x_k\} &= (x_0, x_1, x_2, \cdots, x_{N-1}) \\ &= (x_0, 0, x_2, 0, \cdots, x_{N-2}) + (0, x_1, 0, x_3, \cdots, x_{N-1}) \end{aligned}$$

上式的 DFT 为

$$\begin{aligned} X_n &= \sum_{k=0}^{N-1} x_k \mathrm{e}^{-jnk\frac{2\pi}{N}} \\ &= \sum_{k=0}^{\frac{N}{2}-1} x_{2k} \mathrm{e}^{-jn(2k)\frac{2\pi}{N}} + \sum_{k=0}^{\frac{N}{2}-1} x_{2k+1} \mathrm{e}^{-jn(2k+1)\frac{2\pi}{N}} \\ &= \sum_{k=0}^{\frac{N}{2}-1} y_k \mathrm{e}^{-jnk\frac{2\pi}{N/2}} + \left(\sum_{k=0}^{\frac{N}{2}-1} z_k \mathrm{e}^{-jnk\frac{2\pi}{N/2}} \right) \mathrm{e}^{-jn\frac{2\pi}{N}} \\ & \qquad (n = 0,1,2,\cdots,N-1) \end{aligned} \tag{2.95}$$

当 $n = 0,1,2,\cdots,\dfrac{N}{2}-1$ 时,上式中两括号内的内容与式(2.94)完全相同,因此式(2.95)可以写为

$$X_n = Y_n + w^n Z_n \qquad \left(n = 0,1,\cdots,\frac{N}{2}-1 \right) \tag{2.96}$$

$\{X_n\}$ 的定义域为 $0 \leqslant n \leqslant N-1$,$\{Y_n\}$ 和 $\{Z_n\}$ 的定义域为 $0 \leqslant n \leqslant \dfrac{N}{2}-1$,若用 Y_n 和 Z_n 表达全部

X_n，可以利用 Y_n 和 Z_n 的周期性。即对于 $\{X_n\}$ 的后半序列，当 $n = \dfrac{N}{2}, \dfrac{N}{2}+1, \cdots, N-1$ 时，注意到 $\{Y_n\}$ 和 $\{Z_n\}$ 都是以 $\dfrac{N}{2}$ 为周期，即 $Y_{n+N/2} = Y_n$ 和 $Z_{n+N/2} = Z_n$，且

$$e^{-j\left(n+\frac{N}{2}\right)\frac{2\pi}{N}} = e^{-jn\frac{2\pi}{N}} e^{-j\pi} = -e^{-jn\frac{2\pi}{N}}$$

于是，$\{X_n\}$ 的后半序列可以写为

$$X_{n+N/2} = Y_n - w^n Z_n \qquad \left(n = 0, 1, \cdots, \dfrac{N}{2}-1\right) \tag{2.97}$$

将式（2.96）和式（2.97）合并为

$$\begin{cases} X_n = Y_n + w^n Z_n \\ X_{n+N/2} = Y_n - w^n Z_n \end{cases} \qquad \left(n = 0, 1, \cdots, \dfrac{N}{2}-1\right) \tag{2.98}$$

式（2.98）说明，一个 N 点的 DFT 可以分解为两个 $N/2$ 点的 DFT，而两个 $N/2$ 点的 DFT 又可以按式（2.98）组合为 N 点的 DFT。虽然这种组合方式的 DFT 与直接计算的结果相同，但是运算量却大大减少。

综上所述，FFT 算法的步骤如下：

1）将原始序列按下标的奇、偶性质不断分解，一直由一个 N 项序列分解为 N 个单项重排序列。

2）计算 N 个单项序列的 DFT，可用式（2.90）求得。此时，$N=1$，而 $0 \le n \le N-1$，所以 $n = k = 0$，于是，$X_0 = \sum\limits_{k=0}^{0} x_0 e^{-j \cdot 0 \cdot 0 \frac{2\pi}{1}} = x_0$，即单项序列的 DFT 就是其自身，这样就求得了 N 个单项重排序列的 DFT。

3）利用合成公式[式（2.98）]对 N 个单项重排子序列的 DFT 两两合成，最终得到一个 N 项序列的 DFT，这就是原始序列的 DFT。

根据上面的指导思想，就可以编制 FFT 的计算程序。下面对 FFT 的计算量与 DFT 进行比较。

对于 $N = 2^M$ 的序列，共需要 M 次合成，每次合成计算要做 $N/2$ 次根据式（2.98）的合成，每次合成计算要做一次复数乘法和两次复数加法，故复数乘法次数为 $\dfrac{1}{2}MN = \dfrac{N}{2}\log_2 N$，复数加法次数为

$$\dfrac{1}{2}MN \times 2 = N\log_2 N = MN$$

图 2.39 所示为 FFT 与 DFT 乘法次数比较。

时间序列从时域到频域要用 FFT 变换，从频域到时域要用逆变换 IFFT，FFT 和 IFFT 的公式是可以统一的。

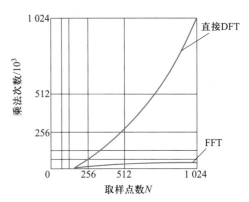

图 2.39 FFT 与 DFT 乘法次数比较

DFT 变换公式为

$$\begin{cases} X_n = \sum_{k=0}^{N-1} x_k e^{-jnk\frac{2\pi}{N}} \\ x_k = \dfrac{1}{N} \sum_{n=0}^{N-1} X_n e^{jnk\frac{2\pi}{N}} \end{cases} \tag{2.99}$$

若 x_k 和 X_n 的共轭分别为 x_k^* 和 X_n^*，则

$$x_k^* = \frac{1}{N} \sum_{n=0}^{N-1} X_n^* e^{-jnk\frac{2\pi}{N}} \tag{2.100}$$

即当 $X_n = X_{nR} + jX_{nI}$ 时，$X_n^* = X_{nR} - jX_{nI}$。式中，X_{nR} 和 X_{nI} 分别为 X_n 的实部和虚部。

有了式（2.100），DFT 的正、逆变换在数学形式上就可以统一了。当正变换程序编好后，要计算逆变换时，只要把 $\{X_n\}$ 虚部变号（共轭），再调用正变换程序，结果各项除以 N，再取一次共轭即可得到原序列 $\{x_k\}$ 的相应值。

习　　题

2.1 已知信号的自相关函数 $R_x(\tau) = \dfrac{60}{\tau} \sin(50\tau)$，求该信号的均方值 ψ_x^2。

2.2 求 $x(t)$ 的自相关函数

$$x(t) = \begin{cases} A e^{-at} & (t \geq 0, a > 0) \\ 0 & (t < 0) \end{cases}$$

2.3 求初始相角 ϕ 为随机变量的正弦函数 $x(t) = A\cos(\omega t + \phi)$ 的自相关函数，如果 $x(t) = A\sin(\omega t + \phi)$，$R_x(\tau)$ 有何变化？

2.4 求指数衰减函数 $x(t) = e^{-at}\cos(\omega_0 t)$ 的频谱函数 $X(f)$ （$a > 0, t \geq 0$）。

2.5 一线性系统，其传递函数为 $H(s) = \dfrac{1}{1 + Ts}$，当输入信号为 $x(t) = X_0\sin(2\pi f_0 t)$ 时，求：(1) $S_y(f)$；(2) $R_y(\tau)$；(3) $S_{xy}(f)$；(4) $R_{xy}(\tau)$。

2.6 已知带限白噪声的功率谱密度为

$$S_x(f) = \begin{cases} S_0 & (|f| \leq B) \\ 0 & (|f| > B) \end{cases}$$

求其自相关函数 $R_x(\tau)$。

2.7 试确定下列各信号满足采样定理的最低采样频率：

(1) $x(t) = 1 + \cos(200\pi t) + \sin(400\pi t)$

(2) $x(t) = \dfrac{\sin(400\pi t)}{\pi t}$

(3) $x(t) = \dfrac{\sin(400\pi t)^2}{\pi t}$

2.8 设 $x(t)$ 是一最高频率为 f_0 的信号，试确定下列各信号满足采样定理的最低采样频率：

(1) $x(t) + x(t-1)$

(2) $x^2(t)$

(3) $x(t)\cos(2\pi f_0 t)$

第3章 测试系统的特性

测试系统是由传感器、信号调理、信号处理、显示与记录、反馈与控制等装置组成(图0.1)。归根到底,它是人们感官的延伸和神经系统的扩展,担负着信号的拾取、传递、处理、显示和记录等多重任务。测试系统的复杂程度取决于被测信息检测的难易程度以及所采用的试验方法。对测试系统的基本要求是可靠、实用、通用、经济。这应成为考虑测试系统组成的前提条件。

本章将讨论测试系统的静态、动态特性及其与输入、输出的关系,以及测试系统实现不失真测试条件。

3.1 线性系统及其主要性质

一般把外界对系统的作用称之为系统的输入或激励,而将系统对输入的反映称为系统的输出或响应。图3.1中,$x(t)$表示测试系统随时间而变化的输入,$y(t)$表示测试系统随时间而变化的输出。理想的测试系统应该具有单值的、确定的输入-输出关系。以输出与输入呈线性关系为最佳。实际测试系统往往无法在较大范围内满足这种要求,而只能在较小的工作范围内和在一定误差允许范围内满足这项要求。

图 3.1 测试系统方框图

当系统的输入 $x(t)$ 和输出 $y(t)$ 之间的关系可用常系数线性微分方程式[式(3.1)]来描述时,称该系统为定常线性系统或时不变线性系统。

$$a_n \frac{\mathrm{d}^n y(t)}{\mathrm{d}t^n} + a_{n-1} \frac{\mathrm{d}^{n-1} y(t)}{\mathrm{d}t^{n-1}} + \cdots + a_1 \frac{\mathrm{d}y(t)}{\mathrm{d}t} + a_0 y(t)$$
$$= b_m \frac{\mathrm{d}^m x(t)}{\mathrm{d}t^m} + b_{m-1} \frac{\mathrm{d}^{m-1} x(t)}{\mathrm{d}t^{m-1}} + \cdots + b_1 \frac{\mathrm{d}x(t)}{\mathrm{d}t} + b_0 x(t) \tag{3.1}$$

式中,t 为时间自变量;系数 $a_n, a_{n-1}, \cdots, a_0$ 和 $b_m, b_{m-1}, \cdots, b_0$ 均为不随时间变化的常数。

对于测试系统,其结构及其所用元器件的参数决定了系数 $a_n, a_{n-1}, \cdots, a_0$ 和 $b_m, b_{m-1}, \cdots, b_0$ 的大小及量纲。所以,一个实际的物理系统由于其组成中各元器件的物理参数并非能保持为常数,如电子元件中的电阻、电容、半导体器件的特性等都会受温度的影响,这些都会导致系统微分方程参数 $a_n, a_{n-1}, \cdots, a_0$ 和 $b_m, b_{m-1}, \cdots, b_0$ 的时变性,所以理想的定常线性系统是不存在的。在工程实际中,常可以利用足够的精确度来认为多数常见物理系统的参数 $a_n, \cdots, a_0$ 和 $b_m, \cdots, b_0$ 是时不变的常数,而把一些时变线性系统当作定常线性系统来处理。本书以下的讨论限于定常线性系统。

微分方程式[式(3.1)]中,$n \geq m$。当 $n=1$ 时,称系统为一阶线性系统;$n=2$ 时,称系统为二阶线性系统;依此类推。

若以 $x(t) \rightarrow y(t)$ 表示定常线性系统输入与输出的对应关系,则定常线性系统具有以下主要性质。

1. 叠加原理

当几个输入同时作用于线性系统时,其响应等于各个输入单独作用于该系统的响应之和。即

若

$$x_1(t) \rightarrow y_1(t), x_2(t) \rightarrow y_2(t)$$

则

$$[x_1(t) \pm x_2(t)] \rightarrow [y_1(t) \pm y_2(t)] \tag{3.2}$$

叠加原理表明,对于线性系统,一个输入的存在并不影响另一个输入的响应,各个输入产生的响应是互不影响的。因此,对于一个复杂的输入,就可以将其分解成一系列简单的输入之和,系统对复杂激励的响应便等于这些简单输入的响应之和。

2. 比例特性

若线性系统的输入扩大到 k 倍,则其响应也将扩大到 k 倍,即对于任意常数 k,必有

$$kx(t) \rightarrow ky(t) \tag{3.3}$$

3. 微分特性

线性系统对输入导数的响应等于对该输入响应的导数,即

$$\frac{\mathrm{d}x(t)}{\mathrm{d}t} \rightarrow \frac{\mathrm{d}y(t)}{\mathrm{d}t} \tag{3.4}$$

4. 积分特性

若线性系统的初始状态为零(即当输入为零时,其响应也为零),则对输入积分的响应等于对该输入响应的积分,即

$$\int_0^t x(t)\,\mathrm{d}t \rightarrow \int_0^t y(t)\,\mathrm{d}t \tag{3.5}$$

5. 频率保持特性

若线性系统的输入为某一频率的简谐信号,则其稳态响应必是同一频率的简谐信号。证明如下:

若

$$x(t) \rightarrow y(t)$$

设 ω 为已知频率,则根据线性系统的比例特性和微分特性,有

$$\omega^2 x(t) \rightarrow \omega^2 y(t)$$

$$\frac{\mathrm{d}^2 x(t)}{\mathrm{d}t^2} \rightarrow \frac{\mathrm{d}^2 y(t)}{\mathrm{d}t^2}$$

由线性系统的叠加原理,有

$$\frac{\mathrm{d}^2 x(t)}{\mathrm{d}t^2} + \omega^2 x(t) \rightarrow \frac{\mathrm{d}^2 y(t)}{\mathrm{d}t^2} + \omega^2 y(t)$$

设输入信号 $x(t)$ 为单一频率 ω 的简谐信号,即

$$x(t) = X_0 e^{j\omega t}$$

则有

$$\frac{\mathrm{d}^2 x(t)}{\mathrm{d}t^2} = (j\omega)^2 X_0 e^{j\omega t} = -\omega^2 x(t)$$

由此,得

$$\frac{\mathrm{d}^2 x(t)}{\mathrm{d}t^2} + \omega^2 x(t) = 0$$

相应的输出也应为

$$\frac{\mathrm{d}^2 y(t)}{\mathrm{d}t^2} + \omega^2 y(t) = 0$$

于是输出 $y(t)$ 的唯一的可能解只能是

$$y(t) = Y_0 e^{j(\omega t + \varphi_0)} \tag{3.6}$$

线性系统的频率保持特性在测试工作中具有非常重要的作用。因为在实际测试中,测试得到的信号常常会受到其他信号或噪声的干扰,这时依据频率保持特性可以认定测得信号中只有与输入信号相同的频率成分才是真正由输入引起的输出。同样,在故障诊断中,根据测试信号的主要频率成分,在排除干扰的基础上,依据频率保持特性推出输入信号也应包含该频率成分,通过寻找产生该频率成分的原因,就可以诊断出故障的原因。

3.2 测试系统的静态特性

在式(3.1)描述的线性系统中,当系统的输入 $x(t) = x_0$(常数),即输入信号的幅值不随时间变化或其随时间变化的周期远远大于测试时间时,式(3.1)变成

$$y = \frac{b_0}{a_0} x = Sx \tag{3.7}$$

也就是说,理想线性系统其输出与输入之间是呈单调、线性比例的关系,即输入、输出关系是一条理想的直线,斜率 $S = \dfrac{b_0}{a_0}$ 为常数。

但是,实际测试系统往往并非理想定常线性系统,输入、输出曲线并不是理想的直线,式(3.7)实际上变成

$$y = S_1 x + S_2 x^2 + S_3 x^3 + \cdots + S_n x^n$$
$$= (S_1 + S_2 x + S_3 x^2 + \cdots + S_n x^{n-1}) x \quad (n = 1, 2, 3, \cdots, \infty)$$

测试系统的静态特性就是在静态测量情况下描述实际测试系统与理想定常线性系统的接近程度。下面用定量指标来研究实际测试系统的静态特性。

3.2.1 非线性度

非线性度是指测试系统的输入、输出关系保持常值线性比例关系的程度。在静态测量中,通常用试验测定的办法求得系统的输入、输出关系曲线,称之为定度曲线。通常,定度曲线并非直线,需要用直线对其进行拟合。定度曲线偏离其拟合直线的程度即为非线性度(图3.2),常用百

分数表示。即在系统的标称输出范围(全量程)A 内,定度曲线与该拟合直线的最大偏差 B 与 A 的百分比,也即

$$非线性度 = \frac{B}{A} \times 100\% \tag{3.8}$$

测试系统非线性度的量纲为 1,通常用百分数来表示,它是测试系统的一个非常重要的精度指标。至于拟合直线的确定,目前国内外还没有统一的标准。常用的主要有两种,即端基直线和独立直线。

端基直线是指通过测量范围的上、下限点的直线,如图 3.3 所示。显然用端基直线来代替实际的输入、输出曲线,其求解过程比较简单,但是其非线性度较差。

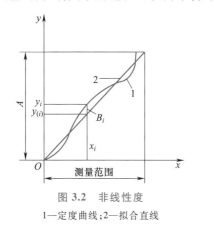

图 3.2 非线性度

1—定度曲线;2—拟合直线

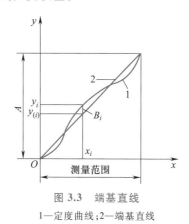

图 3.3 端基直线

1—定度曲线;2—端基直线

独立直线是指使用最小二乘法确定的拟合直线,拟合原理是使输入与输出曲线上各点的线性误差 B_i 的平方和最小,即 $\sum B_i^2$ 最小的直线。

3.2.2 灵敏度

灵敏度表征的是测试系统对输入信号变化的一种反应能力。若系统的输入有一个变化量 Δx,引起输出产生相应变化量 Δy,则定义灵敏度 S 为

$$S = \lim_{\Delta x \to 0} \frac{\Delta y}{\Delta x} = \frac{\mathrm{d}y}{\mathrm{d}x} \tag{3.9}$$

对于定常线性系统,其灵敏度恒为常数。但是,实际的测试系统并非定常线性系统,因此其灵敏度也不为常数。通常在工作频率范围内的幅频特性曲线以平坦为好,对具有代表性的频率点进行标定。对于具有低通特性的测试系统,一般在静态下作标定。

灵敏度的量纲取决于输入与输出的量纲。当输入与输出的量纲相同时,灵敏度是一个量纲为 1 的数,常称之为"放大倍数"。

如果测量系统由多个环节串联组成,那么总的灵敏度等于各个环节灵敏度的乘积。

3.2.3 分辨率

分辨率是指测试系统能测量到输入量的最小变化量的能力,即能引起输出量发生变化的最小输入变化量,用 Δx 来表示。一个测试系统的分辨率越高,表示它所能检测出的输入量的最小

变化量值越小。对于数字测试系统,其输出显示系统的最后一位所代表的输入量即为该系统的分辨率;对于模拟测试系统,是用其输出指示标尺最小分度值的一半所代表的输入量来表示其分辨率。分辨率也称为灵敏阈或灵敏限。例如,数字电压表最低位数字显示变化一个字的示值差为 $1~\mu V$,则分辨率为 $1~\mu V$。线纹尺的最小分度为 $1~mm$,则分辨率为 $0.5~mm$。

3.2.4 回程误差

回程误差也称滞后,由于仪器仪表中的磁性材料的磁滞、弹性材料迟滞现象以及机械结构中的摩擦和游隙等原因,在测试过程中输入量在递增过程中的定度曲线与输入量在递减过程中的定度曲线往往不重合,如图 3.4 所示。两者对应于同一输入量的两输出量之差的最大值 $\left|h_i\right|_{\max}$ 与标称输出范围 A 之比的百分率称之为回程误差,即

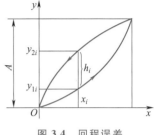

图 3.4　回程误差

$$回程误差 = \frac{\left|h_i\right|_{\max}}{A} \times 100\% \qquad (3.10)$$

3.2.5 漂移

漂移是指测试系统在输入不变的条件下,输出随时间变化的趋势。在规定的条件下,当输入不变时在规定时间内输出的变化,称为点漂。在测试系统测试范围最低值处的点漂,称为零点漂移,简称零漂。

产生漂移的原因有两个方面:一是仪器自身结构参数的变化;另一个是周围环境的变化(如温度、湿度等)对输出的影响。最常见的漂移是温漂,即由于周围的温度变化而引起输出的变化,进一步引起测试系统的灵敏度和零位发生漂移,即灵敏度漂移和零点漂移。

3.2.6 信噪比

信噪比(signal to noise ratio,SNR)是信号的有用成分与干扰的强弱对比,常以分贝(dB)为单位。信噪比可以用信号功率与噪声功率之比表示:$SNR = 10\lg(P_s/P_n)$,有时也用输出信号的电压和干扰电压之比来表示,其分贝数为:$SNR = 20\lg(U_s/U_n)$

3.3　测试系统的动态特性

测试系统的动态特性是指输入量随时间变化时,其输出随输入而变化的关系。一般地,在所考虑的测量范围内,测试系统都可以认为是线性系统,因此就可以用式(3.1)这一定常线性系统微分方程来描述测试系统以及和输入 $x(t)$、输出 $y(t)$ 之间的关系。通过拉普拉斯变换建立其相应的传递函数,以此来描述测试系统的固有动态特性;通过傅里叶变换建立其相应的频率响应函数,以此来描述测试系统的特性。

3.3.1　传递函数

当线性系统的初始状态为零时,即在考察时刻以前,其输入量、输出量及其各阶导数均为零。

设 $X(s)$ 和 $Y(s)$ 分别为输入 $x(t)$ 和输出 $y(t)$ 的拉普拉斯变换,则对式(3.1)进行拉普拉斯变换,得

$$(a_n s^n + a_{n-1} s^{n-1} + \cdots + a_1 s + a_0) Y(s) = (b_m s^m + b_{m-1} s^{m-1} + \cdots + b_1 s + b_0) X(s)$$

定义系统的传递函数 $H(s)$ 为输出量和输入量的拉普拉斯变换之比,即

$$H(s) = \frac{Y(s)}{X(s)} = \frac{b_m s^m + b_{m-1} s^{m-1} + \cdots + b_1 s + b_0}{a_n s^n + a_{n-1} s^{n-1} + \cdots + a_1 s + a_0} \qquad (3.11)$$

式中,s 是复变量,即 $s = \sigma + j\omega$。

传递函数 $H(s)$ 是对系统特性的一种解析描述,它包含了瞬态、稳态时间响应和频率响应的全部信息。传递函数有以下几个特点。

1) $H(s)$ 描述了系统本身的动态特性,而与输入 $x(t)$ 及系统的初始状态无关。

2) $H(s)$ 是对物理系统特性的一种数学描述,而与系统的具体物理结构无关。$H(s)$ 是通过对实际的物理系统抽象成数学模型[式(3.1)],经过拉普拉斯变换后所得出的,所以同一传递函数可以表征具有相同传输特性的不同物理系统。

3) $H(s)$ 中的分母取决于系统的结构,而分子则表示系统同外界之间的联系,如输入点的位置、输入方式、被测量以及测点布置情况等。分母中 s 的幂次 n 代表系统微分方程的阶数,如当 $n = 1$ 或 $n = 2$ 时,分别称为一阶系统或二阶系统。

一般测试系统都是稳定系统,其分母中 s 的幂次总是高于分子中 s 的幂次($n > m$)。

3.3.2 频率响应函数

传递函数 $H(s)$ 是在复数域中描述和考察系统特性的,与在时域中用微分方程来描述和考察系统特性相比有许多优点。频率响应函数是在频域中描述和考察系统特性。与传递函数相比,频率响应函数易通过实验来建立,且其物理概念清楚,利用它和传递函数的关系,极易求出传递函数。

在系统传递函数 $H(s)$ 已知的情况下,令 $H(s)$ 中 s 的实部为零,即 $s = j\omega$ 便可以求得频率响应函数 $H(\omega)$。对于定常线性系统,频率响应函数 $H(\omega)$ 为

$$H(\omega) = \frac{b_m (j\omega)^m + b_{m-1} (j\omega)^{m-1} + \cdots + b_1(j\omega) + b_0}{a_n (j\omega)^n + a_{n-1} (j\omega)^{n-1} + \cdots + a_1(j\omega) + a_0} \qquad (3.12)$$

式中,$j = \sqrt{-1}$。

若在 $t = 0$ 时将输入信号接入定常线性系统,则将 $s = j\omega$ 代入拉普拉斯变换中,实际上是将拉普拉斯变换变成傅里叶变换。又由于系统的初始条件为零,因此系统的频率响应函数 $H(\omega)$ 就成为输出 $y(t)$、输入 $x(t)$ 的傅里叶变换 $Y(\omega)$、$X(\omega)$ 之比,即

$$H(\omega) = \frac{Y(\omega)}{X(\omega)} \qquad (3.13)$$

由式(3.13)可知,在测得输出 $y(t)$ 和输入 $x(t)$ 后,由其傅里叶变换 $Y(\omega)$ 和 $X(\omega)$ 可求得频率响应函数 $H(\omega) = \dfrac{Y(\omega)}{X(\omega)}$。

需要注意的是,频率响应函数描述的是系统的简谐输入和其稳态输出的关系,必须在系统响

应达到稳态阶段时才能对其进行测量。

频率响应函数是复数,因此可以改写为

$$H(\omega) = A(\omega)\mathrm{e}^{\mathrm{j}\varphi(\omega)} \tag{3.14}$$

式中:$A(\omega)$——系统的幅频特性;

$\varphi(\omega)$——系统的相频特性。

由式(3.14)可见,系统的频率响应函数 $H(\omega)$ 或其幅频特性 $A(\omega)$、相频特性 $\varphi(\omega)$ 都是简谐输入频率 ω 的函数。

为研究问题方便,有时常用曲线来描述系统的传输特性。$A(\omega)$-ω 曲线和 $\varphi(\omega)$-ω 曲线分别称为系统的幅频特性曲线和相频特性曲线。实际作图时,常对自变量取对数标尺,幅值坐标取分贝数,即作 $20\lg A(\omega)$-$\lg\omega$ 和 $\varphi(\omega)$-$\lg\omega$ 曲线,两者分别称为对数幅频曲线和对数相频曲线,总称为伯德(Bode)图。

如果将 $H(\omega)$ 按实部和虚部改写,有

$$H(\omega) = P(\omega) + \mathrm{j}Q(\omega)$$

则 $P(\omega)$ 和 $Q(\omega)$ 都是 ω 的实函数,曲线 $P(\omega)$-ω 和 $Q(\omega)$-ω 分别称为系统的实频特性曲线和虚频特性曲线。如果将 $H(\omega)$ 的虚部和实部分别作为纵、横坐标,则曲线 $Q(\omega)$-$P(\omega)$ 称为奈奎斯特(Nyquist)图。显然有

$$A(\omega) = \sqrt{P^2(\omega) + Q^2(\omega)}$$

$$\varphi(\omega) = \arctan\frac{Q(\omega)}{P(\omega)}$$

3.3.3 脉冲响应函数

若输入为单位脉冲,即 $x(t) = \delta(t)$,则 $X(s) = 1$。因此,有

$$H(s) = Y(s)$$

经拉普拉斯逆变换,有

$$y(t) = h(t)$$

常称 $h(t)$ 为系统的脉冲响应函数。脉冲响应函数可作为系统特性的时域描述。

至此,系统特性在时域中可以用 $h(t)$ 来描述,在频域中可以用 $H(\omega)$ 来描述,在复数域中可以用 $H(s)$ 来描述。$h(t)$ 和 $H(\omega)$ 是一对傅里叶变换对;$h(t)$ 和 $H(s)$ 是一对拉普拉斯变换对。在 $H(s)$ 中,令 $s=\mathrm{j}\omega$ 便可以求得 $H(\omega)$,三者的关系一一对应。

3.3.4 一阶和二阶系统的特性

1. 一阶系统的特性

图 3.5 所示为忽略质量的单自由度振动系统。如果该系统的位移输出 $y(t)$ 与力的输入 $x(t)$ 在线性范围内并且在时间上是连续的,则根据力平衡方程有

$$c\frac{\mathrm{d}y(t)}{\mathrm{d}t} + ky(t) = x(t) \tag{3.15}$$

式中:k——弹簧的刚度;

c——阻尼器的阻尼系数;

$x(t)$——输入力；

$y(t)$——输出位移。

因为输入、输出呈一阶线性微分方程的关系，所以该系统是一阶系统。当初始条件全为零时，对式（3.15）两边作拉普拉斯变换，有

$$(cs+k)Y(s)=X(s) \tag{3.16}$$

由传递函数的定义，有

$$H(s)=\frac{Y(s)}{X(s)}=\frac{S}{\tau s+1} \tag{3.17}$$

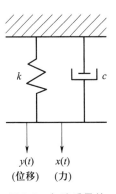

图 3.5 忽略质量的单自由度振动系统

式中：τ——时间常数，$\tau=c/k$；

S——灵敏度，$S=1/k$。

其频率响应函数为

$$H(\omega)=\frac{S}{j\tau\omega+1}=\frac{S}{1+(\tau\omega)^2}-j\frac{S\tau\omega}{1+(\tau\omega)^2}$$

其幅频特性和相频特性为

$$A(\omega)=\frac{S}{\sqrt{1+(\tau\omega)^2}}$$

$$\varphi(\omega)=-\arctan(\tau\omega)$$

其中负号表示输出信号滞后于输入信号。

而其脉冲响应函数为

$$h(t)=\frac{1}{\tau}e^{-t/\tau}$$

图 3.6～图 3.9 所示分别是 $S=1$ 时，一阶系统的伯德图、奈奎斯特图、幅频特性曲线和相频特性曲线以及脉冲响应函数曲线。

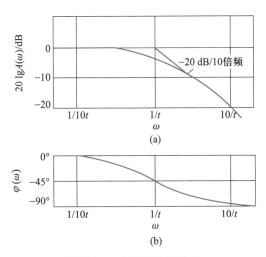

图 3.6 一阶系统的伯德图

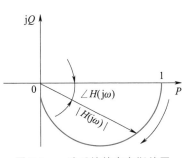

图 3.7 一阶系统的奈奎斯特图

83

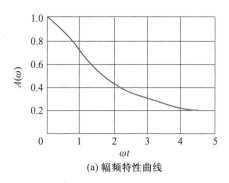
(a) 幅频特性曲线

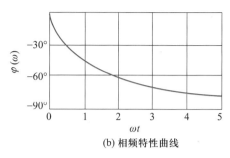
(b) 相频特性曲线

图 3.8 一阶系统的幅频特性曲线和相频特性曲线

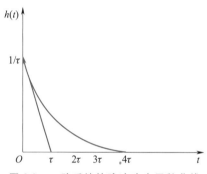

图 3.9 一阶系统的脉冲响应函数曲线

例 3.1 用一阶系统对频率为 100 Hz 的正弦信号进行测量时,如果要求振幅误差在 10% 以内,时间常数应为多少? 如果用该系统对频率为 50 Hz 的正弦信号进行测试时,则此时的幅值误差和相位误差是多少?

解

$$A(f) = \frac{1}{\sqrt{\tau^2(2\pi f)^2 + 1}}$$

$$A(100) = \frac{1}{\sqrt{\tau^2(2\pi \times 100)^2 + 1}} \geqslant 0.9$$

于是,有

$$\tau \leqslant 7.71 \times 10^{-4}$$

$$A(50) = \frac{1}{\sqrt{(7.71 \times 10^{-4})^2(2\pi \times 50)^2 + 1}} \approx 0.972$$

幅值误差 $\qquad\qquad r = 0.972 - 1 = -0.028$

相位误差 $\qquad \varphi(\omega) = -\arctan[(7.71 \times 10^{-4})(2\pi \times 50)] = -13.6°$

幅值误差为负值表示信号经过一阶系统后是衰减的;相位误差是负值,表示输出信号滞后于输入信号。

84

2. 二阶系统的特性

图 3.10 所示为集中质量的弹簧阻尼振动系统,可列出质量块的力平衡微分方程为

$$m \frac{\mathrm{d}y^2(t)}{\mathrm{d}t^2} + c \frac{\mathrm{d}y(t)}{\mathrm{d}t} + ky(t) = f(t) \qquad (3.18)$$

当初始条件全为零时,对等式两边作拉普拉斯变换,有

$$(ms^2 + cs + k)Y(s) = F(s) \qquad (3.19)$$

于是,传递函数为

$$H(s) = \frac{Y(s)}{F(s)} = \frac{S\omega_n^2}{s^2 + 2\zeta\omega_n s + \omega_n^2} \qquad (3.20)$$

式中:ζ——系统的阻尼比,$\zeta = \dfrac{c}{2\sqrt{mk}} < 1$;

ω_n——系统的固有频率,$\omega_n = \sqrt{\dfrac{k}{m}}$;

S——系统的灵敏度,$S = \dfrac{1}{k}$。

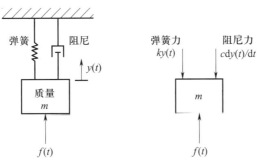

图 3.10　集中质量的弹簧阻尼振动系统

二阶系统的频率响应函数、幅频特性和相频特性及脉冲响应函数分别为

$$H(\omega) = \frac{S}{\left[1 - \left(\dfrac{\omega}{\omega_n}\right)^2\right] + \mathrm{j}2\zeta\dfrac{\omega}{\omega_n}} \qquad (3.21)$$

$$A(\omega) = \frac{S}{\sqrt{\left[1 - \left(\dfrac{\omega}{\omega_n}\right)^2\right]^2 + 4\zeta^2\left(\dfrac{\omega}{\omega_n}\right)^2}} \qquad (3.22)$$

$$\varphi(\omega) = -\arctan\frac{2\zeta\left(\dfrac{\omega}{\omega_n}\right)}{1 - \left(\dfrac{\omega}{\omega_n}\right)^2} \qquad (3.23)$$

$$h(t) = \frac{\omega_n}{\sqrt{1-\zeta^2}} \cdot e^{\zeta\omega_n t}\sin\left(\sqrt{1-\zeta^2}\,\omega_n t\right) \tag{3.24}$$

图 3.11～图 3.14 为 $S=1$ 时二阶系统的伯德图、奈奎斯特图、幅频特性曲线和相频特性曲线以及脉冲响应函数曲线。

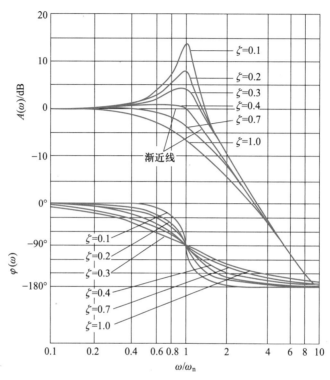

图 3.11　二阶系统的伯德图

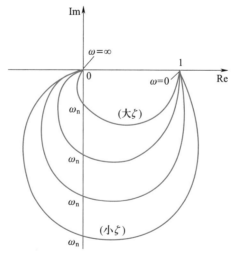

图 3.12　二阶系统的奈奎斯特图

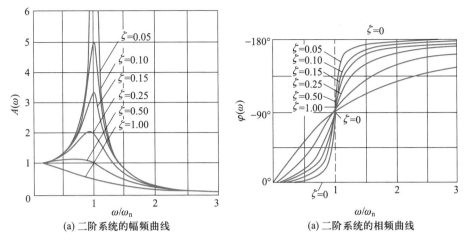

图 3.13   二阶系统的幅频特性曲线与相频特性曲线

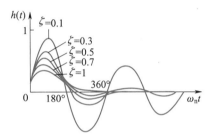

图 3.14   二阶系统的脉冲响应函数曲线

例 3.2   已知一测试系统是二阶线性系统,其频率响应函数为

$$H(j\omega) = \frac{1}{1-(\omega/\omega_n)^2 + 0.5j(\omega/\omega_n)}$$

今有一信号

$$x(t) = \cos\left(\omega_0 t + \frac{\pi}{2}\right) + 0.5\cos(2\omega_0 t + \pi) + 0.2\cos\left(4\omega_0 t + \frac{\pi}{6}\right)$$

输入此系统,求输出信号 $y(t)$。(信号的角频率 $\omega_0 = 0.5\omega_n$)

解   (1)输入信号 $x(t)$ 是由以角频率为 ω_0 的余弦(基波)和它的 2 次谐波、4 次谐波合成的复杂周期信号。各次谐波的幅值和相位与频率的关系见表 3.1。

表 3.1   各次谐波的幅值和相位与频率的关系

$n\omega_0$	ω_0	$2\omega_0$	$4\omega_0$
$\lvert X(\omega) \rvert$	1	0.5	0.2
$\varphi_x(\omega)$	$\dfrac{\pi}{2}$	π	$\dfrac{\pi}{6}$

（2）根据式（3.21），求出给定测试系统的幅频特性和相频特性为

$$|H(\mathrm{j}\omega)| = \frac{1}{\sqrt{[1-(\omega/\omega_n)^2]^2+0.25(\omega/\omega_n)^2}} \tag{3.25}$$

$$\varphi(\omega) = -\arctan\frac{0.5(\omega/\omega_n)}{1-(\omega/\omega_n)^2} \tag{3.26}$$

因为 $\omega_0=0.5\omega_n$，将三个频率成分的频率值 $\omega_0=0.5\omega_n$、$2\omega_0=\omega_n$ 和 $4\omega_0=2\omega_n$ 分别代入式（3.25）和式（3.26），求出它们所对应的幅频特性值和相频特性值，见表 3.2。

表 3.2 幅频特性值和相频特性值

$n\omega_0$	ω_0	$2\omega_0$	$4\omega_0$
$\lvert H(\mathrm{j}\omega)\rvert$	1.28	2.00	0.32
$\varphi(\mathrm{j}\omega)$	-0.1π	-0.5π	-0.9π

（3）根据式

$$|Y(\omega)| = |X(\omega)| \cdot |H(\mathrm{j}\omega)| \tag{3.27}$$

$$\varphi_y(\omega) = \varphi_x(\omega)+\varphi(\omega) \tag{3.28}$$

则输出信号中三个频率成分的幅值谱值和相位谱值，见表 3.3。

表 3.3 幅值谱值和相位谱值

$n\omega_0$	ω_0	$2\omega_0$	$4\omega_0$
$\lvert Y(\mathrm{j}\omega)\rvert$	1.28	1.00	0.064
$\varphi_y(\mathrm{j}\omega)$	0.4π	$\dfrac{\pi}{2}$	-0.7π

由表 3.3 可得到 $y(t)$ 的幅值谱与相位谱。

（4）根据频率保持特性，就可以得到它的时域表达式

$$y(t) = 1.28\cos(\omega_0 t+0.4\pi)+\cos\left(2\omega_0 t+\frac{\pi}{2}\right)+0.064\cos(4\omega_0 t-0.7\pi)$$

在此分析过程中，应着重注意输入信号通过测试系统后所含的频率成分、各频率成分的幅值和相位等主要元素的变化规律。当然，测试系统若是线性系统，由于它们具有频率保持特性，输入、输出信号的频率是不变的。

3.3.5 环节的串联和并联

一个测试系统，通常是由若干个环节组成，系统的传递函数与各环节的传递函数之间的关系取决于各环节之间的结构形式。

图 3.15 所示为由两个传递函数分别为 $H_1(s)$ 和 $H_2(s)$ 的环节经串联后组成的测试系统 $H(s)$，其传递函数为

$$H(s) = \frac{Y(s)}{X(s)} = \frac{Z(s)}{X(s)}\frac{Y(s)}{Z(s)} = H_1(s)H_2(s)$$

类似地，由 n 个环节串联组成的系统的传递函数为

$$H(s) = \prod_{i=1}^{n} H_i(s) \tag{3.29}$$

图 3.16 所示为由两个传递函数分别为 $H_1(s)$ 和 $H_2(s)$ 的环节经并联后组成的系统，其传递函数 $H(s)$ 为

$$H(s) = \frac{Y(s)}{X(s)} = \frac{Y_1(s) + Y_2(s)}{X(s)}$$

$$= \frac{Y_1(s)}{X(s)} + \frac{Y_2(s)}{X(s)}$$

$$= H_1(s) + H_2(s)$$

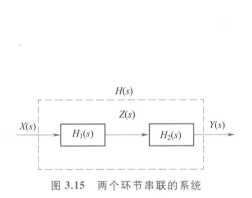

图 3.15　两个环节串联的系统

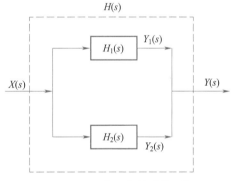

图 3.16　两个环节并联的系统

同样地，由 n 个环节经并联组成的系统的传递函数为

$$H(s) = \sum_{i=1}^{n} H_i(s) \tag{3.30}$$

对于稳定的系统，在式（3.11）中，$n>m$，其分母可以分解为 s 的一次和二次实系数因子式，即

$$a_n s^n + a_{n-1}s^{n-1} + \cdots + a_1 s + a_0 = a_n \prod_{i=1}^{r}(s + p_i)\prod_{i=1}^{(n-r)/2}(s^2 + 2\zeta_i \omega_{ni}s + \omega_{ni}^2)$$

其中 $\zeta_i < 1$，因此式（3.11）可改写成

$$H(s) = \sum_{i=1}^{r}\frac{q_i}{s + p_i} + \sum_{i=1}^{(n-r)/2}\frac{\alpha_i s + \beta_i}{s^2 + 2\zeta_i \omega_{ni}s + \omega_{ni}^2} \tag{3.31}$$

或

$$H(s) = \prod_{i=1}^{r}\frac{q_i}{s + p_i}\prod_{i=1}^{(h-r)/2}\frac{\alpha_i s + \beta_i}{s^2 + 2\zeta_i \omega_{ni}s + \omega_{ni}^2} \tag{3.32}$$

式中，ω_{ni}、ζ_i 分别为第 i 个环节的固有频率和阻尼比；α_i、β_i 和 ζ_i 均为实常数。

由式(3.31)和式(3.32)可知,任何一个高于二阶的系统都可以看成由若干个一阶和二阶系统的并联或串联。因此,一阶和二阶系统是分析和研究高阶、复杂系统的基础。

3.4 测试系统在典型输入下的响应

由前述,测试系统的输入、输出与传递函数之间有关系式

$$Y(s) = H(s)X(s)$$

对上式作拉普拉斯逆变换,有

$$y(t) = \mathscr{L}^{-1}[Y(s)] = \mathscr{L}^{-1}[H(s)X(s)]$$

式中,$\mathscr{L}^{-1}$表示拉普拉斯逆变换。

另一方面,根据拉普拉斯变换的卷积特性,有

$$y(t) = x(t) * h(t)$$

即从时域来看,系统的输出就是输入与系统的脉冲响应函数的卷积。

下面讨论测试系统在单位阶跃输入和单位正弦输入下的响应,并假设系统的静态灵敏度 $S = 1$。

1. 测试系统在单位阶跃信号输入下的响应

单位阶跃信号(图 3.17)的定义为

$$x(t) = \begin{cases} 0 & (t < 0) \\ 1 & (t \geqslant 0) \end{cases}$$

其拉普拉斯变换

$$X(s) = \frac{1}{s}$$

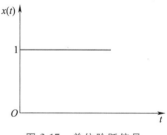

图 3.17 单位阶跃信号

一阶系统的响应(图 3.18)

$$y(t) = 1 - e^{-t/\tau} \tag{3.33}$$

二阶系统的响应(图 3.19)

$$y(t) = 1 - \frac{e^{-\zeta\omega_n t}}{\sqrt{1 - \zeta^2}} \sin(\omega_d t + \varphi) \tag{3.34}$$

式中:$\omega_d = \omega_n \sqrt{1 - \zeta^2}$;$\varphi = \arctan \dfrac{\sqrt{1 - \zeta^2}}{\zeta}$ ($\zeta < 1$)。

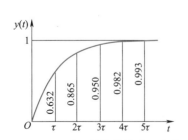

图 3.18 一阶系统的单位阶跃响应

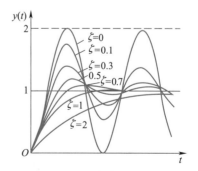

图 3.19 二阶系统的单位阶跃响应

由图 3.18 可见，一阶系统在单位阶跃激励下的稳态输出误差为零，并且，进入稳态的时间 $t \to \infty$。但是，当 $t = 4\tau$ 时，$y(4\tau) = 0.982$；误差小于 2%；当 $t = 5\tau$ 时，$y(5\tau) = 0.993$，误差小于 1%。所以对于一阶系统来说，时间常数 τ 越小响应越快。

二阶系统在单位阶跃激励下的稳态输出误差也为零。进入稳态的时间取决于系统的固有频率 ω_n 和阻尼比 ζ。ω_n 越高，系统响应越快。阻尼比主要影响超调量和振荡次数。当 $\zeta = 0$ 时，超调量为 100%，且持续振荡；当 $\zeta \geqslant 1$ 时，实质为两个一阶系统的串联，虽无振荡，但达到稳态的时间较长；通常取 $\zeta = 0.6 \sim 0.8$，此时，最大超调量不超过 10% ~ 2.5%，达到稳态的时间最短，一般为 $(5 \sim 7)/\omega_n$，稳态误差为 5% ~ 2%。

在工程中，对系统的突然加载或者突然卸载都视为对系统施加一阶跃输入。由于施加这种输入，既简单易行，又可以反映出系统的动态特性，因此常被用于系统的动态标定。

2. 测试系统在单位正弦信号输入下的响应

单位正弦信号（图 3.20）的定义为

$$x(t) = \sin \omega t \quad (t > 0)$$

其拉普拉斯变换

$$X(s) = \frac{\omega}{s^2 + \omega^2}$$

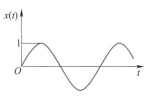

图 3.20 单位正弦信号

一阶系统的正弦响应（图 3.21）

$$y(t) = \frac{1}{\sqrt{1 + (\omega\tau)^2}} \left[\sin(\omega t + \varphi_1) - e^{-t/\tau} \cos \varphi_1 \right]$$

$$\varphi_1 = -\arctan \omega\tau$$

二阶系统的正弦响应（图 3.22）

$$y(t) = A(\omega) \sin\left[\omega t + \varphi(\omega) \right] - e^{-\zeta\omega_n t}(K_1 \cos \omega_d t + K_2 \sin \omega_d t)$$

式中，K_1 和 K_2 是与 ω_n 和 ζ 有关的系数；$A(\omega)$ 和 $\varphi(\omega)$ 分别为二阶系统的幅频特性和相频特性。

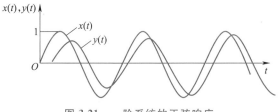

图 3.21 一阶系统的正弦响应

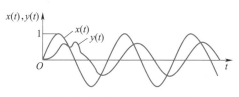

图 3.22 二阶系统的正弦响应

可见，正弦输入的稳态输出也是同频率的正弦信号，所不同的是在不同频率下，其幅值响应和相位滞后都不相同，它们都是输入频率的函数。因此，可以用不同频率的正弦信号去激励测试系统，观察其输出响应的幅值变化和相位滞后，从而得到系统的动态特性。这是系统动态标定常用的方法之一。

3.5 实现不失真测试的条件

测试的目的是获得被测对象的原始信息。这就要求在测试过程中采取相应的技术手段，使测试系统的输出信号能够真实、准确地反映被测对象的信息。这种测试称之为不失真测试。

设测试系统的输入为 $x(t)$,若实现不失真测试,则该测试系统的输出 $y(t)$ 应满足

$$y(t) = A_0 x(t - t_0)$$ (3.35)

式中,A_0、t_0 均为常数。

式(3.35)即为测试系统在时域内实现不失真测试的条件。此时,测试系统的输出波形与输入波形相似,只是幅值放大到 A_0 倍,相位产生了位移 t_0,如图 3.23 所示。

将式(3.35)进行傅里叶变换,得

$$Y(\omega) = A_0 e^{-jt_0\omega} X(\omega)$$

当测试系统的初始状态为零时,即当 $t<0$ 时,$x(t) = 0$,$y(t) = 0$,测试系统的频率响应函数为

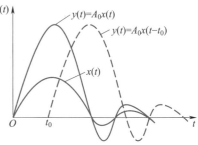

图 3.23　测试不失真条件

$$H(\omega) = A(\omega) e^{j\varphi(\omega)} = \frac{Y(\omega)}{X(\omega)} = A_0 e^{-jt_0\omega}$$

其幅频特性和相频特性为

$$A(\omega) = A_0 = 常数$$ (3.36)

$$\varphi(\omega) = - t_0\omega$$ (3.37)

由此可见,式(3.36)和式(3.37)即为测试系统在频域内实现不失真测试的条件,即幅频特性曲线是一条平行于 ω 轴的直线,相频特性曲线是斜率为 $-t_0$ 的直线。

应该指出的是,上述不失真测试的条件是指波形不失真的条件。在实际测试过程中要根据不同的测试目的合理利用这个条件。如果测试的目的只是获取被测量的波形,那么上述条件完全可以满足要求。但如果测试的结果要用来作为反馈控制信息,这时就要特别注意在上述条件中,输出信号的波形相对输入信号的波形在相位或者说在时间上是有滞后的,这种滞后有可能会导致系统的稳定性遭到破坏。需要对输出信号在幅值和相位进行适当的处理才能用作反馈信号。

任何一个测试系统不可能在非常宽广的频带内满足不失真测试条件,将 $A(\omega)$ 不等于常数时所引起的失真称为幅值失真,$\varphi(\omega)$ 与 ω 之间的非线性关系所引起的失真称为相位失真。一般情况下,测试系统既有幅值失真又有相位失真。为此,只能尽量采取一定的技术手段将波形失真控制在一定的误差范围之内。

在实际的测试过程中,为了减小由于波形失真而带来的测试误差,除了要根据被测信号的频带,选择合适的测试系统之外,通常还要对输入信号进行一定的前置处理,以减少或消除干扰信号,尽量提高信噪比。另外,在选用和设计某一测试系统时,还要根据所需测试的信息内容来合理地选择参数。例如,在振动测试或故障诊断时,常常只需测试出振动中的频率成分及其强度,而不必研究其变化波形。在这种情况下,幅频特性或幅值失真是最重要的指标,而其相频特性或相位失真的指标无须要求过高。

对于一阶系统来说,时间常数 τ 愈小,则测试系统的响应速度愈快,可以在较宽的频带内有较小的波形失真误差。所以,一阶系统的时间常数 τ 愈小愈好。

对于二阶系统来说，当 $\omega<0.3\omega_n$ 或 $\omega>(2.5\sim3)\omega_n$ 时，其频率特性受阻尼比的影响就很小。当 $\omega<0.3\omega_n$ 时，$\varphi(\omega)$ 的数值较小，$\varphi(\omega)-\omega$ 特性曲线接近直线。$A(\omega)$ 的变化不超过 10%，输出波形的失真较小；当 $\omega>(2.5\sim3)\omega_n$ 时，$\varphi(\omega)\approx180°$，此时可以通过减去固定相位或反相180°的数据处理方法，使其相频特性基本上满足不失真的测试条件。但 $A(\omega)$ 值较小，必要时可提高增益；当 $0.3\omega_n<\omega<2.5\omega_n$ 时，其频率特性受阻尼比的影响较大，需作具体分析；当 $\zeta=0.6\sim0.8$ 时，二阶系统具有较好的综合特性。例如，当 $\zeta=0.7$ 时，在 $0\sim0.58\omega_n$ 的带宽内，$A(\omega)$ 的变化不超过5%，同时 $\varphi(\omega)-\omega$ 曲线也接近于直线，所以此时波形失真较小。

由于测试系统通常是由若干个测试装置所组成，因此只有保证所使用的每一个测试装置满足不失真的测试条件，才能使最终的输出波形不失真。

例 3.3 某测试系统的幅频特性曲线、相频特性曲线如图 3.24 所示。试问：当输入信号为 $x_1(t)=A_1\sin\omega_1t+A_2\sin\omega_2t$ 时，输出信号是否失真？当输入信号为 $x_2(t)=0.5A_1\sin\omega_1t+2A_2\sin0.5\omega_2t+5A_3\sin\omega_4t$ 时，输出信号是否失真？为什么？

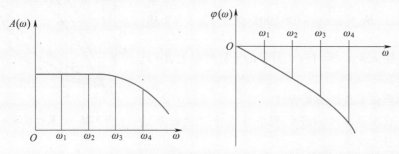

图 3.24　某测试系统的幅频特性曲线、相频特性曲线

解　由测试系统不失真条件，为了使输出波形与输入波形一致而没有失真，则测试装置的幅频特性应该满足式（3.36）、相频特性应满足式（3.37），即

$$A(\omega)=\text{常数}，\qquad \varphi(\omega)=-t_0\omega$$

从图 3.24 可以看出，当输入信号的频率 $\omega\leqslant\omega_2$ 时，测试装置的幅频特性 $A(\omega)$ 为常数，且相频特性为线性，当输入信号的频率 $\omega\geqslant\omega_3$ 时，幅频特性曲线不是常数、相频特性曲线呈非线性。因此，在输入信号频率 $\omega\leqslant\omega_2$ 的范围内，能保证输出不失真；当输入信号的频率 $\omega\geqslant\omega_3$ 时，输出将失真。

对于本题而言，当输入信号 $x_1(t)$ 时，输出信号不会失真。在 $x_2(t)$ 中，因为存在频率 $\omega_4>\omega_3$，所以，输入信号 $x_2(t)$ 时，输出信号会失真。

3.6　测试系统特性的测定

为了保证测试结果的精度，测试系统在出厂前或使用前需要进行定度或定期校准。根据上述分析知，测试系统特性的测定应该包括静态特性和动态特性的测定。

3.6.1　测试系统静态特性的测定

测试系统静态特性的测定是一种特殊的测试,是选择经过校准的"标准"静态量作为测试系统的输入,求出其输入-输出特性曲线。所采用的"标准"输入量误差应当是所要求测试结果误差的 $\frac{1}{5} \sim \frac{1}{3}$ 或更小。具体的标定过程如下。

1. 作输入-输出特性曲线

将"标准"输入量在满量程的测量范围内等分成 n 个输入量 $x_i (i=1,2,\cdots,n)$,按正、反行程进行相同的 m 次测量(一次测量包括一个正行程和一个反行程),得到 $2m$ 条输入-输出特性曲线,如图 3.25 所示。

2. 求重复性误差 H_1 和 H_2

正行程的重复性误差 H_1 为

$$H_1 = \frac{\{H_{1i}\}_{\max}}{A} \times 100\% \qquad (3.38)$$

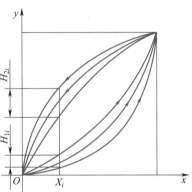

图 3.25　正反行程输入-输出曲线

式中:H_{1i}——输入量 x_i 所对应正行程的重复性误差,$i=1$,$2,\cdots,n$;

　A——测试系统的满量程值;

　$\{H_{1i}\}_{\max}$——在满量程 A 内正行程中各点重复性误差的最大值。

反行程的重复性误差 H_2 为

$$H_2 = \frac{\{H_{2i}\}_{\max}}{A} \times 100\% \qquad (3.39)$$

式中:H_{2i}——输入量 x_i 所对应反行程的重复性误差,$i=1,2,\cdots,n$;

　$\{H_{2i}\}_{\max}$——在满量程 A 内反行程中各点重复性误差的最大值。

3. 求作正、反行程的平均输入-输出曲线

计算正行程的输入-输出曲线 $\overline{y}_{1i}$ 和反行程曲线 $\overline{y}_{2i}$

$$\overline{y}_{1i} = \frac{1}{m} \sum_{j=1}^{m} y_{1ij}$$

$$\overline{y}_{2i} = \frac{1}{m} \sum_{j=1}^{m} y_{2ij}$$

式中,y_{1ij} 和 y_{2ij} 分别为第 j 次正行程的输入-输出曲线和反行程的输入-输出曲线,$j=1,2,\cdots,m$。

4. 求回程误差

回程误差为

$$h = \frac{|\overline{y}_{2i} - \overline{y}_{1i}|_{\max}}{A} \times 100\%$$

5. 求作定度曲线

定度曲线

$$y_i = \frac{1}{2}(\bar{y}_{1i} + \bar{y}_{2i})$$

将定度曲线作为测试系统的实际输入-输出特性曲线,这样,可以消除各种误差的影响,使其更接近实际输入-输出曲线。

6. 求作拟合直线,计算非线性度和灵敏度

根据定度曲线,按最小二乘法求作拟合直线。然后根据式(3.8)求非线性度。拟合直线的斜率即为灵敏度。

3.6.2　测试系统动态特性的测定

系统动态特性是其内在的一种属性,这种属性只有系统受到激励之后才能显现出来,并隐含在系统的响应之中。因此,研究测试系统动态特性的测定,应首先研究采用何种的输入信号作为系统的激励,其次要研究如何从系统的输出响应中提取出系统的动态特性参数。对于一阶系统,其动态特性参数是时间常数 τ;对于二阶系统,其动态特性参数就是阻尼比 ζ 和固有频率 ω_n。

常用的动态标定方法有阶跃响应法和频率响应法。

1. 阶跃响应法

阶跃响应法是以阶跃信号作为测试系统的输入,通过对系统输出响应的测试,从中计算出系统的动态特性参数。这种方法实质上是一种瞬态响应法,即通过对输出响应的过渡过程来测定系统的动态特性。

(1)一阶系统动态特性参数的求取

对于一阶系统来说,时间常数 τ 是唯一表征系统动态特性的参数,由图 3.18 可知,当输出响应达到稳态值的 63.2% 时,所需要的时间就是一阶系统的时间常数。显然,这种方法很难做到精确的测试。同时,又没涉及测试的全过程,所以求解的结果精度较低。

为获得较高精度的测试结果,一阶系统的响应[式(3.33)]可以改写成

$$1 - y(t) = e^{-t/\tau}$$

或

$$\ln[1 - y(t)] = -\frac{1}{\tau}t$$

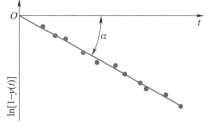

图 3.26　$\ln[1-y(t)] - t$ 曲线

根据试验数据 $y(t)$,可以作出 $\ln[1-y(t)] - t$ 曲线(图 3.26),通过求该直线的斜率,即可获得时间常数 τ。

(2)二阶系统动态特性参数的求取

由典型二阶系统的输出响应[式(3.34)]可知,其瞬态响应是以 $\omega_d = \omega_n\sqrt{1-\zeta^2}$ 的角频率作衰减振荡的,其各峰值所对应的时间 $t_p = 0, \pi/\omega_d, 2\pi/\omega_d, \cdots$。

显然,当 $t_p = \pi/\omega_d$ 时,$y(t)$ 取最大值 $y(t)_{max}$,则最大超调量 M 与阻尼比 ζ 的关系式为

$$M = y(t)_{max} - 1 = e^{-\left(\frac{\zeta\pi}{\sqrt{1-\zeta^2}}\right)} \tag{3.40}$$

或

$$\zeta = \sqrt{\frac{1}{\left(\dfrac{\pi}{\ln M}\right)^2 + 1}} \tag{3.41}$$

因此,当从输出曲线(图 3.27)上测出 M 后,由式(3.2)或式(3.41)即可求出阻尼比 ζ,或从图 3.28 上求出阻尼比 ζ。

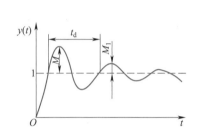

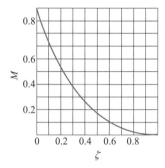

图 3.27　欠阻尼二阶系统的阶跃响应　　　　图 3.28　欠阻尼二阶系统的 $M\text{-}\zeta$ 关系图

如果测得响应的较长瞬变过程,则可以利用任意两个相隔 n 个周期的超调量 M_i 和 M_{i+n} 来求取阻尼比 ζ。设 M_i 和 M_{i+n} 所对应的时间分别为 t_i 和 t_{i+n},则

$$t_{i+n} = t_i + \frac{2n\pi}{\omega_n \sqrt{1-\zeta^2}}$$

将其代入二阶系统的阶跃响应表达式[式(3.34)],可得

$$\ln \frac{M_i}{M_{i+n}} = \frac{2n\pi\zeta}{\sqrt{1-\zeta^2}}$$

整理后可得

$$\zeta = \sqrt{\frac{\delta_n^2}{\delta_n^2 + 4\pi^2 n^2}}$$

式中,$\delta_n = \ln \dfrac{M_i}{M_{i+n}}$。

而固有频率 ω_n 可由下式求得

$$\omega_n = \frac{\omega_d}{\sqrt{1-\zeta^2}} = \frac{2\pi}{t_d \sqrt{1-\zeta^2}}$$

式中,振荡周期 t_d 可从图 3.27 上直接测得。

2. 频率响应法

频率响应法是以一组频率可调的标准正弦信号作为系统的输入,通过对系统输出幅值和相位的测量获得系统的动态特性参数。这种方法实质上是一种稳态响应法,即通过输出的稳态响应来测定系统的动态特性。

（1）一阶系统动态特性参数的求取

对于一阶系统直接利用下式求时间常数 τ。即

$$A(\omega) = \frac{1}{\sqrt{1 + (\omega\tau)^2}}$$

或

$$\varphi(\omega) = -\arctan(\tau\omega)$$

（2）二阶系统动态特性参数的求取

1）在相频特性曲线上，当 $\omega = \omega_n$ 时，$\varphi(\omega_n) = -90°$，由此便可求出固有频率 ω_n。

2）由于 $\varphi'(\omega) = -\dfrac{1}{\zeta}$，所以作出 $\varphi(\omega) - \omega$ 曲线在 $\omega = \omega_n$ 处的切线，便可求出阻尼比 ζ。

这种方法简单易行，但是精度较差，所以该方法只适于对固有频率 ω_n 和阻尼比 ζ 的估算。

较为精确的求解方法如下：① 求出 $A(\omega)$ 的最大值及所对应的频率 ω_1；② 由 $\dfrac{A(\omega_1)}{A(0)} = \dfrac{1}{2\zeta\sqrt{1 - \zeta^2}}$，求出阻尼比 ζ；③ 根据 $\omega_n = \dfrac{\omega_1}{\sqrt{1 - 2\zeta^2}}$，求出固有频率 ω_n。

由于这种方法中 $A(\omega_1)$ 和 ω_1 的测量可以达到一定的精度，所以由此求解出的固有频率 ω_n 和阻尼比 ζ 具有较高的精度。

3.7 负载效应

在具体测试过程中，测试系统与被测对象必定存在着相互联系，因而会发生相互作用和能量交换，测试系统构成被测对象的负载，从而使得测试系统的实际输出不是被测对象的理想输出，两者之间存在着一定的误差；测试系统的前、后环节之间也同样存在着相互作用和能量交换，后环节成为前一环节的负载，从而对前一环节的工作状况产生影响。

3.7.1 负载效应概述

某装置由于后接另一装置而产生的种种现象，称为负载效应。当一个系统连接另一系统上，系统之间就会发生能量交换，此时会产生如下现象：① 两系统的连接处甚至整个系统的状态和输出都发生变化；② 两个系统共同构成一个新的系统，该新系统尽管仍保留两原系统的主要特征，但与原系统的直接串联或并联后的特征不一致，即不能用式（3.15）和式（3.16）来表达。因为这两个式子是在假设相连接环节之间没有能量交换，因而在环节互连时前、后各环节仍保持原有的传递函数的基础上导出的。这种只有信息传递而没有能量交换的连接，在实际系统中很少遇到。只有用不接触的辐射源信息探测器，如可见光和红外探测器或其他射线探测器，才算这类连接。

负载效应所产生的后果，有时可忽略不计，有时是很严重的，如用一个带探针的温度计测量集成电路结点温度，由于温度计会从芯片吸收可观的热量，使得温度计成为芯片的散热元件，不仅不能正确测出结点的工作温度，而且使整个芯片的工作温度下降。

现以简单的直流电路(图 3.29)为例来分析负载效应的影响。

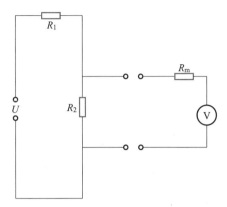

图 3.29　直流电路中的负载效应

图 3.29 中 R_2 两端的电压降 $U_0 = \dfrac{R_2}{R_1 + R_2} U$。为了测量该量,可在 R_2 两端并联一个内阻为 R_m 的电压表。这时,由于接入测量电表,被测系统(原电路)状态及被测量(R_2 的电压降)都发生了变化。原来的电压降为 U_0,接入电压表后,变为 U_1

$$U_1 = \frac{R_L}{R_1 + R_L} U = \frac{R_m R_2}{R_1 (R_m + R_2) + R_m R_2} U, \left(R_L = \frac{R_2 R_m}{R_m + R_2} \right)$$

可以看出,$U_1 \neq U_0$,两者的差值随 R_m 的增大而减小。

当 $R_1 = R_2 = 100 \ \text{k}\Omega$,$U = 100 \ \text{V}$ 时,$U_0 = 50 \ \text{V}$,若取:

$R_m = 100 \ \text{k}\Omega$,则 $U_1 = 33.333 \ \text{V}$,其相对误差 $\varepsilon = 33.333\%$;

$R_m = 1 \ \text{M}\Omega$,则 $U_1 = 47.62 \ \text{V}$,其相对误差 $\varepsilon = 4.76\%$;

$R_m = 10 \ \text{M}\Omega$,则 $U_1 = 49.75 \ \text{V}$,其相对误差 $\varepsilon = 0.5\%$。

这也是通常要求电压表内阻尽可能大的原因之一。此例充分说明负载效应对测量结果影响有时是很大的。

3.7.2　减轻负载效应的措施

减轻负载效应所采取的措施通常需根据具体情况进行具体分析。对于机械工程测试系统中经常采用的电压输出环节,可采取如下措施减轻负载效应。

(1)提高后续环节(负载)的输入阻抗。

(2)在两个相连接的环节中,插入高输入阻抗、低输出阻抗的放大器,以便减小后一环节从前一环节吸收的能量,同时使得前一环节在连接后一环节(负载)后又能减少电压输出的变化,从而减轻负载效应。若将电阻抗推广至广义阻抗,那么可用相似方法研究各种物理系统环节之间的负载效应。

测试系统接入被测对象,使其成为被测对象的负载;系统后一环节又是前一环节的负载,这些均会造成系统的测试误差。因此,在组成测试系统时必须充分考虑系统对被测对象、系统各环节之间的负载效应。

习　题

3.1　说明线性系统的频率保持性在测量中的作用。

3.2　在使用灵敏度为 80 nC/MPa 的压电式力传感器进行压力测量时,首先将它与增益为 5 mV/nC 的电荷放大器相连,电荷放大器接到灵敏度为 25 mm/V 的笔式记录仪上,试求该压力测试系统的灵敏度。当记录仪的输出变化 30 mm 时,压力变化为多少?

3.3　把灵敏度为 $4.04×10^{-2}$ pC/Pa 的压电式力传感器与一台灵敏度调到 0.226 mV/pC 的电荷放大器相接,求其总灵敏度。若要将总灵敏度调到 $1.0×10^{7}$ mV/Pa,电荷放大器的灵敏度应做如何调整?

3.4　用一时间常数为 2 s 的温度计测量炉温时,当炉温在 200~400 ℃ 之间,以 150 s 为周期,按正弦规律变化时,温度计输出的变化范围是多少?

3.5　一气象气球携带一种时间常数为 15 s 的温度计,以 5 m/s 的上升速度通过大气层,设温度以高度每升高 30 m 下降 0.15 ℃ 的规律而变化,气球将温度和高度的数据用无线电送回地面,在 3 000 m 处所记录的温度为 -1 ℃。试问实际出现 -1 ℃ 的真实高度是多少?

3.6　某一阶测量装置的传递函数为 $1/(0.04s + 1)$,若用它测量频率为 0.5 Hz、1 Hz、2 Hz 的正弦信号,试求其幅度误差。

3.7　用传递函数为 $1/(0.002\,5s + 1)$ 的一阶测量装置进行周期信号测量。若将幅度误差限制在 5% 以下,试求所能测量的最高频率成分。此时的相位差是多少?

3.8　设一力传感器为二阶系统。已知传感器的固有频率为 800 Hz,阻尼比为 0.14,问使用该传感器作频率为 400 Hz 正弦变化的外力测试时,其振幅和相位角各为多少?

3.9　对一个二阶系统输入单位阶跃信号后,测得响应中产生的第一个超调量 M_1 的数值为 1.5,同时测得其周期为 6.28 s。设已知装置的静态增益为 3,试求该装置的传递函数和装置在无阻尼固有频率处的频率响应。

3.10　什么是负载效应? 减轻负载效应采取哪些措施?

第4章 常用传感器

传感器的概念来自"感觉(sense)"一词。为了研究自然现象,仅仅利用人的感官获取外界信息是远远不够的,于是人们发明了能代替或补充人体感官功能的传感器,工程上也将传感器称为"变换器"。由于传感器总是处于测试系统的最前端,用于获取检测信息,其性能将直接影响整个测试工作的质量,因此传感器已经成为现代测试系统中的关键环节。

4.1 传感器概述

4.1.1 传感器的定义与组成

传感器是一种以一定的精度和规律把规定的被测量转换为与之有确定关系的、便于应用的某种物理量的器件或装置。

这一定义包含了如下几个方面的含义。

1)传感器是测量的器件或装置,能完成检测任务。

2)从传感器输入端来看,它的输入量是规定的某一被测量,可能是物理量(如长度、热量、力、时间、频率等),也可能是化学量、生物量等,一个指定的传感器只能感受规定的被测量,即传感器对规定的物理量具有最大的灵敏度和最好的选择性。

3)从传感器的输出端来看,它的输出量是某种物理量,这种量要便于传输、转换、处理、显示等,可以是气、光、电量,但主要是电量。

4)输出与输入有一定的对应关系,且应有一定的精确度。

传感器一般由敏感元件和转换元件组成。

敏感元件是指传感器中能直接感受或响应被测量的器件。转换元件是指传感器中能将敏感元件感受或响应的被测量转换成适于传输或测量的电信号的器件。需要指出的是,并不是所有的传感器都能明显地分清这两部分,如热电偶传感器、压电式传感器的敏感元件和转换元件就合二为一,对于电阻式、电容式和电感式传感器而言,敏感元件和转换元件是分开的,这类传感器后续往往需要一个转换电路,将传感器输出的电量转换成易于进一步传输和处理的形式,从而进行后续的显示和记录。转换电路本身并不属于传感器,其类型视传感器的类型而定。

某种拳击袋测力传感器的组成如图 4.1 所示,膜盒是敏感元件,其外部与大气压力相通,内部感受被测压力。当被测压力变化时,引起膜盒的移动,即输入位移量。转换元件是涡流探头,将输入位移变成电感的变化。转换电路是适配器,对转换元件的电感进行组桥、放大、运算等处理,转换成易于进一步传输和处理的形式,从而进行后续的显示和记录。

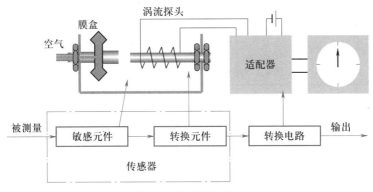

图 4.1　传感器的组成

4.1.2　传感器的分类

一种被测量可以用不同的传感器来测量,而同一原理的传感器通常又可测量多种非电量。为了更好地掌握和应用传感器,需要有一个科学的分类方法,常用传感器的分类见表 4.1。

表 4.1　常用传感器的分类

分类法	形式	说明
按工作机理	物理型、化学型、生物型	分别以转换中的物理效应、化学效应等命名
按构成原理	物性型	依靠敏感元件材料本身物理性质的变化来实现信号变换
	结构型	依靠传感器结构参数的变化来实现信号转换
按能量关系	能量转换型	传感器输出量直接由被测对象能量转换而得
	能量控制型	传感器是从外部供给辅助能量使其工作的,并由被测量来控制外部供给能量的变化
按输入量	位移、压力、温度、流量、加速度等	以被测量命名(即按用途分类)
按工作原理	电阻式、压电式、光电式等	以传感器转换信号的工作原理命名
按输出信号形式	模拟式	输出为模拟信号
	数字式	输出为数字信号
按转换过程是否可逆	双向型	转换过程可逆
	单向型	转换过程不可逆

表 4.1 中,按输入量分类,传感器种类很多,但从本质上讲,可分为基本物理量和派生物理量两类,例如长度、厚度、位置、磨损、应变及振幅等物理量,都可以认为是从基本物理量位移派生出来的,当需要测量上述物理量时,只要采用测量位移的传感器就可以了。所以,了解基本物理量与派生物理量的关系,将有助于充分发挥传感器的效能。表 4.2 所列是常用基本物理量与派生物理量。

表 4.2 常用基本物理量与派生物理量

基本物理量		派生物理量
位移	线位移	长度、厚度、应变、振幅等
	角位移	旋转角、偏转角、角振幅等
速度	线速度	速度、动量、振动等
	角速度	转速、角振动等
加速度	线加速度	振动、冲击、质量等
	角加速度	角振动、扭矩、转动惯量等
力	压力	重力、应力、力矩等
时间	频率	计数、统计分布等
温度		热容、气体速度等
光		光通量与密度、光谱分布等

按输入量分类的优点是比较明确地表达了传感器的用途,便于使用者根据用途选用,但名目繁多,对建立传感器的一些基本概念,掌握基本原理及分析方法是不利的。

按工作原理分类的优点是对于传感器的工作原理比较清楚,有利于触类旁通,且划分类别少。本书传感器部分是以工作原理为分类依据进行编写的。

在不少场合,还会把用途和原理结合起来命名某种传感器,如电感式位移传感器、压电式速度传感器等。

4.1.3 传感器技术的主要应用

随着现代科学技术的高速发展,人们生活水平的迅速提高,传感器技术越来越受到普遍的重视,它的应用已渗透到国民经济的各个领域。

1. 在工业生产过程的测量与控制方面的应用

在工业生产过程中,必须对温度、压力、流量、液位和气体成分等参数进行检测,从而实现对工作状态的监控,诊断生产设备的各种情况,使生产系统处于最佳状态,从而保证产品质量,提高效益。目前,传感器与计算机、通信等技术的结合渗透不仅使工业监测实现了自动化,而且具有更高的准确性和效率。如果没有传感器,现代工业生产效率将会大大降低。

2. 在汽车电控系统中的应用

随着人们生活水平的提高,汽车已走进千家万户。汽车的安全舒适、低污染、高燃率越来越受到社会重视。传感器准确地采集汽车工作状态的信息,提高了汽车的自动化程度。汽车传感器主要分布在发动机控制系统、底盘控制系统和车身控制系统。普通汽车上一般装有 10~20 个传感器,而有些高级豪华车所使用传感器多达 300 个,因此传感器作为汽车电控系统的关键部件,将直接影响汽车技术性能的发挥。

3. 在现代医学领域的应用

社会的飞速发展,需要人们快速、准确地获取相关信息。医学传感器作为获取生命体征信息的器件,其作用日益显著,并得到广泛应用。例如,在图像处理,临床化学检验,生命体征参数的监护监测,呼吸、神经、心血管疾病的诊断与治疗等方面,使用传感器十分普遍,传感器在现代医学仪器设备中已无所不在。

4. 在环境监测方面的应用

近年来,环境污染问题日益严重,人们迫切希望拥有一种能对污染物进行连续、快速、在线监测的仪器,传感器使人们的这一愿望成为可能。目前,已有相当一部分生物传感器应用于环境监测中,如大气环境监测。

5. 在军事方面的应用

传感器技术在军用电子系统的运用促进了武器、作战指挥、控制、监视和通信方面的智能化。传感器在远方战场监视系统、防空系统、雷达系统、导弹系统等方面都有广泛的应用,是提高军事战斗力的重要因素。

6. 在家用电器方面的应用

20 世纪 80 年代以来,随着以微电子为中心的技术革命的兴起,家用电器正向自动化、智能化、节能、无环境污染的方向发展。自动化和智能化的实现则依靠由计算机和各种传感器组成的控制系统。例如,一台空调器采用计算机控制技术和传感器技术,可以实现对压缩机的启动、停机、风叶摆动、风门调节、换气等的控制,从而对温度、湿度和空气浊度进行控制。随着人们对家用电器方便、舒适、安全、节能等方面的要求不断提高,传感器将越来越得到显著应用。

7. 在科学研究方面的应用

科学技术的不断发展孕育了许多新的学科领域,无论从宏观的宇宙,还是到微观的粒子世界,许多未知的现象和规律要获取大量人类感官无法获得的信息,没有相应的传感器是不可能的。

8. 在智能建筑领域中的应用

智能建筑是未来建筑的一种必然趋势,它涵盖智能化、自动化、信息化、生态化等多方面的内容,具有微型集成化、高精度与数字化和智能化特征的智能传感器将在智能建筑中占有重要的地位。

4.1.4 传感器技术的发展趋势

随着科学技术的发展,各国对传感器技术在信息社会的作用有了新的认识,认为传感器技术是信息技术的关键之一。传感器技术发展趋势之一是开发基于新材料、新工艺的新型传感器;其二是实现传感器的多功能、高精度、集成化和智能化。

1. 新材料开发

传感器材料是传感器技术的重要基础。材料科学的进步使传感器技术越来越成熟,传感器种类越来越多。除了早期使用的材料,如半导体材料、陶瓷材料以外,光导纤维以及超导材料的发展,为传感器技术的发展提供新的物质基础。未来将会有更多的新材料开发出来。例如,纳米二氧化锆(ZrO_2)气体传感器用于控制汽车尾气的排放,效果很好,应用前景广阔。采用纳米材料制作的传感器具有庞大的界面,提供大量的气体通道,导通电阻很小,有利于传感器向微型化发展。

2. 集成化技术

随着大规模集成电路(large scale integrated circuit)技术发展和半导体微细加工技术的进步,传感器也逐渐采用集成化技术,实现高性能化和小型化,集成温度传感器、集成压力传感器等早已被使用,今后将有更多集成传感器被开发出来。

3. 多功能集成传感器

可以同时测量多个被测量的集成传感器称为多功能集成传感器。例如硅压阻式复合传感器,可以同时测量温度和压力等。

4. 智能化传感器

智能化传感器是一种带微处理器的传感器,兼有检测和信息处理功能,例如美国霍尼韦尔公司的 ST-3000 型传感器是一种能够进行检测和信号处理的智能化传感器,具有微处理器和存储器功能,可测差压、静压及温度等。智能化传感器具有测量、存储、通信、控制等功能。近年来,智能化传感器有了很大发展,开始同人工智能相结合,创造出各种基于模糊推理、人工神经网络、专家系统等人工智能技术的高度智能化传感器,称为软传感技术。它已经在家用电器方面得到应用,相信未来将会更加成熟。智能化传感器是传感技术未来发展的主要方向之一。

4.2 传感器的选用

4.2.1 传感器的主要技术指标

由于传感器的类型五花八门,使用要求千差万别,无法列举全面衡量各种传感器质量优劣的统一性能指标,因此表 4.3 只给出了常见传感器的主要技术指标。

4.2.2 传感器的选用原则

设计一个测试系统,首先考虑的是传感器的选择。传感器选择正确与否直接关系测试系统的成败。

选择合适的传感器是一个较复杂的问题,应考虑的一般性因素如下。

1)被测量类型。首先要仔细研究被测量,确定测试方式,然后初步确定传感器类型。例如,先确定是位移测量还是速度、加速度、力的测量,再确定传感器类型。

2)测试环境。要分析测试环境,确定测试环境是否有磁场、电场、温度的干扰,测试现场是否潮湿等。

表 4.3　常见传感器的主要技术指标

基本参数指标	环境参数指标	可靠性指标	其他指标
量程指标： 　量程范围、过载能力等。 灵敏度指标： 　灵敏度、分辨率、满量程输出、输入输出阻抗等。 精度相关指标： 　精度、误差、线性、滞后、重复性、灵敏度误差、稳定性等。 动态性能指标： 　固有频率、阻尼比、时间常数、频率响应范围、频率特性、临界频率、临界速度、稳定时间、超调量、稳态误差等	温度指标： 　工作温度范围、温度误差、温度漂移、温度系数、热滞后等。 抗冲振指标： 　允许各向抗冲振的频率、振幅及加速度、冲振所引入的误差等。 其他环境参数： 　抗潮湿、耐介质腐蚀能力、抗电磁干扰能力等	工作寿命、平均无故障时间、保险期、疲劳性能、绝缘电阻、耐压及抗飞弧等	使用有关指标： 　供电方式(直流、交流、频率与波形等)、功率、各项分布参数值、电压范围与稳定度等。 结构方面指标： 　外形尺寸、重量、壳体材质、结构特点等。 安装连接方面指标： 　安装方式、馈线电缆等

3) 测试范围。根据测试范围确定某种传感器,例如对于位移测量,要分析是小位移还是大位移。若是小位移测量,有电感传感器、电容传感器、霍尔传感器等供选择;若是大位移测量,有感应同步器、光栅传感器等供选择。

4) 测量方式。在测试工程中,应考虑测量方式是接触测量还是非接触测量。例如对机床主轴的回转误差测量,就必须采用非接触测量;

5) 传感器的体积和安装方式。应考虑传感器在被测位置是否能放下和安装。

6) 其他因素。例如,传感器的来源、价格等因素。

当考虑完上述问题后,就能确定选用什么类型的传感器,然后再考虑以下问题。

(1) 灵敏度

传感器的灵敏度越高,可以感知越小的变化量,即被测量稍有变化时,传感器即有较大的输出。但灵敏度越高,与测量信号无关的外界噪声也容易混入,并且噪声也会被放大。因此,要求传感器有较大的信噪比。

传感器的量程是和灵敏度紧密相关的一个参数。当输入量增大时,除非有专门的非线性校正措施,传感器不应在非线性区域工作,更不能在饱和区域内工作。有些需在较强的噪声干扰下进行的测试工作,被测信号叠加干扰信号后也不应进入非线性区。因此,过高的灵敏度会影响其适用的测量范围。

如被测量是一个矢量,则传感器在被测量方向的灵敏度愈高愈好,而横向灵敏度越小越好;如被测量是二维或三维矢量,则传感器还应满足交叉灵敏度越小越好的要求。

(2) 响应特性

传感器的响应特性必须在所测频率范围内尽量保持不失真。实际传感器的响应总有一些延迟,但延迟时间越短越好。

一般光电效应、压电效应等物性型传感器,响应时间短,工作频率范围宽。而结构型传感器,如电感式、电容式、磁电式等传感器,由于受到结构特性的影响、机械系统惯性的限制,其固有频率较低。

在动态测量中,传感器的响应特性对测试结果有直接影响,在选用时,应充分考虑被测量的变化特点(如稳态、瞬变、随机等)。

(3)稳定性

传感器的稳定性是经过长期使用以后,其输出特性不发生变化的性能。传感器的稳定性有定量指标,超过使用期应及时进行标定。影响传感器稳定性的因素主要是环境与时间。

在工业自动化系统中或自动检测系统中,传感器往往在比较恶劣的环境下工作,灰尘、油污、温度、振动等干扰是很严重的,这时传感器的选用必须优先考虑稳定性因素。

(4)精度

传感器的精度表示传感器的输出与被测量的对应程度。因为传感器处于测试系统的输入端,因此传感器能否真实地反映被测量,直接影响整个测试系统。然而,传感器的精度并非越高越好,还要考虑经济性。传感器精度越高,价格越高,因此应从实际出发来选择。

还应当了解测试目的是定性分析还是定量分析。如果属于相对比较性的试验研究,只需获得相对比较值即可,那么对传感器的精度要求可低些。然而对于定量分析,为了必须获得精确量值,因而要求传感器应有足够高的精度。

4.3 电阻式传感器

电阻式传感器种类繁多,如电阻应变式、电位器式、热敏电阻和湿敏电阻等,其基本原理是将被测量的变化转换成电阻值的变化,再经相应的测量电路显示或记录被测量的变化。本节主要介绍电阻应变传感器和电位器式传感器,电阻应变式传感器又分为金属电阻应变片和半导体应变片。

4.3.1 电阻应变式传感器的工作原理与特点

电阻应变式传感器的核心元件是电阻应变片。当被测试件或弹性敏感元件受到被测量作用时,将产生位移、应力和应变,则粘贴在被测试件或弹性敏感元件上的电阻应变片将应变转换成电阻的变化,再通过测量电路变成电压等电量输出,从而确定被测量的大小。

电阻应变式传感器的主要优点如下。

1)性能稳定、精度高。高精度力传感器的测量精度一般可达 0.05%,少数传感器的精度可达 0.015%。

2)测量范围宽。例如压力传感器量程从 0.03 MPa 至 1 000 MPa,力传感器量程可从 10^{-1} N 至 10^7 N。

3)频率响应较好。

4)体积小、重量轻、结构简单、价格低、使用方便、使用寿命长。

5)对环境条件适应能力强。能在比较大的温度范围内工作,能在强磁场及核辐射条件下工作,能抗较大的振动和冲击。

电阻应变式传感器的缺点是输出信号微弱,在大应变状态下具有较明显的非线性等。

4.3.2 金属电阻应变片

1. 金属电阻应变片的工作原理

金属导体在外力作用下发生机械变形时,其电阻值随着机械变形(伸长或缩短)发生变化的现象,称为金属的电阻应变效应。

以金属材料为敏感元件的应变片测量试件应变的原理是基于金属丝的应变效应。若金属丝的长度为 L,横截面积为 A,电阻率为 ρ,其未受力时的电阻为 R,则有

$$R = \rho \frac{L}{A} \tag{4.1}$$

如果金属丝沿轴向方向受拉力而变形,其长度 L 变化 dL,截面积 A 变化 dA,电阻率 ρ 变化 $d\rho$,因而引起电阻 R 变化 dR。对式(4.1)微分,整理可得

$$\frac{dR}{R} = \frac{dL}{L} - \frac{dA}{A} + \frac{d\rho}{\rho} \tag{4.2}$$

对于圆形截面,$A = \pi r^2$,于是,有

$$\frac{dA}{A} = 2\frac{dr}{r} \tag{4.3}$$

$dL/L = \varepsilon$ 为金属丝的轴向相对伸长,即轴向应变。dr/r 为金属丝的径向相对伸长,即径向应变。两者之比即为金属丝材料的泊松比 μ,即

$$\frac{dr}{r} = -\mu \frac{dL}{L} = -\mu\varepsilon \tag{4.4}$$

负号表示变形方向相反,由式(4.4)、式(4.3)和式(4.2)可得

$$\frac{dR}{R} = (1 + 2\mu)\varepsilon + \frac{d\rho}{\rho} \tag{4.5}$$

令

$$S_0 = \frac{dR/R}{\varepsilon} = (1 + 2\mu) + \frac{d\rho/\rho}{\varepsilon} \tag{4.6}$$

式中,S_0 称为金属丝的灵敏度,其物理意义是单位应变所引起的电阻相对变化。

由式(4.6)可以明显看出,金属材料的灵敏度受两个因素影响:一个是受力后材料的几何尺寸变化,即 $(1 + 2\mu)$ 项;另一个是受力后材料的电阻率变化,即 $(d\rho/\rho)/\varepsilon$ 项。金属材料的 $(d\rho/\rho)/\varepsilon$ 项比 $(1 + 2\mu)$ 项小得多。大量试验表明,在金属丝拉伸比例极限范围内,电阻的相对变化与其所受的轴向应变是成正比的,即 S_0 为常数,于是式(4.6)也可以写成

$$\frac{dR}{R} = S_0\varepsilon \tag{4.7}$$

通常金属丝的 $S_0 = 1.7 \sim 3.6$。

2. 应变片的基本结构

图 4.2 是一种金属电阻应变片的结构示意图。电阻丝应变片是用直径为 0.025 mm 具有高电阻率的电阻丝制成的。为了获得高的阻值,将电阻丝排列成栅状,称为敏感栅,并粘贴在绝缘的基底上。电阻丝的两端焊接引线。敏感栅上面粘贴具有保护作用的覆盖层。l 称为栅长(标距),b 称为栅宽(基宽),$b \times l$ 称为应变片的使用面积。应变片的规格一般以使用面积和电阻值

表示,如 3 mm×20 mm,120 Ω。

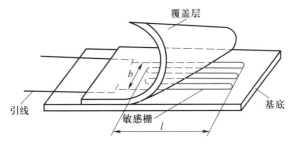

图 4.2　金属电阻应变片的结构

3. 金属电阻应变片的分类

（1）按敏感栅材料分类

按敏感栅材料的不同,电阻应变片主要分为丝式、箔式和薄膜式。

1）丝式金属电阻应变片　丝式金属电阻应变片是用直径为 0.01～0.05 mm 的金属丝做成敏感栅,有回线式和短接式两种。图4.3a、b、c、d、i、j 所示为丝式应变片,它制作简单、性能稳定、成本低、易粘贴,但因图 4.3a 所示的圆弧部分参与变形,横向效应较大。图 4.2b 所示为短接式应变片,它的敏感栅平行排列,两端用直径比栅线直径大 5～10 倍的镀银丝短接而成,其优点是克服了横向效应。丝式金属电阻应变片的敏感栅常用的材料有康铜、镍铬合金、镍铬铝合金以及铂、铂钨合金等。

2）箔式金属电阻应变片　箔式金属电阻应变片是利用照相制版或光刻技术,将厚为0.003～0.01 mm 的金属箔片制成敏感栅,如图 4.3f、g 所示。箔式金属电阻应变片具有如下优点：① 可制成多种复杂形状、尺寸准确的敏感栅,其栅长最小可做到 0.2 mm,以适应不同的测量要求；② 横向效应小；③ 散热条件好,允许电流大,提高了输出灵敏度；④ 蠕变和机械滞后小,疲劳寿命长；⑤ 生产效率高,便于实现自动化生产。金属箔片常用的材料是康铜和镍铬合金等。

3）薄膜式金属电阻应变片　薄膜式金属电阻应变片是采用真空蒸发或真空沉积等方法,在薄的绝缘基底上形成厚度为 0.1 μm 以下的金属电阻薄膜的敏感栅,最后再加上保护层。它的优点是应变灵敏度大,允许电流密度大,工作范围广,可达−197～317 ℃。

（2）按基底材料分类

按基底材料的不同,电阻应变片分为纸基和胶基两类。

纸基逐渐被胶基（有机聚合物）取代,因为胶基各方面的性能优于纸基。胶基一般采用酚醛树脂、环氧树脂和聚酰亚胺等制成胶膜,厚度一般为 0.03～0.05 mm。

对基底材料的性能有如下要求：力学性能好、挠性好、易于粘贴,电绝缘性能好,热稳定性能和抗潮湿性能好,滞后和蠕变小等。

（3）按被测量应力场分类

按被测量应力场的不同,电阻应变片分为测量单向应力的应变片和测量平面应力的应变花。

如图 4.3a、b、c、d、e 所示为测量单向应力的应变片,图 4.3f、g、h、i、j 所示为测量平面应力的应变花（rosette gage）。测量平面应力的应变花也可用两片以上的电阻应变片组成。它又可分为测量主应力已知的互成 90°的二轴应变花（图 4.3f）和测量主应力未知的应变花。测量主应力未知的应变花一般由三个方向的电阻应变片组成,如图 4.3i、j 所示。

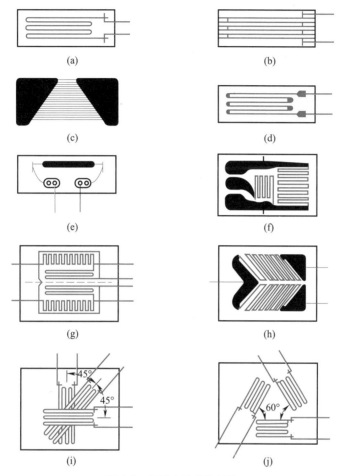

图 4.3　常用应变片的结构

4. 电阻应变片的性能参数

电阻应变片的性能参数很多,下面介绍其主要性能参数,以便合理选用电阻应变片。

（1）应变片电阻值（R_0）

它是指应变片未粘贴时,在室温下所测得的电阻值。R_0 值越大,允许的工作电压也越大,可提高测量灵敏度。应变片阻值尚无统一标准,常用的有 60 Ω、120 Ω、200 Ω、320 Ω、350 Ω、500 Ω、1 000 Ω,其中以 120 Ω 最为常用。

（2）几何尺寸

由于应变片所测出的应变值是敏感栅区域内的平均应变值,所以通常标明其尺寸参数。应变梯度较大时通常选用栅长短的应变片,应变梯度小时不宜选短的应变片,因为误差大。

（3）绝缘电阻

绝缘电阻是指应变片敏感栅及引出线与粘贴该应变片的试件之间的电阻值,其值越大越好,一般应大于 10^{10} Ω。绝缘电阻下降和不稳定都会产生零漂和测量误差。

（4）灵敏度（S）

灵敏度是指将应变片粘贴于单向应力作用下的试件表面，并使敏感栅纵向轴线与应力方向一致时，应变片电阻的变化率与沿应力方向的应变 ε 之比。S 值的准确性将直接影响测量精度，通常要求 S 值尽量大且恒定。

（5）允许电流

允许电流是指应变片接入测量电路后，允许通过敏感栅而不影响工作特性的最大电流，它与应变片本身、试件、黏合剂和环境等因素有关。为保证测量精度，静态测量时，允许电流一般为 25 mA，动态测量或使用箔式金属电阻应变片测量时允许电流可达 75～100 mA。

（6）机械滞后

在温度保持不变的情况下，对贴有应变片的试件进行循环加载和卸载，应变片对同一机械应变量的指示应变的最大差值，称为应变片的机械滞后。为了减小机械滞后，测量前应反复多次循环加载和卸载。

（7）应变极限

在温度一定时，应变片的指示应变值和真实应变值的相对误差不超过 10% 的范围内，应变片所能达到的最大应变值称为应变极限。

（8）零漂和蠕变

零漂是指试件不受力且温度恒定的情况下，应变片的指示应变不为零，且数值随时间变化的特性。蠕变是指在温度恒定、试件受力也恒定的情况下，指示应变随时间变化的特性。

（9）热滞后

当试件不受力的作用时，在室温和极限工作温度之间，对应变片加温及降温，对应于同一温度下指示应变的差值。

（10）疲劳寿命

疲劳寿命是指在恒定幅值的交变应变作用下（频率为 20～50 Hz），应变片连续工作直至产生疲劳损坏时的循环次数，一般为 $10^6 \sim 10^7$ 次。

当然，不同用途的应变片对其工作特性的要求也不同。选用应变片时，应根据测量环境、应变性质、试件状况等使用要求，有针对性地选用具有相应性能的应变片。

5. 电阻应变传感器的应用

应变片的一种使用方法是直接粘贴在被测试件上，通过转换电路转换为电压或电流的变化；另一种方法是先把应变片粘贴于弹性体上，构成测量各种物理量的传感器，再通过转换电路转换为电压或电流的变化，可测量位移、力、力矩、加速度和压力等，在后续章节中将详加介绍。

4.3.3　半导体电阻应变片

丝式和箔式金属电阻应变片的性能稳定、精度较高，至今仍在不断地改进和发展中，并在一些高精度应变式传感器中得到了广泛的应用。这类传感器的主要缺点是应变丝的灵敏度小。为了改进这一不足，20 世纪 50 年代末出现了半导体应变片和扩散型半导体应变片。应用半导体应变片制成的传感器，称为固态压阻式传感器。它的突出优点是灵敏度高（比金属丝高 50～80 倍），尺寸小，横向效应也小，滞后和蠕变都小，因此适用于动态测量；其主要缺点是温度稳定性差，测量较大应变时非线性严重，批量生产时性能分散度大。

1. 基本工作原理

半导体材料受到应力作用时,其电阻率会发生变化,这种现象称为压阻效应。实际上,任何材料都不同程度地呈现压阻效应,但半导体材料的这种效应特别强。电阻应变效应的分析公式也适用于半导体电阻材料,故仍可用式(4.6)来描述。对于金属材料来说,$d\rho/\rho$ 比较小,但对于半导体材料,$d\rho/\rho \gg (1 + 2\mu)\varepsilon$,即因机械变形引起的电阻变化可以忽略,电阻的变化率主要是由 $d\rho/\rho$ 引起的,即

$$dR/R = (1 + 2\mu)\varepsilon + d\rho/\rho \approx d\rho/\rho \qquad (4.8)$$

由半导体理论可知

$$d\rho/\rho = \pi_L \sigma = \pi_L E \varepsilon \qquad (4.9)$$

式中:π_L——沿某晶向 L 的压阻系数;

$\quad\ \sigma$ ——沿某晶向 L 的应力;

$\quad\ E$——半导体材料的弹性模量。

则半导体材料的灵敏度 S_0 为

$$S_0 = \frac{dR/R}{\varepsilon} = \pi_L E \qquad (4.10)$$

对于半导体硅,$\pi_L \approx (4.0 \sim 8.0) \times 10^{-10}\ m^2/N$,$E = 1.67 \times 10^{11}\ Pa$,则 $S_0 = \pi_L E \approx 60 \sim 130$。显然半导体电阻材料的灵敏度比金属丝的要高 $50 \sim 70$ 倍。

最常用的半导体电阻材料有硅和锗,掺入杂质可形成 P 型或 N 型半导体。由于半导体(如单晶硅)是各向异性材料,因此它的压阻效应不仅与掺杂浓度、温度和材料类型有关,还与晶向有关(即对晶体的不同方向上施加力时,其电阻的变化方式不同)。

2. 应用

压阻式加速度传感器是利用单晶硅作悬臂梁,在其根部扩散出 4 个电阻,如图 4.4 所示。当悬臂梁自由端的质量块受加速度作用时,悬臂梁受到弯矩作用,产生应力,使 4 个扩散电阻阻值发生变化,则此 4 个扩散电阻构成的电桥电路输出与加速度成正比的电压。

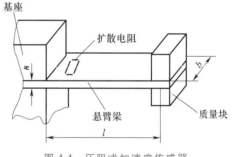

图 4.4　压阻式加速度传感器

4.3.4　电位器式传感器

1. 电位器式传感器的结构与分类

电位器式传感器又称为变阻式传感器,由电阻元件及电刷(活动触点)两个基本部分组成。电刷相对于电阻元件的运动可以是直线运动、转动和螺旋运动,因而可以将直线位移或角位移转换为与其呈一定函数关系的电阻或电压输出。

利用电位器作为传感元件可制成各种电位器式传感器,除可以测量线位移或角位移外,还可以测量一切可以转换为位移的其他物理量参数,如压力、加速度等。

电位器的优点是:① 结构简单、尺寸小、质量小、价格低廉且性能稳定;② 受环境因素(如温度、湿度、电磁场干扰等)影响小;③ 可以实现输出-输入间任意函数关系;④ 输出信号大,一般

不需放大。

电位器的缺点是:① 因为电刷与线圈或电阻膜之间存在摩擦,因此需要较大的输入能量;② 磨损不仅影响使用寿命和降低可靠性,而且会降低测量精度,分辨率较低;③ 动态响应较差,适合于测量变化较缓慢的量。

电位器式传感器按其结构形式不同,可分为线绕式、薄膜式、光电式等,在线绕电位器中又有单圈式和多圈式两种;按其特性曲线不同,则可分为线性电位器和非线性(函数)电位器。

2. 电位器式传感器的原理与特性

由式(4.1)可知,如果电阻丝的直径和材料确定,则电阻 R 随导线长度 L 变化。电位器式传感器就是根据这种原理制成的。

图 4.5a 所示为直线位移型电位器式传感器,当被测位移变化时,触点 C 沿电位器移动。如果移动 x,则 C 点与 A 点之间的电阻为

$$R_{AC} = \frac{R}{L}x = K_L x \tag{4.11}$$

式中, K_L 为单位长度的电阻。当导线材质分布均匀时 K_L 为常数,因此这种传感器的输出(电阻)与输入(位移)呈线性关系。

传感器的灵敏度为

$$S = \frac{\mathrm{d}R_{AC}}{\mathrm{d}x} = K_L \tag{4.12}$$

图 4.5b 所示为角位移型电位器式传感器,其电阻值随转角而变化。传感器的灵敏度为

$$S = \frac{\mathrm{d}R_{AC}}{\mathrm{d}\alpha} = K_\alpha \tag{4.13}$$

式中: K_α ——单位弧度对应的电阻值,当导线材质分布均匀时, K_α 为常数;

α ——转角,rad。

非线性电位器又称函数电位器,如图 4.5c 所示。它是其输出电阻(或电压)与滑动触头位移(包括线位移或角位移)之间具有非线性函数关系的一种电位器,即 $R_x = f(x)$,它可以是指数函数、三角函数、对数函数等特定函数,也可以是其他任意函数。非线性电位器可以应用于测量控制系统、解算装置以及对传感器的非线性进行补偿等。例如,若输入量为 $f(x) = Rx^2$,为了使输出的电阻值 $R(x)$ 与输入量 $f(x)$ 呈线性关系,应采用三角形电位器骨架;若输入量为 $f(x) = Rx^3$,则电位器的骨架应采用抛物线形。

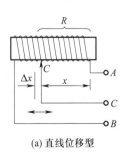

(a) 直线位移型

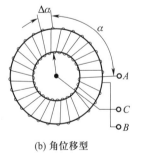

(b) 角位移型

(c) 非线性型

图 4.5 电位器式传感器的工作原理

图 4.6 所示为线性电阻器的电阻分压电路,负载电阻为 R_L,电位器长度为 l,总电阻为 R,滑动触头位移为 x,相应的电阻为 R_x,电源电压为 U,输出电压 U_o 为

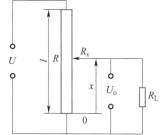

$$U_o = \cfrac{U}{\cfrac{l}{x} + \cfrac{R}{R_L}\left(1 - \cfrac{x}{l}\right)} \qquad (4.14)$$

当 $R_L \to \infty$ 时,电压输出 U_o 为

$$U_o = \frac{U}{l}x = S_u x \qquad (4.15)$$

图 4.6　电阻分压电路

式中,S_u 为电位器的电压灵敏度。

由式(4.14)可知,当电位器输出端接有输出电阻时,输出电压与滑动触头的位移并不是完全的线性关系。只有 $R_L \to \infty$,S_u 为常数时,输出电压才与滑动触头位移呈直线关系。线性电位器的理想空载特性曲线是一条严格的直线。

3. 应用举例

以图 4.7 所示的 YHD 型电位器式位移传感器为例,介绍此类传感器的工作原理。图 4.7 中,测量轴 1 与外部被测机构相接触,当有位移时,测量轴 1 便沿导轨 5 移动,同时带动电刷 3 在滑线电阻 2 上移动,因电刷 3 的位置变化故有电压输出,据此可判断位移的大小。如要求同时测出位移的大小和方向,可将图 4.7 中的精密无感电阻 4 和滑线电阻 2 组成桥式测量电路。为便于测量轴 1 来回移动,在装置中加了一根复位弹簧 6 。

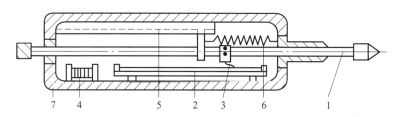

图 4.7　YHD 型电位器式位移传感器的结构

1—测量轴;2—滑线电阻;3—电刷;4—精密无感电阻;5—导轨;6—弹簧;7—壳体

4.4　电感式传感器

电感式传感器是基于电磁感应原理,将被测非电量(如位移、压力、振动等)转换为电感量变化的一种结构型传感器。利用自感原理的有自感式传感器(可变磁阻式),利用互感原理的有互感式(差动变压器式)传感器和感应同步器,利用涡流效应的有涡流传感器。

4.4.1　自感式传感器

可变磁阻式传感器的结构原理如图 4.8 所示,它由线圈、铁心及衔铁组成。在铁心和衔铁之间有空气隙,其长度为 δ。由电工学可知,线圈自感 L 为

$$L = \frac{W^2}{R_m} \tag{4.16}$$

式中:W——线圈匝数;

R_m——磁路总磁阻。

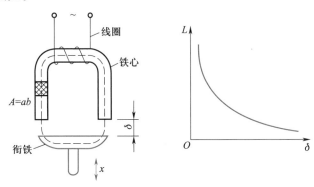

图 4.8   可变磁阻式传感器的结构原理

当空气隙长度 δ 较小,而且不考虑磁路的铁损时,磁路总磁阻为

$$R_m = \frac{l}{\mu A} + \frac{2\delta}{\mu_0 A_0} \tag{4.17}$$

式中:l ——导磁体(铁心)的长度,m;

　　μ ——铁心磁导率,H · m^{-1};

　　A——铁心导磁横截面积,$A = ab$,m^2;

　　δ——空气隙长度,m;

　　μ_0——空气磁导率,$\mu_0 = 4\pi \times 10^{-7}$H · m^{-1};

　　A_0——空气隙导磁横截面积,m^2。

因为 $\mu \gg \mu_0$,所以

$$R_m \approx \frac{2\delta}{\mu_0 A_0} \tag{4.18}$$

因此,自感 L 可写为

$$L = \frac{W^2 \mu_0 A_0}{2\delta} \tag{4.19}$$

式(4.19)表明,自感 L 与空气隙长度 δ 成反比,与气隙导磁截面积 A_0 成正比。固定 A_0 不变,变化 δ 可构成变气隙式传感器。L 与 δ 呈非线性(双曲线)关系,如图 4.8 所示。此时,传感器的灵敏度为

$$S = \frac{\mathrm{d}L}{\mathrm{d}\delta} = -\frac{W^2 \mu_0 A_0}{2\delta^2} \tag{4.20}$$

灵敏度 S 与空气隙长度 δ 的平方成反比,δ 愈小,灵敏度 S 愈高。为了减小非线性误差,在实际应用中,一般取 $\Delta\delta/\delta_0 \leqslant 0.1$。这种传感器适用于较小位移的测量,一般为 $0.001 \sim 1$ mm。

如果将 δ 固定,变化空气隙导磁横截面积 A_0 时,自感 L 与 A_0 呈线性关系,可构成可变磁阻式变截面型传感器,如图 4.9 所示。

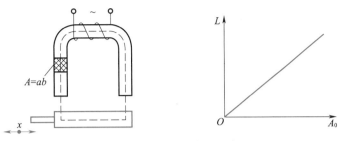

图 4.9　可变磁阻式变截面型传感器

将线圈中放入圆柱形衔铁,当衔铁运动时,线圈电感也会发生变化,这便构成可变磁阻式螺管型传感器。

图 4.10 中列出了几种常用可变磁阻式传感器的典型结构。

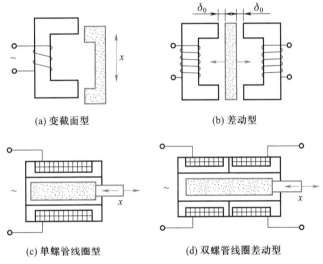

(a) 变截面型　　　　(b) 差动型

(c) 单螺管线圈型　　　　(d) 双螺管线圈差动型

图 4.10　可变磁阻式传感器的典型结构

图 4.10a 所示为可变导磁面积型,其自感 L 与 A_0 呈线性关系,这种传感器灵敏度较低。

图 4.10b 所示是差动型,当衔铁有位移时,可以使两个线圈的间隙在 $\delta_0 + \Delta\delta$ 及 $\delta_0 - \Delta\delta$ 之间变化,一个线圈自感增加,另一个线圈自感减小。将两线圈接于电桥的相邻桥臂时,其输出灵敏度可提高 1 倍,并改善了线性。

图 4.10c 所示是单螺管线圈型,当铁心在线圈中运动时,将改变磁阻,使线圈自感发生变化。这种传感器结构简单、制造容易,但灵敏度低,适用于较大位移(数毫米)的测量。

图 4.10d 所示是双螺管线圈差动型,较之单螺管线圈型有较高的灵敏度和较好的线性,被用于电感测微仪上,其测量范围为 $0 \sim 300~\mu\mathrm{m}$,最小分辨率为 $0.5~\mu\mathrm{m}$。这种传感器的线圈接在电桥上构成两个桥臂,如图 4.11a 所示;线圈电感 L_1、L_2 随铁心位移变化,其输出特性如图4.11b 所示。

采用差动式结构的典型应用为电感测微仪,其产品外观如图 4.12a 所示,其结构原理如图 4.12b 所示。测量杆 2 与衔铁 7 相连,工件 1 的尺寸变化或微小位移经过测量杆 2 带动衔铁 7 上下移动,使两线圈 4 的电感量发生差动变化,其交流阻抗发生相应的变化,通过后续的电路,将得到一个与衔铁唯一对应的直流信号,通过指示仪表 5 显示出来。

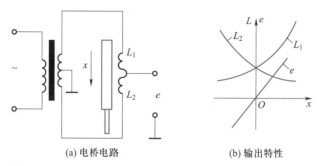

(a) 电桥电路   (b) 输出特性

图 4.11 双螺管线圈差动型电桥电路及其输出特性

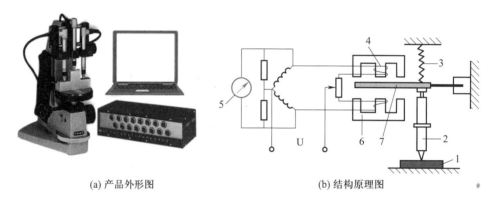

(a) 产品外形图   (b) 结构原理图

图 4.12 电感测微仪的结构原理图

1—工件;2—测量杆;3—弹簧;4—线圈;5—指示仪表;6—铁心;7—衔铁

4.4.2 互感式传感器

互感式传感器的工作原理是利用电磁感应中的互感现象,将被测位移量转换成线圈互感的变化。它本身是一个变压器,其一次线圈接入交流电源,二次线圈为感应线圈,当一次线圈的互感变化时,输出电压将做相应的变化。由于常采用两个二次线圈组成差动式,故又称差动变压器式传感器。实际常用的为螺管型差动变压器式传感器,其工作原理如图 4.13 所示。传感器由一次线圈 L 和两个参数完全相同的二次线圈 L_1、L_2 组成。线圈中心插入圆柱形铁心,二次线圈 L_1、L_2 反极性串联。当一次线圈 L 加上交流电压时,如果 $u_1 = u_2$,则输出电压 $u_o = 0$;当铁心向上运动时,$u_1 > u_2$;当铁心向下运动时,$u_1 < u_2$。铁心偏离中心位置愈大,u_o 愈大,其输出特性如图 4.13c 所示。

差动变压器式传感器输出的电压是交流量,如用交流电压表指示,则输出值只能反映铁心位移的大小,而不能反映移动的极性;同时,交流电压输出存在一定的零点残余电压,使活动衔铁位于中间位置时,输出也不为零。因此,差动变压器式传感器的后接电路应采用既能反映铁心位移极性,又能补偿零点残余电压的差动直流输出电路。

图 4.14 为用于小位移测量的差动相敏检波电路的工作原理,当没有信号输入时,铁心处于中间位置,调节电阻 R,使零点残余电压减小;当有信号输入时,铁心上移或下移,其输出电压经

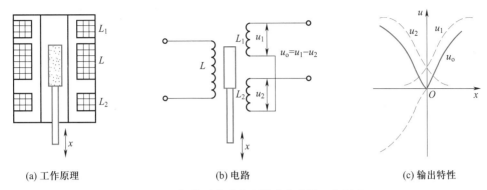

(a) 工作原理　　　　　　(b) 电路　　　　　　(c) 输出特性

图 4.13　螺管型差动变压器式传感器工作原理

交流放大、相敏检波、滤波后得到直流输出。由仪表显示输入位移的大小和方向。

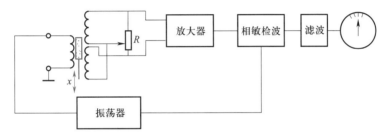

图 4.14　差动相敏检波电路的工作原理

　　差动变压器式传感器的优点是:测量精度高,可达 0.1 μm;线性范围大,可达到 ±100 mm;稳定性好,使用方便。因而,这类传感器被广泛应用于直线位移,或可以转换为引起位移变化的压力、重量等参数的测量。

4.4.3　涡流传感器

　　涡流传感器的工作原理是利用金属导体在交流磁场中的涡流效应。当金属板置于变化着的磁场中时,或者在磁场中运动时,在金属板上可产生感应电流,这种电流在金属体内是闭合的,所以称为涡流。涡流的大小与金属板的电阻率 ρ、磁导率 μ、厚度 t 以及金属板与线圈距离 δ、激励电流 i、角频率 ω 等参数有关。若固定其他参数,仅仅改变其中某一参数,就可以根据涡流大小测定该参数。

　　1. 等效电路

　　把被测导体上形成的涡流等效成一个短路环,这样就可得到如图 4.15 所示的等效电路。图中 R_1、L_1 为传感器线圈的电阻和电感。短路环可以认为是一匝短路线圈,其电阻为 R_2、电感为 L_2。线圈与导体间存在一个互感 M,它随线圈与导体间距的减小而增大。

　　根据等效电路可列出电路方程组

$$\begin{cases} R_2 \dot{I}_2 + j\omega L_2 \dot{I}_2 - j\omega M \dot{I}_1 = 0 \\ R_1 \dot{I}_1 + j\omega L_1 \dot{I}_1 - j\omega M \dot{I}_2 = \dot{U}_1 \end{cases} \qquad (4.21)$$

通过解方程组,可得 I_1、I_2。并可进一步求出线圈受导体影响后的等效阻抗

$$z = \frac{\dot{U}_1}{\dot{I}_1} = \left[R_1 + \frac{\omega^2 M^2}{R_2^2 + (\omega L_2)^2} R_2 \right] + j \left[\omega L_1 - \frac{\omega^2 M^2}{R_2^2 + (\omega L_2)^2} \omega L_2 \right]$$

(4.22)

线圈的等效电感为

$$L = L_1 - L_2 \frac{\omega^2 M^2}{R_2^2 + (\omega L_2)^2}$$

(4.23)

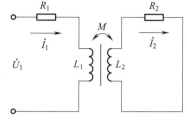

图 4.15　涡流传感器等效电路

由式(4.22)和式(4.23)可以看出,线圈与导体系统的阻抗、电感都是该系统互感平方的函数。而互感是随线圈与导体间距的变化而改变的。

2. 集肤效应

涡流在导体的纵深方向并不是均匀分布的,而只集中在金属导体的表面,这称为集肤效应(也称趋肤效应)。电涡流在导体内的渗透深度 h 为

$$h = \sqrt{\frac{\rho}{\pi \mu f}}$$

(4.24)

式中:h——工件渗透深度,cm;

$\quad\quad$ ρ——工件的电阻率,$\Omega \cdot$ cm;

$\quad\quad$ μ——相对磁导率;

$\quad\quad$ f——激励源频率,Hz。

集肤效应与激励源频率 f、工件的电阻率 ρ、相对磁导率 μ 等有关。频率 f 越高,电涡流渗透的深度就越浅,集肤效应越严重,故涡流传感器可分为高频反射式和低频透射式两类。

3. 高频反射式涡流传感器

高频反射式涡流传感器工作原理如图 4.16 所示。高频(数兆赫兹以上)激励电流 i 施加于邻近金属板一侧的线圈上,由线圈产生的高频电磁场作用于金属板的表面。在金属板表面薄层内产生涡流 i_s,涡流 i_s 又产生反向的磁场,反作用于线圈上,由此引起线圈自感 L 或线圈阻抗 z_L 的变化。z_L 的变化程度取决于线圈至金属板之间的距离 δ、金属板的电阻率 ρ、相对磁导率 μ 以及激励电流 i 的幅值与角频率 ω 等。

当被测位移量发生变化时,使线圈与金属板的距离发生变化,从而导致线圈阻抗 z_L 的变化,通过测量电路转化为电压输出。高频反射式涡流传感器常用于位移测量。

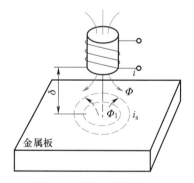

图 4.16　高频反射式涡流
传感器的工作原理

4. 低频透射式涡流传感器

低频透射式涡流传感器多用于测定材料厚度,其工作原理如图 4.17a 所示。发射线圈 L_1 和接收线圈 L_2 分别放在被测材料 G 的上、下两侧,低频(声频范围)电动势 e_1 加到线圈 L_1 的两端后,在周围空间产生一交变磁场,并在被测材料 G 中产生涡流 i,此涡流损耗了部分能量,使贯穿 L_2 的磁感线减少,从而使 L_2 产生的感应电动势 e_2 减小。e_2 的大小与 G 的厚度及材料性质有关,实验与理论证明,e_2 随材料厚度 h 的增加按负指数规律减小,如图 4.17b 所示。因而根据 e_2 的变

化便可测得材料的厚度。测量厚度时,激励频率应选得较低。频率太高,贯穿深度小于被测厚度,不利于进行厚度测量,通常选激励频率为 1 kHz 左右。

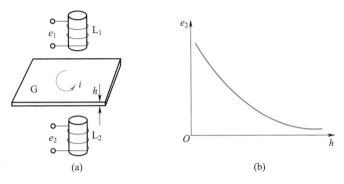

图 4.17 低频透射式涡流传感器的工作原理

测薄金属板时,频率一般应略高些,测厚金属板时,频率应低些。在测量电阻率 ρ 较小的材料时,应选较低的频率(如 500 Hz),测量 ρ 较大的材料时,应选用较高的频率(如 2 kHz),从而保证在测量不同材料时能得到较好的线性和较高的灵敏度。

涡流传感器可用于动态非接触测量,测量范围一般为 0~2 mm,分辨率可达 1 μm。它具有结构简单,安装方便,灵敏度较高,抗干扰能力较强,不受油污等介质的影响等一系列优点。因此,这种传感器可用于以下几个方面的测量:① 利用位移 x 作为变换量,做成测量位移、厚度、振动、转速等量的传感器,也可做成接近开关、计数器等;② 利用材料电阻率 ρ 作为变换量,可以做成温度测量、材质判别等的传感器;③ 利用材料磁导率 μ 作为变换量,可以做成测量应力、硬度等量的传感器;④ 利用变换量 μ、ρ、x 的综合影响,可以做成探伤装置。图 4.18 所示是涡流传感器的工程应用实例。

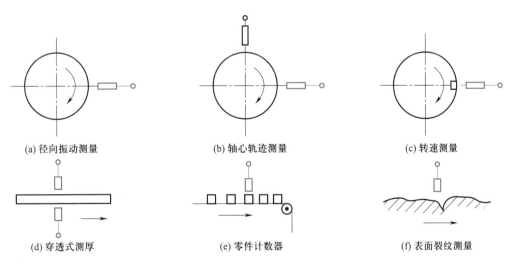

(a) 径向振动测量　　　　(b) 轴心轨迹测量　　　　(c) 转速测量

(d) 穿透式测厚　　　　(e) 零件计数器　　　　(f) 表面裂纹测量

图 4.18 涡流传感器的工程应用

4.5 电容式传感器

电容式传感器是将被测量(如尺寸、压力等)的变化转换成电容变化的一种传感器。实际上,它本身(或和被测物体)就是一个可变电容器。

1. 工作原理及分类

由物理学可知,在忽略边缘效应的情况下,平板电容器的电容 C 为

$$C = \frac{\varepsilon_0 \varepsilon A}{\delta} \qquad (4.25)$$

式中:ε_0——真空的介电常数,$\varepsilon_0 = 8.854 \times 10^{-12} \mathrm{F \cdot m^{-1}}$;

　　　ε——极板间介质的相对介电系数,在空气中,$\varepsilon = 1$;

　　　A——极板的覆盖面积,$\mathrm{m^2}$;

　　　δ——两平行极板间的距离,m。

式(4.25)表明,当被测量 δ、A 或 ε 发生变化时,都会引起电容的变化。如果保持其中的两个参数不变,而仅改变另一个参数,就可把该参数的变化变换为单一电容的变化,再通过配套的测量电路,将电容的变化转换为电信号输出。根据电容器参数变化的特性,电容式传感器可分为极距变化型、面积变化型和介质变化型 3 种,其中极距变化型和面积变化型应用较广。

(1)极距变化型电容式传感器

在电容器中,如果两极板相互覆盖面积及极间介质不变,则电容 C 与极距 δ 呈非线性关系,如图 4.19 所示。当两极板在被测参数作用下发生位移,引起电容 C 的变化为

$$\mathrm{d}C = -\frac{\varepsilon_0 \varepsilon A}{\delta^2}\mathrm{d}\delta \qquad (4.26)$$

由此可得到传感器的灵敏度

$$S = \frac{\mathrm{d}C}{\mathrm{d}\delta} = -\frac{\varepsilon_0 \varepsilon A}{\delta^2} = -\frac{C}{\delta} \qquad (4.27)$$

从式(4.27)可看出,灵敏度 S 与极距平方成反比,极距越小,灵敏度越高。一般通过减小初始极距来提高灵敏度。由于电容 C 与极距 δ 呈非线性关系,所以会引起非线性误差。为了减小这一误差,通常规定测量范围 $\Delta\delta \ll \delta_0$。一般取极距变化范围 $\Delta\delta/\delta_0 \approx 0.1$,此时,传感器的灵敏度近似为常数。实际应用中,为了提高传感器的灵敏度、增大线性工作范围和克服外界条件(如电源电压、环境温度等)变化对测量精度的影响,常常采用差动型电容式传感器。

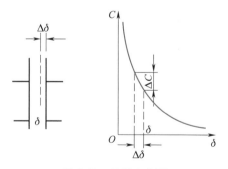

图 4.19　极距变化型
电容器的工作原理

(2)面积变化型电容式传感器

面积变化型电容式传感器的工作原理是在被测参数的作用下极板的有效面积发生变化,常

用的有角位移型和线位移型两种。

图 4.20 是面积变化型电容式传感器的结构示意图,图 4.20a、b、c 所示为单边式,图 4.20d 所示为差动式(图 a、b 所示的结构亦可做成差动式)。图中 1 为固定极板,2 为可动极板。

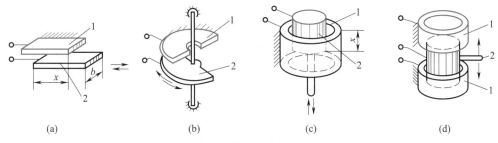

$$图 4.20 \quad 面积变化型电容式传感器结构示意图$$

图 4.20a 所示为平面线位移型电容式传感器,当宽度为 b 的可动板板沿箭头方向移动时,相互覆盖的长度为 x,覆盖面积变化,电容也随之变化,电容为

$$C = \frac{\varepsilon_0 \varepsilon b x}{\delta} \tag{4.28}$$

其灵敏度为

$$S = \frac{\mathrm{d}C}{\mathrm{d}x} = \frac{\varepsilon_0 \varepsilon b}{\delta} = 常数 \tag{4.29}$$

故输出与输入为线性关系。

图 4.20b 所示为角位移型电容式传感器。当可动极板有一转角时,与固定极板之间相互覆盖的面积就发生变化,因而导致电容变化。当覆盖面积对应的中心角为 α、极板半径为 r 时,覆盖面积为

$$A = \frac{\alpha r^2}{2} \tag{4.30}$$

电容为

$$C = \frac{\varepsilon_0 \varepsilon \alpha r^2}{2\delta} \tag{4.31}$$

其灵敏度为

$$S = \frac{\mathrm{d}C}{\mathrm{d}\alpha} = \frac{\varepsilon_0 \varepsilon r^2}{2\delta} = 常数 \tag{4.32}$$

由于平板型传感器的可动极板沿极距方向移动会影响测量精度,因此一般情况下,变截面积型电容式传感器常做成圆柱形,如图 4.20c、d 所示。圆筒形电容器的电容为

$$C = \frac{2\pi \varepsilon \varepsilon_0 x}{\ln (r_2 / r_1)} \tag{4.33}$$

式中:x——外圆筒与内圆筒覆盖部分长度,m;

r_1、r_2——外圆筒的内半径与内圆筒(或内圆柱)的外半径,即它们的工作半径,m。

当覆盖长度 x 变化时,电容变化,其灵敏度为

$$S = \frac{\mathrm{d}C}{\mathrm{d}x} = \frac{2\pi\varepsilon\varepsilon_0}{\ln\left(r_2/r_1\right)} = 常数 \tag{4.34}$$

面积变化型电容式传感器的优点是输出与输入呈线性关系,但与极距变化型电容式传感器相比,其灵敏度较低,适用于较大角位移及直线位移的测量。

（3）介电常数变化型电容式传感器

介电常数变化型电容式传感器的结构原理如图 4.21 所示。这种传感器大多用于测量电介质的厚度（图 4.21a）、位移（图 4.21b）、液位（图 4.21c）,还可根据极板间介质的介电常数随温度、湿度、容量的改变而改变来测量温度、湿度、容量（图 4.21d）等。

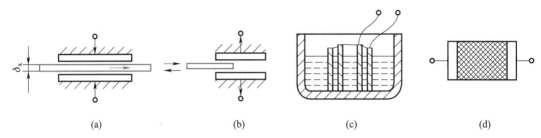

图 4.21　介电常数变化型电容传感器的结构原理

若忽略边缘效应,图 4.21a、b、c 所示传感器的电容量与被测量的关系为

$$C = \frac{lb}{(\delta - \delta_x)/\varepsilon_0 + \delta_x/\varepsilon} \tag{4.35}$$

$$C = \frac{ba_x}{(\delta - \delta_x)/\varepsilon_0 + \delta_x/\varepsilon} + \frac{b(l - a_x)}{\delta/\varepsilon_0} \tag{4.36}$$

$$C = \frac{2\pi\varepsilon_0 h}{\ln\left(r_2/r_1\right)} + \frac{2\pi(\varepsilon - \varepsilon_0)h_x}{\ln\left(r_2/r_1\right)} \tag{4.37}$$

式中:δ、h、ε_0——两固定极板间的距离、极间距及间隙中空气的介电常数;

δ_x、h_x、ε——试件的厚度、被测液面高度和它的介电常数;

l、b、a_x——固定极板长、宽及试件进入两极板中的长度（被测值）;

r_1、r_2——内、外极筒的工作半径。

上述测量方法中,当电极间存在导电介质时,电极表面应涂覆绝缘层（如涂 0.1 mm 厚的聚四氟乙烯等）,防止电极间短路。

2. 特点与应用

（1）主要优点

1）输入能量小而灵敏度高。极距变化型电容式传感器只需很小的能量就能改变电容极板的位置,如在一对直径为 1.27 cm 的圆形电容极板上施加 10 V 电压,极板间隙为 2.54×10^{-3} cm,只需 3×10^{-5} N 的力就能使极板产生位移。因此,电容式传感器可以测量很小的力、振动、加速度,并且很灵敏。精度高达 0.01%电容式传感器已有商品出现,如一种量程为 250 mm 的电容式位移传感器,精度可达 5 μm。

2）电参量相对变化大。电容式传感器电容的相对变化 $\Delta C/C \geqslant 100\%$,有的甚至可达

200%，这说明传感器的信噪比大，稳定性好。

3）动态特性好。电容式传感器活动零件少，而且质量很小，本身具有很高的自振频率，加之供给电源的载波频率很高，因此电容式传感器可用于动态参数的测量。

4）能量损耗小。电容式传感器的工作是改变极板的间距或覆盖面积以改变电容，而电容变化并不产生热量。

5）结构简单，适应性好。电容式传感器的主要结构是两块金属极板和绝缘层，结构很简单，在振动、辐射环境下仍能可靠工作，如采用冷却措施，还可在高温条件下使用。

6）纳米测量技术应用。电容式传感器可以实现非接触测量，以极板间的电场力代替了测头与试件的表面接触，由于极板间的电场力极其微弱，不会产生迟滞和变形，消除了接触式测量由于表面应力给测量带来的不利影响，加之测量灵敏度高，使其在纳米测量领域得到了广泛的应用。

（2）主要缺点

1）非线性大。如前所述，对于极距变化型电容式传感器，从机械位移 $\Delta\delta$ 变为电容变化 ΔC 是非线性的，利用测量电路（常用的电桥电路见图 4.22）把电容变化转换成电压变化也是非线性的。因此，输出与输入之间的关系出现较大的非线性。采用差动式结构非线性可以得到适当改善，但不能完全消除。当采用如图 4.23 所示的比例运算放大器电路时，可以得到输出电压与位移量的线性关系。输入阻抗采用固定电容 C_0，反馈阻抗采用电容为 C_x 的电容式传感器，根据运算放大器的运算关系，当激励电压为 u_0 时，输出电压

$$u_y = - u_o \frac{C_0}{C_x} \tag{4.38}$$

所以

$$u_y = - u_o \frac{C_0 \delta}{\varepsilon_0 \varepsilon A} \tag{4.39}$$

显然，输出电压 u_y 与电容式传感器间隙 δ 呈线性关系。这种电路常用于位移测量传感器。

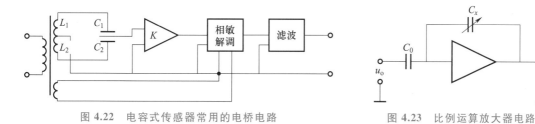

图 4.22　电容式传感器常用的电桥电路　　　　图 4.23　比例运算放大器电路

2）电缆分布电容的影响大。传感器两极板之间的电容很小，仅几十皮法（PF），小的甚至只有几皮法。而传感器与电子仪器之间的连接电缆却具有很大的电容，如 1 m 屏蔽线的电容最小的也有几皮法，最大的可达上百皮法。这不仅使传感器的电容相对变化大大降低，灵敏度也降低，更严重的是电缆本身放置的位置和形状不同，或因振动等原因，都会引起电缆本身电容的较大变化，使输出不真实，给测量带来误差。解决的办法有两种：一种方法是利用集成电路，使放大

测量电路小型化,把它放在传感器内部,这样传输导线输出是电压信号,不受电缆分布电容的影响;另一种方法是采用双屏蔽传输电缆,适当降低电缆分布电容的影响。由于电缆分布电容对传感器的影响,使电容式传感器的应用受到一定的限制。

3.电容式传感器应用举例

(1)电容式测厚仪

图4.24为在轧制过程中测量金属带材厚度的电容式测厚仪的工作原理。工作极板与带材之间形成两个电容,即 C_1、C_2。其总电容为 $C = C_1 + C_2$。当金属带材在轧制中厚度发生变化时,将引起电容的变化。检测电路可以反映这个变化,并转换和显示出带材的厚度。

(2)电容式转速传感器

电容式转速传感器的工作原理如图4.25所示,图中齿轮外沿面为电容器的可动极板,当电容器固定极板与齿顶相对时,电容最大,而与齿隙相对时,则电容最小。当齿轮转动时,电容发生周期性变化,通过测量电路转换为脉冲信号,则频率计显示的频率代表转速大小。设齿数为 z,频率为 f,则转速 n(单位为 $r \cdot min^{-1}$)为

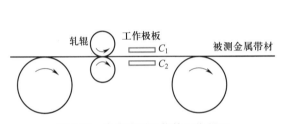

图 4.24　电容式测厚仪的工作原理

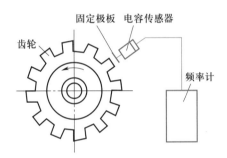

图 4.25　电容式转速传感器的工作原理

$$n = \frac{60f}{z} \tag{4.40}$$

目前,电容式传感器已广泛应用于位移、振动、角度、速度、压力、转速、流量、液位、料位以及成分分析等方面的测量。电容式传感器的精度和稳定性也日益提高,精度可达 0.01%,如一种量程为 250 mm 的电容位移传感器,精度可达 5 μm。

4.6　压电式传感器

压电式传感器是一种可逆转换器,它既可以将机械能转换为电能,又可以将电能转换为机械能。它的工作原理基于某些物质的压电效应。

1.压电效应与压电材料

某些物质,当沿着一定方向对其加力而使其变形时,在一定表面上将产生电荷,当外力去掉后,又重新回到不带电状态,这种现象称为压电效应。相反,如果在这些物质的极化方向施加电场,这些物质就在一定方向上产生机械变形或机械应力,当外电场撤去后,这些变形或应力也随之消失,这种现象称之为逆压电效应,或称之为电致伸缩效应。

明显呈现压电效应的敏感功能材料称为压电材料。常用的压电材料有两大类:一种是压电

单晶体,如石英、酒石酸钾钠等;另一种是多晶压电陶瓷,如钛酸钡、锆钛酸铅、铌镁酸铅等,又称为压电陶瓷。此外,聚偏二氟乙烯(PVDF)作为一种新型的高分子物性型传感材料,自1972年首次应用以来,已研制了多种用途的传感器,如压力、加速度、温度、声的测量和无损检测,尤其在生物医学领域获得了广泛的应用。

石英晶体有天然石英和人造石英。天然石英的稳定性好,但资源少,并且大多存在一些缺陷,一般只用在校准用的标准传感器或精度很高的传感器中。压电陶瓷是通过高温烧结的多晶体,具有制作工艺方便,耐湿、耐高温等优点,在检测技术、电子技术和超声波技术等领域中用得最普遍,在长度计量仪器中,目前用得最多的压电材料是压电陶瓷,例如锆钛酸铅。

石英(SiO_2)晶体结晶形状为六角形晶柱,如图4.26a所示。两端为一对称的棱锥,六棱柱是它的基本组织,纵轴z-z称为光轴,穿过六角棱线且垂直于光轴的轴线x-x称为电轴,垂直于棱面光轴和电轴的轴线y-y称为机械轴,如图4.26b所示。

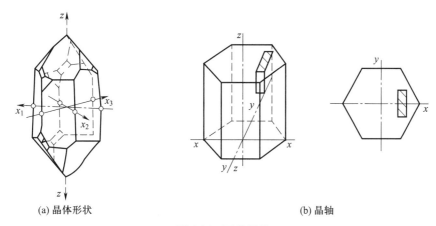

(a) 晶体形状   (b) 晶轴

图 4.26　石英晶体

如果从晶体中切下一个平行六面体,并使其晶面分别平行于z-z、y-y、x-x轴线,这个晶片在正常状态下不呈现电性。当施加外力时,将沿x-x方向形成电场,其电荷分布在垂直于x-x轴的平面上,如图4.27所示。沿x轴方向加力产生纵向压电效应,沿y轴方向加力产生横向压电效应,沿相对两平面加剪切力产生切向压电效应。

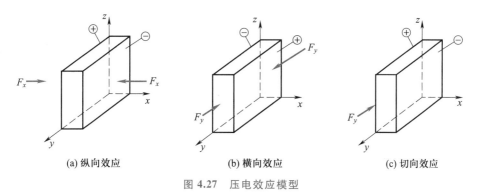

(a) 纵向效应   (b) 横向效应   (c) 切向效应

图 4.27　压电效应模型

2. 压电式传感器及其等效电路

压电元件两电极间的压电陶瓷或石英为绝缘体,而两个工作面是通过金属蒸镀形成的金属膜,因此就构成一个电容器,如图 4.28a 所示。其电容为

$$C_a = \frac{\varepsilon_r \varepsilon_0 A}{\delta} \tag{4.41}$$

式中:ε_r——压电材料的相对介电常数,石英晶体 $\varepsilon_r = 4.5$,钛酸钡 $\varepsilon_r = 1\,200$;

ε_0——真空介电常数,$\varepsilon_0 = 8.854 \times 10^{-12}$ F·m^{-1};

δ——极板间距,即压电元件的厚度,m;

A——压电元件工作面面积,m^2。

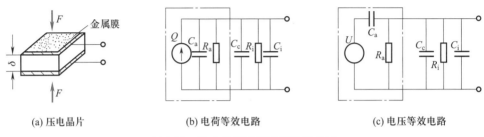

(a) 压电晶片　　　　(b) 电荷等效电路　　　　(c) 电压等效电路

图 4.28　压电式传感器及其等效电路

当压电元件受外力作用时,两表面产生等量的正、负电荷 Q,压电元件的开路电压(负载电阻为无穷大)为

$$U = \frac{Q}{C_a} \tag{4.42}$$

于是可以把压电元件等效为一个电荷源 Q 和一个电容器 C_a 的等效电路,见图 4.28b 的点画线框内的电路;同时也可等效为一个电压源 U 和一个电容器 C_a 串联的等效电路,见图 4.28c 的点画线框内的电路。其中,R_a 为压电元件的漏电阻。工作时,压电元件与二次仪表配套使用必定与测量电路相连接,这就要考虑连接电缆电容 C_c、放大器的输入电阻 R_i 和输入电容 C_i。图 4.28表示出了压电测试系统完整的等效电路,图中两种电路只是表示方式不同,它们的工作原理是相同的。

由于不可避免地存在电荷泄漏,利用压电式传感器测量静态或准静态量值时,必须采取措施使电荷从压电元件经测量电路的泄漏减小到足够小的程度;而做动态测量时,电荷可以不断补充,从而供给测量电路一定的电流,所以压电式传感器适用于做动态测量。

3. 压电元件常用的结构形式

在实际使用中,如仅用单片压电元件工作的话,要产生足够的表面电荷就需要很大的作用力,因此一般采用两片或两片以上压电元件组合在一起使用。由于压电元件是有极性的,因此连接方法有两种:并联和串联。图 4.29a 所示为并联,两压电元件的负极集中在中间极板上,正极在上下两边并连接在一起,此时电容大,输出电荷量大,适用于测量缓变信号和以电荷为输出的场合;图 4.29b 所示为串联,上极板为正极,下极板为负极,中间是一元件的负极与另一元件的正极相连接,此时传感器本身电容小,输出电压大,适用于要求以电压为输出的场合,并要求测量电

路有高的输入阻抗。

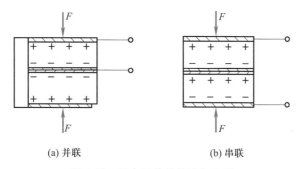

(a) 并联   (b) 串联

图 4.29   压电元件的并联与串联

压电元件在传感器中,首先必须有一定的预紧力,以保证作用力变化时,压电元件始终受到压力。其次,保证压电元件与作用力之间的接触全面均匀,以获得输出电压(或电荷)与作用力的线性关系。但预紧力也不能太大,否则会影响其灵敏度。

4. 压电式传感器的应用

压电式传感器具有自发电和可逆两种重要特性,同时还具有体积小、质量轻、结构简单、工作可靠、固有频率高、灵敏度和信噪比高等优点,因此压电式传感器得到了飞跃的发展和广泛的应用。在测试技术中,压电转换元件是一种典型的力敏元件,能测量最终能转换成力的那些物理量,例如压力、加速度、机械冲击和振动等,因此在机械、声学、力学、医学和宇航等领域都可见到压电式传感器的应用。关于压电式传感器的测量电路及其具体应用参见后续章节。

4.7 磁电式传感器

磁电式传感器的基本工作原理是通过磁电作用把被测物理量的变化转换为感应电动势的变化。磁电式传感器主要有磁电式感应传感器、霍尔传感器等。

4.7.1 磁电式感应传感器

磁电式感应传感器简称感应传感器,也称为电动传感器。它把被测物理量的变化转变为感应电动势,是一种机-电能量转换型传感器,不需要外部供电电源,电路简单,性能稳定,输出阻抗小,又具有一定的频率响应范围(一般为 10~1 000 Hz),适用于振动、转速、扭矩等测量。但这种传感器的尺寸和质量都较大。

1. 工作原理及分类

根据法拉第电磁感应定律,W 匝线圈在磁场中作切割磁感线运动或线圈所在磁场的磁通变化时,线圈中所产生的感应电动势 e 的大小决定于穿过线圈的磁通 Φ 的变化率,即

$$e = W \frac{\mathrm{d}\Phi}{\mathrm{d}t} \tag{4.43}$$

磁通变化率与磁场强度、磁路磁阻、线圈的运动速度有关,故若改变其中一个因素,都会改变线圈的感应电动势。

按工作原理不同,感应传感器可分为恒磁通式和变磁通式。

2. 恒磁通式感应传感器

图 4.30 所示为恒磁通式感应传感器的结构原理图。当线圈在垂直于磁场方向作直线运动(图 4.30a)或旋转运动(图 4.30b)时,若以线圈相对磁场运动的速度 v 或角速度 ω 表示,则所产生的感应电动势 e 为

$$
\left.
\begin{array}{l}
e = WBlv \\
e = kWBA\omega
\end{array}
\right\}
\tag{4.44}
$$

式中:l——每匝线圈的平均长度;

B——线圈所在磁场的磁感应强度;

A——每匝线圈的平均截面积;

k——传感器结构系数。

在传感器中当结构参数确定后,B、l、W、A 均为定值,感应电动势 e 与线圈相对磁场的运动速度 v 或角速度 ω 成正比,所以这种传感器基本上是速度传感器,能直接测量线速度或角速度。如果在测量电路中接入积分电路或微分电路,还可以用来测量位移或加速度。但由其工作原理可知,磁电式感应传感器只适用于动态测量。

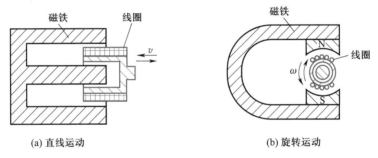

(a) 直线运动　　　　　　(b) 旋转运动

图 4.30　恒磁通式感应传感器的结构原理图

上述结构类型称为动圈式,还有动铁式的磁电式感应传感器。其工作原理与动圈式完全相同,只是它的运动部件是磁铁。

3. 变磁通式感应传感器

变磁通式感应传感器即变磁阻式感应传感器,又称变气隙式感应传感器,常用来测量旋转物体的角速度,其结构原理如图 4.31 所示。图 4.31a 所示为开路变磁通式,线圈和磁铁静止不动,测量齿轮(导磁材料制成)安装在被测旋转体上,每转过一个齿,传感器磁路磁阻变化一次,线圈产生的感应电动势的变化频率等于测量齿轮上齿轮的齿数和转速的乘积。图 4.31b 为闭合磁路变磁通式的结构示意图,被测转轴带动椭圆形铁心在磁场中等速转动,使气隙平均长度发生周期性变化,磁路磁阻也随发生周期性变化,磁通同样发生周期性变化,则在线圈中产生感应电动势,其频率 f 为椭圆形铁心转速的 2 倍。

变磁通式感应传感器对环境条件要求不高,能在 $-150 \sim 90\ ℃$ 的温度下工作,工作温度不影响其测量精度,也能在油、水雾、灰尘等条件下工作。但它的工作频率下限较高,约为 50 Hz,上限可达 100 Hz。

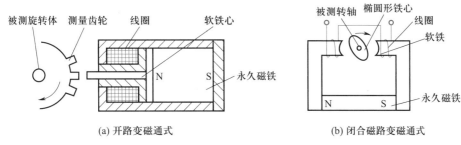

图 4.31　变磁通式感应传感器的结构原理

4.7.2　霍尔传感器

霍尔传感器也是一种磁电式传感器。它是利用霍尔元件基于霍尔效应原理而将被测量转换成电动势输出的一种传感器。由于霍尔元件在静止状态下,具有感受磁场的独特能力,并且具有结构简单、体积小、噪声小、频率范围宽(从直流到微波)、动态范围大(输出电动势变化范围可达1 000∶1)、寿命长等特点,因此获得了广泛应用。例如,在测量技术中用于将位移、力、加速度等物理量转换为电量的传感器,在计算技术中用于作加、减、乘、除、开方、乘方以及微积分等运算的运算器等。

1. 霍尔效应

金属或半导体薄片置于磁场中,当有电流流过时,在垂直于电流和磁场的方向上将产生电动势,这种物理现象称为霍尔效应。

假设薄片为 N 型半导体,磁感应强度为 B 的磁场方向垂直于薄片,如图 4.32 所示,在薄片左、右两端通以控制电流 I,那么半导体中的载流子(电子)将沿着与电流 I 相反的方向运动。由于外磁场 B 的作用,使电子受到磁场力 F_L(洛伦兹力)而发生偏转,结果在半导体的后端面上电子积累带负电,而前端面缺少电子带正电,在前后断面间形成电场。该电场产生的电场

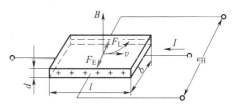

图 4.32　霍尔效应的原理

力 F_E 阻止电子继续偏转。当 F_E 和 F_L 相等时,电子积累达到动态平衡。这时在半导体前后两端面之间(即垂直于电流和磁场方向)建立电场,称为霍尔电场,相应的电动势称为霍尔电动势 e_H。霍尔电动势可用下式表示:

$$e_H = R_H \frac{IB}{d} = K_H IB \tag{4.45}$$

式中:I——电流,A;

　　B——磁感应强度,T;

　　R_H——霍尔常数,$m^3 \cdot C^{-1}$,由载流材料的物理性质决定;

　　K_H——灵敏度,$V \cdot A^{-1} \cdot T^{-1}$,与载流材料的物理性质和几何尺寸有关,表示在单位磁感应强度和单位控制电流时的霍尔电动势的大小;

　　d——霍尔片厚度,m。

如果磁场和薄片法线有 α 角,那么

$$e_H = K_H I B \cos \alpha \tag{4.46}$$

2. 霍尔元件

基于霍尔效应工作的半导体器件称为霍尔元件,霍尔元件多采用 N 型半导体材料。霍尔元件越薄(d 越小),K_H 就越大,薄膜霍尔元件厚度只有 1 μm 左右。霍尔元件由霍尔片、4 根引线和壳体组成,如图 4.33 所示。霍尔片是一块半导体单晶薄片(一般为 4 mm×2 mm×0.1 mm),

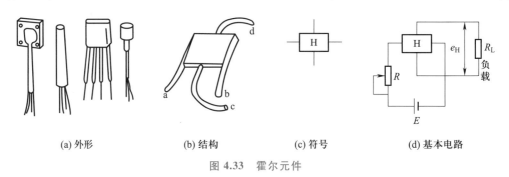

| (a) 外形 | (b) 结构 | (c) 符号 | (d) 基本电路 |

图 4.33　霍尔元件

在它的长度方向两端面上焊有 a、b 两根引线,称为控制电流端引线,通常用红色导线,其焊接处称为控制电极;在它的另两侧端面的中间以点的形式对称地焊有 c、d 两根霍尔输出引线,通常用绿色导线,其焊接处称为霍尔电极。霍尔元件的壳体是用非导磁金属、陶瓷或环氧树脂封装。目前最常用的霍尔元件材料有锗(Ge)、硅(Si)、锑化铟(InSb)、砷化铟(InAs)等半导体材料。

3. 应用

图 4.34 所示是一种霍尔效应位移传感器的工作原理。将霍尔元件置于磁场中,左半部磁场方向向上,右半部磁场方向向下,从 a 端通入电流 I,根据霍尔效应,左半部产生霍尔电动势 e_{H1},右半部产生方向相反的霍尔电动势 e_{H2}。因此,c、d 两端电动势为 $e_{H1} - e_{H2}$。如果霍尔元件在初始位置时 $e_{H1} = e_{H2}$,则输出为零;当改变磁极系统与霍尔元件的相对位置时,即可得到输出电压,其大小正比于位移量。

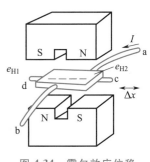

图 4.34　霍尔效应位移
传感器的工作原理

4.8　光电式传感器

4.8.1　光电效应及光电元件

光电式传感器(photoelectric sensor)通常是指能感受到由紫外光到红外光的光能量,并能将光能转换成电信号的元件。应用这种元件检测时,是先将其物理量的变化转换为光量的变化,再通过光电元件转化为电量。其工作原理是利用物质的光电效应。

物质(金属或半导体)在光的作用下发射电子的现象称为光电效应。爱因斯坦假设光束中的能量是以聚集成一粒一粒的形式在空间行进的,这一粒一粒的称为光子。单个光子的能量为

$$E = h\nu \tag{4.47}$$

式中：h——普朗克常数，$6.626×10^{-34}$ J·s；

ν——光的频率，Hz。

当光照射到某一物体时，可以看作该物体受到一连串能量为 E 的光子的轰击，而光电效应就是构成物体的材料能吸收光子能量的结果。由于被光照射的物体材料的不同，所产生的光电效应也不同，通常光照射到物体表面后产生的光电效应分为外光电效应和内光电效应两类。

1. 外光电效应

在光作用下，物质内的电子逸出物体表面向外发射的现象，称为外光电效应。根据爱因斯坦的假设，一个光子的能量只给一个电子，因此，如果要使一个电子从物质表面逸出，光子具有的能量必须大于该物质表面的逸出功 A_0，这时逸出表面的电子就具有动能 E_k

$$E_k = h\nu - A_0 \tag{4.48}$$

由上式可见，光电子逸出时的初始动能 E_k 与光的频率有关，频率高则动能大。由于不同材料的逸出功不同，所以对某种材料而言有一个频率限，当入射光的频率低于此频率限时，不论光强多大，也不能激发出电子；反之，当入射光的频率高于此频率限时，即使光线微弱也会有光电子发射出来，这个频率限称为"红限频率"。

外光电效应的光电元件属于光电发射型元件，有光电管、光电倍增管等。

光电管有真空光电管和充气光电管。真空光电管的结构如图 4.35 所示。在一个真空的玻璃泡内装有两个电极，一个是光电阴极，一个是光电阳极。光电阴极通常采用逸出功小的光敏材料（如铯 Cs）。当光照射到光敏材料上便有电子逸出，这些电子被具有正电位的阳极所吸引，在光电管内形成空间电子流，在外电路就产生电流。若在外电路串入一定阻值的电阻，则在该电阻上的电压降或电路中的电流大小都与光强成函数关系，从而实现光电转换。

光电倍增管的工作原理如图 4.36 所示。在光电阴极和阳极之间加入 D_1、D_2、D_3、…若干个光电倍增极。这些倍增极涂有 Sb-Cs 或 Ag-Mg 等光敏物质。工作时，这些电极的电位逐级增高。当光线照射到光电阴极时，产生的光电子受第一级倍增极 D_1 正电位作用，加速并打在该倍增极上产生二次发射。第一倍增极 D_1 产生的二次发射电子，在更高电位的 D_2 极作用下，又将加速入射到电极 D_2 上，在 D_2 极上又将产生二次发射……这样逐级前进，一直到达阳极为止。由此可见，光电流是逐级递增的，因此光电倍增管具有很高的灵敏度。

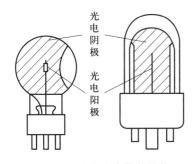

图 4.35　真空光电管的结构

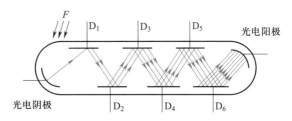

图 4.36　光电倍增管的工作原理

2. 内光电效应

受光照物体（通常为半导体材料）电导率发生变化或产生光电动势的效应称为内光电效应。

内光电效应按其工作原理分为两种:光电导效应和光生伏特效应。

（1）光电导效应

半导体材料受到光照时电阻率发生变化的现象,称为光电导效应。基于这种效应的光电器件有光敏电阻（光电导型）和反向工作的光电二极管、光电晶体管（光电导结型）。

1）光敏电阻　光敏电阻又称光导管,是一种电阻元件,具有灵敏度高、体积小、质量轻、光谱响应范围宽、机械强度高、耐冲击和振动、寿命长等优点。图4.37为光敏电阻的工作原理图。在黑暗的环境下,它的阻值很高;当受到光照并且光辐射能量足够大时,光导材料禁带中的电子受到能量大于其禁带宽度 ΔE_g 的光子激发,由价带越过禁带而跃迁到导带,使其导带的电子和价带的空穴增加,电阻率变小。光敏电阻常用的半导体材料有硫化镉（CdS, $\Delta E_g = 2.4$ eV）和硒化镉（CdSe, $\Delta E_g = 1.8$ eV）。

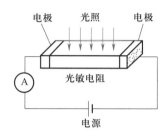

图 4.37　光敏电阻的工作原理图

2）光电二极管和光电晶体管　光电管的工作原理与光敏电阻相似,不同点是光照在半导体结上。图4.38所示为光电导结型光电元件的结构及符号。光电二极管的P-N结装在顶部,上面有一个透镜的窗口,以便入射光集中在P-N结上,如图4.38a所示。光电二极管在电路中往往工作在反向偏置区,没有光照时流过的反向电流很小,这是因为这时P型材料中的电子和N型材料中的空穴很少。但当光照射在P-N结上时,在耗尽区内吸收光子而激发出的电子-空穴对越过结区,使少数载流子的浓度大大增加,因此通过P-N结产生稳态光电流。由于流过光电二极管结区后的电子-空穴对立刻被重新俘获,故其增益系数为1。其特点是体积小,频率特性好,弱光下灵敏度低。

光电晶体管的结构与光电二极管相似,不过它有两个P-N结,大多数光电晶体管的基极无引出线,仅有集电极和发射极两端引线。图4.38b所示为PNP型光电晶体管的结构及符号。当集电极上相对于发射极为正的电压而不接基极时,基极-集电极的结就是反向偏置的。当光照射在基极-集电极结上时,就会在结附近产生电子-空穴对,从而形成光电流（约几微安）,输出到晶体管的基极,此时集电极电流是光生电流的 β 倍（β 是晶体管的电流放大倍数）。可见,光电晶体管具有放大作用,它的优点是电流灵敏度高。

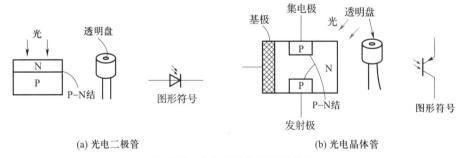

(a) 光电二极管　　　　　　　　(b) 光电晶体管

图 4.38　光电管的结构及其符号

（2）光生伏特效应

半导体材料P-N结受到光照后产生一定方向的电动势的效应称为光生伏特效应。因此,光生伏特型光电元件是自发电式的,属有源元件。

以可见光为光源的光电池是常用的光生伏特型光电元件,硒和硅是光电池常用的材料,也可以使用锗。图 4.39 表示硅光电池的结构原理和图形符号。硅光电池也称硅太阳能电池,它是用单晶硅制成的,在一块 N 型硅片上用扩散的方法掺入一些 P 型杂质而形成一个大面积的 P-N 结,P 层做得很薄,从而使光线能穿透到 P-N 结上。硅太阳能电池具有轻便、简单,不会产生气体或热污染,易于适应环境等优点。因此,凡是不能铺设电缆的地方都可采用太阳能电池,尤其适用于为航天飞行器的各种仪表提供电能。

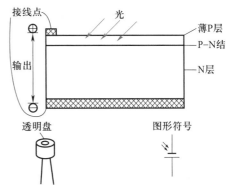

图 4.39　硅光电池结构原理和图形符号

4.8.2　光电式传感器的工作形式与应用

1. 光电传感器的工作形式

按其接收状态可分为模拟型光电式传感器和脉冲型光电式传感器。

(1) 模拟型光电式传感器

模拟型光电式传感器的工作原理是基于光电元件的光电特性,其光通量随被测量改变,光电流就成为被测量的函数,故又称为光电式传感器的函数运用状态。这一类光电式传感器有如下几种工作方式,如图 4.40 所示。

1) 吸收式　被测物位于恒定光源与光电元件之间,根据被测物对光的吸收程度或对光谱线的选择来测定被测参数。如测量液体、气体的透明度、混浊度,对气体进行成分分析,测定液体中某种物质的含量等。

2) 反射式　恒定光源发出的光投射到被测物上,被测物把部分光通量反射到光电元件上,根据反射的光通量测定被测物的表面状态和性质。例如测量零件的表面粗糙度、表面缺陷、表面位移等。

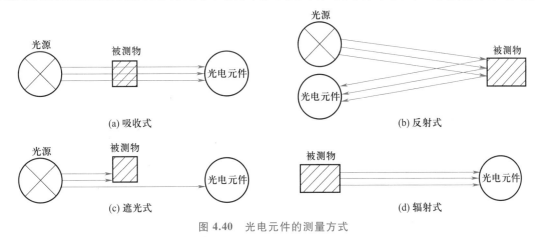

图 4.40　光电元件的测量方式

3) 遮光式　被测物位于恒定光源与光电元件之间,光源发出的光通量经被测物遮去一部分,使作用在光电元件上的光通量减弱,减弱的程度与被测物在光学通路中的位置有关。利用这一原理可以测量长度、厚度、线位移、角位移、振动等。

4）辐射式　被测物体本身就是辐射源,它可以直接照射在光电元件上,也可以经过一定的光路后作用在光电元件上。光电温度计、比色高温计、红外侦察装置和红外遥感装置等均采用这一类工作方式。这种工作方式也可以用于防火报警装置和光照度计等。

（2）脉冲型光电式传感器

脉冲型光电式传感器是利用光电元件的输出仅有的两种稳定状态,即"通"或"断"的开关状态工作的,所以这种工作方式也称为光电元件的开关状态运用。这类传感器要求光电元件灵敏度高,而对光电特性的线性要求不高,主要用于零件或产品的自动计数、光控开关、计算机的光电输入设备、光电编码器及光电报警装置等方面。

2. 光电式传感器的应用

由于光电式测量方法灵活多样,因此光电式传感器可测参数众多,可以用来检测直接引起光通量变化的非电量,如光强、光照度、辐射测温、气体成分分析等,也可以用来检验能转换成光通量变化的其他非电量,如零件直径、表面粗糙度、应变、位移、振动、速度、加速度以及物体的形状、工作状态等。一般情况下,光电式传感器又具有非接触、高精度、高分辨率、高可靠性和响应快等优点,加之激光光源、光栅、光学码盘、CCD 器件、光导纤维等的相继出现和成功应用,使得光电式传感器在检测和控制领域得到了广泛的应用。下面介绍光敏元件的应用实例。

（1）测量工件表面的缺陷

用光电式传感器测量工件表面缺陷的工作原理如图 4.41 所示,激光管发出的光束经过透镜1、2 变为平行光束,再由透镜 3 把平行光束聚焦在工件的表面上,形成宽约 0.1 mm 的细长光带。光栏用于控制光通量。如果工件表面有缺陷(非圆、粗糙、裂纹),则会引起光束偏转或散射,这些光被硅光电池接收,即可转换成电信号输出。

（2）测量转速

图 4.42 所示为光电式传感器测量转速的工作原理。在电动机的旋转轴上涂上黑白两色,当电动机转动时,反射光与不反射光交替出现,光电元件相应地间断接收光的反射信号,并输出间断的电信号,再经放大及整形电路输出方波信号,最后由电子数字显示器输出电动机的转速。

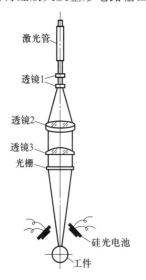

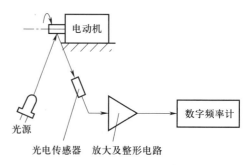

图 4.41　用光电式传感器测量工件表面缺陷的工作原理　　图 4.42　用光电式传感器测量转速的工作原理

4.9 光纤式传感器

光纤式传感器是基于光导纤维导光的原理制成的。光导纤维是一种特殊结构的光学纤维，当光以一定角度从它的一端射入时，它能把入射的大部分光传送到另一端。这种能传输光的纤维称为光导纤维，简称光纤。光纤式传感器与以电为基础的传感器相比有本质区别。一般的传感器是将物理量转换成电信号，再用导线进行传输。而光纤式传感器是用光而不是用电作为敏感信息的载体，用光纤而不是用导线作为传递敏感信息的媒质。

1. 光纤式传感器的工作原理

由于外界因素（温度、压力、电场、磁场、振动等）对光纤的作用，会引起光波特征参量（如振幅、相位、偏振态等）发生变化。因此，人们只要能测出这些参量随外界因素的变化关系，就可以用它作为传感元件来检测温度、压力、电流、振动等物理量的变化，这就是光纤传感器的基本工作原理。概括地说，光纤传感技术就是利用光纤将被测量对光纤内传输的光波参量进行调制，并对被调制过的光波信号进行解调检测，从而获得被测量。

2. 光纤式传感器的基本形式

光纤式传感器按照光纤在传感器中的作用分为功能型与非功能型两类。

（1）功能型光纤式传感器

功能型光纤式［FF(functional fiber)型］传感器，又称传感型光纤式传感器，如图4.43a所示。它是利用光纤本身对外界被测对象具有敏感能力和检测功能这一特性开发的传感器。光纤不但起到传光作用，而且在被测对象的作用下，诸如光强、相位、偏振态等光学特性得到了调制，空载波变为调制波，携带了被测对象的信息。功能型光纤式传感器中光纤是连续不断的，但为了感知被测对象的变化，往往需要采用特殊截面、特殊用途的特种光纤。

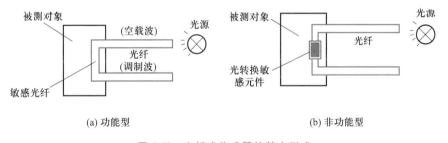

(a) 功能型　　　　　　　　　　　　　　　　(b) 非功能型

图 4.43　光纤式传感器的基本形式

（2）非功能型光纤传感器

非功能型光纤式［NFF(non functional fiber)型］传感器，又称传光型光纤式传感器，如图4.43b所示。光纤只当作传播光的媒介，对被测对象的调制功能是依靠其他物理性质的光转换敏感元件来实现的。入射光纤和出射光纤之间插有敏感元件，传感器中的光纤是不连续的。非功能型光纤式传感器中光纤仅起到传光的作用，所以可采用通信用光纤甚至普通的多模光纤。为使非功能型光纤式传感器能够尽可能多地传输光信号，实际中采用大芯径、大数值孔径的多模光纤。

3. 光纤式传感器的应用

光纤式传感器在测量时不仅不受电磁场干扰、传输信号安全、可实现非接触测量,而且具有高灵敏度、高精度、高速度、高密度、适应各种恶劣环境以及非破坏性检测和使用简便等一些优点。因此无论是在电量(电流、电压、磁场)的测量,还是在非电量(位移、温度、压力、速度、加速度、液位、流量等)的测量方面,光纤式传感器都取得了巨大的进展。

图 4.44 所示为光纤式流速传感器,主要由多模光纤、激光器、铜管、光电二极管及测量电路组成。多模光纤插入顺流而置的铜管中,由于流体的流动使光纤发生机械变形,导致光纤中传播的各模式光的相位发生变化,使光纤的发射光强发生变化,其振幅的变化与流速成正比。

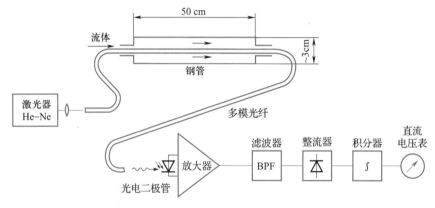

图 4.44　光纤式流速传感器的工作原理

4.10　新型传感器

4.10.1　微传感器

微机电系统(microelectromechanical system,MEMS)技术是在微电子和微机械技术上发展起来的一门多学科交叉技术。MEMS 包括微传感器、微执行器、信号处理单元等主要部分以及控制电路、通信接口和电源部件等,能完成大尺度机电系统所不能完成的工作,从而极大地提高系统的自动化、智能化和可靠性水平。MEMS 与外界相互作用如图 4.45 所示。

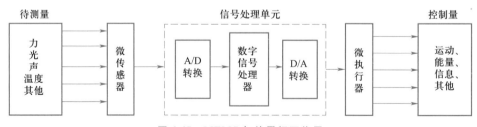

图 4.45　MEMS 与外界相互作用

微传感器是 MEMS 最重要的组成部分,是利用集成电路工艺和微组装工艺,基于各种物理效应的机械、电子元器件集成在一个基片上的传感器。微传感器的尺寸是微型化了的传感器,但随着系统尺寸的变化,它的结构、材料、特性乃至所依据的物理作用原理均可能发生变化。

基于 MEMS 技术的微传感器的种类繁多,主要有力、加速度、速度、位移、pH 值、微陀螺、触觉等传感器。微传感器的出现为传感器的小型化、集成化、阵列化、多功能化、智能化、系统化和网络化提供了基础。同时,微传感器也为机器人的发展提供了基础,它在机器人领域的应用,使机器人的人造皮肤具有敏锐的触觉,使其四肢将变得像人一样灵巧,应用到机器人的运动平衡系统,使机器人的运动像人一样稳健和灵活。

1. 微传感器的特点

与一般传感器(即宏传感器)相比,微传感器具有以下特点。

(1)空间占有率低

微传感器对被测对象的影响少,能在不扰乱周围环境、接近自然的状态下获取信息。

(2)灵敏度高,响应速度快

微传感器惯性、热容量极小,仅用极少的能量即使其可产生动作或温度变化,因此分辨率高,响应快,灵敏度高,能实时地把握局部运动状态。

(3)便于集成化和功能化

微传感器能提高系统的集成度,可以用多种传感器集合体检测微小部位的综合状态量;也可以把信号处理和驱动电路与传感元件集成于一体,提高系统性能,并实现智能化和多功能化。

(4)可靠性高

微传感器可通过集成构成伺服系统,用零位法检测;还能实现自诊断、自校正功能。把半导体微加工技术应用于微传感器的制作,能避免因组装引起的特性偏差。将微传感器集成在电路中可以解决寄生电容和导线过多的问题。

(5)低能耗

微传感器耗电少,节省资源和能量。

(6)价格低廉

多个微传感器可以集成在一块晶片上,从而大幅降低材料和制造成本。

2. 微传感器的应用实例

图 4.46 所示的微结构硅梁谐振器由单晶硅压力膜(硅膜)和单晶硅谐振梁(硅梁)组成。二者通过 Si-Si 键合成一整体,硅梁紧贴膜片,其间只留约 2 μm 的空隙,供硅梁振动。硅梁封装于真空(10^{-3} Pa,绝压传感器)或非真空(差压传感器)之中,硅膜另一边接待测压力源。硅膜四周与管座刚性连接,可近似看成四边固支矩形膜。当压力作用于硅膜时,硅膜两端存在压差,硅膜感受均布压力 p,发生形变,硅膜内产生应力。与硅膜紧贴的硅梁也会感受轴向应力,这个应力将改变硅梁的固有谐振频率。在一定范围内,固有谐振频率的改变与轴向应力以及外加压力三者之间有很好的线性关系。因此,通过检测硅梁的固有谐振频率,就可达到压力检测的目的。

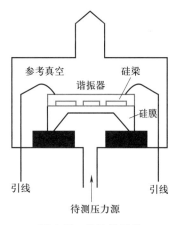

图 4.46 微结构硅梁谐振器的结构示意图

4.10.2 智能传感器

智能传感器(smart sensor)是为了代替人的感觉器官并扩大其功能而设计制作出来的一种装置。人和生物体的感觉有两个基本功能:一个是检测对象的有无或检测对象发生变化的信号;另一个是进行判断、推理、鉴别对象的状态。前者称为"感知",而后者称为"认知"。一般传感器只有对某一物体精确"感知"的功能,而不具有"认识"(智慧)的能力。智能传感器则可将"感知"和"认知"结合起来,起到人的"五感"功能的作用。智能传感器就是带微处理器并且具备信息检测和信息处理功能的传感器。从一定意义上讲,它具有类似于人工智能的作用。需要指出,这里讲的"带微处理器"包含两种情况:一种是将传感器与微处理器集成在一个芯片上构成"单片智能传感器";另一种是指传感器能够配微处理器。显然,后者的定义范围更宽,但二者均属于智能传感器的范畴。不论哪一种都说明了智能传感器的主要特征就是敏感技术和信息处理技术的结合。也就是说,智能传感器必须具备"感知"和"认知"的能力。如要具有信息处理能力,就必然要使用计算机技术;考虑到智能传感器的体积问题,自然只能使用微处理器等。

通常,智能传感器由传感单元、微处理器和信号处理电路等封装在同一壳体内组成,输出方式常采用 RS232 或 RS422 等串行输出,或采用 IEEE288 标准总线并行输出。智能传感器就是一个最小的微机系统,其中作为控制核心的微处理器通常采用单片机,其基本结构框图如图 4.47 所示。

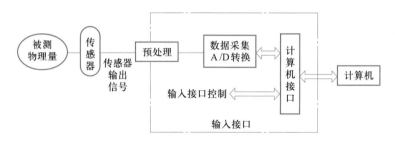

图 4.47 智能传感器基本结构框图

1. 智能传感器的特点

与传统传感器相比,智能传感器有以下特点:

(1)精度高

智能传感器可通过自动校零消除零漂;与标准参考基准实时对比以自动进行整体系统标定;自动进行整体系统的非线性等系统误差的校正;通过对采集的大量数据的统计处理以消除随机误差的影响等,保证了智能传感器有较高的精度。

(2)可靠性与高稳定性强

智能传感器能自动补偿因工作条件与环境参数发生变化引起的系统特性漂移,如,温度变化而产生的零点和灵敏度的漂移;当被测参数变化后能自动改换量程;能自动实时进行系统的自我检验,分析、判断所采集到数据的合理性,并给出异常情况的应急处理(报警或故障提示)。因此,诸如上述多项功能保证了智能传感器具有很高的可靠性与稳定性。

（3）高信噪比与高分辨率

智能传感器具有数据存储、记忆与信息处理功能，通过软件进行数字滤波、数据分析等处理，可以去除输入数据中的噪声，从而将有用信号提取出来；通过数据融合、神经网络技术，可以消除多参数状态下交叉灵敏度的影响，从而保证在多参数状态下对特定参数测量的分辨能力，故智能传感器具有很高的信噪比与分辨率。

（4）自适应性强

智能传感器具有判断、分析与处理功能，能根据系统工作情况决策各部分的供电情况，优化与上位计算机的数据传送速率，并保证系统工作在最优低功耗状态。

（5）性能价格比高

智能传感器所具有的上述高性能，不是像传统传感器技术追求传感器本身的完善，对传感器的各个环节进行精心设计与调试来获得的，而是通过与微处理器/计算机相结合来实现的。所以具有高的性能价格比。

2. 智能传感器应用实例

图 4.48 所示为 ST-3000 系列智能压力传感器原理框图，它由检测和变送两部分组成。被测的力或压力通过隔离的膜片作用于扩散电阻上，引起阻值变化。扩散电阻接在惠斯通电桥中，电桥的输出代表被测压力的大小。在硅片上制成两个辅助传感器，分别检测静压力和温度。由于采用接近于理想弹性体的单晶硅材料，传感器的长期稳定性很好。在同一个芯片上检测的差压、静压和温度三个信号，经多路开关分时地接到 A/D 转换器中进行 A/D 转换，数字量输送到变送部分。变送部分由 CPU、ROM、PROM、RAM、E^2PROM、D/A 转换器、I/O 接口组成。CPU 负责处理 A/D 转换器送来的数字信号，从而使传感器的性能指标大大提高。存储在 ROM 中的主程序控制传感器工作的全过程。传感器的型号、输入输出特性、量程可设定范围等都存储在 PROM 中。设定的数据通过导线传到传感器内，存储在 RAM 中。电可擦写存储器 E^2PROM 作为 RAM 的后备存储器，RAM 中的数据可随时存入 E^2PROM 中，不会因突然断电而丢失数据。恢复供电后，E^2PROM 可以自动地将数据送到 RAM 中，使传感器继续保持原来的工作状态，这样可以省掉备用电源。现场通信器发出的通信脉冲信号叠加在传感器输出的电流信号中。数字输入/输出（I/O）接口一方面将来自现场通信器的脉冲从信号中分离出来，送到 CPU 中去，另一方面将设定的传感器数据、自诊断结果、测量结果等送到现场通信器中显示。

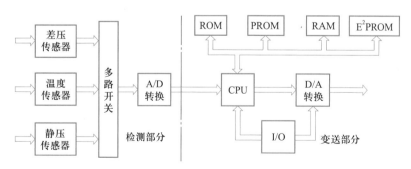

图 4.48 ST-3000 系列智能压力传感器原理框图

139

4.10.3　无线传感器网络

具有感知能力、计算能力和通信能力的无线传感器网络综合了传感器技术、嵌入式计算技术、分布式信息处理技术和通信技术,能够协作地实时监测、感知和采集网络分布区域内的各种环境或监测对象的信息,并对这些信息进行处理,获得详尽而准确的信息,传送到需要这些信息的用户。

1. 无线传感器网络的网络结构

无线传感器网络的网络结构如图4.49所示,通常包括传感器节点、汇聚节点和任务管理节点(即管理站)。大量传感器节点部署在监测区域附近,通过自组织方式构成网络。传感器节点获取的数据沿着其他传感器节点逐跳地进行传输,在传输过程中数据可能被多个节点处理,经过多跳后传输到汇聚节点,最后通过互联网或卫星到达管理站。用户通过管理站对传感器网络进行配置和管理,发布监测任务以及收集监测数据。传感器节点通常是一个微型的嵌入式系统,它的处理能力、存储能力和通信能力相对较弱,通常用电池供电。汇聚节点的处理能力、存储能力和通信能力相对较强,它连接传感器网络与因特网等外部网络,实现两种协议栈之间的通信协议转换,同时发布任务管理节点的监测任务,把收集的数据转发到外部网络。

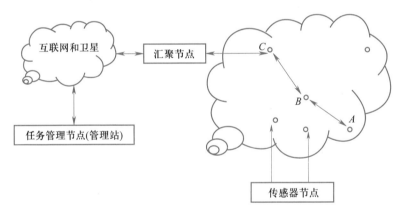

图 4.49　无线传感器网络的网络结构

2. 无线传感器网络的特点

无线传感器网络因其节点的能量、处理能力、存储能力和通信能力有限,其设计的首要目标是能量的高效利用,也是其区别于其他无线网络的根本特征。

(1)能量资源有限。网络节点由电池供电,其特殊的应用领域决定了在使用过程中,通过更换电池的方式来补充能量是不现实的,一旦电池能量用完,这个节点也就失去了作用。因此,在传感器网络设计过程中,如何高效使用能量来最大化网络生命周期是传感器网络面临的首要挑战。

(2)硬件资源有限。传感器节点是一种微型嵌入式设备,大量的节点要求其低成本、低功耗。在所携带的处理器能力较弱,计算能力和存储能力有限,成本、硬件体积、功耗等受到限制的条件下,传感器节点需要完成监测数据的采集、转换、管理、处理、应答汇聚节点的任务请求和节点控制等工作,这对硬件的协调工作和优化设计提出了较高的要求。

(3)无中心。无线传感器网络是一个对等式网络,所有节点地位平等,没有严格的中心节点。

节点仅知道与自己毗邻节点的位置及相应标识,通过与毗邻节点的协作完成信号处理和通信。

(4)自组织。无线传感器网络节点通常部署在没有基础设施支持的区域,其位置不能预先设定,节点之间的相邻关系预先也不明确。网络节点部署后,无线传感器网络节点通过分层协议和分布式算法协调各自的监控行为,自动进行配置和管理,利用拓扑控制机制和网络协议形成转发监测数据的多跳无线网络系统。

(5)多跳路由。由于无线传感器网络节点的通信距离有限,一般在几十到几百米范围内,节点只能与它的毗邻节点直接通信,对于面积覆盖较大的区域,传感器网络需要采用多跳路由的传输机制。无线传感器网络中没有专门的路由设备,多跳路由由普通网络节点完成。同时,因为受节点能量、节点分布、建筑物、障碍物和自然环境等因素的影响,路由可能经常变化,频繁出现通信中断。在这样的通信环境和有限通信能力的情况下,如何设计网络多跳路由机制以满足传感器网络的通信需求是传感器网络面临的挑战。多跳路由可分为簇内多跳和簇间多跳两种。簇内多跳指簇内的一个传感器节点传递信息时借助本簇内的其他节点中继传输它的信息到簇头节点(当整个传感器网络场作为一个簇时,基站就为簇头节点),簇间多跳指一个簇头节点的信息通过其他簇头节点来中继传输它的信息到达基站。

(6)动态拓扑。在传感器网络使用过程中,部分节点附着于物体表面随处移动;部分节点由于能量耗尽或环境因素造成故障或失效而退出网络;部分节点因弥补失效节点、增加监测精度而补充到网络中,节点数量动态变化,使网络的拓扑结构动态变化。这就要求无线传感器网络具有动态拓扑组织功能和动态系统的可重构性。

(7)鲁棒性和容错性。为了获取精确的信息,在监测区域通常部署大量的传感器节点,数量可能达到成千上万,甚至更多。传感器节点被密集地随机部署在一个面积不大的空间内,需要利用节点之间的高度连接性来保证系统的抗毁性和容错性。这种情况下,需要依靠节点的自组织性处理各种突发事件,节点设计时软、硬件都必须具有鲁棒性和容错性。

(8)可靠性。由于传感器节点的大量部署不仅增大了监测区域的覆盖,减少洞穴或盲区,而且可以利用分布式算法处理大量信息,降低了对单个节点传感器的精度要求,大量冗余节点的存在使得系统具有很强的容错性能。传感器网络集信息采集和监测、控制以及无线通信于一体,能量的高效利用是设计的首要目标。无线传感器网络是一个以应用为牵引的无线网络,是一个以数据为中心的网络,用户使用传感器网络查询事件时,更关心数据本身和出现的位置、时间等,并不关心哪个节点监测到目标。不同的应用背景要求传感器网络使用不同的网络协议、硬件平台和软件系统。

3. 无线传感网络应用

无线传感器网络节点微小,价格低廉,部署方便,隐蔽性强,可自主组网,在军事、农业、环境监控、健康监测、工业控制、智能交通和仓储物流等领域具有广阔的应用前景。随着传感器网络研究的深入,无线传感器网络逐渐渗透到人们生活的各个领域。下面介绍一下军事应用。

研究初期,无线传感器网络在军事领域获得了多项重要应用。利用无线传感器网络能够实现单兵通信、组建临时通信网络、反恐作战、监控敌军兵力和装备、战场实时监视、目标定位、战场评估、军用物资投递和生化攻击监测等功能。例如,智能传感器网络、灵巧传感器网络通信、无人值守地面传感器群、传感器组网系统、网状传感器系统等。目前,国际许多机构的研究课题仍然以战场需求为背景。利用飞机抛撒或火炮发射等装置,将大量廉价传感器节点按照一定的密度部署在待测区域内,对周边的各种参数,如振动、气体、温度、湿度、声音、磁场、红外线等各种信息进行采集,然后由传感器自身构建的网络,通过网关、互联网、卫星等信道,传回监控中心。美国国家航空航天局的传感器网络项目,将传感器网络用于战场分析,初步验证了无线传感网络的跟踪技术和监控能力。另外,可以将无线传感器网络用作武器自动防护装置,在友军人员、武器装备上加装传感器节点以供识别,随时掌控情况,避免误伤。通过在敌方阵地部署各种传感器,做到知己知彼,先发制人。另外,该项技术利用自身接近环境的特点,可用于智能型武器的引导器。

习　题

4.1　选用传感器的基本原则是什么? 在应用时应如何考虑运用这些原则?

4.2　什么是金属的电阻应变效应? 金属丝的灵敏度的物理意义是什么? 有何特点?

4.3　什么是半导体的压阻效应? 半导体应变片灵敏度有何特点?

4.4　自感式传感器与差动变压器式传感器的异同是什么?

4.5　说明涡流传感器的基本工作原理及其优点。

4.6　低频透射式和高频反射式涡流传感器测厚度的原理有什么不同?

4.7　为什么极距变化式电容传感器的灵敏度和非线性是矛盾的? 实际应用中怎样解决这一问题?

4.8　某电容式传感器(平行极板电容器)的圆形极板半径 $r = 4$ mm,工作初始极板间距 $\delta_0 = 0.3$ mm,介质为空气。问:

(1) 如果极板间距离变化量 $\Delta\delta = \pm 1$ μm,电容的变化量 ΔC 是多少?

(2) 如果测量电路的灵敏度 $K_1 = 100$ mV/pF,读数仪表的灵敏度 $K_2 = 5$ 格/mV,在 $\Delta\delta = \pm 1$ μm 时,读数仪表的变化量为多少?

4.9　为什么压电式传感器通常用来测量动态信号?

4.10　说明磁电式传感器的基本工作原理及其结构形式。

4.11　什么是霍尔效应? 霍尔元件有什么特点?

4.12　什么是光电效应? 有哪几类? 与之对应的光电元件有哪些?

4.13　按光纤在传感器中的作用,光纤式传感器可分哪两类?

4.14　试说明如何用光纤式传感器测量温度和压力。

4.15　如图 4.50 所示,利用传感器进行转速的测量,试:

(1) 说明传感器的类型(按测量原理分类);

(2) 详述传感器的工作原理;

(3) 简述转速的测量过程。

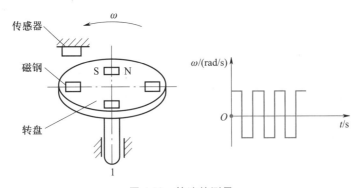

图 4.50　转速的测量

第5章 信号的调理与记录

虽然大多数传感器已经将各种被测量转换为电量,但传感器的输出在信号的类型、强度等方面往往不能直接用于信号的传输、仪表的显示、数据处理及在线控制。因此,在采用这些信号之前,必须根据具体要求,对信号的幅值、驱动能力、传输特性、抗干扰能力等进行调理。

本章重点讨论信号调理中常见的环节:电桥、信号放大、隔离、滤波及信号调制与解调等。

5.1 电桥

在第4章中,对电桥已经有了简单的了解。当传感器把被测量转换为电路或磁路参数的变化后,电桥可以把这种参数变化转变为电桥输出电压的变化。电桥按其电源性质的不同可以分为直流电桥和交流电桥。直流电桥只能用于测量电阻的变化,而交流电桥可以用于测量电阻、电感和电容的变化。

5.1.1 直流电桥

采用直流电源的电桥称为直流电桥,直流电桥其桥臂只能为电阻,如图 5.1 所示。电阻 R_1、R_2、R_3、R_4 作为 4 个桥臂,在 a、c 两端接入直流电源 U_i,在 b、d 两端输出电压 U_o。

1. 直流电桥的平衡条件及测量连接方式

若输出端 b、d 两点间的负载很大,即接入的仪表或放大器的输入阻抗很大时,可以视为开路。这时电桥的电流为

$$I_1 = \frac{U_i}{R_1 + R_2}$$

$$I_2 = \frac{U_i}{R_3 + R_4}$$

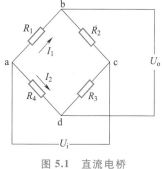

图 5.1 直流电桥

因此,电桥输出电压为

$$U_o = U_{ab} + U_{da} = I_1 R_1 - I_2 R_4$$

$$= \left(\frac{R_1}{R_1 + R_2} - \frac{R_4}{R_3 + R_4} \right) U_i$$

$$= \frac{R_1 R_3 - R_2 R_4}{(R_1 + R_2)(R_3 + R_4)} U_i \tag{5.1}$$

根据式(5.1)可知,当

$$R_1 R_3 = R_2 R_4 \tag{5.2}$$

时电桥输出为"零",式(5.2)称为直流电桥的平衡条件。

在测试过程中,根据电桥工作中电阻值变化的桥臂情况可以分为半桥单臂、半桥双臂和全桥连接方式,如图5.2所示。

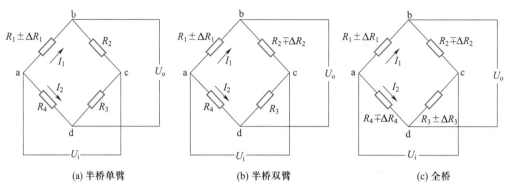

(a) 半桥单臂　　　　　　(b) 半桥双臂　　　　　　(c) 全桥

图 5.2　直流电桥的连接方式

图5.2a 所示为半桥单臂连接方式,工作中只有一个桥臂阻值随被测量的变化而变化。图中若 R_1 的阻值增加了 ΔR_1,由式(5.1),这时输出电压为

$$U_o = \left(\frac{R_1 + \Delta R_1}{R_1 + \Delta R_1 + R_2} - \frac{R_4}{R_3 + R_4} \right) U_i$$

实际使用中,为了简化桥路设计,同时也为了得到电桥的最大灵敏度,往往取相邻两桥臂电阻相等,即 $R_1 = R_2 = R_0$,$R_3 = R_4 = R_0'$。若 $R_0 = R_0'$,$\Delta R_1 = \Delta R_0$,则输出电压为

$$U_o = \frac{\Delta R_0}{4R_0 + 2\Delta R_0} U_i$$

因为桥臂阻值的变化值远小于其阻值,即 $\Delta R_0 \ll R_0$,所以

$$U_o \approx \frac{\Delta R_0}{4R_0} U_i \tag{5.3}$$

由式(5.3)可见,电桥的输出电压与输入电压 U_i 成正比。在 $\Delta R_0 \ll R_0$ 的条件下,电桥的输出电压也与 $\Delta R_0 / R_0$ 成正比。

定义电桥的灵敏度为

$$S_B = \frac{U_o}{\Delta R_0 / R_0} \tag{5.4}$$

因此,半桥单臂式电桥的灵敏度为 $S_B \approx \frac{1}{4} U_i$。为了提高电桥的灵敏度,可以采用如图5.2b 所示的半桥双臂接法,这时有两个桥臂阻值随被测量而变化,即 $R_1 \to R_1 \pm \Delta R_1$,$R_2 \to R_2 \mp \Delta R_2$。当 $R_1 = R_2 = R_3 = R_4 = R_0$,$\Delta R_1 = \Delta R_2 = \Delta R_0$ 时,电桥输出为

$$U_o = \frac{\Delta R_0}{2R_0} U_i \tag{5.5}$$

同样,当采用图 5.2c 所示的全桥接法时,工作中 4 个桥臂都随被测量而变化,即 $R_1 \rightarrow R_1 \pm \Delta R_1$, $R_2 \rightarrow R_2 \mp \Delta R_2$, $R_3 \rightarrow R_3 \pm \Delta R_3$, $R_4 \rightarrow R_4 \mp \Delta R_4$, $\Delta R_1 = \Delta R_2 = \Delta R_3 = \Delta R_4 = \Delta R_0$,这时电桥输出为

$$U_o = \frac{\Delta R_0}{R_0} U_i \qquad (5.6)$$

由上可见,不同的电桥接法,其输出电压也不一样,其中全桥接法可以获得最大的输出电压。半桥单臂、半桥双臂和全桥三种连接方式的灵敏度之比为 1 : 2 : 4。

2. 电桥测量的误差及其补偿

对于电桥来说,误差主要来源于非线性误差和温度变化引起的误差。

由式(5.3)知,当采用半桥单臂接法时,其输出电压近似正比于 $\Delta R_0/R_0$,这是由输出电压的非线性造成的,减少非线性误差的办法是采用半桥双臂和全桥接法,见式(5.5)和式(5.6)。这时,不仅消除了非线性误差,而且电桥灵敏度也成倍提高。

另一种误差是由温度变化引起的误差,这是因为不同桥臂温度差异而引起阻值变化不同造成的,即上述双臂电桥接法中 $\Delta R_1 \neq -\Delta R_2$;全桥接法中 $\Delta R_1 \neq -\Delta R_2$ 或者 $\Delta R_3 \neq -\Delta R_4$。减少温度误差的办法是在贴应变片时尽量使得各应变片间温度一致。

3. 直流电桥与干扰

式(5.2)为电桥平衡条件,即上述电桥是在平衡条件下工作的,由于 $\Delta R/R$ 是一个十分小的量,因此当电源电压不稳定所造成的干扰是不可忽略的。为了抑制干扰,通常采用如下措施:

1)电桥的信号引线采用屏蔽电缆,如 RVVP 型号电缆;

2)屏蔽电缆的屏蔽金属网应该与电源至电桥的负接线端连接,此点应该与放大器的机壳地隔离;

3)放大器应该具有高共模抑制比。

例 5.1　某一温度传感器的电阻随温度的变化而变化,温度变化方程为

$$R = R_0 [1 + \alpha(t - t_0)]$$

式中:R——传感器电阻,Ω;

　　R_0——在温度 T_0 时的传感器电阻,Ω;

　　t——温度,$℃$;

　　t_0——0 ℃时的温度,$℃$;

　　α——常数 $\alpha = 0.003\ 95\ ℃^{-1}$。

该温度传感器连接在如图 5.1 所示的电桥中的 R_1 上,R_2 是可变电阻,R_3 和 R_4 都为 500 Ω 的固定电阻。如果温度传感器在 0 ℃时的阻值为 100 Ω,请确定在 0 ℃时电桥平衡时 R_2 的阻值。

解　已知 $R_1 = 100\ \Omega$,$R_3 = R_4 = 500\ \Omega$

由电桥平衡条件式(5.2)可知,$R_1 R_3 = R_2 R_4$,可得 $R_2 = 100\ \Omega$。

例 5.2　考虑一电桥,其四个桥臂均为 100 Ω,R_1 为温度传感器,变化方程同例 5.1。电桥的输入或供电电压为 10 V。如果 R_1 的温度发生变化,使电桥的输出电压为 0.569 V,那么传感器的温度是多少?流过传感器的电流是多大?它消耗多少功率?

解 电桥的输入电压 $U_i = 10$ V

初始状态，$R_1 = R_2 = R_3 = R_4 = 100$ Ω，电桥输出电压 $U_o = 0$ V

温度变化后，$U_o = 0.569$ V

假设电压表输入阻抗为无限大，电源阻抗可以忽略。当温度变化后，输出电压变为

$$U_o = \left(\frac{R_1 + \Delta R_1}{R_1 + \Delta R_1 + R_2} - \frac{R_4}{R_3 + R_4} \right) U_i$$

因为四个桥臂初始电阻值相同，$R_0 = 100$ Ω，上式可以改写为

$$U_o = \frac{\Delta R_0}{4R_0 + 2\Delta R_0} U_i$$

$$0.569 \text{ V} = \frac{\Delta R}{400 \text{ Ω} + 2\Delta R} \cdot 10 \text{ V}$$

$$\Delta R = 25.68 \text{ Ω}$$

因此，传感器的总电阻 $R_1 + \Delta R = 125.68$ Ω，相当于传感器温度 $t_1 = 165$ ℃。

为了确定通过传感器的电流，首先考虑所有电阻都等于 100 Ω 的平衡情况。等效电桥电阻 $R_B = 100$ Ω，总电流为，$U_i / R_B = 100$ mA。因此，在初始平衡状态下，通过每个桥臂和传感器的电流为 50 mA。

如果传感器电阻变为 125.68 Ω，电流就会减小。如果输出电压由高阻抗装置测量，因此流向仪表的电流可以忽略不计，则通过传感器的电流为

$$I_1 = U_i \frac{1}{R_1 + \Delta R + R_2} = 44.31 \text{ mA}$$

传感器需要耗散的功率

$$P_1 = I_1^2 (R_1 + \Delta R) = (44.31 \text{ mA})^2 \times 125.68 \text{ Ω} \approx 0.25 \text{ W}$$

根据表面积和局部传热情况，可能会导致传感器的温度发生变化。

5.1.2 交流电桥

由上述直流电桥知，在已知输入电压及电阻的情况下，电桥可以通过输出电压的变化测出电阻的变化值。当输入电源为交流电源时，上述等式仍旧成立。这时的电桥称为交流电桥。当 4 个桥臂有电容或电感时，则必须采用交流电桥来测量。

把电容、电感写成矢量形式时，电桥平衡条件式（5.2）可改写为

$$\vec{Z_1}\vec{Z_3} = \vec{Z_2}\vec{Z_4} \tag{5.7}$$

写成复指数形式时有

$$\vec{Z_1} = Z_1 e^{j\varphi_1}, \qquad \vec{Z_2} = Z_2 e^{j\varphi_2}$$

$$\vec{Z_3} = Z_3 e^{j\varphi_3}, \qquad \vec{Z_4} = Z_4 e^{j\varphi_4}$$

代入式（5.7），得

$$Z_1 Z_3 e^{j(\varphi_1 + \varphi_3)} = Z_2 Z_4 e^{j(\varphi_2 + \varphi_4)} \tag{5.8}$$

此式成立的条件为等式两边的阻抗模相等、阻抗角相等,即

$$\begin{cases} Z_1 Z_3 = Z_2 Z_4 \\ \varphi_1 + \varphi_3 = \varphi_2 + \varphi_4 \end{cases} \tag{5.9}$$

式中:$Z_1, \cdots, Z_4$ 为阻抗模;$\varphi_1, \cdots, \varphi_4$ 为阻抗角。因此,交流电桥需要两个旋钮调平衡,一个用于调整阻抗模,一个用于调整阻抗角。

交流电桥有不同的组合,常用的有电容、电感电桥,其相邻两臂接入电阻,而另外两臂接入相同性质的阻抗,例如都是电容或电感,如图 5.3 所示。

对于图 5.3a 所示的电容电桥,由式(5.7)与式(5.8),其平衡条件为

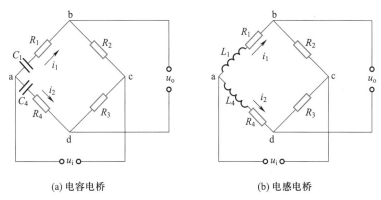

(a) 电容电桥   (b) 电感电桥

图 5.3 交流电桥

$$\left(R_1 + \frac{1}{\mathrm{j}\omega C_1}\right) R_3 = \left(R_4 + \frac{1}{\mathrm{j}\omega C_4}\right) R_2$$

由上述等式两边实部与虚部分别相等得到如下电桥平衡方程组:

$$\begin{cases} R_1 R_3 = R_2 R_4 \\ \dfrac{R_3}{C_1} = \dfrac{R_2}{C_4} \end{cases} \tag{5.10}$$

比较直流电桥平衡条件式(5.2)可知,式(5.10)的第一式与式(5.2)完全相同,这意味着图 5.3a 所示的电容电桥的平衡条件除了电阻要满足要求外,电容也必须满足一定的要求。

对于图 5.3b 所示的电感电桥,其平衡条件为

$$(R_1 + \mathrm{j}\omega L_1) R_3 = (R_4 + \mathrm{j}\omega L_4) R_2$$

即

$$\begin{cases} R_1 R_3 = R_2 R_4 \\ L_1 R_3 = L_4 R_2 \end{cases} \tag{5.11}$$

图 5.4 所示为一应变仪用具有电阻、电容平衡的交流电阻电桥。通过开关 S 选择电阻 R_1、R_2 及可变电阻 R_3,可以调整电阻的不平衡;而差动可变电容 C_2 则用于调整桥臂对地分布电容的不平衡。

由前述交流电桥的平衡条件式(5.7)至式(5.9)以及电容、电感电桥的平衡条件分析可以看出,这些平衡条件是针对供桥电源只有一个频率 ω 的情况下推出的。当供桥电源有多个频率成分时,则得不到电桥平衡条件。因此,交流电桥对供桥电源要求具有良好的电压波形和频率稳

147

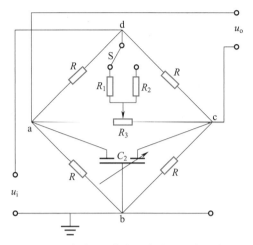

图 5.4　具有电阻、电容平衡的交流电阻电桥

定性。

采用交流电桥时,还要注意影响测量误差的一些参数,如电桥中元件之间的互感影响,无感电阻的残余电抗,邻近交流电路对电桥的感应作用,泄漏电阻以及元件之间、元件与地之间的分布电容等。

5.2　信号的放大与隔离

传感器输出的微弱电压、电流或电荷信号,其幅值或功率不足以进行后续的转换处理,或驱动指示器、记录器以及各种控制机构,因此需对其进行放大处理。传感器所处的环境条件、噪声对传感器的影响、测试要求不同,所采用的放大电路的形式和性能指标要求也不一样,如对于数字测试系统要求放大电路增益能程控,对生物电信号以及强电、强电磁干扰环境下信号的放大,需要采用隔离放大技术,以保证人身及设备的安全并降低干扰的影响。

随着集成电路技术的发展,集成运算放大器的性能不断完善,价格不断降低,完全采用分立元件的信号放大电路已被淘汰,为此,本节主要介绍测试系统中由集成运算放大器组成的一些典型放大电路。

5.2.1　基本放大器

反相与同相放大电路是集成运算放大器两种最基本的应用电路,许多集成运算放大器的功能电路都是在反相和同相两种放大电路的基础上组合和演变而来的。

1. 反相放大器

基本的反相放大器电路如图 5.5a 所示,其特点是输入信号和反馈信号均加在运算放大器的反相输入端。根据理想运算放大器的特性,其同相输入端电压与反相输入端电压近似相等,流入运算放大器输入端的电流近似为 0,可以得到反相放大器的电压增益为

$$A_{vf} = \frac{u_o}{u_i} = -\frac{R_2}{R_1} \tag{5.12}$$

式中，A_{vf}为负值表示输出电压 u_o 与输入电压 u_i 反相。

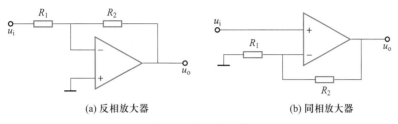

(a) 反相放大器　　　　　　　　(b) 同相放大器

图 5.5　基本放大器

由于此时反相输入端电压趋于 0(虚地)，故对信号源而言，反相放大器的输入电阻近似为 R_1，而作为深度的电压负反馈，其输出电阻趋于 0。在与传感器配合使用时，需注意阻抗匹配的问题。

2. 同相放大器

图 5.5b 所示为同相放大器电路，其特点是输入信号加在同相输入端，而反馈信号加在反相输入端。同样由理想运算放大器特性，可以分析出同相放大器的增益为

$$A_{vf} = \frac{u_o}{u_i} = 1 + \frac{R_2}{R_1} \tag{5.13}$$

式中，A_{vf}为正值表示输出电压 u_o 与输入电压 u_i 同相。

由于流入运算放大器同相端的电流近似为 0，故同相放大器的输入电阻为无限大，而输出电阻仍趋于 0。值得注意的是，由于运算放大器同相端与反相端电压近似相等，即引入了共模电压，因此需要高共模抑制比的运算放大器才能保证精度。同时，在使用中需注意其输入电压幅度不能超过其共模电压输入范围。

作为同相放大器的特例，若 $R_1 \to \infty$，$R_2 \to 0$，则构成了电压跟随器。其特点是，对低频信号，其增益近似为 1，同时具有极高的输入阻抗和低输出阻抗，因此常在测试系统中用作阻抗变换器。

5.2.2　测量放大器

在许多测试场合，传感器输出的信号往往很微弱，而且伴随有很大的共模电压(包括干扰电压)，一般需要对这种信号采用具有很高的共模抑制比、高增益、低噪声、高输入阻抗的放大器实现放大，习惯上将具有上述特点的放大器称为测量放大器，又称仪表放大器。

图 5.6 所示是目前广泛应用的三运算放大器测量放大器电路。其中 A_1、A_2 为两个性能一致(主要指输入阻抗、共模抑制比和开环增益)的通用集成运算放大器，工作于同相放大方式，构成平衡对称的差动放大输入级；A_3 工作于差动放大方式，用来进一步抑制 A_1、A_2 的共模信号，并接成单端输出方式适应接地负载的需要。

由电路结构分析可知

$$u_{o1} = \left(1 + \frac{R_1}{R_G}\right) u_{i1} - \frac{R_1}{R_G} u_{i2}$$

$$u_{o2} = \left(1 + \frac{R_2}{R_G}\right) u_{i2} - \frac{R_2}{R_G} u_{i1}$$

149

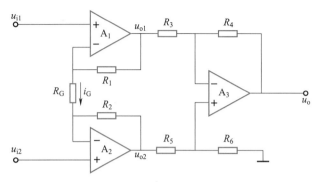

图 5.6　三运算放大器测量放大器

$$u_o = -\frac{R_4}{R_3}u_{o1} + \left(1 + \frac{R_4}{R_3}\right)\frac{R_6}{R_5 + R_6}u_{o2}$$

通常电路中 $R_1 = R_2$，$R_3 = R_5$，$R_4 = R_6$，则对差模输入电压 $u_{i1} - u_{i2}$，测量放大器的增益为

$$A_{vf} = \frac{u_o}{u_{i1} - u_{i2}} = -\frac{R_4}{R_3}\left(1 + \frac{2R_1}{R_G}\right) \tag{5.14}$$

测量放大器的共模抑制比主要取决于输入级运算放大器 A_1、A_2 的对称性以及输出级运算放大器 A_3 的共模抑制比和输出级外接电阻 R_3、R_5 及 R_4、R_6 的匹配精度（±0.1% 以内）。一般其共模抑制比可达 120 dB 以上。

此外，测量放大器电路还具有增益调节功能，调节 R_G 可以改变增益而不影响电路的对称性。而且由于输入级采用了对称的同相放大器，输入电阻可达数百兆欧以上。

目前，许多公司已开发出各种高质量的单片集成测量放大器，通常只需外接电阻 R_G 用于设定增益，外接元件少，使用灵活，能够处理几微伏到几伏的电压信号。

5.2.3　隔离放大器

隔离放大器应用于高共模电压环境下的小信号测量，是一种特殊的测量放大电路，其输入、输出和电源电路之间没有直接的电路耦合。隔离放大器由输入放大器、输出放大器、隔离器以及隔离电源等几部分组成，如图 5.7a 所示。图中隔离电阻 R_{iso} 约 10^{12} Ω，隔离电容 C_{iso} 的典型值为 20 pF。u_d 为输入端的差模电压，u_c 为对输入端公共地的输入级共模电压，u_{iso} 为隔离共模电压（隔离器两端或输入端与输出端两公共地之间能承受的共模电压），通常额定的隔离峰值电压高达 5 000 V。图 5.7b 所示为隔离放大器的图形符号。

由于隔离放大器采用浮置式（浮置电源、浮置放大器输入端）设计，输入、输出端相互隔离，不存在公共地线的干扰，因此具有极高的共模抑制能力，能对信号进行安全准确的放大，可有效防止高压信号对低压测试系统造成的破坏。

可用作输入、输出隔离的有光、超声波、无线电波和电磁等方式。在隔离放大电路中采用的隔离方式主要有电磁（变压器、电容）耦合和光电耦合，如图 5.8 所示。变压器耦合采用载波调制-解调技术，具有较高的线性度和隔离性能，共模抑制比高，技术较成熟，但通常带宽较窄，一般为数千赫兹以下（高性能的变压器耦合隔离放大器带宽可达 20 kHz 左右），且体积大、工艺复杂。

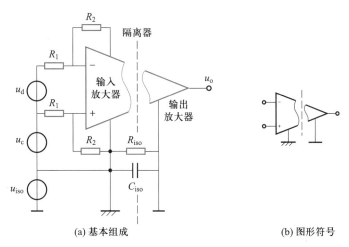

(a) 基本组成   (b) 图形符号

图 5.7　隔离放大器的基本组成及图形符号

电容耦合采用数字调制技术(电压-频率变换或电压-脉冲占空比变换),将输入信号以数字量的形式由差分耦合电容耦合到输出侧,可靠性好,带宽较宽,具有良好的频率特性。光电耦合结构简单、成本低廉、器件质量轻、频带宽,但光耦合器是非线性器件,尤其在信号较大时,将出现较大的非线性误差。

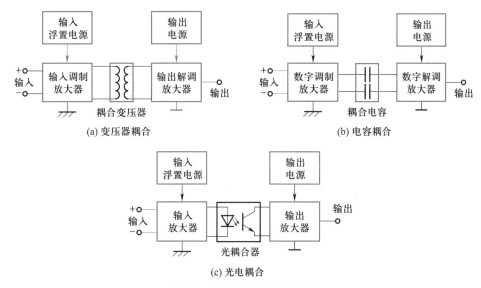

(a) 变压器耦合   (b) 电容耦合

(c) 光电耦合

图 5.8　隔离放大器原理框图

　　图 5.9 是一种低成本、精密宽带三端隔离放大器 AD210 的原理框图。该器件采用变压器耦合,信号由变压器 T1 耦合至输出端,全功率信号带宽高达 20 kHz。其内部包含了 DC-DC 电源变换模块,只需外部提供单个+15 V 直流电源至 PWR 及 PWR COM 引脚,即可产生隔离放大器内部所需的输入及输出侧电源。并且内部产生的输入及输出电源可以引出供其他电路使用,使用方便。

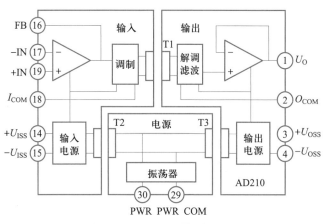

图 5.9 AD210 原理框图

5.3 调制与解调

由于传感器输出的电信号一般为较低的频率分量(在直流至几万赫兹之间),当被测量信号比较弱时,为了实现信号的传输尤其是远距离传输,可以进行放大或调制与解调。由于信号传输过程中容易受到工频及其他信号的干扰,若进行放大则在传输过程中必须采取一定的措施抑制干扰信号的影响。而在实际中,往往采用更有效的先调制而后交流放大,将信号从低频区推移到高频区,也可以提高电路的抗干扰能力和信号的信噪比。

调制就是使一个信号的某些参数在另一个信号的控制下发生变化的过程。前一信号称为载波信号,后一信号(控制信号)称为调制信号。

对应于信号的三要素:幅值、频率和相位,根据载波的幅值、频率和相位随调制信号而变化的过程,调制可以分为调幅、调频和调相。其波形分别称为调幅波、调频波和调相波。图 5.10 所示为载波信号、调制信号及调幅波、调频波。

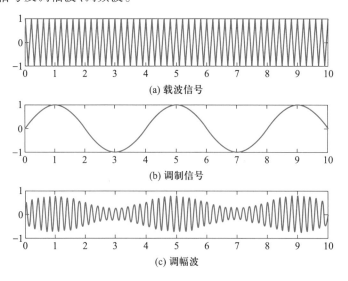

(a) 载波信号

(b) 调制信号

(c) 调幅波

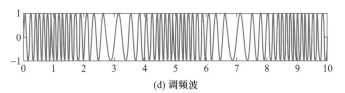

(d) 调频波

图 5.10　载波、调制信号及调幅、调频波

5.3.1　幅值调制与解调

1. 幅值调制的工作原理

调幅是指用调制信号去控制载波信号的幅值,其原理是将一个高频简谐信号(载波信号)与测试信号(调制信号)相乘,使载波信号的幅值随测试信号的变化而变化。为使结果有普遍意义,假设调制信号为 $x(t)$,其最高频率成分为 f_m ,载波信号 $y(t)=\cos(2\pi f_0 t)$, $f_0\gg f_m$ 。则有调幅波

$$x(t)\cos(2\pi f_0 t)=\frac{1}{2}\left[x(t)e^{-j2\pi f_0 t}+x(t)e^{j2\pi f_0 t}\right] \tag{5.15}$$

如果 $x(t)\Leftrightarrow X(f)$,则利用傅里叶变换的频移性质,有

$$x(t)\cos(2\pi f_0 t)\Leftrightarrow\frac{1}{2}\left[X(f-f_0)+X(f+f_0)\right]$$

调幅使调制信号 $x(t)$ 的频谱由原点平移至载波频率 f_0 处,而幅值降低了一半,如图 5.11 所示。但 $x(t)$ 中所包含的全部信息都完整地保存在调幅波中。载波频率 f_0 称为调幅波的中心频率, f_0+f_m 称为上旁频带, f_0-f_m 称为下旁频带。调幅以后,原信号 $x(t)$ 中所包含的全部信息均转移到以 f_0 为中心,宽度为 $2f_m$ 的频带范围之内。即将有用信号从低频区推移到高频区。因为信号中不包含直流分量,可以用中心频率为 f_0 、通频带宽为 $\pm f_m$ 的窄带交流放大器放大,然后再通过解调从放大的调制波中提取出有用的信号,所以调幅过程就相当于频谱"搬移"过程。

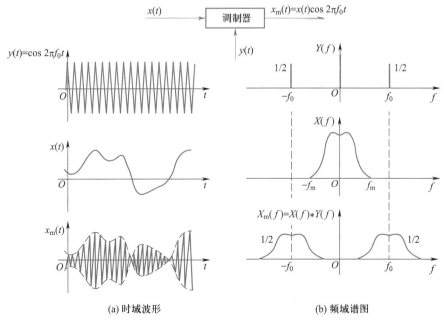

(a) 时域波形　　　　　　　(b) 频域谱图

图 5.11　调幅过程

153

由此可见,调幅是为了便于缓变信号的放大和传送,而解调是为了恢复被调制的信号。如在电话电缆、有线电视电缆中,由于不同的信号被调制到不同的频段,因此在一根导线中可以传输多路信号,实现频分复用。为了减小放大电路可能引起的失真,信号的频宽($2f_m$)相对于中心频率(载波频率f_0)应越小越好,实际载波频率常至少数倍甚至数十倍于调制信号频率。

2. 幅值调制信号的解调

若把调幅波再次与原载波信号相乘,则频域图形将再一次进行"搬移",其结果如图 5.12 所示。当用一低通滤波器滤去频率大于f_m的成分时,则可以复现原信号的频谱。与原频谱的区别在于幅值为原来的一半,这可以通过放大来补偿。这一过程称为同步解调,同步是指解调时所乘的信号与调制时的载波信号具有相同的频率和相位。用等式表示为

$$x(t)\cos(2\pi f_0 t)\cos(2\pi f_0 t) = \frac{x(t)}{2} + \frac{1}{2}x(t)\cos(4\pi f_0 t) \tag{5.16}$$

低通滤波器是将频率高于f_0的高频信号滤去,即将上述等式中的$2f_0$部分滤去。

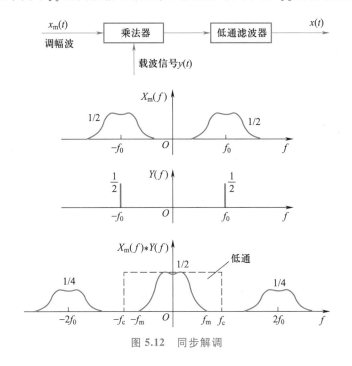

图 5.12　同步解调

最常见的解调方法是整流检波和相敏检波。

若把调制信号进行偏置,叠加一个直流分量,使偏置后的信号都具有正电压,那么调幅波的包络线将具有原调制信号的形状,如图 5.13a 所示。把该调幅波进行简单的半波或全波整流、滤波,并减去所加的偏置电压就可以恢复原调制信号。这种方法又称作包络分析。

若所加的偏置电压未能使信号电压都为正,则从图 5.13b 可以看出,只有简单的整流不能恢复原调制信号,这时需要采用相敏检波方法。

相敏检波过程不要求对原信号进行偏置。从图 5.13 可见,当交变信号在其过零线时(+、-)符号发生突变,而其调幅波的相位在发生符号突变以后与载波比较有 180°的相位跳变。因此,利用载波信号与之比较,便既能反映出原信号的幅值又能反映其极性。

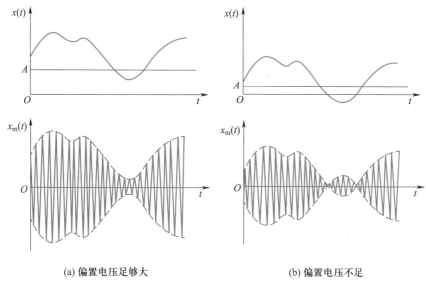

(a) 偏置电压足够大　　　　　　　(b) 偏置电压不足

图 5.13　调制信号加偏置的调幅波

常见的二极管相敏检波器电路及其输入输出关系如图 5.14 所示。它由 4 个特性相同的二极管 $D_1 \sim D_4$ 沿同一方向串联成一个桥式回路,桥臂上有附加电阻,用于桥路平衡。四个端点分别接在变压器 A 和 B 的二次线圈上,变压器 A 的输入为调幅波 $x_m(t)$,B 的输入信号为载波 $y(t)$,u_f 为输出。

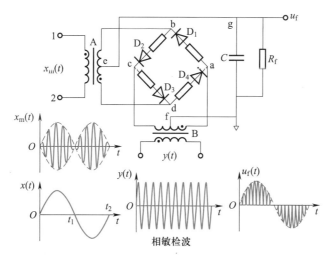

图 5.14　相敏检波电路及其输入输出关系

设计相敏检波器时要求 B 的二次侧输出远大于 A 的二次侧输出。

当调制信号 $x(t)>0$ 时($0 \sim t_1$ 时间内),$x_m(t)$ 与 $y(t)$ 同相。若 $x_m(t)>0$,$y(t)>0$,则二极管 D_1、D_2 导通,在负载上形成两个电流回路:$e-g-f-a-D_1-b-e$(回路 1)及 $e-b-D_2-c-f-g-e$(回路 2),其中回路 1 在负载电容 C 及电阻 R_f 上产生的输出为

$$u_{f1}(t) = \frac{y(t)}{2} + \frac{x_m(t)}{2}$$

回路 2 在负载电容 C 及电阻 R_f 上产生的输出为

$$u_{f2}(t) = -\frac{y(t)}{2} + \frac{x_m(t)}{2}$$

总输出

$$u_f(t) = u_{f1}(t) + u_{f2}(t) = x_m(t)$$

若 $x_m(t) < 0, y(t) < 0$,则二极管 D_3、D_4 导通,在负载上形成两个电流回路:$e-g-f-c-D_3-d-e$ (回路 1)及 $e-d-D_4-a-f-g-e$(回路 2),其中回路 1 在负载电容 C 及电阻 R_f 上产生的输出为

$$u_{f1}(t) = \frac{y(t)}{2} + \frac{x_m(t)}{2}$$

回路 2 在负载电容 C 及电阻 R_f 上产生的输出为

$$u_{f2}(t) = -\frac{y(t)}{2} + \frac{x_m(t)}{2}$$

总输出

$$u_f(t) = u_{f1}(t) + u_{f2}(t) = x_m(t)$$

由上述分析可知,$x(t) > 0$ 时,无论调制波是否为正,相敏检波器的输出波形均为正,即保持与调制信号极性相同。同时可知,这种电路相当于在 $0 \sim t_1$ 段对 $x_m(t)$ 全波整流,故解调后的频率比原调制波高 1 倍。

当调制信号 $x(t) < 0$ 时($t_1 \sim t_2$ 时间内),$x_m(t)$ 与 $y(t)$ 反相,同样可以分析得出,$x(t) < 0$ 时,不管调制波的极性如何,相敏检波器的输出波形均为负,保持与 $x(t)$ 一致。同时,电路在 $t_1 \sim t_2$ 段相当于对 $x_m(t)$ 全波整流后反相,解调后的频率为原调制波的 2 倍。

综上所述,调幅波经相敏检波后,得到一随原调制信号的幅值与相位变化而变化的高频波,相敏检波器输出波形的包络线即所需要的信号,因此必须把它和载波分离。由于调制信号的最高频率 $f_m \leqslant \left(\frac{1}{5} - \frac{1}{10}\right) f_0$(载波频率),在相敏检波器的输出端再接一个低通滤波器,并使其截止频率 f_c 介于 f_m 和 f_0 之间,这样,相敏检波器的输出信号在通过滤波器后,载波成分将急剧衰减,把需要的低频成分留下来。

图 5.15 为动态电阻应变仪原理框图。电桥由振荡器供给等幅高频振荡电压(一般频率为 10 kHz 或 15 kHz),被测量(应变)通过电阻应变片调制电桥输出,电桥输出为调幅波,经过放大,最后经相敏检波与低通滤波提取出所测信号。

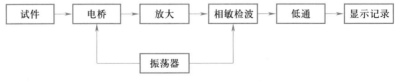

图 5.15 动态电阻应变仪原理框图

例 5.3 一齿轮箱振动调幅信号如下式

$$x(t) = A[1 + B\cos(2\pi f_1 t)]\cos(2\pi f_m t) \tag{5.17}$$

式中:A——调幅信号的幅值;

f_1——调制频率(一般为故障轴的转轴频率);

B——调制系数;

f_m——载波频率(为齿轮啮合频率)。

试求该齿轮箱振动频谱,并画出相应的幅值谱图。

解 将式(5.17)展开如下

$$x(t) = A\cos(2\pi f_m t) + \frac{1}{2}AB\cos[2\pi(f_m + f_1)t] + \frac{1}{2}AB\cos[2\pi(f_m - f_1)t] \tag{5.18}$$

由欧拉公式及频移特性,可得:

$$X(f) = \frac{1}{2}A[\delta(f - f_m) + \delta(f + f_m)] + \frac{1}{4}AB[\delta(f - f_m - f_1) + \delta(f + f_m + f_1)] + \frac{1}{4}AB[\delta(f - f_m + f_1) + \delta(f + f_m - f_1)] \tag{5.19}$$

其时域波形分别如图 5.16a、c 和 e 所示的载波信号、调制信号和调幅信号,其相应的频谱图如图 5.16b、d、f 所示。

由图 5.16f 可见,齿轮箱振动信号的频率是由齿轮啮合频率、齿轮啮合频率与调制频率的差组成的。这些啮合频率周围的频率分布称为边带频率。

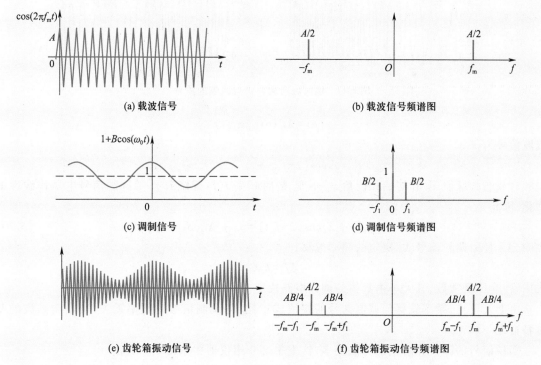

(a) 载波信号　　　　　　　　(b) 载波信号频谱图

(c) 调制信号　　　　　　　　(d) 调制信号频谱图

(e) 齿轮箱振动信号　　　　　(f) 齿轮箱振动信号频谱图

图 5.16 例 5.3 齿轮箱振动调幅信号

5.3.2 频率调制与解调

用调制信号去控制载波信号的频率或相位,使其随调制信号的变化而变化,这一过程称为频率调制或相位调制,简称调频或调相。由于调频和调相比较容易实现数字化,特别是调频信号在传输过程中不易受到干扰,所以在测量、通信和电子技术的许多领域中得到了越来越广泛的应用。

1. 频率调制的基本原理

调频是利用信号电压的幅值控制一个振荡器,振荡器输出的是等幅波,但其振荡频率偏移量和信号电压成正比。信号电压为正值时调频波的频率升高,负值时降低;信号电压为零时,调频波的频率就等于中心频率,如图 5.17 所示。

调频波的瞬时频率为

$$f = f_0 \pm \Delta f$$

式中:f_0——载波频率;

Δf——频率偏移,与调制信号的幅值成正比。

设调制信号 $x(t)$ 为幅值为 X_0、频率为 f_m 的余弦波,其初始相位为 0,

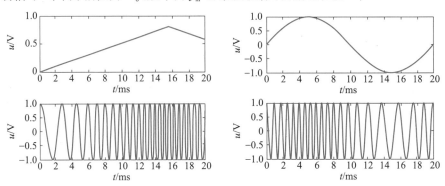

图 5.17　调频波与调制信号幅值的关系

$$x(t) = X_0 \cos(2\pi f_m t)$$

载波信号为

$$y(t) = Y_0 \cos(2\pi f_0 t + \varphi_0) \qquad (f_0 \gg f_m)$$

调频时载波的幅值 Y_0 和初始相位角 φ_0 不变,瞬时频率 $f(t)$ 围绕着 f_0 随调制信号电压作线性的变化,因此

$$f(t) = f_0 + k_f X_0 \cos(2\pi f_m t) = f_0 + \Delta f_f \cos(2\pi f_m t) \qquad (5.20)$$

式中,Δf_f 是由调制信号 X_0 决定的频率偏移,

$$\Delta f_f = k_f X_0$$

式中,k_f 为比例常数,其大小由具体的调频电路决定。

由上式可见,频率偏移与调制信号的幅值成正比,与调制信号的频率无关,这是调频波的基本特征之一。

实现信号的调频和解调的方法甚多,这里主要介绍仪器中最常用的方法。

在测量系统中,常利用电抗元件组成调谐振荡器,以电抗元件(电感或电容)作为传感器参量,感受被测量的变化,作为调制信号的输入,振荡器原有的振荡信号作为载波。当有调制信号输入时,振荡器输出的即为被调制了的调频波。当电容 C 和电感 L 并联组成振荡器的谐振回路时,电路的谐振频率将为

$$f = \frac{1}{2\pi\sqrt{LC}} \tag{5.21}$$

若在电路中以电容为调谐参数,对上式进行微分,有

$$\frac{\partial f}{\partial C} = -\frac{1}{2}\frac{1}{2\pi}(LC)^{-\frac{3}{2}}L = -\frac{1}{2}\frac{f}{C}$$

所以,在 f_0 附近有频率偏移

$$\Delta f = -\frac{f_0}{2}\frac{\Delta C}{C}$$

这种把被测量的变化直接转换为振荡频率的变化的电路称为直接调频式测量电路,其输出也是等幅波。

2. 调频波的解调

调频波是以正弦波频率的变化来反映被测信号的幅值变化的,因此调频波的解调是先将调频波变换成调频调幅波,然后进行幅值检波。调频波的解调由鉴频器完成。鉴频器通常由线性变换电路与幅值检波电路组成,如图 5.18 所示。

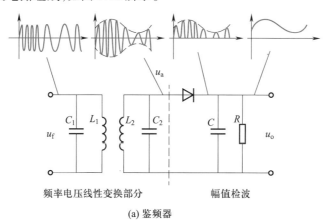

(a) 鉴频器

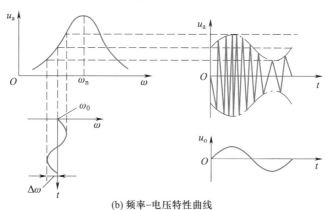

(b) 频率-电压特性曲线

图 5.18   调频波的解调

图中调频波 u_f 经过变压器耦合,加于 L_2、C_2 组成的谐振回路上,在 L_2、C_2 并联振荡回路两端获得如图 5.18b 所示的频率-电压特性曲线。当等幅调频波 u_f 的频率等于回路的谐振频率 f_n 时,线圈 L_1、L_2 中的耦合电流最大,二次侧输出电压 u_a 也最大。u_f 的频率离开 f_n,u_a 也随之下降。通常利用特性曲线的亚谐振区近似直线的一段实现频率-电压变换。将 u_a 经过二极管进行半波整流,再经过 RC 组成的滤波器滤波,滤波器的输出电压 u_o 与调制信号成正比,复现了被测量信号 $x(t)$,至此解调完毕。

5.4 滤波器

滤波器是一种选频装置,它只允许一定频带范围的信号通过,同时极大地衰减其他频率成分。滤波器的这种筛选功能在测试技术中可以起到消除噪声及干扰信号的作用,在信号检测、自动控制、信号处理等领域得到广泛的应用。

5.4.1 滤波器分类

滤波器是依据其频域上的特性进行分类的,根据滤波器的选频作用,滤波器可以分成 4 类:低通滤波器、高通滤波器、带通滤波器和带阻滤波器。若只考虑频率大于零的频谱部分,则这 4 种滤波器的幅频特性如图 5.19 所示。

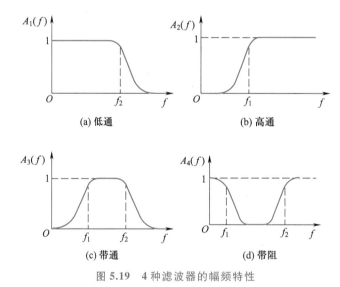

图 5.19　4 种滤波器的幅频特性

1) 低通滤波器　只允许 $0 \sim f_2$ 的频率成分通过,而大于 f_2 的频率成分衰减为零。

2) 高通滤波器　与低通滤波器相反,它只允许 $f_1 \sim \infty$ 的频率成分通过,而小于 f_1 的频率成分衰减为零。

3) 带通滤波器　只允许 $f_1 \sim f_2$ 的频率成分通过,其他频率成分衰减为零。

4) 带阻滤波器　与带通滤波器相反,它将 $f_1 \sim f_2$ 的频率成分衰减为零,其余频率成分几乎不受衰减地通过。

这 4 种滤波器的特性之间存在着一定的联系:高通滤波器的幅频特性可以看作低通滤波器做负反馈而得到,即 $A_2(f) = 1 - A_1(f)$;带通滤波器是低通和高通滤波器的组合;带阻滤波器的幅频特性可以看作带通滤波器做负反馈而获得。

根据构成滤波器的电路性质,滤波器可分为有源滤波器和无源滤波器;根据滤波器所处理的信号性质,可分为模拟滤波器和数字滤波器等。

5.4.2 理想滤波器与实际滤波器

1. 理想滤波器

从图 5.19 可见,4 种滤波器在通带与阻带之间都存在一个过渡带,其幅频特性是一条斜线,在此频带内,信号受到不同程度的衰减。这个过渡带是滤波器所不希望的,但也是不可避免的。

理想滤波器是一个理想化的模型,在物理上是不能实现的,但是,对其进行深入了解对掌握滤波器的特性是十分有帮助的。

根据线性系统的不失真测试条件,理想测量系统的频率响应函数应是

$$H(f) = A_0 e^{-j2\pi f t_0}$$

式中,A_0、t_0 都是常数。若滤波器的频率响应满足下列条件

$$H(f) = \begin{cases} A_0 e^{-j2\pi f t_0} & |f| < f_c \\ 0 & \text{其他} \end{cases} \tag{5.22}$$

则称为理想低通滤波器。图 5.20a 为理想低通滤波器的幅、相频特性图,图中幅频图为双边对称,相频图中直线斜率为 $\tan(-2\pi t_0)$。

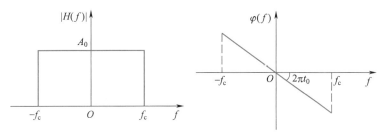

(a) 幅、相频特性

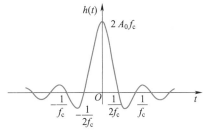

(b) 脉冲响应函数

图 5.20　理想低通滤波器

这种在频域为矩形窗函数的"理想"低通滤波器的时域脉冲响应函数是 $\text{sinc } \theta$ 函数。如果没

有相角滞后，即 $t_0 = 0$，则

$$h(t) = 2Af_c \frac{\sin(2\pi f_c t)}{2\pi f_c t} \tag{5.23}$$

其图形如图 5.20b 所示。$h(t)$ 具有对称图形，时间 t 的范围从 $-\infty$ 到 $+\infty$。

但是，这种滤波器是不能实现的，对于负的 t 值，其 $h(t)$ 的值不等于零，是不合理的。因为 $h(t)$ 是理想低通滤波器对脉冲的响应，而单位脉冲在 $t = 0$ 时刻才作用于系统。任一现实的物理系统，响应只可能出现于作用到来之后，不可能出现于作用到来之前。同样，理想的高通、带通、带阻滤波器也是不存在的。讨论理想滤波器是为了进一步了解滤波器的传输特性，树立关于滤波器的通频带宽和建立比较稳定的输出所需要的时间之间的关系。

设滤波器的传递函数为 $H(f)$，若给滤波器一单位阶跃输入 $x(t)$，如图 5.21 所示。

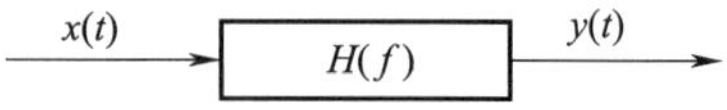

$$x(t) = \begin{cases} 1 & (t \geqslant 0) \\ 0 & (t < 0) \end{cases}$$

则滤波器的输出 $y(t)$ 为

$$y(t) = h(t) * x(t) = \int_{-\infty}^{\infty} x(\tau) h(t-\tau) \mathrm{d}\tau \tag{5.24}$$

其结果如图 5.22 所示。

图 5.21 滤波器方框图

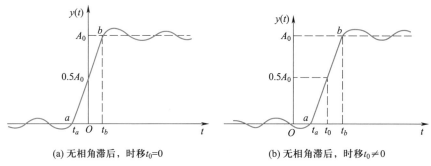

(a) 无相角滞后，时移 $t_0 = 0$ (b) 无相角滞后，时移 $t_0 \neq 0$

图 5.22 理想低通滤波器对单位阶跃输入的响应

从图可见，输出响应从零值（a 点）到稳定值 A_0（b 点）需要一定的建立时间（$t_b - t_a$）。计算积分式 (5.24) 有

$$T_e = t_b - t_a = \frac{0.61}{f_c} \tag{5.25}$$

式中，f_c 为低通滤波器的截止频率，也称为滤波器的通频带。由式 (5.25) 可见，滤波器的通频带越宽，即 f_c 越大，则响应的建立时间 T_e 越小，即图 5.22 中曲线越陡峭。如果按理论响应值的 $0.1 \sim 0.9$ 作为计算建立时间的标准，则

$$T_e = t_b' - t_a' = \frac{0.45}{f_c} \tag{5.26}$$

因此，低通滤波器对阶跃响应的建立时间 T_e 和带宽 B（即通频带的宽度）成反比，即

$$BT_e = 常数 \tag{5.27}$$

这一结论对其他滤波器(高通、带通、带阻)也适用。

另外,滤波器的带宽表示着它的频率分辨率(见下一节),通带越窄则分辨率越高。因此,滤波器的高分辨能力和测量时快速响应的要求是相互矛盾的。当采用滤波器从信号中选取某一频率成分时,就需要有足够的时间。如果建立时间不够,就会产生虚假的结果,而过长的测量时间也是没有必要的。一般采用 $BT_e = 5 \sim 10$。

2. 实际滤波器

对于实际滤波器,为了能够了解某一滤波器的特性,就需要通过一些参数指标来确定。图 5.23 为理想滤波器(虚线)和实际带通滤波器(实线)的幅频特性。

对于理想滤波器,其特征参数为截止频率。在截止频率之间的幅频特性为常数 A_0,截止频率以外的幅频特性为零;对于实际滤波器,其特征参数没有这么简单,其特性曲线没有明显的转折点,通带幅频特性也不是常数,因此需要更多的特性参数来描述实际滤波器的性能。

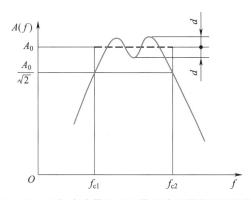

图 5.23   理想滤波器和实际带通滤波器的幅频特性

1)截止频率   定义幅频特性值等于 $\dfrac{A_0}{\sqrt{2}}$ 所对应的频率称为滤波器的截止频率。以 A_0 为参考值,$\dfrac{A_0}{\sqrt{2}}$ 相对于 A_0 衰减 -3 dB。

2)带宽 B 通频带的宽度称为带宽 B,这里为上下两截止频率之间的频率范围,即 $B = f_{c2} - f_{c1}$,单位为 Hz。带宽决定着滤波器分离信号中相邻频率成分的能力,即频率分辨率。

3)品质因数 Q 定义中心频率 f_0 和带宽 B 之比为滤波器的品质因数

$$Q = \frac{f_0}{B}$$

其中中心频率定义为上、下截止频率积的平方根,即 $f_0 = \sqrt{f_{c1} f_{c2}}$。

4)纹波幅度 d 实际滤波器在通频带内可能出现纹波变化,其波动幅度 d 与幅频特性的稳定值 A_0 相比越小越好,一般应远小于 -3 dB,即 $d \ll A_0/\sqrt{2}$。

5)倍频程选择性   实际滤波器至稳定状态需要一定的建立时间 T_e,因此在上下截止频率外侧有一个过渡带,其幅频曲线的倾斜程度表明了幅频特性衰减的快慢,它决定着滤波器对带宽外频率成分衰阻的能力。通常用上截止频率 f_{c2} 与 $2f_{c2}$ 之间或者下截止频率 f_{c1} 与 $\dfrac{1}{2}f_{c1}$ 之间幅频特性的衰减量来表示,即频率变化一个倍频程时的衰减量。这就是倍频程选择性。很明显,衰减越快,滤波器选择越好。

6)滤波器因数 λ 滤波器选择性的另一种表示方法,是用滤波器幅频特性的-60 dB 带宽与 -3 dB 带宽的比值表示,即

$$\lambda = \frac{B_{-60\ dB}}{B_{-3\ dB}}$$

理想滤波器 $\lambda = 1$,一般要求滤波器 $1 < \lambda < 5$。如果带阻衰减量达不到-60 dB,则以标明衰减量(如 -40 dB)的带宽与-3 dB 带宽之比来表示其选择性。

3. RC 调谐式滤波器

在测试系统中,常用 RC 滤波器。RC 滤波器具有电路简单,抗干扰能力强,有较好的低频性能。

1)RC 低通滤波器 RC 低通滤波器的典型电路如图 5.24 所示。设滤波器的输入电压为 u_x,输出电压为 u_y,其微分方程为

$$RC \frac{du_y}{dt} + u_y = u_x \tag{5.28}$$

令 $\tau = RC$,为时间常数。经拉普拉斯变换得传递函数

$$H(s) = \frac{1}{\tau s + 1} \tag{5.29}$$

这是一个典型的一阶系统。其截止频率为

$$f_{c2} = \frac{1}{2\pi RC} \tag{5.30}$$

当 $f \ll \frac{1}{2\pi RC}$ 时,其幅频特性 $A(f) = 1$。信号不受衰减通过。

当 $f = \frac{1}{2\pi RC}$ 时,$A(f) = \frac{1}{\sqrt{2}}$,也即幅值比稳定幅值下降了 3 dB。$RC$ 值决定着截止频率,改变 RC 值就可以改变滤波器的截止频率。

当 $f \gg \frac{1}{2\pi RC}$ 时,输出 u_y 与输入 u_x 的积分成正比,即

$$u_y = \frac{1}{RC} \int u_x dt \tag{5.31}$$

其对高频成分的衰减率为-20 dB/(10 倍频程)。如果要加大滤波器的衰减率,可以通过提高低通滤波器的阶数来实现。但数个一阶低通滤波器串联后,后一级的滤波电阻、电容对前一级电容起并联作用,存在负载效应。改进措施见 5.4.4 节。

2)RC 高通滤波器 RC 高通滤波器的典型电路如图 5.25 所示。设滤波器的输入电压为 u_x,输出电压为 u_y,其微分方程为

$$RC \frac{du_y}{dt} + u_y = RC \frac{du_x}{dt} \tag{5.32}$$

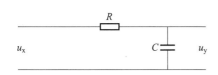

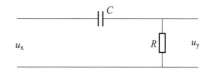

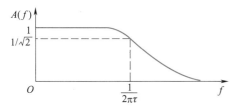

图 5.24　RC 低通滤波器及其幅频特性曲线

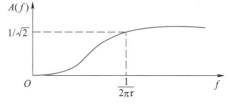

图 5.25　RC 高通滤波器及其幅频特性曲线

同理,令 $\tau=RC$,其传递函数

$$H(s) = \frac{\tau s}{\tau s + 1} \tag{5.33}$$

其幅频特性见图 5.25。

当 $f \ll \dfrac{1}{2\pi RC}$ 时,输出 u_y 与输入 u_x 的微分成正比,起着微分器的作用。

当 $f = \dfrac{1}{2\pi RC}$ 时,$A(f) = \dfrac{1}{\sqrt{2}}$,幅值比稳定幅值下降了 3 dB,也即为截止频率。RC 值决定着截止频率,改变 RC 值就可以改变滤波器的截止频率。

当 $f \gg \dfrac{1}{2\pi RC}$ 时,其幅频特性 $A(f) = 1$。信号不受衰减通过。

3)带通滤波器　带通滤波器可以看成低通和高通滤波器串联组成的。串联所得的带通滤波器以原高通滤波器的截止频率为下截止频率,原低通滤波器的截止频率为上截止频率。但要注意当多级滤波器串联时,因为后一级成为前一级的"负载",而前一级又是后一级的信号源内阻。因此,两级间常用采用运算放大器等进行隔离,实际的带通滤波器通常是有源的。

例 5.4　把 RC 低通滤波器与 RC 高通滤波器串联能否构成带通滤波器?不考虑负载效应,画出带通滤波器图,并确定带通滤波器的上、下截止频率。

解　把 RC 低通滤波器与 RC 高通滤波器串联,可以构成带通滤波器。如果不考虑电路的负载效应,则构成的带通滤波器如图 5.26 所示。

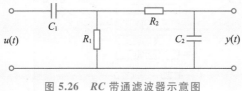

图 5.26　RC 带通滤波器示意图

带通滤波器的频谱图如图 5.27 所示。

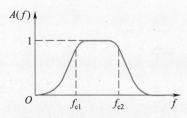

图 5.27　构成带通滤波器的频谱图

低通滤波器决定了该带通滤波器的上截止频率,高通滤波器决定了该带通滤波器的下截止频率。因此,有

下截止频率:

$$f_{c1} = \frac{1}{2\pi R_1 C_1}$$

上截止频率:

$$f_{c2} = \frac{1}{2\pi R_2 C_2}$$

5.4.3　恒带宽比与恒带宽滤波器

在实际测试中,为了能够获得需要的信息或某些特殊频率成分,可以将信号通过放大倍数相同而中心频率各不相同的多个带通滤波器滤波,各个滤波器的输出主要反映信号中在该通带频率范围内的量值。这时有两种做法:一种是使用一组各自中心频率固定的,但又按一定规律相隔的滤波器组,如图 5.28 所示,图中数字 16、31.5、63、…、16 000 为各滤波器的中心频率;另一种是使带通滤波器的中心频率是可调的,通过改变滤波器的参数使其中心频率跟随所需要测量的信号频段。

图 5.28 中所示的倍频程谱分析装置所用的滤波器组,其通带是相互连接的,以覆盖整个感兴趣的频率范围,保证不丢失信号中的频率成分。通常是前一个滤波器的 -3 dB 上截止频率(高端)就是下一个滤波器的 -3 dB 下截止频率(低端)。滤波器组应具有同样的放大倍数。

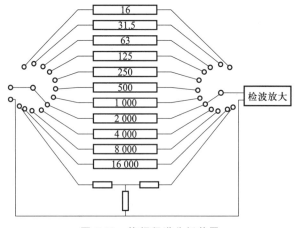

图 5.28　倍频程谱分析装置

1. 恒带宽比滤波器

在讨论实际滤波器参数时曾讲到,品质因数 Q 为中心频率 f_0 和带宽 B 之比,$Q = \dfrac{f_0}{B}$。若采用具有相同 Q 值的调谐滤波器做成邻接式滤波器(图5.28),则该滤波器组是由一些恒带宽比的滤波器构成的。因此,中心频率 f_0 越大,其带宽 B 也越大,频率分辨率低。

假若一个带通滤波器的下截止频率为 f_{c1},上截止频率为 f_{c2},则 f_{c2} 和 f_{c1} 有下列关系式:

$$f_{c2} = 2^n f_{c1} \tag{5.34}$$

式中,n 称为倍频程。若 $n = 1$,则称为倍频程滤波器;若 $n = \dfrac{1}{3}$,则称为1/3倍频程滤波器。滤波器的中心频率则为

$$f_0 = \sqrt{f_{c1} f_{c2}} \tag{5.35}$$

由式(5.34)和式(5.35)可得

$$f_{c2} = 2^{\frac{n}{2}} f_0$$

$$f_{c1} = 2^{-\frac{n}{2}} f_0$$

因此

$$f_{c2} - f_{c1} = B = \frac{f_0}{Q}$$

$$\frac{1}{Q} = \frac{B}{f_0} = 2^{\frac{n}{2}} - 2^{-\frac{n}{2}} \tag{5.36}$$

对于不同的倍频程,其滤波器的品质因数分别为

倍频程	n	1	1/3	1/5	1/10
品质因数	Q	1.41	4.32	7.21	14.42

对于邻接的一组滤波器,利用式(5.34)和式(5.35)可以推得:后一个滤波器的中心频率 f_{c2} 与前一个滤波器的中心频率 f_{c1} 之间有关系式

$$f_{c2} = 2^n f_{c1} \tag{5.37}$$

因此,根据上述两式,只要选定 n 值就可以设计覆盖给定频率范围的邻接式滤波器组。对于 $n = 1$ 的倍频程滤波器,有

中心频率(Hz)	16	31.5	63	125	250	…
带宽(Hz)	11.3	22.3	44.6	88.4	176.8	…

对于1/3倍频程滤波器组,有

中心频率(Hz)	12.5	16	20	25	31.5	40	50	63	…
带宽(Hz)	2.9	3.7	4.6	5.8	7.3	9.3	11.6	14.6	…

2. 恒带宽滤波器

从上述例子可以看出,恒带宽比(Q 为常数)的滤波器,其通频带在低频段甚窄,而在高频段则较宽。因此,滤波器组的频率分辨率在低频段较好,在高频段甚差。

为了使滤波器组的分辨率在所有频段都具有同样良好的频率分辨率,可以采用恒带宽的滤波器。图5.29为恒带宽比滤波器和恒带宽滤波器的特性对照图,为了便于说明问题,图中滤波器的特性都画成是理想滤波器的特性。

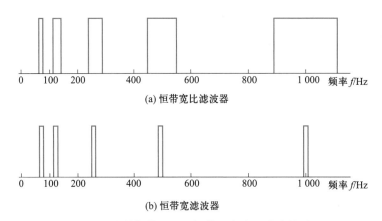

(a) 恒带宽比滤波器

(b) 恒带宽滤波器

图 5.29　理想的恒带宽比和恒带宽滤波器的特性对照图

为了提高滤波器的分辨率,其带宽应窄一些。但这样为覆盖整个频率范围所需的滤波器数量就很大。因此,恒带宽滤波器不应做成中心频率为固定的。实际应用中,一般利用一个恒带宽的定中心频率的滤波器加上可变参考频率的差频变换,来适应各种不同中心频率的恒带宽滤波器的需要。参考信号的扫描速度应能够满足建立时间的要求,尤其是滤波器带宽很窄的情况,参考频率变化不能过快。常用的恒带宽滤波器有相关滤波和变频跟踪滤波两种。

例 5.5　有一 $\frac{1}{3}$ 倍频程滤波器,其中心频率 $f_0 = 500$ Hz,建立时间 $T_e = 0.8$ s。试:

(1) 求该滤波器的带宽 B,品质因数 Q,上、下截止频率 f_{c1}、f_{c2};

(2) 若中心频率改为 $f_0' = 200$ Hz,求滤波器的带宽,上、下截止频率;

(3) 与倍频程滤波器相比,哪种滤波器分辨率高?请说明原因。

解　(1) 带宽 B

$$B = f_{c2} - f_{c1} = (2^{\frac{n}{2}} - 2^{-\frac{n}{2}}) f_0 = 115.78 \text{ Hz}$$

品质因数 Q

$$Q = \frac{f_0}{B} = 4.32$$

上、下截止频率 f_{c1}、f_{c2}

$$f_{c1} = 2^{-\frac{n}{2}} f_0 = 445.45 \text{ Hz}$$

$$f_{c2} = 2^{\frac{n}{2}} f_0 = 561.23 \text{ Hz}$$

(2) 若中心频率改为 $f_0' = 200$ Hz,则滤波器的带宽、上下截止频率和建立时间分别为

$$B = f_{c2} - f_{c1} = (2^{\frac{n}{2}} - 2^{-\frac{n}{2}}) f_0' = 46.31 \text{ Hz}$$

$$f_{c1} = 2^{-\frac{n}{2}} f_0' = 178.18 \text{ Hz}$$

$$f_{c2} = 2^{\frac{n}{2}} f_0' = 224.49 \text{ Hz}$$

（3）与倍频程滤波器相比，1/3 倍频程滤波器频率分辨率高，因为中心频率相同情况下，1/3 倍频程滤波器的带宽窄。

5.4.4　无源滤波器与有源滤波器

前面所介绍的 RC 调谐式滤波器仅由电阻、电容等无源元件构成，通常称之为无源滤波器。一阶无源滤波器过渡带衰减缓慢，选择性不佳，虽然可以通过把无源的 RC 滤波器串联，以提高阶次，增加在过渡带的衰减速度，但受级间耦合的影响，效果是互相削弱的，而且信号的幅值也将逐渐减弱，为克服这些缺点，就需采用有源滤波器。

有源滤波器由 RC 调谐网络和运算放大器组成，运算放大器是有源器件，既可作为级间隔离又可起信号幅值放大作用。

1. 一阶有源滤波器

有源滤波器是将前述的无源 RC 滤波网络接入运算放大器的输入端或接入运算放大器的反馈回路上，如图 5.30 所示。

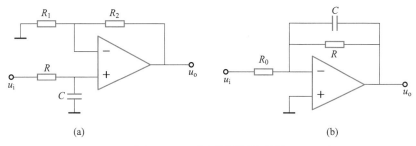

图 5.30　一阶有源低通滤波器

图 5.30a 所示为一阶同相有源低通滤波器，它将 RC 无源低通滤波器接到运算放大器的同相输入端，运算放大器起隔离、增益和提高带负载能力作用。其截止频率仍为 $f_c = \dfrac{1}{2\pi RC}$，放大倍数为 $K = 1 + \dfrac{R_2}{R_1}$。图 5.30b 所示为一阶反相有源低通滤波器，它将高通网络作为运算放大器的负反馈，结果得到低通滤波特性，其截止频率为 $f_c = \dfrac{1}{2\pi RC}$，放大倍数为 $K = \dfrac{R}{R_0}$。

一阶有源滤波器虽然在隔离、增益性能方面优于无源网络，但是它仍存在着过渡带衰减缓慢的严重弱点，所以就需寻求过渡带更为陡峭的高阶滤波器。

2. 二阶有源滤波器

把较为复杂的 RC 网络与运算放大器组合可以得到二阶有源滤波器。这种滤波器有多路负反馈型、有限电压放大型和状态变量型等。

（1）多路负反馈型

它是把滤波网络接在运算放大器的反相输入端，其线路结构见图 5.31。图中 $Y_1 \sim Y_5$ 是各元件的导纳。假设运算放大器具有理想参数，由图根据基尔霍夫定律可写出各节点的电流方程。

节点 a 和 b 的电流方程分别为

$$(u_a - u_i)Y_1 + u_a Y_2 + (u_a - u_b)Y_3 + (u_a - u_o)Y_4 = 0$$

$$(u_b - u_a)Y_3 + (u_b - u_o)Y_5 = 0$$

根据理想运算放大器特性 $u_b \approx 0$,可得图 5.31 所示电路的传递函数为

$$H(s) = \frac{-Y_1 Y_3}{Y_5(Y_1 + Y_2 + Y_3 + Y_4) + Y_3 Y_4}$$

这是其原型形式,适当地将 $Y_1 \sim Y_5$ 各用电阻、电容来代替即可组合出二阶低通、高通、带通和带阻等不同类型的滤波器。下面以低通滤波器为例讨论其电路的实现。

多路负反馈二阶低通滤波器如图 5.32 所示。将各元件导纳代入上式可得

$$H(s) = -\frac{R_4}{R_1} \frac{\dfrac{1}{R_3 R_4 C_2 C_5}}{s^2 + \dfrac{s}{C_2}\left(\dfrac{1}{R_1} + \dfrac{1}{R_3} + \dfrac{1}{R_4}\right) + \dfrac{1}{R_3 R_4 C_2 C_5}}$$

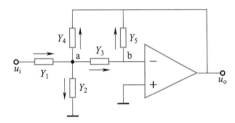
图 5.31　多路负反馈型滤波器

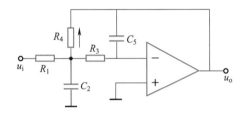
图 5.32　多路负反馈二阶低通滤波器

这是一个二阶系统传递函数,由二阶系统幅频特性可知该电路具有低通特性。该电路直流增益 $K = -R_4/R_1$。其 -3 dB 截止频率为

$$f_c = \frac{1}{2\pi\sqrt{R_3 R_4 C_2 C_5}}$$

(2) 有限电压放大型

将滤波网络接在运算放大器的同相输入端,如图 5.33 所示。这种电路可以得到较高的输入阻抗。根据与多路负反馈类似的方法同样可推导出这一电路的传递函数为

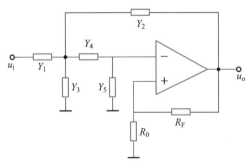
图 5.33　有限电压放大型滤波器

$$H(s) = \frac{A_{VF}Y_1Y_4}{Y_5(Y_1+Y_2+Y_3+Y_4) + [Y_1+Y_2(1-A_{VF})+Y_3]Y_4}$$

式中，$A_{VF} = 1 + \dfrac{R_F}{R_0}$为运算放大器的闭环增益。

按上述同样方法，将 $Y_1 \sim Y_5$ 各用电阻、电容代替即可组合出不同的滤波特性。图 5.34 所示为有限电压放大型二阶低通滤波器。

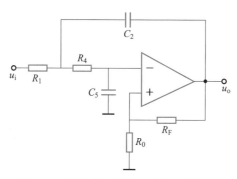

图 5.34　有限电压放大二阶低通滤波器

（3）状态变量型

这是许多仪器中常用的一种有源滤波器，它有多种类型的电路，图 5.35 是其中的一种电路，整个电路由 3 个运算放大器和电阻、电容元件组合而成，3 个运算放大器的输出 u_2、u_3、u_4 分别对输入信号 u_1 提供高通、带通和低通三种输出，所以常称之为"万能滤波器"。而且它还可以通过相应的元件参数调节来达到改变各滤波器参数的目的，使用十分方便。

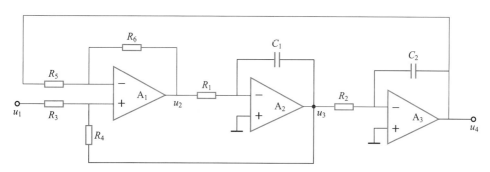

图 5.35　状态变量型有源滤波器

3. 滤波器特性的逼近

实际滤波器在通频带内不平坦，过渡带内不陡峭，在设计和制作滤波器时常用实际滤波器可实现的特性去逼近理想滤波器特性。实际滤波器传递函数的一般形式为

$$H(s) = \frac{Y(s)}{X(s)} = \frac{b_m s^m + b_{m-1}s^{m-1} + \cdots + b_1 s + b_0}{a_n s^n + a_{n-1}s^{n-1} + \cdots + a_1 s + a_0} = \frac{k \prod\limits_{j=1}^{m}(s-z_j)}{\prod\limits_{i=1}^{n}(s-p_i)}$$

171

频率响应函数为

$$H(\omega) = \frac{k \prod\limits_{j=1}^{m} (j\omega - z_j)}{\prod\limits_{i=1}^{n} (j\omega - p_i)}$$

要实现逼近理想特性的滤波网络,问题的实质是决定上式中的全部系数 a_i 和 b_j 以及阶次 n。系数 a_i 和 b_j 取决于元件参数,滤波器阶次 n 与储能元件数量有关,对于同一类型的逼近函数,n 越大,逼近特性越好。

实际滤波器包括对理想幅频特性和对理想相频特性的两种逼近方式。前者最常用的可实现滤波器有巴特沃斯型和切比雪夫型,后者最常用的可实现滤波器有贝塞尔型等。

图 5.36 所示为巴特沃斯型滤波器的频率特性曲线,该滤波器具有最大平坦的幅频特性。以低通滤波器为例,其幅频响应表达式为

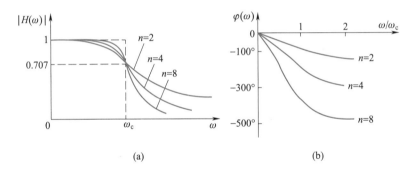

图 5.36 巴特沃斯型滤波器

$$\left| H(\omega) \right| = \frac{A}{\sqrt{1 + (\omega/\omega_c)^{2n}}}$$

式中:A——滤波器增益;

n——滤波器的阶数;

ω_c———3 dB 截止频率。

由图可见,n 越大,通带内幅频特性越平坦,过渡带内衰减越快。

5.4.5 数字滤波器

数字滤波器是指利用离散时间系统的特性对输入信号进行加工处理,或者说利用数字方法按预定要求对信号进行变换,达到改变信号频谱的目的。从广义讲,数字滤波是一种由专用或通用计算机实现的算法,其输入是一组(由模拟信号采样和量化的)数字量,其输出是经过处理的另一组数字量。数字滤波器具有稳定性高、精度高、灵活性大等突出优点,不仅可以基本上复现前述几种模拟滤波器的功能,而且还能产生模拟领域中不能产生的一些特定有用效应。

数字滤波在数学上可以通过差分方程来表示,常系数线性差分方程的一般形式为

$$y(nT) = \sum_{j=0}^{M} b_j x(nT - jT) - \sum_{i=1}^{N} a_i y(nT - iT)$$

式中,T 为采样间隔。通常在研究离散序列时,许多运算与 T 或采样频率无关,为此令 $T=1$,则上式成为

$$y(n) = \sum_{j=0}^{M} b_j x(n - j) - \sum_{i=1}^{N} a_i y(n - i)$$

显然,上式将第 n 个输出值与过去的 N 个输出值和 $M+1$ 个最新的输入值联系起来。数字滤波器是通过确定合适的系数 a_i 和 b_j 以及滤波器的阶次 N 以满足不同的滤波要求的。

例如对于一阶低通滤波器,其微分方程为

$$\tau y'(t) + y(t) = x(t)$$

用采样序列的差分代替微分,即

$$y'(t) = \frac{y(nT) - y[(n-1)T]}{T}$$

式中,$t = (n-1)T$。

从而

$$y(nT) = y[(n-1)T] + \frac{T}{\tau}\{x[(n-1)T] - y[(n-1)T]\}$$

上式中令 $T=1$,从而

$$y(n) = \frac{1}{\tau}x(n-1) + \left(1 - \frac{1}{\tau}\right)y(n-1)$$

此即为一阶低通滤波器的数字实现形式。图 5.37 给出了这两种滤波器对阶跃输入的响应特性。

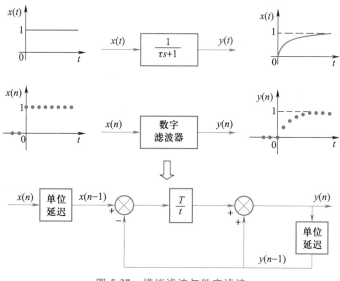

图 5.37　模拟滤波与数字滤波

5.5 信号记录装置

记录装置是用来记录各种信号变化规律所必需的设备,是电测量系统的最后一个环节。由于被测量在传感器和信号调理电路中已经转换为电量,而且进行了变换和处理使电量适合于显示和记录。因此,各种常用的灵敏度较高的电工仪表都可以作为测量显示和记录仪表,如电压表、电流表、示波器等。

选择记录装置,主要看其响应能力,即能否正确地跟踪测量信号的变化,并把它如实地记录下来。通常把记录装置对正弦信号的响应能力称为记录装置的频率响应特性。它决定了记录装置的工作频率范围。笔式记录仪、光线示波器等记录装置已被淘汰,模拟信号记录装置也逐渐被淘汰。一些现代的记录装置取而代之,它们更多地采用数字式记录方式,这里介绍几种在测试中常用的信号记录装置。

5.5.1 磁光盘记录器

随着计算机的迅速发展,以磁记录和重放的磁盘记录器得到了广泛的应用。磁盘记录的工作原理是用磁头的工作气隙对磁性涂层做与被记录信号相关联的磁化,然后再以磁头重放或消去,其记录方式主要为数字式。磁盘记录器现在大多用于计算机以及与之相关的仪器设备中,如数字式示波器、数码照相机等。现在使用的磁盘都是"硬磁盘"。

1. 硬盘

现在绝大多数硬磁盘在结构上都是温切斯特(Winchester)盘,所以有时硬盘驱动器又称为温盘驱动器,简称硬盘或温盘。从 1973 年 IBM 生产出第一块温氏硬盘以来,后来的硬磁盘基本都沿用了这一结构,即采用温切斯特技术,其核心就是,磁盘片被密封、固定并且不停高速旋转,磁头悬浮于盘片上方沿磁盘径向移动,并且不和盘片接触。

硬盘存储器主要由磁头、盘片、硬盘驱动器和读/写控制电路组成,盘片用铝合金或玻璃等材料制成,其表面涂有磁性材料。硬盘存储器根据磁头和盘片结构的不同可以分为固定磁头硬盘、活动磁头固定盘片硬盘及活动可换盘片硬盘等几种类型。按盘片可分为单片式和多片组合式。在多片组合式中有 2 片、8 片、12 片等。盘片直径有 14 in、8 in、5.25 in、3.5 in 和 2.5 in 等,存储容量可达数十太字节(TB)。磁盘的转速有 12 000 r/min、7 200 r/min、5 400 r/min 等多种,并且朝着转速越来越快的方向发展。

硬盘工作时,盘片以高速旋转,通过浮在盘面上的磁头记录或读取信息。盘面上磁头下的一条圆周轨迹称为一条磁道,数据信息就记录在磁道上。盘面上全部磁道从外缘向圆心方向编号。每条磁道可分为若干段,每一段称为一个扇段,所有同一区域的扇段组成扇区。

硬盘的工作过程是从查找开始,驱动机构把磁头定位到目标磁道上,等待目标段转到磁头下,然后进行读/写操作。写入时,数据经编码电路变换成相应的写电流,送到磁头写线圈,磁化盘面上的表面磁层,形成一个微小的磁化单元。读出时,磁化单元高速经过磁头,在磁头读线圈中感应出电压信号,经放大、整形和选通后输出。当硬盘接到一个系统读取数据指令后,磁头根据给出的地址,首先按磁道号产生驱动信号进行定位,然后再通过盘片的转动找到具体的扇区(所耗费的时间即为寻道时间),最后由磁头读取指定位置的信息并传送到硬盘自带的缓存中。

在缓存中的数据可以通过硬盘接口与外界进行数据交换。

硬盘的性能主要由它的技术参数决定,如数据传输率、平均寻道时间、硬盘接口类型等,最能说明硬盘速度的两个常数是数据传输率和平均寻道时间。实际上真正影响硬盘速度的是硬盘的另外两个指标,即主轴电动机转速和缓存容量。

硬磁盘的接口方式是硬盘另一个非常重要的技术指标,接口方式直接决定硬磁盘的性能。现在最常见的接口有 IDE(integrated drive electronics)、SCSI(small computer system interface)和 SATA(serial ATA)3 种,此外还有一些移动硬盘采用了 PCMCIA 或 USB 接口。IDE 接口是普遍使用的外部接口,主要接硬盘和光驱,采用 16 位数据并行传输方式,体积小,数据传输快。SCSI 并不是专为硬磁盘设计的,实际上它是一种总线型接口。由于独立于系统总线工作,所以它的最大优势在于其系统占用率极低,但由于其昂贵的价格,这种接口的硬盘大多用于服务器等高端应用场合。STAT 硬盘接口是一种主流接口类型,具有更快的外部接口传输速度,数据校验措施更为完善,在安装、传输速率及功耗、抗振、噪声等多方面都优于 IDE 接口,已全面取代 IDE 接口。

2. 光盘

在步入信息时代以后,随着对信息的需求量与日俱增,要求拥有新型数据储存技术来存储和处理大规模的信息资料。作为大容量的固定储存器,其造价较高,且不便于携带,而早期的软盘作为便携式储存器其容量太小,已不能适应现代的信息量,因而光盘储存器就应运而生。

常见的光盘储存器是 CD-ROM 和 DVD-ROM。CD-ROM 光盘大致可以分为以下几种:只读光盘(CD-R)、只写一次光盘(CD-WORM)、可读写光盘(CD-RW)。其工作原理是把被记录信息经过数字化处理,变成了"0"与"1",其对应在光盘上就是沿着盘面螺旋形状的信息轨道上的一系列凹点和平面。所有的凹点都具有相同的深度和长度,其深度一般为 $0.11 \sim 0.13~\mu m$,宽度一般为 $0.4 \sim 0.5~\mu m$,而激光光束能在 $1~\mu s$ 内从 $1~\mu m^2$ 的面积内获得清晰的反射信号。一张 CD 光盘上大约有 28 亿个这样的凹点,当激光映射到盘片上时,如果是照在平面上就会有 70% ~ 80% 的激光被反射回;如果照在凹点上就无法反射回激光。根据其反射回激光的状况,光盘驱动器就能将其解读为"0"或"1"的数字编码了。

目前光盘的基片材料一般采用聚甲基-丙烯酸甲酯(PMMA)。它是一种耐热性较强的有机玻璃,具有极好的光学和力学性能。目前,基片的尺寸主要是 5.25 in,另外还有 3.5 in、8 in 和 12 in 等多种直径,其厚度通常为 $1.1 \sim 1.5$ mm。

光盘的记录介质分为不能重写的只写一次性介质和能重写的可擦式介质两大类型。只读光盘就是使用的前者,它的材料一般都是光刻胶。其记录方式是用氩离子激光器等对其进行灼烧记录。而能重写的可擦式介质其材料多种多样,在这里不再详细介绍。

3. 闪存盘

便携存储,也称为闪存盘(USB flash disk)。是采用 USB 接口和闪存(flash memory)技术结合的方便携带外观精美时尚的移动存储器。最初的闪存盘出现在 1999 年,是由我国朗科公司研发的,把它命名叫"优盘",现在"优盘"为朗科公司注册商标。

闪存盘是以闪存为介质,所以具有可多次擦写、速度快而且防磁、防振、防潮的优点。闪存盘一般包括闪存、控制芯片和外壳。闪存盘采用流行的 USB 接口,体积只有大拇指大小,质量约 20 g,不用驱动器,无需外接电源,即插即用,实现在不同计算机之间进行文件交流,存储容量已达太字节(TB),满足不同的需求。闪存盘产品都是通过整合闪存芯片、USB I/O 控制芯片而成的产品,其产品特性大都比较相似,只是外壳设计、捆绑软件和附加功能上有所差别。闪存盘的附加功能种类很多,比如数据加密、系统启动功能等。

5.5.2 高速摄像仪

高速摄像仪采用小型摄像头以及帧捕获卡高速采集图像,以记录快速运动对象的状态。一般地,高速摄像仪每秒可捕获 500 帧(即 500 fps)以上的高分辨率图像,并且在降低分辨率的情况下提高捕获图像的帧数,如某台高速摄像仪在降低分辨率的情况下可达到 16 000 fps。

高速摄像仪把高速数字摄影、控制软件和强大的分析功能与计算机结合,提供一个完整的高速摄像视频系统。该系统具有完善的功能和灵活性,能满足多样运动分析的需求,用于工业测试、体育赛事、汽车工业、自动化生产线、军事,医疗等领域。

高速摄像仪具有单色、彩色和低光拍摄的多种可换镜头,适合在不同环境下对快速发生事件进行拍摄及记录。高速摄像仪具有特长的拍摄记录时间,可记录如车辆行驶、导弹飞行等不同事件。

同时连接多台高速摄像仪同步摄像,可以对各种不同运动进行精准分析,如可以测量轴的扭转运动,分析轴的受力情况等。

5.5.3 数字存储示波器

在数字存储示波器中,输入的被测信号先经衰减、放大变换为符合 A/D 转换器输入范围的信号,经 A/D 转换器进行取样、量化、编码,成为数字码存储到 RAM 中,实现被测信号的数字化存储。数字化存储的信号通过显示驱动显示在显示屏上。其原理框图如图 5.38 所示。

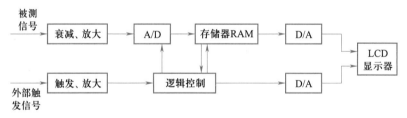

图 5.38 数字存储示波器原理框图

自从 1972 年世界上第一台数字存储示波器诞生以来,其经历了三个发展阶段。1986 年以前为发展的初级阶段,当时的取样率较低,一般不超过 50 MSa/s(Sa/s 意为每秒钟能进行取样变换的次数),带宽在 20 MHz 以下,结构形式以数字存储加传统模拟示波器二合一的组合式为主,功能少,性能低。1986—1994 年,数字示波器的发展进入了快车道,取样率达到了 4 GSa/s,记录长度超过 32 k。1995 年以后,数字示波器在技术上已经成熟,带宽在 100 MHz 以上,已经完全取代了模拟示波器。

1. 数字存储示波器的主要技术指标

(1)最高数字采样率 f_s

数字采样率是单位时间内对模拟输入信号的采样次数,即单位时间内能够进行多少次采样变换,它常用 Sa/s 表示。最高数字采样率主要取决于 A/D 转换器的最高转换速率。

（2）存储容量

存储容量即存储长度,通常定义为获取波形采样点的数目,一般用存储器的容量来表示。存储器可以指专门的 RAM 随机存储器,也可以指可编程逻辑器件中的 RAM 资源,如 CPLD、FPGA 中可以把一部分资源定义为 RAM。

（3）存储带宽

数字存储示波器的存储带宽分为单次信号的存储带宽和重复信号的存储带宽。

对于单次信号和慢速变化的信号,数字存储示波器采用实时采样工作方式,其带宽取决于最大采样速率和所采用的显示恢复技术。

重复采集采用的是等效时间采样技术(包括顺序采样),用来测量快速的重复信号。存储的波形是输入信号波形的多次重复采样的合成,这时示波器的带宽称为模拟带宽或等效存储带宽,它与模拟示波器的带宽的概念是一样的,是指构成示波器输入通道电路的带宽特性,表示数字示波器可以失真地接收的最高频率。

对于周期信号,根据奈奎斯特定理,数字存储示波器的最大存储带宽是最高数字采样率的 1/2。

（4）分辨率

在数字存储示波器中,屏幕上的点是不连续的,而是量化的,分辨率是指"量化"的最小单元,可用 $1/2^n$ 或百分比来表示。分辨率也可以定义为示波器所能分辨的最小电压增量。

分辨率有垂直和水平两种,垂直分辨率取决于 A/D 变换器对量化值进行编码的位数。若 A/D 是 8 位编码,则分辨率是 $1/2^8$,即 0.391%。若满度输出为 10 V,当 A/D 编码位数分别为 8 位、10 位、12 位时,分辨率分别为 39.1 mV、9.76 mV、2.44 mV。分辨率也可用每格的级数来表示,如果采用 8 位编码,共有 256 级,若垂直方向共 8 格,则分辨率为 32 级/div。

在智能化数字存储示波器中,通过对信号多次平均处理,消除随机噪声,可使垂直分辨率得到提高。

水平分辨率由存储器容量决定,它常以位数(bit)或每格多少个点(点/div)来表示。

（5）扫描时间因数 $t \cdot N$

扫描时间因数取决于来自 A/D 转换器的数据写入获取存储器的速度以及存储容量。扫描时间因数 $t \cdot N$(单位为 s/div)为相邻两个采样点的时间间隔 t 与每格采样点数 N 的乘积

$$t \cdot N = (1/f_s) \cdot N$$

在 A/D 转换速率相同的情况下,存储器的容量越大,扫描时间因数也越大。

2. 数字存储示波器的主要特点

与传统的模拟示波器相比,数字存储示波器有其非常突出的特点,其具体表现如下:

（1）信号采样速率大大提高

数字存储示波器首先在采样速率上有较大的提高,可从最初采样速率等于 2 倍带宽提高至 5 倍甚至 10 倍。相应地,对正弦波采样引入的失真也从 10% 降低至 3% 甚至 1%。

（2）显示更新速率更高

数字存储示波器的显示更新速率最高可达每秒 40 万个波形以上,因而在观察偶发信号和捕捉毛刺脉冲方面更加方便。

（3）波形的采样、存储与显示可以分离

在存储阶段，数字示存储波器可对快速信号采用较高的速率进行采样与存储，而对慢速信号则采用较低速率进行采样与存储；在显示阶段，不同频率的信号可以采用一个固定的速率读出，并可以无闪烁地观测极慢信号与单次信号，这是模拟示波器所无能为力的。

（4）存储时间长

由于数字存储示波器是把模拟信号用数字方式存储起来，因此其存储时间理论上可以无限长。

（5）显示方式灵活多样

为适应对不同波形的观测，数字存储示波器有滚动显示、刷新显示、存储显示、插值显示等多种显示方式。

（6）测量结果准确

LCD上每个光点都对应存储区内确定的数据。操作时可用面板上的控制装置（如游标）在LCD上标示两个被测点，以算出两点间的电压或电流，再利用计算机的字符显示功能在LCD上直接显示测量结果，从而减少了人为误差，提高了测量的准确度。

（7）触发功能先进

与模拟示波器不同，数字存储示波器不仅能显示触发后的信号，而且能显示触发前的信号，还可以任意选择超前和滞后的时间。

（8）便于程控并具有多种方式的输出

由于数字存储示波器的主要部分是数字系统，又由计算机管理，故可通过接口接受程序控制，也可通过接口用于各种方式的输出。

5.6　工业控制系统中模拟信号标准

工业生产过程实现计算机控制的前提是，必须将工业生产过程的工艺参数、工况逻辑和设备运行状况等物理量经过传感器或变送器转变为计算机可以识别的模拟电信号（电压或电流）或逻辑量。

工业生产过程中的模拟信号主要有两种类型：一种是由各种传感器获得的低电平信号；另一种是由仪器、变送器输出的 4~20 mA 电流信号或 1~5 V 电压信号。这些模拟信号经过采样和A/D 转换变成数字信号，经过数据正确性判断、标度变换、线性化等处理后用于生产过程的控制，并通过 D/A 转换器产生控制信号直接控制过程设备，而过程又可以对模拟信号进行反馈。闭环PID 控制系统采取的就是这种形式。

（4~20 mA）DC 或（1~5 V）DC 信号制是国际电工委员会（International Electrotechnical Commission，IEC）制定的过程控制系统模拟信号标准。我国从 DDZ-Ⅲ型电动仪表开始采用这一国际标准信号制，仪表传输信号采用（4~20 mA）DC，联络信号采用（1~5 V）DC，即采用电流传输、电压接收的信号系统。

（1）1~5 V 电压信号

1~5 V 电压信号规格通常用于计算机控制系统的过程通道。工程量的量程下限值对应的电压信号为 1 V，工程量上限值对应的电压信号为 5 V，整个工程量的变化范围与 4 V 的电压变化范围相对应。过程通道也可输出 1~5 V 电压信号,用于控制执行机构。

(2) 4~20 mA 电流信号

4~20 mA 电流信号通常用于过程通道和变送器之间的传输信号。工程量或变送器的量程下限值对应的电流信号为 4 mA,量程上限对应的电流信号为 20 mA,整个工程量的变化范围与 16 mA 的电流变化范围相对应。过程通道也可输出 4~20 mA 电流信号,用于控制执行机构。

有的传感器的输出信号是毫伏级的电压信号,如 K 分度热电偶在 1 000 ℃ 时输出信号为 41.296 mV。这些信号要经过变送器转换成标准信号(4~20 mA)再送给过程通道。热电阻传感器的输出信号是电阻值,一般要经过变送器转换为标准信号(4~20 mA),再送到过程通道。

振动速度传感器输出也为数十毫伏的电压信号,电涡流振动位移传感器和压电振动加速度传感器的输出信号在去除直流偏置后一般为数十到数百毫伏的电压信号,这种电压信号放大后经 A/D 转换还原振动值,或者经变送器后送到过程通道作为控制信号。

对于采用 4~20 mA 电流信号的系统,只需采用 250 Ω 标准电阻就可将其变换为 1~5 V 直流电压信号。

以上两种标准都不包括零值在内,这是为了避免与断电或断线的情况混淆,使信息的传送更为确切,同时也避开了晶体管器件的起始非线性段,使信号值与被测参数的大小更接近线性关系,所以受到国际的推荐和普遍的采用。

习　　题

5.1　以阻值 $R=120\ \Omega$、灵敏度 $S=2$ 的电阻丝应变片与阻值为 120 Ω 的固定电阻组成电桥,供桥电压为 2 V,并假定负载为无穷大,当应变片的应变为 2 $\mu\varepsilon$ 和 2 000 $\mu\varepsilon$ 时,分别求出单臂、双臂电桥的输出电压,并比较两种情况下的灵敏度。

5.2　对于直流电桥,若 $R_3=R_4=200\ \Omega$,变量校准电阻为 R_2,传感器电阻 $R_1=40x+100$,试求:

(1) 当 $x=0$ 时,电桥满足平衡条件的 R_2 值;

(2) 电桥在平衡条件下测量 x 时的电阻 R_2 与 x 的关系。

5.3　一直流电桥,R_1 是传感器,且与被测量 x 有关系式 $R_1=20x^2$。如果 $R_3=R_4=100\ \Omega$,且当 $R_2=46\ \Omega$ 时电桥平衡,求被测量 x。

5.4　图 5.1 所示的电桥最初的电阻为 $R_1=200\ \Omega$,$R_2=400\ \Omega$,$R_3=600\ \Omega$,$R_4=500\ \Omega$。当输入电压为 5 V 时,求此时的输出电压。如果 R_1 变成 250 Ω,电桥输出是多少?

5.5　在下列情况下,画出所有电阻初始为 500 Ω,输入电压为 10 V 的电桥的输出电压图:

(1) R_1 在 500~1 000 Ω 范围内变化;

(2) R_1 和 R_2 在 500~600 Ω 范围内变化相等,但方向相反;

(3) R_1 和 R_4 在 500~600 Ω 范围内变化相等。

5.6　有人在使用电阻应变片时,发现灵敏度不够,于是试图在工作电桥上增加电阻应变片数以提高灵敏度。试问,在下列情况下,是否可提高灵敏度?并说明原因。

(1) 半桥双臂各串联一片。

(2) 半桥双臂各并联一片。

5.7　用电阻应变片接成全桥,测量某一构件的应变,已知其变化规律为

$$\varepsilon(t)=A\cos 10t+B\cos 100t$$

如果电桥激励电压 $u_0 = E \sin 10\ 000\ t$。求此电桥输出信号的频谱。

5.8 已知调幅波 $x_a(t) = (100 + 30 \cos 2\pi f_1 t + 20 \cos 6\pi f_1 t)(\cos 2\pi f_c t)$，其中 $f_c = 10$ kHz，$f_1 = 500$ Hz。

试：（1）求所包含的各分量的频率及幅值；

（2）绘出调制信号与调幅波的频谱图。

5.9 图 5.39 为利用乘法器组成的调幅解调系统的方框图。设载波信号是频率为 f_0 的正弦波，试：

（1）绘出（a）、（c）环节输出信号的时域波形；

（2）绘出（a）、（b）、（c）环节输出信号的频谱图。

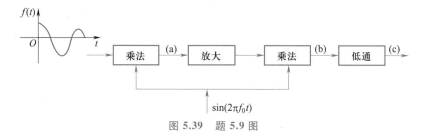

图 5.39 题 5.9 图

5.10 交流应变电桥的输出电压是一个调幅波。设供桥电压为 $u_0 = \sin 2\pi f_0 t$，电阻变化量为 $\Delta R(t) = R_0 \cos 2\pi f t$，其中 $f_0 \gg f$。试求电桥输出电压 $u_y(t)$ 的频谱。

5.11 一个信号具有从 100 Hz 到 500 Hz 范围的频率成分，若对此信号进行调幅，试求：

（1）调幅波的带宽；

（2）若载波频率为 10 kHz，在调幅波中将出现哪些频率成分？

5.12 选择一个正确的答案：

将两个中心频率相同的滤波器串联，可以达到：

（a）扩大分析频带；（b）滤波器选择性变好，但相移增加；（c）幅频、相频特性都得到改善。

5.13 什么是滤波器的分辨率？与哪些因素有关？

5.14 设一带通滤波器的下截止频率为 f_{c1}，上截止频率为 f_{c2}，中心频率为 f_0，试指出下列技术中的正确与错误。

（1）频程滤波器 $f_{c2} = \sqrt{2} f_{c1}$。

（2）$f_0 = \sqrt{f_{c1} f_{c2}}$。

（3）滤波器的截止频率就是此通频带的幅值 -3 dB 处的频率。

（4）下截止频率相同时，倍频程滤波器的中心频率是 $\frac{1}{3}$ 倍频程滤波器的中心频率的 $\sqrt[3]{2}$ 倍。

5.15 有一 $\frac{1}{3}$ 倍频程滤波器，其中心频率 $f_0 = 500$ Hz，建立时间 $T_e = 0.8$ s。试求：

（1）该滤波器带宽 B，上、下截止频率 f_{c1}、f_{c2}；

（2）若中心频率改为 $f'_0 = 200$ Hz，求带宽，上、下截止频率和建立时间。

5.16 一滤波器具有如下传递函数 $H(s) = \dfrac{K(s^2 - as + b^2)}{s^2 + as + b^2}$，求其幅频、相频特性。并说明滤波器的类型。

5.17 设有一低通滤波器，其带宽为 300 Hz。问如何与磁带记录仪配合使用，使其分别当作带宽为 150 Hz 和 600 Hz 的低通滤波器使用？

5.18 对于倍频程滤波器与 1/3 倍频程滤波器，若下截止频率相同，试计算倍频程滤波器中心频率与 1/3 倍频程滤波器中心频率的比值。

5.19 在测控系统中,被测信号的变化频率为 $0 \sim 100$ Hz,请问:

(1) 载波信号的频率应怎样选取?

(2) 滤波器的通频带应怎样选取?

5.20 试画出下列调制信号的波形图和频谱图,已知 $f_0 \gg f_m$。

(1) $x(t) = 6\cos 2\pi f_m t \cdot \cos 2\pi f_0 t$;

(2) $x(t) = (1+0.5\cos 2\pi f_m t) \cdot \cos 2\pi f_0 t$。

5.21 对于低频信号 $x(t) = A\cos 2\pi f_m t$ 及高频信号 $y(t) = B\cos 2\pi f_0 t$。试问:将 $x(t)$ 对 $y(t)$ 进行幅值调制所得的调幅波与 $x(t)$、$y(t)$ 线性叠加的复合信号比较,其波形及频谱有何区别?

5.22 有调制信号 $x(t) = (5+3\cos 2\pi \times 10^3 t - \sin 4\pi \times 10^3 t) \cdot \cos 4\pi \times 10^6 t$,试:

(1) 说明该信号是什么调制波;

(2) 求该已调制波的载波频率;

(3) 解调该调制波应采用电路,画出其原理框图;

(4) 写出调制信号的频谱表达式。

5.23 已知调幅波信号 $x(t) = [1+\cos(2\pi \times 100t)]\cos 2\pi \times 10^5 t$,试画出频谱图,求出频带宽度。

5.24 已知调制信号 $x(t) = 2\cos(2\pi \times 2 \times 10^3 t) + 3\cos(2\pi \times 300t)$,载波信号 $y(t) = 5\cos(2\pi \times 5 \times 10^5 t)$,试写出调幅波的表达式,画出频谱图,求出频带宽度。

5.25 对于恒带宽比滤波器,频率越高滤波器带宽越宽。因此,信号的高频部分分辨率较低。请结合所学知识,说明在不更换滤波器情况下,如何提高信号高频部分的分辨率。

5.26 一信号频谱图如图 5.40 所示。已知窗函数:无,谱线数:512 线,分辨率:5Hz。试:

(1) 说明该信号加了什么窗函数,阐述该窗函数的特点;

(2) 确定该频谱信号的采样频率;

(3) 求出该频谱图的实际上截止频率。

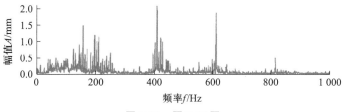

图 5.40 题 5.26 图

第6章 现代测试系统

20世纪70年代以来,计算机、微电子等技术迅猛发展并逐步渗透到测量和仪器仪表技术领域。在它们的推动下,测量技术与仪器不断进步,相继出现了智能仪器、总线仪器、PC仪器、VXI仪器、虚拟仪器及互换性虚拟仪器等计算机化仪器及其自动测试系统,计算机与现代仪器设备间的界限日渐模糊,测量领域和范围不断拓宽。与计算机技术紧密结合,已是当今仪器与测控技术发展的主潮流。

配以相应软件和硬件的计算机将能够完成许多仪器、仪表的功能,实质上相当于一台多功能的通用测量仪器。这样的现代仪器设备的功能已不再由按钮和开关的数量来限定,而是取决于其中存储器内装有软件的多少。从这个意义上,可以认为计算机与现代仪器设备日渐趋同,两者间已表现出全局意义上的相通性。

本章主要讨论计算机辅助测试技术的基本原理及其系统构成方式,并对目前基于计算机的测试系统发展现状作简要介绍。

6.1 计算机测试系统的基本组成

计算机测试系统的基本组成框图如图6.1所示。与传统的测试系统比较,计算机测试系统通过将传感器输出的模拟信号转换为数字信号,利用计算机系统丰富的软、硬件资源达到测试自动化和智能化的目的。

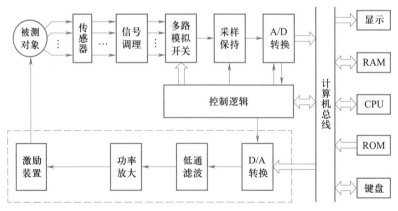

图6.1 计算机测试系统的基本组成框图

6.1.1　多路模拟开关

实际的测试系统通常需要进行多参量的测量,即采集来自多个传感器的输出信号,如果每一路信号都采用独立的输入回路(信号调理、采样/保持、A/D),则系统成本将比单路成倍增加,而且系统体积庞大。同时,由于模拟器件、阻容元件参数、特性不一致,给系统的校准带来很大困难。为此,通常采用多路模拟开关来实现信号测量通道的切换,将多路输入信号分时输入公用的输入回路进行测量。

目前,计算机测试系统中常采用 CMOS 场效应模拟电子开关,尽管模拟电子开关的导通电阻受电源、模拟信号电平和环境温度变化的影响会发生改变,但是与传统的机械触点式开关相比,有功耗低、体积小、易于集成、速度快且没有机械式开关的抖动现象等优点。CMOS 场效应模拟电子开关的导通电阻一般在 200 Ω 以下,关断时漏电流一般可达纳安级甚至皮安级,开关时间通常为数百纳秒。

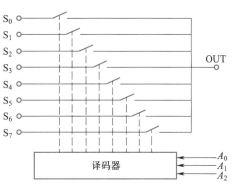

图 6.2 给出了八选一 CMOS 多路模拟开关原理框图,根据控制信号 A_0、A_1 及 A_2 的状态,三-八译码器在同一时刻只选中 $S_0 \sim S_7$ 中相应的一个开关闭合。实际的 CMOS 集成多路模拟开关通常还具有一个使能(enable)控制端,当使能输入有效时才允许选中的开关闭合,否则所有开关均处于断开状态。使能端的存在主要是便于通道扩展,如将八选一扩展为十六选一。

图 6.2　多路模拟开关原理框图

6.1.2　A/D 转换与 D/A 转换

将模拟量转换成与其对应的数字量的过程称为模/数(A/D)转换,反之,则称为数/模(D/A)转换;实现上述过程的装置分别称为 A/D 转换器和 D/A 转换器。A/D 和 D/A 转换是数字信号处理的必要程序。通常所用的 A/D 和 D/A 转换器其输出的数字量大多是用二进制编码表示,以与计算机技术相适应。

随着大规模集成电路技术的发展,各种类型的 A/D 和 D/A 转换芯片已大量供应市场,其中大多数是采用电压-数字转换方式,输入、输出的模拟电压也都标准化,如单极性 0~5 V、0~10 V 或双极性±5 V、±10 V 等,给使用带来极大方便。

1. A/D 转换

A/D 转换过程包括采样、量化和编码三个步骤,其转换原理如图 6.3 所示。

由图 6.3 可见,采样是将连续时间信号离散化。采样后,信号在幅值上仍然是连续取值的,必须进一步通过幅值量化转换为幅值离散的信号。若信号 $x(t)$ 可能出现的最大值为 A,令其分为 d 个间隔,则每个间隔大小 $q = A/d$,q 称为量化当量或量化步长。量化的结果即将连续信号幅值通过舍入或截尾的方法表示为量化当量的整数倍。量化后的离散幅值需通过编码表示为二进制数字以适应数字计算机处理的需要,即 $A = qD$,其中 D 为编码后的二进制数。

显然,经过上述量化和编码后得到的数字信号其幅值必然带来误差,这种误差称为量化误差。当采用舍入量化时,最大量化误差为 $\pm q/2$,而采用截尾量化时,最大量化误差为 $-q$。

量化误差的大小一般取决于二进制编码的位数,因为它决定了幅值被分割的间隔数量 d。如采用 8 位二进制编码时, $d = 2^8 = 256$,即量化当量为最大可测信号幅值的 1/256。

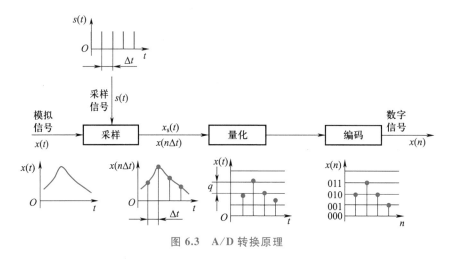

图 6.3 A/D 转换原理

实际的 A/D 转换器通常利用测量信号与标准参考信号进行比较获得转换后的数字信号,根据其比较的方式可将其分为直接比较型和间接比较型两大类。

直接比较型 A/D 转换器将输入模拟电压信号直接与作为标准的参考电压信号相比较,得到相应的数字编码,如逐次逼近式 A/D 转换器通过将待转换的模拟输入量 U_i 与一个推测信号 U_R 相比较,根据比较结果调节 U_R 以向 U_i 逼近。该推测信号 U_R 由 D/A 转换器的输出获得,当 U_R 与 U_i 相等时,D/A 转换器的输入数字量即为 A/D 转换的结果。逐次逼近式 A/D 转换框图如图 6.4 所示。

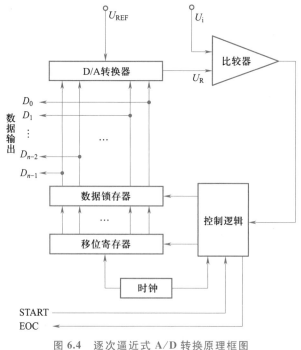

图 6.4 逐次逼近式 A/D 转换原理框图

"推测"输出的具体过程如下:使移位寄存器的每一位从最高位开始依次置1,每置一位时均进行比较,若 U_i 小于 U_R,则比较器输出为 0,并使该位清 0;若 U_i 大于 U_R,则比较器输出为 1,并使该位保持为 1,直至比较至最后一位为止。此时数据锁存器中的数值即为转换结果。显然,逐次逼近式 A/D 转换是在移位时钟控制下进行的,其比较的次数等于其位数,完成一次转换共需要 $n+1$ 个时钟脉冲(最后一个时钟脉冲用于表明移位寄存器溢出,转换结束)。

直接比较型 A/D 转换器属于瞬时比较,转换速度快,常作为数字信号处理系统的前端,但缺点是抗干扰能力差。

间接比较型 A/D 转换器首先将输入的模拟信号与参考信号转换为某种中间变量(如时间、频率、脉冲宽度等),然后再对其比较得到相应的数字量输出。如双积分式 A/D 转换器通过时间作为中间变量实现转换,其原理是:先对输入模拟电压 U_i 进行固定时间 T 的积分,然后通过控制逻辑转为对标准电压 U_{REF} 进行反向积分,直至积分输出返回起始值,这样对标准电压积分的时间 $T_1(T_2)$ 将正比于 U_i,如图 6.5 所示。U_i 越大,反向积分时间越长。若用高频标准时钟测量时间 $T_1(T_2)$,即可得到与 U_i 相应的数字量。

间接比较型 A/D 转换器抗干扰能力强,但转换速度慢,常用于数字显示系统中。

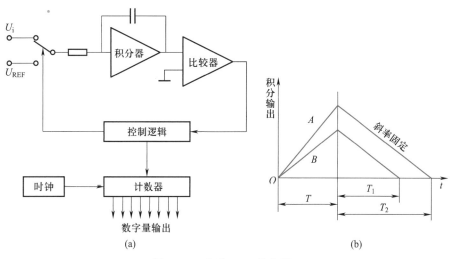

图 6.5 双积分 A/D 转换原理

2. 时间数字转换(TDC)技术

时间数字转换技术直接将时间间隔转换为数字量,此处专指具有皮秒($1 \text{ ps} = 10^{-12} \text{ s}$)分辨率的高精度时间间隔测量技术,广泛应用于原子物理、天文观测、激光测距、航天遥测遥控、通信、卫星导航定位等涉及时间间隔测量的领域。近年来,随着专用 TDC 芯片的出现,通过将应变、流量、厚度等物理量转换为时间间隔,可以通过 TDC 芯片替代传统的模拟式 A/D 转换器,直接实现应变、流量、厚度等物理量数字化测量。

常用的抽头延迟线法 TDC 以信号通过芯片内部逻辑门电路的传输延迟来实现高精度的时间间隔测量,其测量原理如图 6.6 所示,图中 START 信号上升沿与 STOP 信号上升沿之间的时间间隔 T 为待测时间间隔。START 信号上升沿到达后,在延迟单元组成的专用延迟线中进行传播,当 STOP 信号的上升沿到达时,触发锁存器,记录 START 信号传播所经延迟单元的状态,若

START 信号传播了 n 个延迟单元,则待测时间间隔为 $T = n\tau$。显然延迟单元的延迟周期为 τ 决定了测量的最终分辨率。专用的 TDC 芯片其测试分辨率可达 15 ps。

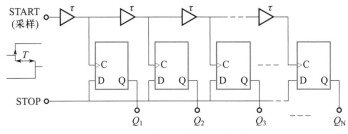

图 6.6 抽头延迟线法 TDC 原理

图 6.7a 为德国 ACAM 公司开发的 TDC 芯片应用于应变测量的原理框图,其中 R_{sg1} 和 R_{sg2} 为组成一个测量半桥的两个电阻应变片,C_{load} 为充放电电容,每一个应变片都和 C_{load} 相连组成一个低通滤波器。开始测量时,序列发生器首先控制芯片内部电子开关导通对 C_{load} 充电到上限电压 U_{cap},然后分别控制 A_1/A_2 或 A_3/A_4 导通,使得电容电压通过相应的应变电阻放电,直到电压降到下限放电电压 U_{trig},整个放电过程历经的时间由 TDC 模块测量,该充、放电的过程接着再重复一次,区别在于第二次放电在另外一只应变电阻上完成,两次充、放电循环构成了一次完整的应变测量。图 6.7b 为电容充放电曲线,开始时,R_{sg1} 和 R_{sg2} 阻值相等,当被测物体应力状态发生变化时,R_{sg1} 和 R_{sg2} 的电阻值也发生变化,同时引起电容放电时间的变化,C_{load} 通过两个应变电阻的放电方程分别为

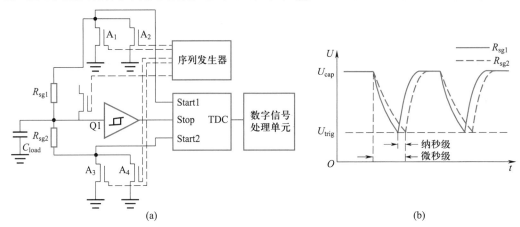

(a)   (b)

图 6.7 TDC 时间测量原理框图

$$U_{trig} = U_{cap}\left(1 - e^{-\frac{t_1}{R_{sg1}C_{load}}}\right) \tag{6.1}$$

$$U_{trig} = U_{cap}\left(1 - e^{-\frac{t_2}{R_{sg2}C_{load}}}\right) \tag{6.2}$$

若对称粘贴于承受弯矩的试件表面的两个应变片电阻变化分别为 $\pm\Delta R$,将阻值代入式(6-1)、式(6-2),可求得

$$\frac{\Delta R}{R} = \frac{t_1 - t_2}{t_1 + t_2} = K * \varepsilon \tag{6.3}$$

式中:K——应变片灵敏度系数;

ε——结构或部件的应变,$\mu\varepsilon$;

t_1、t_2——TDC 测量的放电时间,s。

由式(6.3)可见,被测试件应变值仅与电容放电时间有关。

3. D/A 转换

D/A 转换器将输入的数字量转换为模拟电压或电流信号输出,其基本要求是输出信号 A 与输入数字量 D 成正比,即

$$A = qD$$

式中,q 为量化当量,即数字量的二进制码最低有效位(LSB)所对应的模拟信号幅值。

根据二进制计数方法,一个数是由各位数码组合而成的,每位数码均有确定的权值,即

$$D = 2^{n-1}a_{n-1} + 2^{n-2}a_{n-2} + \cdots + 2^1 a_1 + 2^0 a_0$$

式中,a_i($i = 0, 1, \cdots, n-1$) 等于 0 或 1,表示二进制数的第 i 位,即二进制数可表示为 $a_{n-1}a_{n-2}\cdots a_2 a_1 a_0$。

为了将数字量表示为模拟量,应将每一位代码按其权值大小转换成相应的模拟量,然后根据叠加原理将各位代码对应的模拟分量相加,其和即为与数字量成正比的模拟量,此即为 A/D 转换的基本原理。

上述过程通常通过 T 型电阻解码网络 D/A 转换器实现,其原理如图 6.8 所示。

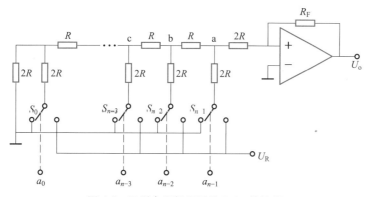

图 6.8 T 型电阻解码网络 D/A 转换器

当输入量 a_i($i=0,1,\cdots,n-1$)中仅有第 i 位为 1 时,分析可得

$$U_a = \frac{1}{3 \times 2^{n-i-1}} U_R$$

若取 $R_F = 3R$,则此时

$$U_o = -\frac{R_F}{2R} U_a = -\frac{1}{2^{n-i}} U_R$$

对于任意输入数字量 $D = a_{n-1}a_{n-2}\cdots a_2 a_1 a_0$,根据叠加定理有

$$U_o = -\left(a_{n-1}\frac{1}{2}U_R + a_{n-2}\frac{1}{2^2}U_R + \cdots + a_0\frac{1}{2^n}U_R\right)$$

$$= -\frac{U_R}{2^n}(2^{n-1}a_{n-1} + 2^{n-2}a_{n-2} + \cdots + 2^0a_0)$$

$$= -\frac{U_R}{2^n}D$$

从 D/A 转换器得到的输出电压值 U_o 是转换指令来到时刻的一次瞬时值,不断转换可得到各个不同时刻的瞬时值,这些瞬时值的集合对一个信号而言在时域仍是离散的,要将其恢复为原来的时域模拟信号,还必须通过采样保持器进行波形复原。

采样保持器在 D/A 转换器中相当于一个模拟信号存储器,其作用是在转换间隔的起始时刻接收 D/A 转换器输出的模拟电压脉冲,并保持到下一转换间隔的开始(零阶保持器)。由图 6.9 可见,D/A 转换器经保持器输出的信号实际为许多矩形脉冲构成,为了得到光滑的输出信号,还必须通过低通滤波滤去其中的高频噪声,从而恢复出原信号。

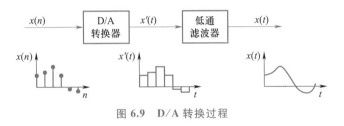

图 6.9 D/A 转换过程

对于 D/A 转换,只要转换间隔与量化当量足够小,就可以精确恢复出原来的时域波形。

6.1.3 采样保持(S/H)

在对模拟信号进行 A/D 变换时,从启动变换到变换结束,需要一定的时间,即 A/D 转换器的孔径时间。当输入信号频率较高时,由于孔径时间的存在,会造成较大的孔径误差。要防止这种误差的产生,必须在 A/D 转换开始时将信号电平保持住不变,而在 A/D 转换结束后又能跟踪输入信号的变化,即对输入信号处于采样状态。能完成上述功能的器件称为采样保持器,图 6.10 给出了采样保持的波形。由上述分析可知,采样保持器在保持阶段相当于一个模拟信号存储器。在 A/D 转换过程中,采样保持对保证 A/D 转换的精确度具有重要作用。

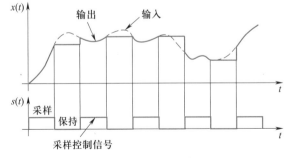

图 6.10 采样保持波形

采样保持器的基本原理如图 6.11a 所示,主要由保持电容 C,输入、输出缓冲放大器以及控制开关 S 组成。图中,两放大器均接成跟随器形式,采样期间,开关闭合,输入跟随器的输出给电容器 C 快速充电;保持期间,开关断开,由于输出缓冲放大器的输入阻抗极高,电容器上存储的电荷将基本维持不变,保持充电时的最终值供 A/D 转换。

采样保持器工作状态由外部控制信号控制,由于开关状态的切换需要一定的时间,因此实际保持的信号电压会存在一定的误差,如图 6.11b 所示。这种时间滞后称为采样保持器的孔径时间,显然,它必须远小于 A/D 的转换时间,同时也必须远小于信号的变化时间。

实际系统中,是否需要采样保持器,取决于模拟信号的变化频率和 A/D 转换时间,通常对直流或缓变低频信号进行采样时可不用采样保持器。

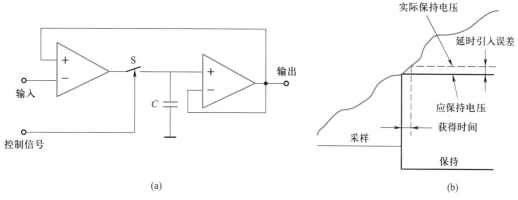

图 6.11 采样保持原理

6.1.4 多通道数据采集系统的组成方式

计算机多通道模拟信号输入子系统常称为多通道数据采集系统,按个不同的要求主要有以下几种结构(图 6.12):

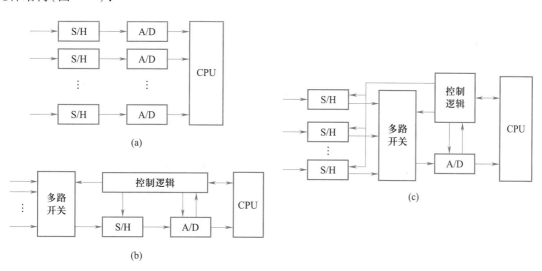

图 6.12 计算机多通道数据采集系统的典型结构

189

1）每通道具有独立的采样保持器和 A/D 转换器。这种系统主要适用于高速数据采集,每个通道的采样速率都能达到 A/D 转换器的最大转换速度,如图 6.12a 所示。

2）多通道分时共享采样保持器和 A/D 转换器。这种系统较为常见,系统结构简单,必要时还可外加多路模拟开关扩展输入通道。但由于这类系统一般采取通道巡回检测的方式,一般采样速度不高,如图 6.12b 所示。

3）多通道共享 A/D 转换器。这种系统也常称为同步数据采集系统,每个通道有一个采样保持器,并受同一信号控制,保证同一时刻采集各通道信号,有利于对各个通道的信号波形进行相关分析,如图 6.12c 所示。

近年来,随着微电子技术的迅速发展,已经出现了单片集成式数据采集系统,将多路开关、采样保持器以及 A/D 转换器甚至 D/A 转换器集成于一体,并与微机接口兼容,极大地简化了系统的设计和结构,如美国亚德诺公司(Analog Device)的 6 通道 16 位同步采样 A/D 转换芯片 AD7656、美信公司(Maxim)的 8 通道 14 位同步采样 A/D 转换芯片 MAX1320 等。

6.2　计算机测试系统的总线技术

计算机系统通常采用总线结构,即构成计算机系统的 CPU、存储器和 I/O 接口等部件之间都是通过总线互联的。总线的采用使得计算机系统的设计有了统一的标准可循,不同的开发厂商或开发人员只要依据相应的总线标准即可开发出通用的扩展模块,使得系统的模块化、积木化成为可能。本节主要介绍计算机测控系统中常用几种总线的发展概况及其基本特点。

6.2.1　总线的基本概念及其标准化

总线实际是连接多个功能部件或系统的一组公用信号线。根据总线上传输信息不同,计算机系统总线分为地址总线、数据总线以及控制总线。从系统结构层次上区分,总线分为芯片(间)总线、(系统)内总线、(系统间)外总线。根据信息传送方式,总线又可分为并行总线和串行总线。

并行总线速度快,但成本高,不宜远距离通信,通常用作计算机测试仪器内部总线,如 STD 总线、ISA 总线、CompactPCI 总线、VXI 总线等;串行总线速度较慢,但所需信号线少、成本低,特别适合远距离通信或系统间通信,构成分布式或远程测控网络,如 RS-232C、RS-422/485 以及广泛采用的现场总线。

目前,计算机系统中广泛采用的都是标准化的总线,具有很强的兼容性和扩展能力,有利于灵活组建系统。同时,总线的标准化也促使总线接口电路的集成化,既简化了硬件设计,又提高了系统的可靠性。

总线标准化按不同层次的兼容水平,主要分为以下三种:

1. 信号级兼容

对接口的输入、输出信号建立统一规范,包括输入和输出信号线的数量、各信号的定义、传递方式和传递速度、信号逻辑电平和波形、信号线的输入阻抗和驱动能力等。

2. 命令级兼容

除了对接口的输入、输出信号建立统一规范外,对接口的命令系统也建立统一规范,包括命令的定义和功能、命令的编码格式等。

3. 程序级兼容

在命令级兼容的基础上,对输入、输出数据的定义和编码格式也建立统一的规范。

不论在何种层次上兼容的总线,接口的机械结构都应建立统一规范,包括接插件的结构和几何尺寸、引脚定义和数量、插件板的结构和几何尺寸等。

常见的信号级兼容的标准总线有 STD、ISA、CompactPCI、VME、PXI 和 RS-232C 等,命令级兼容的总线有 GPIB(IEEE488) 和 CAMAC 总线等。

6.2.2　总线的通信方式

为了准确可靠地传递数据和系统之间能够协调工作,总线通信通常采用应答方式。应答通信要求通信双方在传递每一个(组)数据的过程中,通过接口的应答信号线彼此确认,在时间和控制方法上相互协调。图 6.13 给出了计算机测试系统中 CPU 与外设应答通信的原理框图。

图 6.13　CPU 与外设应答式通信原理

图 6.13 中,CPU 作为主控模块请求与外设通信,它首先发出"读或写操作请求"信号,外设接收 CPU 发出的请求信号后,根据 CPU 请求的操作,做好相应准备后发出相应应答信息输出给 CPU。如当 CPU 请求读取数据时,外设将数据送入数据总线,然后发出"数据准备好"信息至"读应答输出"信号线;当 CPU 请求输出(写入)数据给外设时,外设做好接收数据的准备后,发出"准备好接收"应答信息至"写应答输出"信号线,CPU 得到相应应答后,即可读入由外设输入的数据或将数据送出给外设。

上述这种由硬件连线实现的应答通信方式通常应用于并行总线,对于串行总线,硬件应答线不存在,此时就必须由软件根据规定的通信协议来实现应答信息的交互。

6.2.3　测控系统内部总线

1. ISA/PC104/AT96 总线

ISA(industrial standard architecture) 总线是 IBM 公司 1984 年为推出 PC/AT 机而建立的系统总线标准,也叫 AT 总线。它是对 IBM PC/XT 总线的扩展,以适应 8/16 位数据总线要求。ISA 总线面向特定 CPU,应用于 80X86 以及 Pentium CPU 的商用和个人计算机。

随着 PC 机的飞速发展和普及,其开放式架构和软件的兼容性越来越引起工业测控领域用户的重视,并希望使用与所熟悉的个人计算机相同的操作系统和开发工具进行工业测控。为此,由个人计算机技术衍生了 ISA 总线加固型工业计算机(IPC),并在工业上得到了相当广泛的应用。

PC/104 总线电气规范与 ISA 总线兼容。1992 年,PC/104 总线联合会发布 PC/104 规范 1.0

版,几经修改,于 1996 年公布 PC/104 规范 2.3 版。PC/104 总线采用自层叠互联方式和 3.6 in×3.8 in的小板结构,抛弃了个人计算机的大母板,使其更适合在尺寸和空间受到限制的嵌入式环境中使用。PC/104 总线工控机的功耗低,但其驱动能力差(4 mA),其扩展能力和维护性也受到限制,使其在工业过程控制和自动化领域的应用范围受到局限。

为了兼容 PCI 总线技术,1997 年,PC/104 总线联合会推出了 PC/104-Plus 规范 1.0 版,在 PC/104 规范 2.3 版的基础上,通过增加另外的连接器,支持 PCI 局部总线规范 2.1 版。许多单板计算机(SBC)都设计有 PC/104 总线接口,以便通过 PC/104 总线丰富的 I/O 模块扩展功能,满足不同的嵌入式应用要求。

AT96 总线欧洲卡标准(IEEE996)由德国西门子公司于 1994 年发起制定,并在欧洲得到了推广应用。AT96 总线=ISA 总线电气规范+96 芯针孔连接器(DIN IEC 41612 C)+欧洲卡规范(IEC297/IEEE 1011.1)。AT96 总线工控机消除了模板之间的边缘金手指连接,具有抗强振动和冲击能力;其 16 位数据总线、24 位寻址能力、高可靠性和良好的可维护性,更适合在恶劣工业环境中应用。

2. VME/VXI 总线

VME(Versa module eurocard)总线是一种工业开放标准总线,由摩托罗拉公司联合莫斯泰克(Mostek)、飞利浦(Philips)和汤姆逊(Thomson)几家公司一起推出,其中 Versa 为摩托罗拉公司为其开发的 68000 处理器定义的一种总线。1986 年 VME 总线被纳入 IEC 标准(IEC821),1987 年被纳入 IEEE 标准(IEEE1014)。VME 总线采用高可靠的针式连接器,使得系统的可靠性比采用印刷板板边连接器的系统有极大的提高。

VME 总线是一种非复用的 32 位异步总线。非复用是指它的地址和数据分别有各自的信号线;异步意味着总线上信号的定时关系是由总线延迟和握手信号来确定,而不是靠系统时钟来协调。只要总线信号所表达的功能被确认有效后,信号就立即被激活。这样无论是快的还是慢的器件,新的或老的技术,都可用于 VME 总线,总线的速度自动与器件的速度相适配。这是其最大的优点。

VME 总线可以传输 32 位、16 位或 8 位数据,具有数据块传输方式,一个单一的地址周期之后可以跟随许多数据周期,使得数据传输大为加快。传输最大块为 256 字节。在传输单一数据时最大速率为 19 Mbps,传输数据块时最大速率为 30 Mbps。1996 年的新标准 VME64(ANSI/VITA1-1994)将总线数据宽度提升到 64 位,最大数据传输速度为 80 Mbps。VME64×总线标准将总线速度提高到了 320 Mbps。VME 总线具有 7 条菊花链中断线,处理机模块上的中断发生器和中断处理器功能部件分别用于请求中断和处理中断请求。

VME 总线工控机是实时控制平台,大多数运行的是实时操作系统,如 UNIX、VxWorks、PSOS、VRTX、PDOS、LynOS 以及 VMEXEC,由操作系统提供商提供专用的软件开发工具开发应用程序。VME 总线主要采用摩托罗拉公司的 68K 系列微处理器。

VXI(VMEbus eXtension for instrumentation)是 VME 总线在仪器领域的扩展,是在 VME 总线、欧洲卡(Eurocard)标准(机械结构标准)和 IEEE 488 等的基础上,由主要仪器制造商共同制定的开放性仪器总线标准。1993 年,VXI 规范被纳入国际标准 IEEE 1155。

VXI 系统最多可包含 256 个装置,主要由主机箱、零槽控制器、具有多种功能的模块仪器和驱动软件、系统应用软件等组成。系统中各功能模块可随意更换,即插即用组成新系统。

目前,国际上有两个 VXI 总线组织:

(1) VXI 联盟,负责制定 VXI 的硬件(仪器级)标准规范,包括机箱背板总线、电源分布、冷却系统、零槽模块、仪器模块的电气特性、机械特性、电磁兼容性以及系统资源管理和通信规程等内容。

(2) VXI 总线即插即用(VXI plug&play,VPP)系统联盟,其宗旨是通过制定一系列 VXI 的软件(系统级)标准来提供一个开放性的系统结构,真正实现 VXI 总线产品的"即插即用"。

上述 VXI 总线组织分别制定的两套标准组成了 VXI 标准体系,实现了 VXI 的模块化、系列化、通用化以及 VXI 仪器的互换性和互操作性。VXI 价格相对过高,适合于尖端的测试领域。

VXI 总线工控机规定的操作系统类型有 WINDOWS、Solaris 1 和 2、HP-UX、MacOS 以及 SCO Unix。从 VXI 总线和 VME 总线工控机运行的操作系统可以看出,VXI 总线工控机制造商希望兼容主流计算机市场提供的丰富而廉价的应用软件开发工具包、外设和驱动软件,而 VME 总线只能利用操作系统提供商或第三方合作伙伴提供的专用开发环境和外设工作。

3. PCI/CompactPCI 总线

PCI(peripheral component interconnect)局部总线由美国英特尔公司提出,由英特尔公司联合多家公司成立的 PCISIG(PCI Special Interest Group)制定。PCI 局部总线是计算机上的处理器/存储器与外围控制部件、外围附加卡之间的互联机构,它规定了互联机构的协议、电气、机械以及配置空间规范。在电气方面还专门定义了 5 V 和 3.3 V 的信号环境。特别是 PCI 局部总线规范的 2.1 版定义了 64 位总线扩展和 66 MHz 总线时钟的技术规范。

PCI 局部总线规范是当今计算机行业事实上的标准,也是业界微型机系统及产品普遍遵循的工业标准之一。PCI 局部总线不仅满足高、中、低档台式机的应用需要,而且适应于从便携式计算机到服务器整个领域的需要。PCI 局部总线具有以下主要特点。

1) 地址、数据多路复用的高性能 32 位或 64 位同步总线。总线引脚数目少,对于总线目标设备只有 47 根信号线,对主设备最多只有 49 根信号线。

2) 高性能和高带宽。PCI 局部总线支持猝发工作方式,32/64 位数据通路在 33 MHz 总线时钟时,其带宽峰值分别可达 132 Mbps、264 Mbps,在 66 MHz 总线时钟时,其带宽峰值分别可达 264 Mbps、528 Mbps。

3) 通用性强,适用面广,PCI 局部总线独立于处理器。当今流行的英特尔系列的处理器以及其他处理器系列,如 Alpha Axp 系列、PowerPC 系列、SPARC 系列以及下一代处理器都可以使用 PCI 局部总线。

4) PCI 局部总线的多主能力允许 PCI 总线的主设备能对等地访问总线上的任何主设备或目标设备。PCI 的配置空间规范能保证全系统的自动配置,即插即用,PCI 的向前和向后的兼容性又使得现存的各种产品能平滑地向新标准过渡,保护了用户的利益。

CompactPCI 的意思是"坚实的 PCI"。CompactPCI 总线 = PCI 总线的电气规范 + 标准针孔连接器(IEC-1076-4-101) + 欧洲卡标准(IEC297/IEEE 1011.1),是当今最新的一种工业计算机总线标准。CompactPCI 规范 1.0 版 1995 年由 PICMG(PCI Industrial Computer Manufacturers Group)提出,1997 年发展为 CompactPCI 规范 2.1,并制定了 CompactPCI 热插拔接口规范(CompactPCI hot swap infrastructure interface specification)。

设计 CompactPCI 的出发点在于,迅速利用 PCI 的优点,提供满足工业环境应用要求的高性能的核心系统,同时还能充分利用传统的总线产品,如 ISA、STD、VME 或 PC104 来扩充系统的输入/输出和其他功能。因此,CompactPCI 不是重新设计 PCI 规范,而是改造现行的 PCI 规范,使其成为无源底板总线式的系统结构。例如,原 PCI 规范最多只能接纳 4 块附加的插卡,这对工业应用往往不够。CompactPCI 的基本系统设计成 8 块卡,并可通过 PCI-PCI 桥电路芯片进行扩展,同时,利用桥电路技术,也可将 CompactPCI 与别的总线组成混合系统。

CompactPCI 依附于 PCI 平台,在芯片、软件和开发工具方面可以得到大批量生产制造的个人计算机资源,有利于自身成本的降低。另外,为了利用最新的技术成果,CompactPCI 技术将进一步融合 USB 和 1394 接口技术,并通过 PCI-USB 和 PCI-1394 桥进行转换。

4. PXI 总线

PXI(PCI eXtension for instrumentation)总线是美国国家仪器(NI)公司 1997 年 9 月发布的一种新的开放性、模块化仪器总线规范,是 PCI 总线在仪器领域的扩展。PXI 管脚的定义已在 PICMG 的仪器分会中注册,以确保与 CompactPCI 完全兼容,PXI 与 CompactPCI 模块可以在同一系统中共存而不发生冲突。PXI 总线在试验检测、数据采集与工业自动化应用中表现出良好的机械、电气、软件特性。

PXI 总线扩充了 compactPCI 总线的规范,除对硬件的机械完整性及易装易卸性要求外,还在 compactPCI 总线的机械规范上增加了测试环境和主动冷却要求。PXI 总线对工业环境中的振动、冲击、温度和湿度等环境性能的要求更高更细;对冷却性能要求严格,强制冷却装置须产生特定方向的气流,以均匀冷却所有模块。PXI 总线在机械规范方面还有一些其他要求,以简化系统集成并确保多供应商产品的互操作性。

PXI 总线提供了与 PCI 总线一样的数据传输率和即插即用功能的电气特性,基于 PCI 总线的硬件、驱动程序、操作系统与应用程序都可以有效地应用在 PXI 总线中。由于运用了 compactPCI 总线架构,PXI 总线提供的扩展槽个数差不多是台式 PCI 总线的两倍,具有更强的输入/输出能力。另外,PXI 总线增加了公用触发总线、用于高速定时的系统参考时钟、用于进行多板精确同步的星形触发总线以及相邻仪器模块进行高速通信的局部总线,所以更能满足仪器用户的需要。

PXI 总线与个人计算机百分之百兼容,将 Windows 操作系统定义为其标准的系统级软件框架,熟悉台式个人计算机的仪器系统开发商,花很少的时间和费用便可将它们的资源应用到更坚固的 PXI 总线中。另外,所有的 PXI 总线外设必须包括相应的设备驱动软件以降低最终用户的开发成本。

由于 PXI 总线的机械、电气、软件特性均基于成熟个人计算机技术,所以可以用户容易承受的价格提供其他昂贵测试平台(如 VXI)上高精度仪器才具有的同步、定时特性。此外,PXI 总线整合了主流 PCI 总线技术和 Windows 软件的优势及其自身在工业封装、功率、冷却与电磁兼容性方面的系统规范,可在不牺牲测量精度或突破预算的情况下,提供高性能的测试、测量和数据采集。

6.2.4　测控系统外部总线

1. RS-232C 总线

RS-232C 是美国电子工业协会 EIA(Electronic Industry Association)制定的一种串行物理接

口标准。RS 是英文"推荐标准"的缩写,232 为标识号,C 表示修改次数。RS-232C 总线标准设有 25 条信号线,包括一个主通道和一个辅助通道,在多数情况下主要使用主通道,对于一般双工通信,仅需几条信号线就可实现,如一条发送线、一条接收线及一条地线。

RS-232C 标准规定的数据传输速率为 50、75、100、150、300、600、1 200、2 400、4 800、9 600、19 200 b/s。RS-232C 标准规定,驱动器允许有 2 500 pF 的电容负载,通信距离将受此电容限制,例如,采用 150 pF/m 的通信电缆时,最大通信距离为 15 m;若每米电缆的电容减小,通信距离可以增加。传输距离短的另一原因是 RS-232C 属单端信号传送,存在共地噪声和不能抑制共模干扰等问题,因此一般用于 20 m 以内的通信。

RS-232C 传输的信号电平对地对称,与 TTL、CMOS 逻辑电平完全不同,其逻辑 0 电平规定为+5~+15 V 之间,逻辑 1 电平规定为-5~-15 V 之间,因此计算机系统采用 RS-232C 通信时需经过电平转换接口。此外,RS-232C 未规定标准的连接器,因而同样是 RS-232C 接口却可能互不兼容。

2. RS-449/RS-423A/422A/485 总线

1977 年 EIA 制定了电子工业标准接口 RS-449,并于 1980 年成为美国标准。RS-449 是一种物理接口功能标准,其电气标准依据 RS-423A、RS-422A 或 RS-485。RS-449 除了与 RS-232C 兼容外,还在提高传输速率、增加传输距离、改进电气性能方面做了很大努力,并增加了 RS-232C 未用的测试功能,明确规定了标准连接器,解决了机械接口问题。

RS-423A 和 RS-422A 分别给出在 RS-449 应用中对电缆、驱动器和接收器的要求。RS-423A 给出非平衡信号差的规定,采用非平衡(单端)发送、差分接收接口;RS-422A 给出平衡信号差的规定,采用平衡(双端)驱动、差分接收接口,如图 6.14 所示。

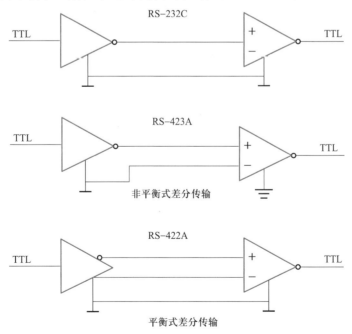

图 6.14　RS-232C、RS-423A、RS-422A 电气连接图

RS-423A/422A 比 RS-232C 传输信号距离长、速度快,最大传输率可达 10 Mbps(RS-422A 电缆长度 120 m,RS-423A 电缆长度 15 m)。如果采用较低的传输速率,如 90 Kbps,最大距离可达 1 200 m。

RS-485 是 RS-422A 的变型。RS-422A 为全双工,可同时发送与接收;RS-485 则为半双工,在某一时刻,只能有一个发送器工作。RS-485 是一种多发送器的电路标准,它扩展了 RS-422A 的性能,允许双导线上一个发送器驱动多达 32 个负载设备。负载设备可以是被动发送器、接收器或收发器(发送器和接收器的组合)。RS-485 用于多点互联时非常方便,可以省掉许多信号线。应用 RS-485 可以非常方便地联网构成分布式测控系统。图 6.15 给出了典型的分布式 RS-485 网络接线图,图中 T 表示发送器,R 表示接收器。

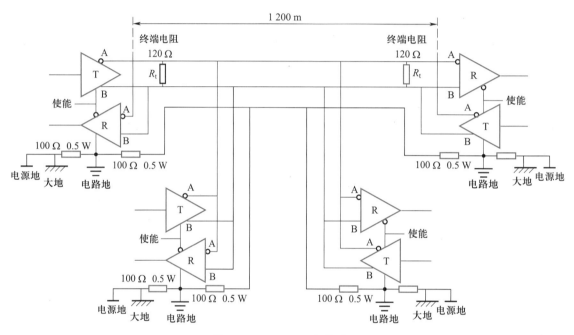

图 6.15　RS-485 网络接线图

3. GPIB 总线

GPIB(general purpose interface bus)是计算机和仪器间的标准通信协议,它是最早的仪器总线,属于命令级兼容的并行总线接口标准,目前多数仪器都配置了遵循 IEEE 488 的 GPIB 接口。

GPIB 通用接口总线最初由惠普(Hewlett-Packard)公司于 1965 年提出,并称之为 HP-IB。1975 年美国电气与电子工程师协会(the Institute of Electrical and Electronic Engineers,IEEE)接纳其为 IEEE 488-1975 标准,并于 1978 年对其进行了修订公布为 IEEE-488 并行接口标准。1987 年,IEEE 发布 IEEE-488.2 并将原有标准改称为 IEEE-488.1,IEEE-488.2 在 IEEE-488.1 的基础上增加了通信协议和通用命令方面的新内容,1990 年,IEEE-488.2 进一步加入 SCPI(standard commands for programmable instrumentation)程控仪器标准命令,全面加强了 GPIB 接口总线在编码、格式、协议和命令方面的标准化。

典型的 GPIB 测试系统包括一台计算机、一块 GPIB 接口卡和若干台 GPIB 仪器。每台 GPIB

仪器有单独的地址,由计算机控制操作。系统中的仪器可以增加、减少或更换,只需对计算机的控制软件做相应改动。

GPIB 按照位并行、字节串行双向异步方式传输信号,连接方式为总线方式,仪器设备直接并联于总线上而不需中介单元。在价格上,GPIB 仪器既有比较便宜的,也有异常昂贵的仪器。GPIB 总线上最多可连接 15 台设备,最大传输距离为 20 m,信号传输速度一般为 500 Kbps,最大传输速度为 1 Mbps,不适合于对系统速度要求较高的应用场合。为了解决这个缺陷,美国国家仪器公司于 1993 年提出了 HS-488 高速接口标准,将传输速度提高到 8 Mbps,该标准与 IEEE-488.1 和 IEEE-488.2 兼容,具有 HS-488 接口的仪器可以与具有 IEEE-488.1/2 接口的仪器共同使用。

4. USB 总线

USB(universal serial bus)是由英特尔、IBM、微软等七家世界著名的计算机和通信公司共同推出的串行接口标准。1995 年 11 月正式发布了 USB0.9 规范,1997 年开始有真正符合 USB 技术标准的外设出现,经过多年的发展,目前 USB 版本已经从最初广泛应用的 USB1.1 发展到 USB3.2,且已成为当前计算机的标准扩展接口。

USB1.1 主要应用在中低速外部设备上,它提供的传输速度有低速(low-speed)1.5 Mbps 和全速(full-speed)12 Mbps 两种。直到 1999 年 2 月,USB2.0 规范的出现,情况才有所改观,USB2.0 向下兼容 USB1.1,其速度可高达 480 Mbps(high-speed),支持多媒体应用。2008 年 11 月发布的 USB3.0 进一步将传输速度提高到 5 Gbps(super-speed),而 2013 年 12 月发布的 USB3.1 更是将数据传输速度提高到 10 Gbps(super-speed+),并完全向下兼容现有的低版本 USB 连接器与线缆。2017 年 USB3.2 Gen2×2 规范发布,仅支持 USB Type C 接口,速率提升到 20 Gb/s,并将原 USB3.0 更名为 USB3.2 Gen 1,USB3.1 更名为 USB3.2 Gen 2。2019 年 USB4 规范发布,速率提升至 40 Gb/s,2022 年发布的 USB4 2.0 规范则将速率提升至 80 Gbps,并再次更改了命名体系,统一以传输带宽命名,即 USB4 2.0 对应 USB80 Gbps,USB4 对应 USB40 Gbps,USB3.2 Gen 2×2 对应 USB20 Gbps 等。

使用 USB 接口可以连接多个不同的设备,支持热插拔,在软件方面,为 USB 设计的驱动程序和应用软件可以自动启动,无需用户干预。USB 设备也不涉及中断冲突等问题,它单独使用自己的保留中断,不会同其他设备争用计算机有限的资源,为用户省去了硬件配置的烦恼。

USB 接口连接的方式也十分灵活,既可以使用串行连接,也可以使用 Hub,把多个设备连接在一起,再同计算机的 USB 口相接。在 USB 方式下,所有的外设都在机箱外连接,不必打开机箱,不必关闭主机电源。USB 采用"级联"方式,即每个 USB 设备用一个 USB 插头连接到一个外设的 USB 插座上,而其本身又提供一个 USB 插座供下一个 USB 外设连接。通过这种类似菊花链式的连接,一个 USB 控制器理论上可以连接多达 127 个外设,而每个外设间距离(线缆长度)可达 5 m。USB 还能智能识别 USB 链上外围设备的接入或拆除,真正做到"即插即用"。而且 USB 接口提供了内置电源,能向低压设备提供 5 V 的电源,从而降低了这些设备的成本并提高了性价比。USB 协议已成为外设与计算机之间连接的事实标准,而且由于 USB-RS232C、USB-RS422/485 桥接器的出现,传统的串行通信接口已逐步被 USB 接口取代,无论是鼠标、键盘、打印机等通用设备,还是数据采集器、示波器等专用测试设备,与计算机采用有线互联时大部分均采用 USB 接口。

5. 现场总线

现场总线是一种工业数据总线,主要解决智能化仪表、控制器、执行机构等现场设备间的数字通信,以及这些现场控制设备和高级控制系统之间的信息传递问题。从 1984 年起,美国仪表学会(ISA)开始制定关于现场总线的规范——ISA SP50,并于 1992 年完成了物理层标准的制定。在 1992～1993 年间,形成了关于现场总线标准制定的两大国际化组织:ISPF 和 WorldFIP。到 1994 年后期,两大组织合并成唯一的现场总线标准化组织:现场总线基金会(Fieldbus Foundation, FF)。FF 包括了 100 多个公司成员,著名的现场设备制造商及控制系统供应商都在其列。FF 是一个非营利的和非商业化的国际学术和标准化组织,其宗旨是致力于满足过程。工业和制造业自动化需求的国际化现场总线。

根据 IEC 标准和 FF 的定义,现场总线是连接智能现场设备和自动化系统的数字式、双向传输、多分支结构的通信网络。其技术特点有以下几个方面。

(1)现场总线是用于过程自动化和制造自动化的现场设备或现场仪表互联的现场数字通信网络,利用数字信号代替模拟信号,其传输抗干扰性强,测量精度高,大大提高了系统的性能。

(2)现场总线网络是开放式互联网络,用户可以自由集成不同制造商的通信网络,通过网络对现场设备和功能块统一组态,把不同厂商的网络及设备有机地融合为一体,构成统一的现场总线控制系统(fieldbus control system, FCS)。

(3)所有现场设备直接通过一对传输线(现场总线)互联,双向传输多个信号,可大大减少连线的数量,使得费用降低,易于维护,与分布式控制系统相比,现场总线减少了专用的 I/O 装置及控制站,降低了成本,提高了可靠性。

(4)增强了系统的自治性,系统控制功能更加分散,智能化的现场设备可以完成许多先进的功能,包括部分控制功能,促使简单的控制任务迁移到现场设备中,使现场设备既有检测、变换功能,又有运算和控制功能,一机多用。这样既节约了成本,又使控制更加安全和可靠。现场总线控制系统废除了分布式控制系统的 I/O 单元和控制站,把控制站的功能块分散到现场设备,实现了彻底的分散控制。

现场总线标准的制定和实施十分缓慢,在 IEC/ISA SP50 小组制定总线标准的过程中,不少厂家已捷足先登,形成了多种总线标准,影响广泛的有 Profibus、worldFIP、LonWorks、CAN、DeviceNet、HART 等。这里简要介绍一下现场总线基金会(FF)制定的现场总线标准,其他现场总线标准可参考相关资料。

FF 现场总线体系结构是参照国际标准化组织(ISO)的开放系统互联协议(OSI)而制定的。OSI 共有 7 层,FF 提取了其中的 3 层:物理层、数据链路层和应用层,而且对应用层进行了较大的改动,分成了现场总线存取和应用服务两部分,另外又在应用层上增加了含有功能块的用户层。功能块的引入使得用户可以摆脱复杂的编程工作,而直接简单地使用功能块对系统及其设备进行组态。这样使得 FF 总线标准不仅仅是信号标准和通信标准,更是一个系统标准,这也是 FF 总线与其他现场总线系统标准的关键区别。

FF 给出了两种速率的现场总线:低速的 H1 总线和高速的 H2 总线。H1 传输速率为 31.25 Kbps,传输距离为 200～1 900 m,最多可串接 4 台中继器。H2 传输速率、传输距离分别为 1 Kbps、750 m,或 2.5 Kbps、500 m。H1 每段节点数最多为 32 个,H2 每段节点数最多为 124 个。H1 支持使用信号电缆线向现场装置供电,并能满足本征安全要求。

FF 总线系统中的装置可以是主站,也可以是从站。主站有控制发送、接收数据的权力,从站仅有响应主站访问的权力。为实现对传送信号的发送和接收控制,FF 总线系统采用了令牌和查询通信方式为一体的技术。在同一个网络中可以有多个主站,但在初始化时只能有一个主站。

为了支持不同厂商之间功能块的标准化和互操作性,FF 定义了两个工具,即设备描述语言(device discription language,DDL)和对象字典(object dictionary,OD)。OD 是一个"基于方案"的工具,用于定义字典以及设备和其中功能块的目录信息。设备应用的 OD 由设备描述来补足,而设备描述又由设备描述语言 DDL 生成。DDL 是一种解释语言,用于描述应用进程对象的行为和操作接口。通过这些措施使不同厂家的设备互操作成为可能。

6.3　虚拟仪器

虚拟仪器(virtual instruments,VI)是目前国内外测试技术界和仪器制造界十分关注的热门话题。虚拟仪器是一种概念性仪器,迄今为止,业界还没有一个明确的国际标准和定义。虚拟仪器实际上是一种基于计算机的自动化测试仪器系统,是现代计算机技术和仪器技术完美结合的产物,是当今计算机辅助测试(CAT)领域的一项重要技术。虚拟仪器利用加在计算机上的一组软件与仪器模块相连接,将计算机硬件资源与仪器硬件有机地融合为一体,从而把计算机强大的计算处理能力和仪器硬件的测量、控制能力结合在一起,大大缩小了仪器硬件的体积,降低了成本,并通过计算机强大的图形界面和数据处理能力提供对测量数据的分析和显示。

虚拟仪器技术的开发和应用的活跃源于美国国家仪器公司设计的 LabVIEW,它是一种基于图形的开发、调试和运行程序的集成化环境,实现了虚拟仪器的概念。美国国家仪器公司提出的"软件即仪器"(The software is the instrument)的口号,彻底打破了传统仪器只能由生产厂家定义,用户无法改变的模式,利用虚拟仪器,用户可以很方便地组建自己的自动测试系统。

虚拟仪器具有传统独立仪器无法比拟的优势,尤其是复杂环境下的自动化测试,虚拟仪器可以完成传统的独立仪器难以胜任的工作。

6.3.1　虚拟仪器的出现

电子测量仪器发展至今,大体分为四代:模拟仪器、数字化仪器、智能仪器和虚拟仪器。

第一代模拟仪器,如指针式万用表、晶体管电压表等。其基本结构是电磁机械式的,借助指针来显示最终结果。

第二代数字化仪器,这类仪器目前相当普及,如数字电压表、数字频率计等。这类仪器将模拟信号的测量转化为数字信号测量,并以数字方式输出最终结果。

第三代智能仪器,这类仪器内置微处理器,既能进行自动测试又具有一定的数据处理能力,习惯上称为智能仪器。其功能块以硬件或固化的软件的形式存在。

第四代虚拟仪器,虚拟仪器是由计算机硬件资源、模块化仪器硬件和用于数据分析、过程通信及具有图形用户界面的软件组成的测控系统;是一种由计算机操控的模块化仪器系统。

与传统仪器一样,虚拟仪器也由三大功能块构成:信号的采集与控制、信号的分析与处理、结果的表达与输出,如图 6.16 所示。

与传统仪器相比,虚拟仪器有以下优点。

1）虚拟仪器融合计算机强大的硬件资源,突破了传统仪器在数据处理、显示、存储等方面的限制,大大增强了传统仪器的功能。

2）虚拟仪器利用了计算机丰富的软件资源,实现了部分仪器硬件的软件化,增加了系统灵活性,通过软件技术和相应数值算法,可以实时、直接地对测试数据进行各种分析与处理。同时,图形用户界面技术使得虚拟仪器界面友好、人机交互方便。

3）基于计算机总线和模块化仪器总线,硬件实现了模块化、系列化,提高了系统的可靠性和易维护性。

4）基于计算机网络技术和接口技术,虚拟仪器具有方便、灵活的互联能力,广泛支持各种工业总线标准。因此,利用虚拟仪器技术可方便地构建自动测试系统,实现测量、控制过程的智能化、网络化。

5）基于计算机的开放式标准体系结构,虚拟仪器的硬、软件都具有开放性、可重复使用性及互换性等特点。用户可根据自己的需要选用不同厂家的产品,使仪器系统的开发更为灵活、效率更高,缩短了系统组建时间。

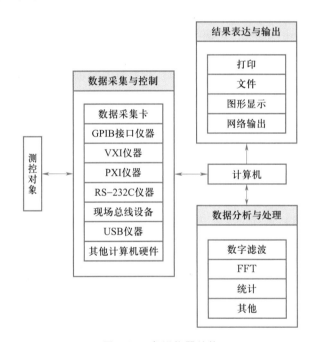

图 6.16 虚拟仪器结构

虚拟仪器可用于电子测量、振动分析、声学分析、故障诊断,在航天航空、军事工程、电力工程、机械工程、建筑工程、铁路交通、地质勘探、生物医疗、教学及科研等诸多方面广泛应用,遍及国民经济的各个领域。虚拟仪器的发展对科学技术的发展和国防、工业、农业的生产将产生不可估量的影响。

虚拟仪器系统的体系结构如图 6.17 所示,下面从硬件、软件两个方面介绍虚拟仪器的构建技术。

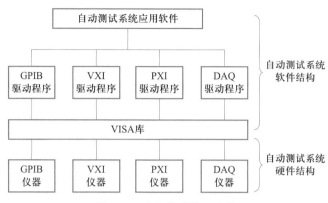

图 6.17　虚拟仪器体系结构

6.3.2　虚拟仪器的硬件系统

虚拟仪器的硬件系统一般分为计算机硬件和测控功能硬件。

计算机硬件可以是各种类型的计算机,如普通台式计算机、便携式计算机、工作站、嵌入式计算机等。计算机管理着虚拟仪器的硬软件资源,是虚拟仪器的硬件基础。计算机技术在显示、存储能力、处理性能、网络、总线标准等方面的发展,促进了虚拟仪器系统的快速发展。

按照测控功能硬件的不同,虚拟仪器可分为 GPIB、VXI、PXI 和 PC 插卡式 4 种标准体系结构。其中前面 3 种仪用总线已在上节作了简要介绍,这里简要介绍 PC 插卡式虚拟仪器系统。

PC 插卡是基于计算机标准总线的内置(如 ISA、PCI、PC/104 等)或外置(如 USB、IEEE−1394 等)功能插卡,其核心主要是 DAQ(data acquisition,数据采集)卡。它更加充分地利用计算机的资源,大大增加了测试系统的灵活性和扩展性。利用 DAQ 卡可方便快速地组建基于计算机的仪器,实现"一机多型"和"一机多用"。在性能上,随着 A/D 转换技术、仪器放大技术、抗混叠滤波技术与信号调理技术的迅速发展,DAQ 卡的采样速率已达到 1 Gbps,精度高达 24 位,通道数高达数十个,并能任意结合数字 I/O、模拟 I/O、计数器/定时器等通道。

仪器厂家生产了大量的 DAQ 功能模块可供用户选择,如示波器、数字万用表、串行数据分析仪、动态信号分析仪、任意波形发生器等。在计算机上挂接若干 DAQ 功能模块,配合相应的软件,就可以构成一台具有若干功能的"个人仪器"。个人仪器,既具有高档仪器的测量品质,又能满足测量的多样性需求。对大多数用户来说,这种方案既实用又具有很高的性能价格比。

6.3.3　虚拟仪器的软件系统

虚拟仪器技术最核心的思想,就是利用计算机的硬/软件资源,使本来需要硬件实现的技术软件化(虚拟化),以便最大限度地降低系统成本,增强系统的功能与灵活性。基于软件在虚拟系统中的重要作用,美国国家仪器公司提出了"软件即仪器"的口号。VPP 系统联盟提出了系统框架、驱动程序、虚拟仪器软件结构(virtual instrumentation software architecture,VISA)、软面板、部件知识库等一系列 VPP 软件标准,推动了虚拟仪器软件标准化的进程。

虚拟仪器的软件框架从底层到顶层,包括 3 部分:VISA 库、仪器驱动程序、应用软件。

虚拟仪器软件体系结构(VISA)的实质就是标准的 I/O 函数库及其相关规范的总称。一般称这个 I/O 函数库为 VISA 库。它驻留于计算机系统之中执行仪器总线的特殊功能,是计算机与仪器之间的软件层连接,以实现对仪器的程控。它对于仪器驱动程序开发者来说是一个个可调用的操作函数集。

仪器驱动程序是完成对某一特定仪器控制与通信的程序集。它是应用程序实现仪器控制的桥梁。每个仪器模块都有自己的仪器驱动程序,仪器厂商以源码的形式提供给用户。

应用软件建立在仪器驱动程序之上,直接面对操作用户,通过提供直观友好的测控操作界面、丰富的数据分析与处理功能,来完成自动测试任务。

对于虚拟仪器应用软件的编写,大致可分为两种方式。

1)用通用编程软件进行编写。主要有微软公司的 Visual Basic 与 Visual C++,宝蓝(Borland)公司的 Delphi,赛贝斯(Sybase)公司的 PowerBuilder。

2)用专业图形化编程软件进行开发。如惠普(HP)公司的 VEE 和 HPTIG、美国国家仪器公司(NI)的 LabVIEW 和 Lab windows/CVI、美国 Tektronis 公司的 Ez-Test 和 Tek-TNS 以及美国 HEM Data 公司的 Snap-Marter 平台软件。

应用软件还包括通用数字处理软件。通用数字处理软件包括用于数字信号处理的各种功能函数,如频域分析的功率谱估计、快速傅里叶变换(FFT)、快速哈特莱变换(FHT)、逆 FFT 和细化分析等;时域分析的相关分析、卷积运算、反卷运算、均方根估计、差分积分运算和排序等;数字滤波等。这些功能函数为用户进一步扩展虚拟仪器的功能提供了基础。

6.3.4 基于 LabVIEW 的虚拟仪器示例

LabVIEW 是美国国家仪器公司推出的虚拟仪器开发平台,它以其直观简便的图形化编程方式、众多的源码级设备驱动程序、多种多样的分析和表达功能,为用户快捷地构筑自己在实际生产中所需要的仪器系统创造了基础条件。

LabVIEW 提供了一个交互式的图形化开发环境,采用图形化编程语言——G 语言,其程序表现为框图的形式,这种图形化的程序开发方式比传统的文本代码更自然、更直观。对于熟悉仪器结构和硬件电路的硬件工程师、现场工程技术人员及测试技术人员来说,编程就像设计电路图一样。用户可以通过 LabVIEW 提供的各种交互式的控件选板、对话框、菜单及数以百计的函数模块(通常称为 VI 程序)等工具和函数进行编程。通过简单地将这些函数模块拖拉到程序框图中,并定义它在应用程序中的功能即可实现所需的仪器功能,大大缩短了从配置解决方案到最终完成仪器开发所花费的宝贵时间。

一个 LabVIEW 程序由如下三部分组成。

1)前面板(panel)。前面板是虚拟仪器的交互式用户接口,相当于真实物理仪器的操作面板,由具备各种输入、输出功能的控件组成,实现用户与程序的交互。

2)数据流框图(diagram)。数据流框图相当于仪器的电路结构,以数据流的方式实现对采集数据的处理。框图程序是一种解决编程问题的图形化方法,实际上是虚拟仪器的程序代码。虚拟仪器从数据流框图程序中接收指令。

3)图标连接端口(connector)。图标连接端口相当于仪器中的某个集成电路,是对子程序

(subVI)的调用形式,是 VI 程序的可选部分。图标连接端口的功能端口就像一个图形化参数列表,可在 VI 程序与 SubVI 子程序之间传递数据。一个 VI 程序既可以作为上层独立程序,也可以作为其他程序(或子程序)的子程序。当一个 VI 程序作为子程序时,称作 SubVI。

目前,LabVIEW 已经在测试与测量领域和图形化编程语言方面成为事实上的工业标准,并得到了众多软、硬件生产厂商的支持,其丰富的软、硬件资源使其成为测试系统和测试仪器的主要方法和手段。用户通过对 LabVIEW 和各种符合计算机总线要求的数据采集硬件的集成,形成独具用户特色的虚拟仪器系统,通过不同的 VI 程序,实现不同的测量和控制功能。

图 6.18 和图 6.19 分别给出了某振动测试和分析系统的 LabVIEW 信号处理程序框图及相应的运行界面示例。

6.3.5 虚拟仪器的发展趋势

虚拟仪器走的是一条标准化、开放性、多厂商的技术路线,经过多年发展,正沿着总线与驱动程序的标准化、硬/软件的模块化、硬件模块的即插即用化、编程平台的图形化等方向发展。

随着计算机网络技术、多媒体技术、分布式技术等的飞速发展,融合了计算机技术的虚拟仪器技术,其内容会更加丰富。如简化仪器数据传输的因特网访问技术 DataSocket、基于组件对象模型(COM)的仪器软硬件互操作技术 OPC、软件开发技术 ActieveX 等。这些技术不仅能有效提高测试系统的性能,而且也为"软件仪器时代"的到来做好了技术上的准备。

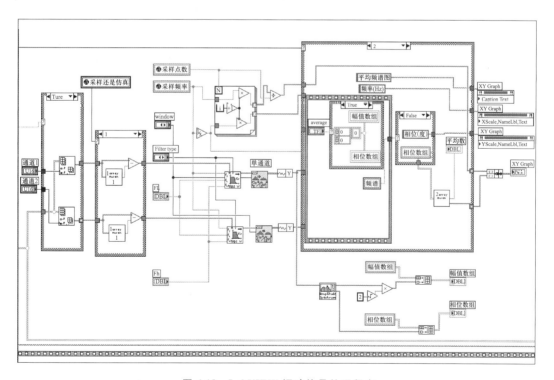

图 6.18　LabVIEW 振动信号处理程序

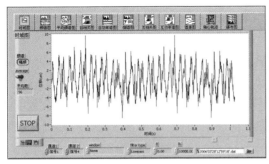
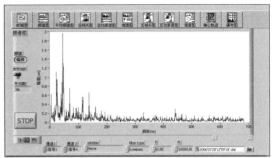

(a) 时域波形图　　　　　　　　　　　　　　(b) 频谱图

图 6.19　LabVIEW 振动信号处理 VI 运行界面

此外,可互换虚拟仪器(interchangeable virtual instruments,IVI)也是虚拟仪器领域一个很重要的发展方向,目前,IVI 是基于 VXI 即插即用规范的测试/测量仪器驱动程序建议标准,它允许用户无须更改软件即可互换测试系统中的多种仪器。比如,从 GPIB 转换到 VXI 或 PXI。这一针对测试系统开发者的 IVI 规范通过提供标准的通用仪器类软件接口可以节省大量工程开发时间,其主要作用为:关键的生产测试系统发生故障或需要重校时无须离线调整;可在由不同仪器硬件构成的测试系统上开发单一测试软件系统,以充分利用现有资源;在实验室开发的测试代码可以移植到生产环境中的不同仪器上。

6.4　网络化测试仪器

总线式仪器、虚拟仪器等计算机化仪器技术的应用使组建集中和分布式测控系统变得更为容易。但集中测控越来越满足不了复杂、远程(异地)和范围较大的测控任务的需求,为此,组建网络化的测控系统就显得非常必要。以因特网为代表的网络技术的出现以及它与其他高新科技的相互结合,不仅已开始将智能互联网产品带入现代生活,而且也为测量与仪器技术带来了前所未有的发展空间和机遇,网络化测量技术与具备网络功能的新型仪器应运而生。

在网络化仪器环境条件下,被测对象可通过测试现场的普通仪器设备,将测得数据(信息)通过网络传输给异地的精密测量设备或高档次的计算机化仪器去分析、处理;能实现测量信息的共享;可掌握网络节点处信息的实时变化趋势;另外,也可通过具有网络传输功能的仪器将数据传至原端即现场。

在带来上述诸多好处的同时,采用网络测量技术、使用网络化仪器,无疑能显著提高测量功效,有效降低监测、测控工作的人力和财力投入,缩短一些类型计量测试工作的周期,并将增强测量需求客户的满意程度。

基于 Web 技术的企业内部网(Intranet)是目前企业内部信息网的主流。应用因特网的开放性互联通信标准,使因特网成为基于 TCP/IP 协议的开放系统,能方便地与外界连接,尤其是与因特网连接。借助因特网的相关技术,因特网给企业的经营和管理能带来极大便利,已被广泛应用于各个行业。目前,测控系统的设计思想明显受到计算机网络技术的影响,基于网络化、模块化、开放性等原则,测控网络由传统的集中模式转变为分布模式,成为具有开放性、可互操作性、分散性、网络化、智能化的测控系统。网络的节点上不仅有计算机、工作站,还有智能测控仪器仪表,测控网络将有与信息网络相似的体系结构和通信模型。比如,目前测控系统中迅猛发展的现场总线,它的通信模型和开放式系统互联(OSI)参考模型对应,可将现场的智能仪表和装置作为节点,通过网络将节点连同控制室内的仪器仪表和控制装置连成有机的测控系统。测控网络的功能将远远大于系统中各独立个体功能的总和。其结果是测控系统的功能显著增强,应用领域及范围明显扩大。

软件是网络化测试仪器开发的关键,Linux、Windows、Mac 等网络化计算机操作系统、现场总线、标准的计算机网络协议,如开放式系统互联(OSI)参考模型 RM、因特网上使用的 TCP/IP 协议等,在开放性、稳定性、可靠性方面均有很大优势,采用它们很容易实现测控网络的体系结构。在开发软件方面,比如美国国家仪器公司的 LabVIEW 和 LabWindows/CVI、惠普公司的 VEE、微软公司的 VB、VC 等,都有开发网络应用项目的工具包。

总之,随着计算机技术、网络通信技术的进步并不断拓展,以个人计算机和工作站为基础,通过组建网络来形(构)成实用的测控系统,提高生产效率,共享信息资源,已成为现代仪器仪表发展的方向。从某种意义上说,计算机和现代仪器仪表已相互包容,计算机网络也就是通用的仪器网络,继"计算机就是仪器"和"软件就是仪器"概念之后,"网络就是仪器"的概念确切地概括了仪器的网络化发展趋势。

6.4.1 基于现场总线技术的网络化测控系统

现场总线是用于过程自动化和制造自动化的现场设备或仪表互联的现场数字通信网络,它嵌入在各种仪表和设备中,可靠性高,稳定性好,抗干扰能力强,通信速率快,造价低廉,维护成本低。

现场总线面向工业生产现场,主要用于实现生产 / 过程领域的基本测控设备(现场级设备)之间以及与更高层次测控设备(车间级设备)之间的互联。这里现场级设备指的是最低层次的控制、监测、执行和计算设备,包括传感器、控制器、智能阀门、微处理器和存储器等各种类型的工业仪表产品。

与传统测控仪表相比,基于现场总线的仪表单元具有如下优点。

1)彻底网络化。从最底层的传感器和执行器以及上层的监控 / 管理系统均通过现场总线实现互联,同时还可进一步通过上层监控 / 管理系统连接到企业内部网甚至因特网。

2)一对多结构。一对传输线,N 台仪表单元,双向传输多个信号,接线简单,工程周期短,安装费用低,维护容易,彻底抛弃了传统仪表单元一台仪器、一对传输线只能单向传输一个信号的缺陷。

3)可靠性高。现场总线采用数字信号传输测控数据,抗干扰能力强,精度高;而传统仪表采用模拟信号传输测控数据,往往需要采取辅助的抗干扰和提高精度的措施。

4)操作性好。操作员在控制室即可了解仪表单元的运行情况,且可以实现对仪表单元的远程参数调整、故障诊断和控制过程监控。

5)综合功能强。现场总线仪表单元是以微处理器为核心构成的智能仪表单元,可同时提供检测、变换和补偿功能,实现一表多用。

6）组态灵活。不同厂商的设备既可互联也可互换,现场设备间可实现互操作,通过进行结构重组,可实现系统任务的灵活调整。

现场总线种类繁多,但不失一般性,基于任何一种现场总线系统,由现场总线测量、变送和执行单元组成的网络化系统可表示为图 6.20 所示的结构。

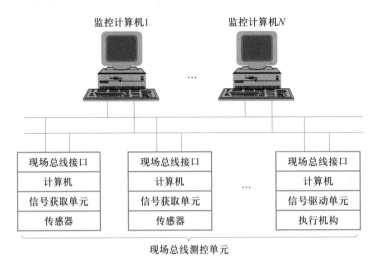

图 6.20　基于现场总线技术的测控网络结构

现场总线网络测控系统目前已在实际生产环境中得到成功的应用,由于其内在的开放式特性和互操作能力,基于现场总线的 FCS 系统已有逐步取代 DCS 系统的趋势。

6.4.2　面向因特网的网络测控系统

当今时代,以因特网为代表的计算机网络的迅速发展及相关技术的日益完善,突破了传统通信方式的时空限制和地域障碍,使更大范围内的通信变得十分容易,因特网拥有的硬件和软件资源正在越来越多的领域中得到应用,比如电子商务、网上教学、远程医疗、远程数据采集与控制、高档测量仪器设备资源的远程实时调用、远程设备故障诊断等。与此同时,高性能、高可靠性、低成本的网关、路由器、中继器及网络接口芯片等网络互联设备的不断进步,又方便了因特网、不同类型测控网络、企业网络间的互联。利用现有因特网资源不需建立专门的拓扑网络,使组建测控网络、企业内部网络以及它们与因特网的互联都十分方便。

典型的面向因特网的测控系统结构如图 6.21 所示。

图 6.21 中,现场智能仪表单元通过现场级测控网络与企业内部网互联,而具有因特网接口能力的网络化仪器通过嵌入于其内部的 TCP/IP 协议直接连接于企业内部网上,如此,测控系统在数据采集、信息发布、系统集成等方面都以企业内部网络为依托。将测控网和企业内部网及因特网互联,便于实现测控网和信息网的统一。在这样构成的测控系统中,网络化仪器充当着网络中独立节点的角色,信息可跨越网络传输至所及的任何领域,使实时、动态(包括远程)的在线测控可成为现实。可见,网络测控系统能节约大量现场布线,扩大测控范围。

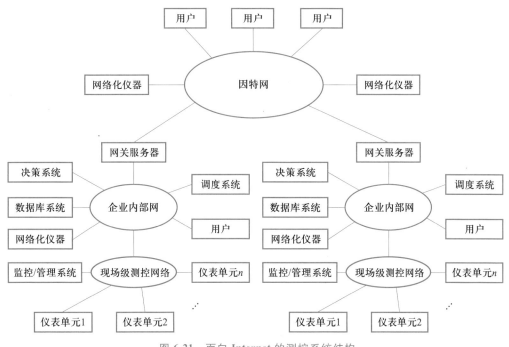

图 6.21　面向 Internet 的测控系统结构

6.4.3　无线传感器网络测控系统

随着微机电系统(micro-electro-mechanism system,MEMS)、片上系统(system on chip,SOC)、无线通信和低功耗嵌入式技术的飞速发展,传统的传感器正逐步朝着微型化、信息化和网络化、智能化的方向发展,无线传感器网络(wireless sensor networks, WSN)技术应运而生。WSN 由部署在监测区域内的大量静止或移动的传感器节点组成,网络节点间通过无线通信方式形成一个分布式的多跳自组织网络,传感器节点相互协作以感知、采集、处理和传输网络覆盖区域内被感知对象的信息,并发送给观察者。传感器、感知对象和观察者构成了无线传感器网络的三个要素。

无线传感器网络结构如图 6.22 所示,包括传感器节点、汇聚节点和任务管理节点,其中传感器节点分布在监测区域内,节点以自组织的形式构成网络,通过多跳中继方式将监测数据传送到汇聚节点,通过卫星、互联网或 3G/4G/5G 移动通信网络等将监测信息传送到管理节点供终端用户使用,而用户也可以通过管理节点发布监控命令至传感器节点,实现参数配置或远程控制数据采集。

WSN 底层传感器节点间通常采用低功耗、低速率无线局域网协议——IEEE802.15.4/ZigBee 协议。ZigBee 网络可由多达 65 000 个无线数传模块(传感器节点)组成,在整个网络范围内,每一个 ZigBee 网络数传模块之间可以相互通信,全功能 ZigBee 模块可实现类似于移动网络基站的功能,通过路由协议将网络节点间的通信距离从标准的 75 m 扩展到数千米甚至无限远。

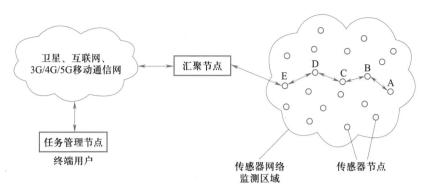

图 6.22 无线传感器网络结构

6.4.4 网络化测试仪器与系统实例

网络化仪器已经在实际的测量与测控领域广泛使用。以下是网络化仪器的几个典型例子。

1. 网络化智能传感器

与计算机技术和网络技术相结合,传感器已从传统的现场模拟信号通信方式转为现场级的全数字通信方式,产生了网络化传感器。网络化传感器是在智能传感器基础上,把网络协议作为一种嵌入式应用,嵌入现场智能传感器的 ROM 中,使其具有网络接口,使网络化传感器像计算机一样成为测控网络上的节点,并具有网络节点的组态性和互操作性。利用现场总线网络、局域网和广域网,处在测控点的网络传感器将测控参数信息加以必要的处理后上传网络,联网的其他设备便可获取这些参数,进而再进行相应的分析和处理。目前,IEEE 已经制定了兼容各种现场总线标准的智能网络化传感器接口标准 IEEE1451。图 6.23 为典型的基于网络化智能传感器的分布式测控系统结构框图。

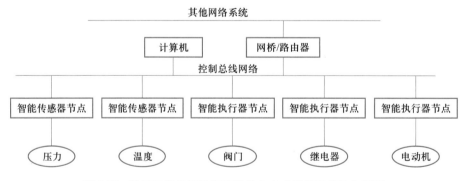

图 6.23 基于网络化智能传感器的分布式测控系统结构框图

图 6.24 为某公司开发的带 CAN 总线接口的智能氮氧化物传感器,由前端传感器件和电子控制单元组成。电子控制单元控制检测进程,完成检测数据的处理,并通过 CAN 总线将数字化的检测结果发送给主控设备。该传感器已广泛应用于车用汽油机和柴油机的废气后处理

系统中。

图 6.24　CAN 总线接口氮氧化物传感器

网络化传感器应用范围很大,比如在广袤地域的水文监测中,在江河从源头到入海口的关键测控点用网络化传感器对水位乃至流量、雨量进行实时在线监测,组成分布式流域水文监控系统,可对全流域及其动向进行在线监控。在对全国耕地进行的质量监测中,也同样可利用网络化传感器进行大范围信息的采集。随着分布式测控网络的兴起,网络化传感器必将得到更广泛的应用。

2. 网络化设备状态监测与故障分析诊断系统

随着科学技术进步和现代生产水平的提高,各种机电设备不断向大型化、系统化和自动化方向发展,机电设备的地域分散性越来越大,相互间的关联程度却越来越密切。为了节省时间、费用,准确、快速地对大型设备进行故障诊断,远程故障诊断技术得到了高度重视并快速发展。图 6.25 为基于 Web 技术的远程设备状态监测与故障分析诊断系统结构框图。

通过本系统,用户可以在局域网内或通过 Internet 应用 Web 浏览器远程监视设备的运行状态并进行故障分析诊断,图 6.26 所示为系统的运行界面示例。

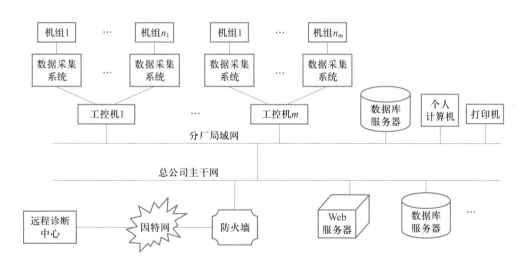

图 6.25　基于 Web 的远程设备状态监测与故障分析诊断系统结构框图

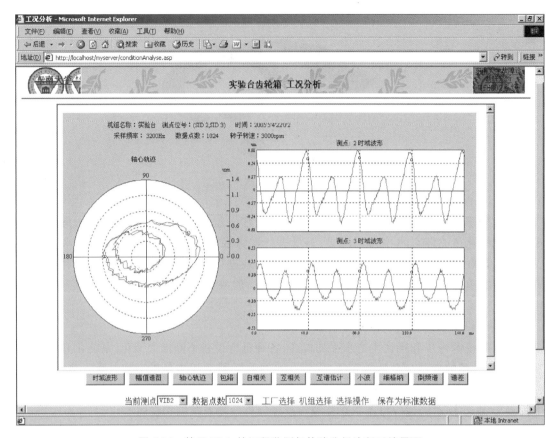

图 6.26　基于 Web 的远程监测与故障分析诊断系统界面

3. 基于 TDC 和 ZigBee/WiFi 技术的无线应变监测系统

无线应变测量技术结合了应变电测技术和新兴的无线通信技术,从而避免用导线作为应变测试系统数据传输方式带来的诸多不便。无线应变监测系统由基于 ZigBee 互联的无线应变采集终端构成,应变采集终端采用时间数字转换(TDC)技术实现高精度应变检测,检测结果通过 ZigBee/WiFi 网关、无线路由器连接至因特网。图 6.27a 为无线应变监测系统总体结构图,图 6.27b 为应变采集终端节点原理框图,图 6.27c 为该系统应用于起重机应变监测的监控计算机人机界面。

4. 基于 4G/5G 的设备健康监测与智能维护平台

4G/5G 移动通信网络为网络化测试系统的构建提供了新的途径。随着 5G 技术的落地实施,基于 4G/5G 技术的无线网络测试系统已在智能制造、智能工厂中得到成功应用。图 6.28 所示为某石化企业基于 4G/5G 的设备健康监测与智能维护平台总体结构,针对关键设备,系统采用有线局域网技术实现设备振动、温度等工况数据的在线监测及边缘计算,实时预警并识别设备故障;而对一般设备,则通过 ZigBee、LoRa、WiFi 等无线通信技术,根据用户设定的时间间隔监视并识别设备运行工况。有线、无线融合,有效降低了系统实施的难度和成本,尤其是解决了在役设备采用有线监测带来的现场布线难题。与此同时,边缘计算技术的引入,将信号处理、特征提取、故障预警与诊断直接在设备侧就地实现,也极大降低了网络通信负荷,提高了系统的可靠性和智能化水平。

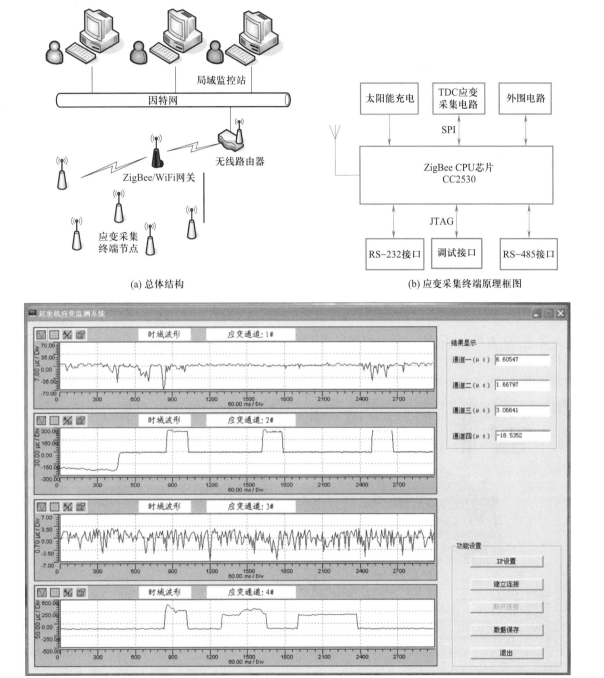

(a) 总体结构

(b) 应变采集终端原理框图

(c) 应变监测界面

图 6.27 基于 TDC 和 ZigBee/WiFi 技术的无线应变监测系统

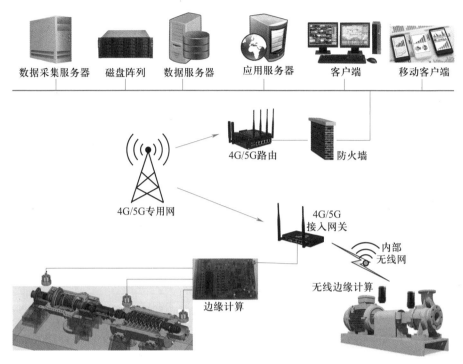

图 6.28　基于 4G/5G 的设备健康监测与智能维护平台总体结构

　　图 6.29a 为基于 4G/5G 的设备健康监测与智能维护平台运行主界面,结合设备故障机理及现代信号处理和人工智能技术实现了设备故障自动诊断。图 6.29b 为相应的信号分析界面,可为用户提供丰富的信号分析手段。

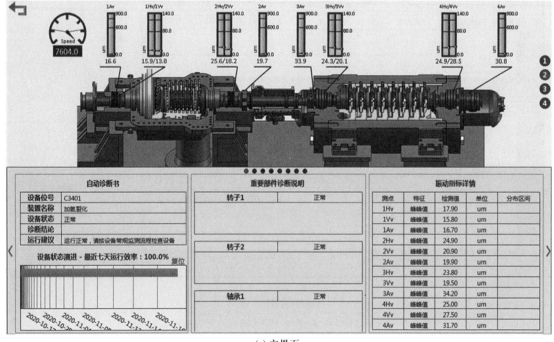

(a) 主界面

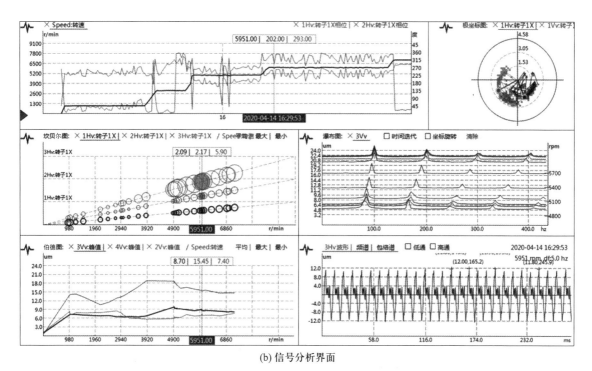

(b) 信号分析界面

图 6.29　基于 4G/5G 的设备健康监测与智能维护平台运行界面

习　　题

6.1　一个 6 位逐次逼近式 A/D 转换器,分辨率为 0.05 V,若模拟输入电压为 2.2 V,试求其数字输出量的数值。

6.2　采用 12 位 A/D 转换器对 10 Hz 信号进行采样,若不加采样保持器,同时要求 A/D 采样孔径误差小于 1/2LSB 时,A/D 转换器的转换时间最大不能超过多少?

6.3　如果要求一个 D/A 转换器能分辨 5 mV 的电压,设其满量程电压为 10 V,试问其输入端数字量至少要多少位?

6.4　说明逐次逼近式 A/D 转换器的工作原理。试设计一软件模拟该 A/D 转换器的转换过程。

6.5　简要说明计算机测试系统各组成环节的主要功能及其技术要求。

第7章 位移的测量

当振动频率为零时测得的振动信号即位移,因此位移是振动测量的特例。位移是指物体上某一点在一定方向上的位置变动,因此位移是矢量。一般情况下,应使测量方向与位移方向重合,这样才能真实地测量出位移量的大小。如果测量方向与位移方向不重合,则测量结果仅是该位移量在测量方向上的分量。从被测量来分,位移测量分为线位移测量和角位移测量。

由于位移测量振动频率为零,一些测振传感器无法使用。因此,应当根据不同的被测对象,选择适当的测量点、测量方向和测量系统。其中,传感器的选择恰当与否对测试精度影响很大,必须特别重视。测量系统见前述章节。

7.1 常用位移传感器

根据传感器的变换原理,常用的位移传感器有电阻式、电感式、电容式、磁电式、光纤式等。表 7.1 列出了较常见位移传感器的主要特点和使用性能。

表 7.1 常见位移传感器及其主要特点与使用性能

形式			测量范围	精确度	直线性	特点
电阻式	滑线式	线位移	1～300 mm①	±0.1%	±0.1%	分辨率较高,可用于静态或动态测量。机械结构不牢固
		角位移	0°～360°	±0.1%	±0.1%	
	变阻器	线位移	1～1 000 mm①	±0.5%	±0.5%	结构牢固,寿命长,但分辨率较差,电噪声大
		角位移	0～60 rad	±0.5%	±0.5%	
	应变式	非粘贴	±0.5%应变	±0.1%	±1%	不牢固
		粘贴	±0.3%应变	±(2%～3%)		牢固,使用方便,需温度补偿和高绝缘,电阻输出幅值大,温度灵敏性高
		半导体	±0.25%应变	±(2%～3%)	满刻度±20%	
电感式	自感式	变气隙型	±0.2 mm	±1%	±3%	只宜用于微小位移测量
		螺管型	1.5～2 mm			测量范围宽,方便可靠,动态性能较差
		特大型	300～2 000 mm①		0.15%～1%	测量范围宽,方便可靠,动态性能较差

形式		测量范围	精确度	直线性	特点
电感式	互感式	差动变压器	$\pm(0.08\sim75)$ mm①	$\pm0.5\%$	$\pm0.0\%$	分辨率高,受到磁场干扰时需屏蔽
	涡流式		$\pm(2.5\sim250)$ mm①	$\pm(1\%\sim3\%)$	$<3\%$	分辨率高,易受被测物体材料、形状、加工质量影响
电容式	变面积型		$10^{-3}\sim100$ mm①	$\pm0.005\%$	$\pm1\%$	介电常数受环境温度、湿度变化的影响
	变间距型		$10^{-3}\sim10$ mm①	0.1%		小范围内近似地保持线性
光电式	光栅尺	长光栅	$10^{-3}\sim1\,000$ mm①	3 μm/1 m		长光栅分辨率 0.1~1 μm
		圆光栅	$0°\sim360°$	$\pm0.5''$		
	角度编码器	接触式	$0°\sim360°$	10^{-6} rad		分辨率高,可靠性高
		光电式	$0°\sim360°$	10^{-6} rad		
磁电式	磁栅尺	长光栅	$10^{-3}\sim1\,000$ mm①	5 μm/1 m		测量时工作速度可达 12 m/min
		圆光栅	$0°\sim360°$	$\pm1''$		
	霍尔式		±1.5 mm	0.5%		动态特性好
光纤式	光纤光栅位移式		$0\sim100$ mm	$0.5\%\sim1\%$		抗干扰,灵敏度高

① 系指这种传感器形式能够达到的最大可测位移范围,而每一种规格的传感器都有其一定的远小于此范围的工作量程。

7.2 位移测量应用实例

7.2.1 轴位移的测量

轴位移是旋转机器中的一个十分重要的测量量,不仅能表明机器的运行特性和状况,而且能够指示推力轴承的磨损情况以及转动部件和静止部件之间发生碰撞的可能性。

由于工业现场的条件原因,目前常用涡流式位移传感器来测量轴位移。与下一章振动测量不同,位移测量只考虑传感器中的直流电压成分。

轴位移包括相对轴位移(即轴向位置)和相对轴膨胀。

1) 相对轴位移的测量

相对轴位移指的是轴向推力轴承和导向盘之间在轴向的距离变化。轴向推力轴承用来承受机器中的轴向力,它与导向盘之间要有一定的间隙,以便能够形成承载油膜。一般汽轮机为0.2~

0.3 mm,压缩机组为 0.4~0.6 mm。在这些间隙范围内,转子可以移动且不会与壳体部件相接触。
如果小于这些间隙,则轴承就会受到损坏,严重时甚至导致整个机器损坏。因此需要监测轴的相对位移以测量轴向推力轴承的磨损情况(图 7.1)。

2)相对轴膨胀

相对轴膨胀是指旋转机器中旋转部件和静止部件因为受热或冷却导致膨胀或收缩。测量相对轴膨胀(差胀)是很重要的,特别是在旋转机器的启停过程中因为机组受热和冷却,其转子和机壳会产生不同程度的膨胀。例如,功率大于 1 000 MW 的大汽轮机的相对轴膨胀可能达到 50 mm。

为了防止转子与机壳在启、停过程中发生接触,应该在轴肩或相对锥面安装非接触式位移传感器测量,并监测相对轴膨胀。非接触式位移传感器可选用涡流式位移传感器。因为膨胀量比较大,图 7.2 给出了各种不同量程范围所采用的测量方式。

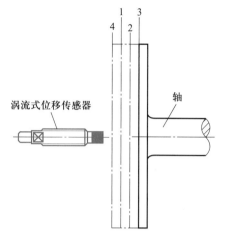

图 7.1 相对轴位移测量示意图
1—停机位置;2—正常运转位置;
3、4—紧急报警位置

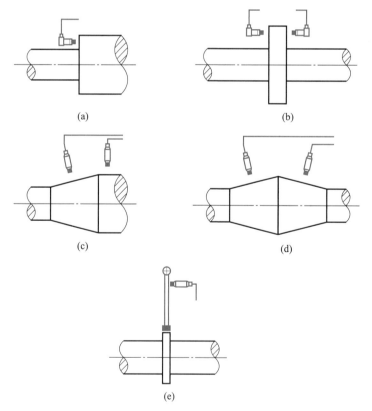

(a)

(b)

(c)

(d)

(e)

图 7.2 相对轴膨胀测量示意图

图 7.2a 所示为测量不超过 12.5 mm 的相对轴膨胀，一般采用涡流传感器在轴肩处直接测量；图 7.2b 中在轴肩两侧相对地安装涡流传感器，再结合监测仪器中的叠加电路，可以测量大约25 mm 的相对轴膨胀；如果要测量 50 mm 或更大的相对轴膨胀，经常利用转轴上锥面进行测量，见图 7.2c。当锥面移动时，轴向位移就转换为较小的径向位移，如锥角为 14°的锥面转换率为1∶4。对于轴在轴承中浮动引起的真正径向位移，可以安装两个涡流传感器构成差分电路进行补偿；如图 7.2d 所示的双锥面，采用这种方法测量轴位移时，则是用一个传感器测量相对轴膨胀，另一个传感器补偿轴的径向浮动；如果空间有限或者轴肩太低或太小，或者相对轴膨胀太大，通常采用摆式机构进行测量。摆端的磁性使得摆能够跟随轴肩运动，这样通过非接触传感器测量摆固定点附近的运动，就能测量相对轴膨胀，见图 7.2e。

7.2.2 回转轴径向运动误差的测量

回转轴运动误差是指在回转过程中回转轴线偏离理想位置而出现的附加运动。回转轴运动误差的测量在机械工程的许多行业中都是很重要的，无论对于精密机床主轴的运动精确度，还是对于大型、高速机组（如汽轮发电机组）的安全运行都有重要意义。

运动误差是回转轴上任何一点相对于轴线的平行移动和在垂直于轴线平面内的移动。前一种移动称为该点的端面运动误差，后一种移动称为该点的径向运动误差。

端面运动误差因测量点所在的半径位置不同而异，径向运动误差则因测量点所在的轴向位置不同而异。所以在讨论运动误差时，应指明测量点的位置。

下面介绍径向运动误差的常用测量方法。

测量一根通用回转轴的径向运动误差时，可将参考坐标选在轴承支承孔上。这时运动误差所表示的是回转过程中回转轴线对于支承孔的相对位移，它主要反映轴承的回转品质。任意径向截面上的径向运动误差可采用置于 x、y 方向的两只位移传感器来分别检测径向运动误差在 x、y 方向的分量。在任何时刻两分量的矢量和就是该时刻径向运动误差矢量。这种测量方式称为双向测量法（图 7.3）。

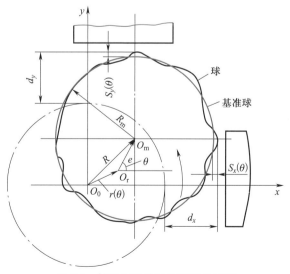

图 7.3 轴径向运动误差测量示意图

有时由于种种原因,不必测量总的径向运动误差,而只需要测量它在某个方向上的分量(例如,分析机床主轴的运动误差对加工形状的影响就属于这种情况),则可将一只位移传感器置于该方向来检测。这种方式称为单向测量法。

在测量时,两种方法都必须利用基准面来"体现"回转轴线。通常是选用具有高圆度的球或环来作为基准面。直接采用回转轴上的某一回转表面来作为基准面虽然可行,但由于该表面的形状误差不易满足测量要求,测量精确度较差。

实际上,传感器所检测到的位移信号是很复杂的。现以双向测量法(图7.3)为例来说明。设 O_0 为理想回转中心,O_m 为基准球的几何中心,O_r 为瞬时回转中心,e 为基准球的安装偏心,θ 为转角,并令 e 与 x 轴平行时 $\theta=0$,$r(\theta)$ 为径向运动误差。若基准球半径 R_m 远远大于偏心 e 和径向运动误差 $r(\theta)$,则两传感器检测到的位移信号 d_x 和 d_y 分别为

$$d_x = e \cos \theta + r_x(\theta) + s_x(\theta)$$
$$d_y = e \sin \theta + r_y(\theta) + s_y(\theta)$$

(7.1)

等号右侧第一、二项分别为偏心 e 和运动误差 $r(\theta)$ 在 x、y 方向上的投影,而第三项则为基准球上相差90°的两对应点处的形状误差。由此可见:

1) 在一般情况下 $d_x + d_y \neq r(\theta)$,而只有当 e、$s_x(\theta)$、$s_y(\theta)$ 均趋于零或已确知时,由 d_x 和 d_y 才能确定 $r(\theta)$。因此,如何消除或分离偏心 e 和基准球的形状误差 s,就成为研究测量方法的重要任务。目前常采用形状误差远小于回转运动误差的球作为基准球,力求减小它对测量结果的影响。当球的形状误差和运动误差大小同属于一个数量级时,则必须采用误差分离技术来消除其影响。

2) 在球的形状误差可忽略的情况下,d_x 和 d_y 是球中心的位移在 x、y 两方向上的分量。换言之,由于偏心 e 的存在,由 d_x、d_y 可以确定的是球几何中心的轨迹而不是回转轴心的轨迹。实际上,在同一根轴上,以相同条件运行时[因而 $r(\theta)$ 应一样],由于偏心 e 的大小和方位不同,测量的 d_x 和 d_y 亦不同。为了尽量减小偏心对 d_x、d_y 的影响,使得测量结果能更真实地反映 $r(\theta)$,就必须尽量减小或消除 e 值。如果这样做有困难,那么只有在相同偏心大小和方位的条件下测量的结果,彼此间才具有可比性。

通常通过适当的机械装置和精细调整来减小安装偏心,或采用滤波法和反相叠加法来减弱偏心的影响。

7.2.3 气动法位移测量

气动测量法是利用压缩空气作为介质,根据压缩空气在通过测量部位时产生的流速、流量以及压力的变化量,间接地测量被测对象的位移、尺寸等参量。气动测量按工作原理可以分为压力式、流量式、流速式等。

气动测量的主要特点是:(1)可以进行非接触测量,测量力很小(为0.05~1 N),适宜于对容易发生变形的薄壁件尺寸进行测量;(2)放大倍率高,如浮标式测量仪可达数千倍,其刻度间隔大,读数方便;(3)气动测量所采用的传感器(喷嘴)结构简单,尺寸极小,适合于小孔、深槽等特殊尺寸测量;(4)气动测量稳定性好,不磨损,寿命长,使用方便,维修容易等。

气动测量被广泛应用于制造行业,容易实现自动测量与控制,常被用来测量被加工件的厚

度、孔径、配合间隙等几何尺寸参数。如图7.4所示为差压汞柱式气动测量仪的工作原理,它是压力式气动测量原理的典型应用。压缩空气由气源1经过过滤器2和稳压器3之后,其压力稳定在一定值,一般为$14×10^4$ Pa,然后分为两路,一路经主节流孔11由测头经喷嘴挡板10的测量间隙流入大气中,其背压p_x(与测量间隙s成比例关系)作用于玻璃管7下端的水银隔膜9上;另一路经节流孔4后从调零阀6进入大气,其背压p_y(由调零阀调整)一方面由压力表5指示,另一方面作用于玻璃管7的上端。背压p_x(变量)与p_y(可调参数)之差决定了水银柱位置,在刻度尺8上可以读出,由此表示出被测尺寸值。

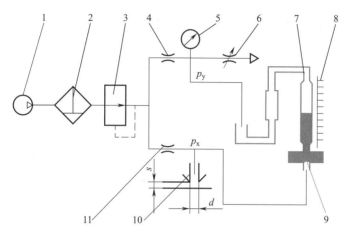

图7.4 差压水银柱式气动量仪工作原理图

1—气源;2—过滤器;3—稳压器;4—节流孔;5—压力表;6—调零阀;
7—玻璃管;8—刻度尺;9—水银隔膜;10—喷嘴挡板;11—主节流孔

7.2.4 厚度测量

在带材轧制生产中,要对产品厚度进行控制,首先就是要精确地、连续地测量出带材的厚度。厚度测量有非接触测厚和接触测厚两种方式。

1. 非接触式测厚

非接触式测厚的方法很多,目前常用的有X射线测厚法与激光位移传感器测厚。

X射线测厚时放射源和检测器分别置于被测带材的上、下方,其原理如图7.5所示。当射线穿过被测材料时,一部分射线被材料吸收;另一部分则穿透被测材料进入检测器,为检测器所吸收。对于窄束入射线,在其穿透被测材料后,射线强度I的衰减规律为

$$I = I_0 e^{-\mu h} \tag{7.2}$$

式中:I_0——入射射线强度;

μ——吸收系数;

h——被测材料的厚度。

当μ和I_0一定时,则I仅仅是板厚h的函数。所以,测出I就可以知道厚度h。但是由于被测材料不同,对于相同厚度的材料,其吸收能力也不同。因此,要利用不同检测器来检测穿过来的射线,并将其转换成电流量,经过放大后用专用仪表指示。

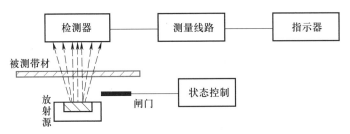

图 7.5　穿透式测厚仪原理图

激光位移传感器一般用于测量传感器至被测目标物之间的距离,通过测量所得的距离可以计算得到被测目标的厚度。激光测厚可以分为两种方式:单边测厚方式与双边测厚方式。

激光传感器单边测厚的原理如图 7.6 所示。在进行测厚时,激光传感器安装于被测带材的一侧,确定一个检测的参照面,记录下激光传感器与参照面的距离 A,使用激光传感器测量激光传感器与被测带材之间的距离 B,当被测带材厚度发生变化时,激光传感器与被测带材之间的距离也随之变化,则被测带材的厚度 H 可以通过计算得到,$H=A-B$。

激光传感器双边测厚的原理如图 7.7 所示。在进行测厚时,激光传感器分别安装于被测带材的上、下侧,使用激光传感器分别测量激光传感器(1)与被测带材上侧的距离 A 及激光传感器(2)与被测带材下侧的距离 B,当被测带材厚度发生变化时,激光传感器与被测带材上、下侧之间的距离也随之变化,则被测带材的厚度 H 可以通过计算得到,$H=C-A-B$。

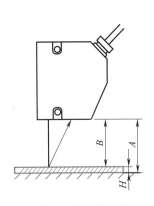

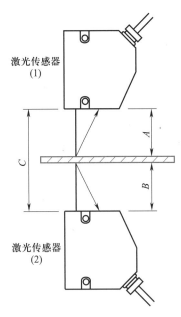

图 7.6　激光传感器单边测厚原理

A—激光传感器与参照面之间的距离;

B—激光传感器与被测物之间的距离;

H—被测带材的厚度

图 7.7　激光传感器双边测厚原理

A—激光传感器(1)与被测带材上侧的距离;

B—激光传感器(2)与被测带材下侧的距离;

C—激光传感器(1)与激光传感器(2)间的安装距离

对比激光传感器单边测厚与激光传感器双边测厚,单边测厚方式相对比较简单,具有较低的测量成本,双边测厚方式具有较高的测量成本。但是,当被测带材在测量过程中有振动时,单边测厚方式无法消除振动对测量的影响,振动值直接影响其测量结果。而在使用双边测厚方式时,即使被测带材在垂直方向发生振动,图 7.7 中的 $A+B$ 的值仍然保持不变,其测量结果不会受到被测物振动的影响,具有更好的测量精度。需要注意的是,在双边测厚方式下,对两个激光传感器头必须同步采样,才能保证测量效果,如果两个激光传感器头未同步采样,当被测带材在垂直方向发生振动时,由于两个激光传感器头检测结果的相位不同步,其 $A+B$ 的值不能保持恒定,从而会对测量效果产生影响,导致测量结果的不准确。

2. 接触式测厚

在带钢上、下各安装一个位移传感器,由 C 形架固定,如图 7.8 所示,左、右各安装一对随动导辊,以保证在测量时带钢与传感器垂直。当带钢厚度改变时,上、下与带钢接触的差动式位移传感器同时测出位移变化量,从而形成厚度偏差信号输出。

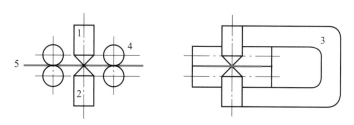

图 7.8　接触式测厚原理

1—上传感器;2—下传感器;3—C 形架;4—导辊;5—被测带材

为增强位移传感器测量头的耐磨性,一般采用金刚石接触测量。

7.2.5　刚度测量

电液伺服阀中广泛地应用了精密弹性元件(包括弹簧管、反馈杆、支撑杆等)作为力敏元件以获得反馈信号,精密弹性元件的刚度特性对电液伺服阀的性能影响很大,加工过程中需要对其刚度值进行测量。以弹簧管为例,在实际测量中,采用单力臂施力,弹簧管在一定弯矩作用下产生一个转角,该转角通过测转动弧长间接得到,因此弹簧管刚度测量的关键是测得其受力时的变形量,即位移的测量。

选择合适的位移传感器是弹簧管刚度测量中的重要任务,根据弹簧管的最大允许转角和测杆力臂长度,位移传感器的量程至少应该为 0.12 mm。另外,弹簧管刚度测量的不重复误差要求小于 1%,通过计算分析,位移传感器的分辨率应取为 0.1 μm,以满足测量精度要求。根据所给出的对位移传感器的技术指标要求,所需要的传感器应该能够在具有一定高分辨率的情况下,有相对较大的量程,且弹簧管的刚度测量属于静态测量,对传感器的动态响应特性要求不高,因此选择了螺管型差动式电感传感器来测量微位移。该传感器结构简单、制造容易、测量范围大、抗干扰能力强并且采用差动式还可以提高测量的灵敏度。

弹簧管刚度测量的工作原理如图 7.9 所示,将弹簧管头部装入测杆 6 的孔中夹紧,然后将其放入夹具 7 中通过弹簧管的法兰盘将弹簧管固定,通过横向调整机构 8 和纵向调整机构 9 调整测杆头部的钢球与铁心衔持板 4 处于准接触状态(因此铁心衔持板又可称作施力头)。自动加载机构 11 在加载的过程中推动弹性块 12 向上产生微小变形,与弹性块相连的力传感器 2 在这个微小变形的作用下平行上移,通过铁心衔持板 4 对安装在弹簧管上的测杆 6 施加载荷,加载过程中,力传感器 2 和位移传感器检测每个测量点处的力和位移,由测得的力和位移值,通过就可以计算出弹簧管的刚度值。

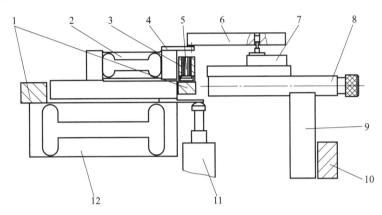

图 7.9 弹簧管刚度测量原理

1—台板;2—力传感器;3—位移传感器线圈;4—铁心衔持板;5—位移传感器铁心;6—测杆;
7—夹具;8—横向调整机构;9—纵向调整机构;10—基板;11—自动加载机构;12—弹性块

7.2.6 机床位移测量

机床位移测量是实现机床运动的重要环节,机床位移测量装置是机床闭环伺服系统的重要组成部分。对于具有闭环控制功能的数控机床而言,其加工精度主要取决于测量装置的精度与测量方式。机床闭环伺服位移测量常见的形式主要有光栅尺与脉冲编码器。

1. 光栅尺

光栅尺是机床闭环伺服系统中位移测量用得较多的一种测量装置,其输出信号为数字脉冲,具有检测范围大、测量精度高的优点,其测量精度可以达 0.04 μm。常见的光栅从形状上分为两种:圆光栅和长光栅。圆光栅用于角位移测量,长光栅用于直线位移测量。

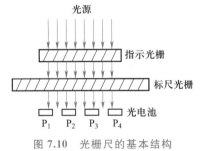

图 7.10 光栅尺的基本结构

光栅尺检测装置主要由光源、标尺光栅、指示光栅、光电池等组成,其基本结构如图 7.10 所示。标尺光栅固定在机床移动部件(工作台)上,长度相当于工作台移动的全行程。指示光栅安装在机床固定部件上。

光栅尺的标尺光栅和指示光栅具有相同的栅距 ω,其平面相互平行,栅线交叉成一个微小角度 θ。光源发出的光经过聚光镜后变为平行光照射在栅面上,由于光的衍射或遮光效应,透过光线的区域形成亮带,不透光的区域形成暗带,其余区域介于亮带与暗带之间。标尺光栅和指示光栅之间沿栅线垂直方向有相对运动时,在标尺光栅与指示光栅的角平分线相垂直方向上会产生明暗相间的条纹,称为莫尔条纹。莫尔条纹相邻两个亮条纹(或相邻两个暗条纹)之间的距离就是莫尔条纹间距 w。光栅尺莫尔条纹形成原理如图 7.11 所示。

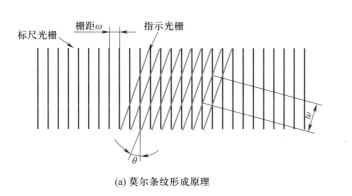

(a) 莫尔条纹形成原理 　　　　　　　　　 (b) 莫尔条纹放大原理

图 7.11　光栅尺莫尔条纹形成原理

莫尔条纹具有以下特性。

(1) 放大作用

如图 7.11 所示,当线纹夹角 θ 很小时,莫尔条纹间距 w、线纹夹角 θ 与栅距 ω 间的关系为

$$w = \frac{\omega}{2\sin(\theta/2)} \approx \frac{\omega}{\theta} \tag{7.3}$$

则,放大比 k 可以表示为

$$k = \frac{w}{\omega} = \frac{1}{\theta} \tag{7.4}$$

若栅距 $\omega = 0.01$ mm,$\theta = 0.01$ rad,则 $k = 100$,$w = 1$ mm。即使光栅尺的栅距很小,但莫尔条纹却清晰可见,在无需外加复杂光学系统情况下,就能把光栅的栅距放大百倍,同时还可大大减轻后续电子放大线路的负担,大大提高了光栅测量装置的分辨率。

(2) 平均效应

莫尔条纹由若干光栅线纹共同形成,对于每毫米 100 条线纹的光栅,10 mm 宽的一根莫尔条纹就由 1 000 条光栅线纹组成,使得栅距之间的相邻误差平均化,消除了由于光栅线纹误差导致的栅距不均匀而产生的测量误差。

(3) 莫尔条纹的移动与栅距的移动成比例

当标尺光栅和指示光栅相对移动一个栅距 ω,莫尔条纹也相应移动一个莫尔条纹宽度 w。若光栅移动方向相反,则莫尔条纹移动方向也相反。莫尔条纹的移动方向和移动距离分别与光栅的移动方向和移动距离严格对应。因此通过对莫尔条纹信号的处理就能间接得到标尺光栅和指示光栅之间的位移量。

光栅测量基本原理是将直线或角度位移量的变化用莫尔条纹表现出来,同时对莫尔条纹信号进行处理得到位移量。为提高光栅测量的分辨率,除增大刻线密度和提高刻度精度外,一般还可通过倍频电路实现细分。下面以四倍频细分为例对其测量原理进行说明,光栅测量中的四倍频逻辑电路如图 7.12 所示。

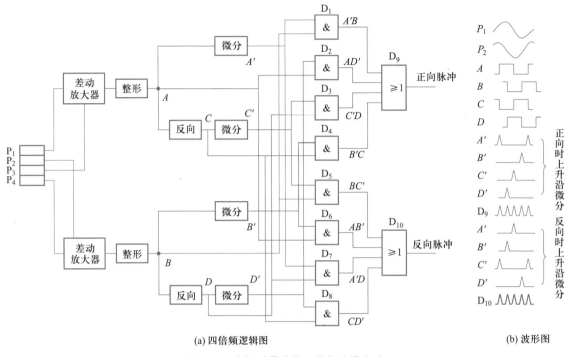

(a) 四倍频逻辑图   (b) 波形图

图 7.12   光栅测量中的四倍频逻辑电路

在一个莫尔条纹宽度内安装相互距离为 1/4 个莫尔条纹宽度的四个光电元件,当指示光栅与标尺光栅间发生相对移动时,四个光电元件 P_1、P_2、P_3、P_4 产生四个依次相差 90 °的正弦信号。将两组相差 180°的两个正弦电压信号分别送入两个差动放大器,输出的信号经整形后,得到两路相位相差 90°的方波信号 A 和 B。A 和 B 两路方波信号直接经微分电路,得到两路尖脉冲信号 A′和 B′,A 和 B 两路方波信号反向得到与 A 和 B 分别相差 180°的等脉宽方波信号 C 和 D,经微分电路后得到两路尖脉冲信号 C′和 D′。四路尖脉冲信号 A′、B′、C′、D′按相位关系与 A、B、C、D 与操作,再经或门输出正、反向脉冲信号。

当指示光栅相对于标尺光栅作正向移动时,莫尔条纹按 $P_1 \rightarrow P_2 \rightarrow P_3 \rightarrow P_4 \rightarrow P_1$ 的顺序扫描光电元件,则四路尖脉冲出现的顺序为 $A′ \rightarrow B′ \rightarrow C′ \rightarrow D′ \rightarrow A′$,与门 D_1、D_2、D_3、D_4 的输出分别为 A′B、AD′、C′D、B′C,通过或门 D_9 输出正向脉冲信号。反之,当指示光栅相对于标尺光栅作反向移动时,莫尔条纹按 $P_4 \rightarrow P_3 \rightarrow P_2 \rightarrow P_1 \rightarrow P_4$ 的顺序扫描光电元件,则四路尖脉冲出现的顺序为 $C′ \rightarrow B′ \rightarrow A′ \rightarrow D′ \rightarrow C′$,与门 D_5、D_6、D_7、D_8 的输出分别为 BC′、AB′、A′D、CD′,通过或门 D_{10} 输出反向脉冲信号。当正向移动时,每出现一个莫尔条纹,或门 D_9 有四个脉冲信号输出,同时或门 D_{10} 保持低电平;当反向移动时,每出现一个莫尔条纹,或门 D_{10} 有四个脉冲信号输出,同时或门 D_9 保持低电平。

从上述分析可以发现:每出现一个莫尔条纹,四倍频电路可以将原来的一个脉冲信号输出增加到四个脉冲信号输出,即光栅每移动一个栅距对应有四个脉冲信号输出,其分辨率提高了四倍。除四倍频细分电路外,还有八倍频、十倍频、十二倍频及其他倍频电路。

2. 脉冲编码器

脉冲编码器是一种光学式位置检测装置,把轴转角变换为脉冲信号输出,用来测量轴的角位移。按照测量方式,脉冲编码器可以分为增量式和绝对值式两种;按信号的拾取方式可以分为光电式、接触式和电磁式。

（1）增量式脉冲编码器

增量式脉冲编码器把机械的角位移转换成电脉冲输出,是数控机床上最常用的位移检测装置。常用的增量式脉冲编码器为增量式光电编码器,其工作原理见图 7.13。

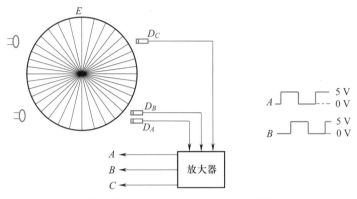

图 7.13　增量式光电编码器工作原理

图 7.13 中编码盘四周刻有径向等距的条纹,把圆盘周围分成相等的透明与不透明部分,数量从几百条到上万条不等。当圆盘随测试轴同步转动时,光电元件接收时断时续的光,产生近似正弦的信号,经放大整形后形成 3 路脉冲信号(A、B、C)送到计数器,其中 A 与 B 脉冲信号相差为90°,可以根据脉冲数目计算得到测试轴的角位移,根据脉冲频率计算得到测试轴的转速,根据 A 与 B 信号的相位超前或滞后关系确定测试轴的旋转方向。

增量式光电编码器的检测精度由编码盘周围的条纹数决定,条纹数越多,编码器所能分辨的最小角度越小,因此增量式光电编码器一般按每转脉冲数定义其型号,数控机床常用的型号有2 000 脉冲/转、2 500 脉冲/转等,具体应用时根据数控机床的丝杠螺距选用。随着伺服系统不断向高速、高精度发展,增量式光电编码器也不断向高分辨率发展,目前已有每转几万乃至几十万脉冲的编码器面世。此外,为了在一定的每转脉冲数下进一步提高分辨率,数控系统中常常采用倍频电路对编码器输出的 A 与 B 信号进行处理,例如,配置 2 500 脉冲/转光电编码器的伺服系统,经四倍频电路处理后达到 10 000 脉冲/转的分辨率,如滚珠丝杠的螺距为 10 mm,其控制系统的直线位移分辨率由原有的 0.004 mm 提高到 0.001 mm。具体的倍频电路可参照光栅测量。

增量式光电编码器采用非接触式编码盘,允许转速高,具有高精度、高可靠的优点。

（2）绝对值式脉冲编码器

绝对值式脉冲编码器是一种直接编码式的编码器,通电即可输出当前位置,由多个来自圆光栅码盘的绝对码组成,工作过程中无误差累积,无需在应用过程中进行参考点回零操作。绝对值式脉冲编码器一般分为接触式、光电式、电磁式等,目前最常用的是光电式循环编码器。

绝对值式脉冲编码器如图 7.14 所示。

绝对值式脉冲编码器采用直接编码的形式,直接把被测转角转换为相应的代码输出。编码盘按一定的编码形式将圆盘分成若干等份,利用电子、光电或电磁元件把各等份上的数码转换为电信号输出。常见的编码形式主要有二进制编码与格雷编码。图 7.14a 为一四位编码绝对值式脉冲编码器工作原理,蓝色部分为导电体,对应于各码道装有对应的电刷,编码时高位在内,低位在外。图 7.14b 与图 7.14c 分别为二进制码盘与格雷码盘。当码盘随测试轴转动时,就可以得到一串二进制数输出。

以二进制编码为例,码道的圈数即为二进制位数,对于一 n 位二进制码盘,其码道数为 n,在码盘转动一圈时,共有 2^n 个二进制数据表示不同的角位置,所能分辨的最小角度为 $360/2^n$。可见,码道数决定了码盘的精度,码道数越多,码盘的容量越大,对应的最小分辨角度越小,精度越高,具有更高的分辨率。

如图 7.14 中所示的绝对值式码盘,当电刷安装出现位置误差时,会导致电刷接触不良或检测位置不准,电刷的检测读数可能产生任意数,对测量造成较大的误差。为了消除这种误差,可以采用其他编码形式,如格雷码,图 7.14c 为一四位格雷码盘。格雷码与二进制码的差别在于格雷码各码道的数码并不同时改变,相邻的数码间只有一位不同,每次只需切换一位数,可以大大减少误差。

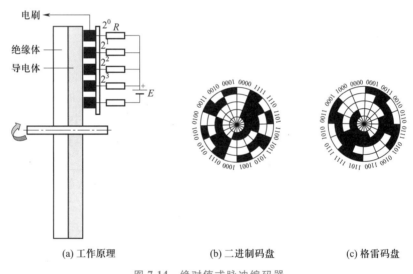

(a) 工作原理　　　　　　(b) 二进制码盘　　　　　　(c) 格雷码盘

图 7.14　绝对值式脉冲编码器

（3）脉冲编码器的应用

数控机床上脉冲编码器的安装主要有两种方式:与伺服电机同轴连接或与滚珠丝杠末端连接。相比与伺服电机同轴连接,与滚珠丝杠末端连接的方式可以减少滚珠丝杠传动过程中的误差与形变,具有较高的控制精度。

7.2.7　光纤光栅位移测量

光纤光栅传感器是利用光纤布拉格光栅(fiber bragg grating,FBG)的波长对温度、应力参数的敏感特性制成的一种新型光纤传感器,是一种波长调制型光纤传感器。与传统的光纤传感器相比,被测信息被转化成共振波长的移动,即波长调制方式,可方便多光栅复用。光纤布拉格光栅示意图如图 7.15 所示。

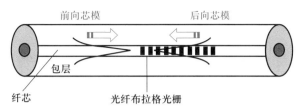

图 7.15　光纤布拉格光栅示意图

　　光纤布拉格光栅具有波长选择特性,当入射光波长使得来自各光栅条纹的发射光满足谐振加强条件时,光栅对入射光的反射率达到最大。光纤布拉格光栅是周期小于 1 μm 的短周期光纤光栅,其光栅布拉格波长为

$$\lambda_B = 2n_{eff}\Lambda \tag{7.5}$$

式中:n_{eff}——光纤的有效折射率;

　　Λ——光栅周期。

　　由式(7.5)可知,光纤光栅的布拉格波长取决于光栅周期 Λ 与光纤有效折射率 n_{eff},任何引起两参数变化的物理过程都可导致光栅布拉格波长发生改变。当光栅受到外界拉压作用时,光栅周期 Λ 会发生改变,光纤具有的弹光效应使得光纤有效折射率 n_{eff} 也随着外界应力的变化而改变。因此,光纤光栅可以被用来检测位移量,例如裂纹(裂缝)尺寸发展过程监测等。

　　1. 常用光纤光栅位移传感器

　　光纤光栅位移传感器的本质是将位移量转换为应变量变化进行测量,且光栅布拉格波长的变化量与位移变化量成正比关系。

　　光纤光栅中心波长变化量 $\Delta\lambda_B$ 与纵向应变 ε_x 的关系为

$$\frac{\Delta\lambda_B}{\lambda_B} = (1-P_e)\varepsilon_x \tag{7.6}$$

式中:P_e——光纤弹光系数;

　　ε_x——光纤纵向应变。

　　目前主要的应用方式包括:悬臂梁结构光纤光栅位移传感器与拉杆式光纤光栅位移传感器,量程范围一般达到几百毫米,精度可以达到 1% F.S。

　　(1)悬臂梁结构光纤光栅位移测量

　　光纤光栅传感器检测的悬臂梁结构如图 7.16 所示。距离梁固定端 l 处在梁的上表面粘贴上光纤光栅,当梁的自由端发生位移 x,产生沿光纤光栅的轴向应变,引起布拉格反射波的变化。由于所使用的悬臂梁为等强度梁,根据材料力学,悬臂梁上沿光纤光栅的轴向应变 ε_x 可表示为

$$\varepsilon_x = \frac{h}{L^2}x \tag{7.7}$$

式中:L——梁的长度;

　　h——梁端部厚度;

　　x——梁自由端位移。

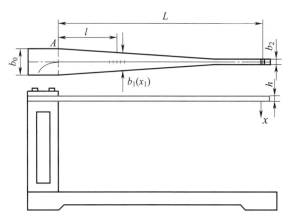

图 7.16　光纤光栅传感器检测的悬臂梁结构

式(7.7)代入式(7.6)得到

$$\Delta\lambda_B = \frac{h\lambda_B(1-P_e)}{L^2}x \qquad (7.8)$$

可以看出,轴向应变 ε_x、光纤光栅中心波长变化量 $\Delta\lambda_B$ 与悬臂梁自由端位移 x 呈线性关系。

（2）拉杆式光纤光栅位移测量

目前最常用位移检测光纤光栅传感器是拉杆式位移传感器,如图 7.17 所示。

图 7.17　拉杆式光纤光栅位移传感器实物图

拉杆式光纤光栅传感器工作原理如图 7.18 所示。当位移传感器端部发生位移 $\mathrm{d}x$ 时,光纤光栅传感器布拉格波长变化量 $\Delta\lambda_B$ 与位移量 $\mathrm{d}x$ 呈线性关系。

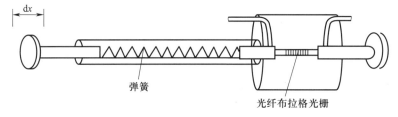

弹簧

光纤布拉格光栅

图 7.18　拉杆式光纤光栅传感器工作原理

2. 光纤光栅位移传感器特点

作为波长调制型光纤传感器,光纤光栅位移传感器具有以下优点。

（1）抗干扰能力强、耐腐蚀。光纤传输不会对传输光波的频率特性产生影响,同时,由于光纤光栅位移传感器检测的是光波长的变化,外界的干扰,例如光源强度、耦合损耗等,不会对信号的波长产生影响。

（2）灵敏度高、响应速度快。以光纤传感技术为基础的传感器的灵敏度往往优于一般的传感器。

（3）重量轻、体积小，可以制成尺寸小的位移传感器，有利于在狭小空间的应用。

（4）传感器采用波长编码技术，消除了光源功率波动及系统损耗的影响，便于实现远距离测量，适用于长期监测。

虽然光纤光栅位移传感器具有上述优点，在机械制造、土木工程等领域得到越来越广泛的应用，但其也存在不足之处，例如波长检测需要用较复杂的技术和较昂贵的仪器或器件，需要大功率的宽带光源，同时其检测分辨率也受到一定限制。

7.2.8　物位测量

物位可分为液位、料位和相界面位置。液位为罐、塔、槽等容器存放的液面高度或液体表面位置。料位为罐、堆场、仓库等存放的固体块、颗粒、粉料的堆积高度或表面位置。相界面一般为液-液、液-固界面。按照测量方式不同，物位计可以分为浮力式、电容式、超声式、微波式、磁致伸缩式、差压式等。

1）浮力式液位计

浮力式液位计分为恒浮力式液位计与变浮力式液位计。恒浮力式液位计是根据浮标或浮子升降测量液面变化的，结构简单，适用于储罐液位测量。变浮力式液位计采用阿基米德定律和磁耦合原理，当液位变化时，液位计浸入液体的深度发生改变，其所受浮力也相应发生改变，从而带动机构动作产生输出，可计算得到液位高度。

2）电容式物位计

电容式物位计分为电容式液位计与电容式料位计。电容式物位计是通过测量电容变化并计算得到料位高度。以非导电液休介质为例，在容器中放置一金属棒作为电容的　极，容器壁为另一极，两电极间介质为液体和空气，由于液体与空气的介电常数不同，液体液位发生改变时，两电极间的电容相应发生改变，进而可以计算得到液位高度，其原理可参见本书电容式传感器。

3）超声物位计

超声物位计根据回波测距原理进行物位测量。在气体、液体或固体中，超声波传播遇到不同介质分界面时会发生反射与折射，利用超声波从发射到接收的时差与物位高度成比例的关系，进而求得物位高度。工业生产中常用的超声物位计有气介式、液介式与固介式三种，如图 7.19 所示。

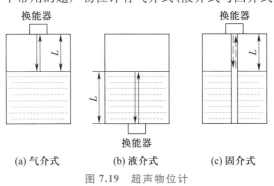

(a) 气介式　　(b) 液介式　　(c) 固介式

图 7.19　超声物位计

超声物位计具有如下特点。

（1）非接触式测量，无可动部件。

（2）超声波传播速度几乎不受光线、介质湿度、介质黏度、电导率、热导率等因素影响，能进行运动或晃动下液位测量，可用于有毒、腐蚀性或高黏度等场景下物位测量。

（3）超声波传播速度易受介质温度、压力与密度的影响，当出现该类场景时需要对超声波传输速度进行校正，以保障测量精度。

（4）超声波仪器结构复杂，价格相对较高。

4）微波物位计

微波物位计也是根据回波测距原理进行物位测量的。物位计通过天线向被测物料面发射微波，微波传播到不同相对介电常数的物料表面时产生发射，并被天线接收，发射波与接收回波的时差与天线和物料表面间距离成正比关系，通过计算时差进而得到物位。微波传播速度与介质特性无关，使得微波物位计工作不受温度、压力、蒸汽等环境因素影响。微波物位计主要分为三种：调频连续波式、脉冲式与导波式。

调频连续式微波物位计通过天线发射线性或非线性调制的高频连续波，利用回波与发射波之间的频差与物位之间的关系获得物位值。调频连续式微波物位计属于非接触式测量，可用于腐蚀性测量环境，适用于近距离物位测量，测量精度高。

脉冲式微波物位计通过天线发射周期性脉冲信号，利用反射脉冲与发射脉冲的时差计算物位。脉冲式微波物位计也属于非接触式测量，可用于腐蚀性测量环境，但是其测量距离受发射功率的影响，且发射脉冲宽度对测量分辨率影响很大。

导波式微波物位计工作时，脉冲信号沿导波杆传输至被测介质，信号传播过程发散消耗小，且抗干扰效果更好。导波式微波物位计属于接触式测量，能耗低，可用于高温高压测量场景。

习　　题

7.1　选用位移传感器应注意哪些问题？

7.2　利用涡流传感器测量物体的位移。试问：

（1）如果被测物体由塑料制成，位移测量是否可行？为什么？

（2）为了能够对该物体进行位移测量，应采取什么措施？应考虑什么问题？

7.3　电感式位移传感器测量位移有什么特点？主要应用于什么场合？

7.4　涡流式位移传感器测量位移与其他位移传感器比较，其主要优点是什么？涡流传感器能否测量大位移？为什么？

7.5　简述激光传感器双边测厚的工作原理，分析被测物振动对激光传感器单边测厚与激光传感器双边测厚两种方法的影响。为了提高激光双边测厚的精度，测试过程中应采取什么措施？

7.6　简述超声物位计的构成与工作原理，其有哪些特点？

7.7　水箱液位测量可以选用哪些种类的物位计？简述其测量原理。

第8章　振动的测量

机械振动是自然界、工程技术和日常生活中普遍存在的物理现象。各种机械在运动时,由于诸如旋转件的不平衡、负载的不均匀、结构刚度的各向异性、间隙、润滑不良、支撑松动等因素,总是伴随着各式各样的振动。

机械振动在大多数情况下是有害的,振动往往会破坏机器的正常工作,降低其性能,缩短机器的使用寿命,甚至导致机毁人亡的事故。机械振动还伴随着产生同频率的噪声,恶化环境和劳动条件,危害人们的健康。另外,振动也被利用来完成各项有益的工作,如运输、夯实、清洗、粉碎、脱水等。这时必须正确选择振动参数,充分发挥机械的振动性能。

随着现代工业技术的日益发展,除了对各种机械设备提出低振动和低噪声要求外,还需随时对机器的运行状况进行监测、分析、诊断,对工作环境进行控制等,这些都离不开振动测量;为了提高机械结构的抗振性能,有必要进行机械结构的振动分析和振动设计,找出薄弱环节,改善其抗振能力;为了保证大型机电设备安全、正常、有效的运行,必须检测其振动信息,监视其工况,并进行故障诊断。因此,振动的测试在生产和科研等各方面都有着十分重要的地位。

振动测量包括两方面的内容:一是测量工作机械或结构在工作状态下存在的振动,如振动位移、速度、加速度,了解被测对象的振动状态、评定等级和寻找振源,以及进行监测、分析、诊断和预测;二是对机械设备或结构施加某种激励,测量其受迫振动,以便求得被测对象的振动力学参量或动态性能,如固有频率、阻尼、刚度、响应和模态等。

8.1　振动的基础知识

8.1.1　振动的类型及其表征参数

1. 振动类型

机械振动是指机械设备在运动状态下,机械设备或结构上某观测点的位移量围绕其均值或相对基准随时间不断变化的过程。

与信号的分类类似,机械振动根据振动规律可以分成两大类:确定性振动和随机振动,如图 8.1 所示。

2. 振动的基本参数

振动的幅值、频率和相位是振动的三个基本参数,称为振动三要素。只要测定这三个要素,

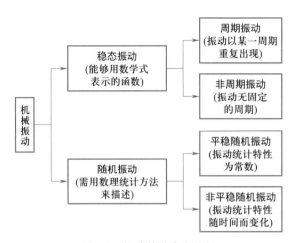

图 8.1 振动的种类和特征

也就决定了整个振动运动。

1）幅值。幅值是振动强度大小的标志,它可以用不同的方法表示,如峰值、有效值、平均值等。

2）频率。频率为周期的倒数。通过频谱分析可以确定主要频率成分及其幅值大小,从而可以寻找振源,采取措施。

3）相位。振动信号的相位信息十分重要,如利用相位关系确定共振点、振型测量、旋转件动平衡、有源振动控制、降噪等。对于复杂振动的波形分析,各谐波的相位关系是不可缺少的。

简谐振动是最基本的周期运动,各种不同的周期运动都可以用无穷多个不同频率的简谐振动的组合来表示。

简谐振动的运动规律可用简谐函数表示,即振动的运动规律为

$$
\begin{aligned}
y &= A\sin\left(\frac{2\pi}{T}t+\varphi\right) \\
&= A\sin(2\pi ft+\varphi) \\
&= A\sin(\omega t+\varphi)
\end{aligned}
\tag{8.1}
$$

式中:y——振动位移;

$\quad t$——时间;

$\quad f$——振动频率;

$\quad A$——位移的最大值,称为振幅;

$\quad T$——振动周期,为振动频率 f 的倒数;

$\quad \omega$——振动角频率;

$\quad \varphi$——初始相位角。

对应于该简谐振动的速度 v 和加速度 a 分别为

$$
v = \frac{\mathrm{d}y}{\mathrm{d}t} = \omega A\cos(\omega t+\varphi)
\tag{8.2}
$$

$$
a = \frac{\mathrm{d}v}{\mathrm{d}t} = -\omega^2 A\sin(\omega t+\varphi) = -\omega^2 y
\tag{8.3}
$$

比较式(8.1)~式(8.3)可见,速度的最大值比位移的最大值导前90°,加速度的最大值要比位移最大值导前180°。

在振动测量时,应合理选择测量参数,如振动位移是研究强度和变形的重要依据;振动加速度与作用力或载荷成正比,是研究动力强度和疲劳的重要依据;振动速度决定了噪声的高低,人对机械振动的敏感程度在很大频率范围内是由速度决定的。振动速度又与能量和功率有关,并决定了力的动量。

8.1.2 单自由度系统的受迫振动

本节讨论最为简单的单自由度系统在两种不同激励下的响应,以利于正确理解和掌握机械振动测试及分析技术的有关概念。

1. 质量块受力产生的受迫振动

图8.2为单自由度系统在质量块受力时所产生的受迫振动示意图。在外力$f(t)$的作用下,质量块m的运动方程为

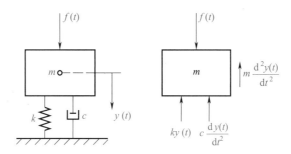

图8.2 单自由度系统在质量块受力所产生的受迫振动

$$m\frac{\mathrm{d}^2y(t)}{\mathrm{d}t^2}+c\frac{\mathrm{d}y(t)}{\mathrm{d}t}+ky(t)=f(t) \tag{8.4}$$

式中:c——黏性阻尼系数;

k——弹簧刚度;

$y(t)$——振动系统的输出位移。

这是一个典型的二阶系统,其系统频率响应函数$H(\omega)$和幅频特性函数$A(\omega)$、相频特性函数$\varphi(\omega)$分别为

$$H(\omega)=\cfrac{1}{\left[1-\left(\cfrac{\omega}{\omega_\mathrm{n}}\right)^2\right]+2\mathrm{j}\zeta\cfrac{\omega}{\omega_\mathrm{n}}} \tag{8.5a}$$

$$A(\omega)=\cfrac{1}{\sqrt{\left[1-\left(\cfrac{\omega}{\omega_\mathrm{n}}\right)^2\right]^2+\left(2\zeta\cfrac{\omega}{\omega_\mathrm{n}}\right)^2}} \tag{8.5b}$$

$$\varphi(\omega)=-\arctan\left[\frac{2\zeta\,\omega/\omega_\mathrm{n}}{1-(\omega/\omega_\mathrm{n})^2}\right] \tag{8.5c}$$

式中:ω——基础运动的角频率;

ζ——振动系统的阻尼比,$\zeta = \dfrac{c}{2\sqrt{km}}$;

ω_n——振动系统的固有频率,$\omega_n = \sqrt{\dfrac{k}{m}}$。

根据振动理论定义,振动幅频特性曲线上幅值极大的频率称为共振频率。对式(8.5b)求一阶导数并令其为零,可以得到共振频率 ω_r 为

$$\omega_r = \omega_n\sqrt{1-2\zeta^2} \tag{8.6}$$

由式(8.6)可见,在幅频特性图上,质量块受力产生的受迫振动其共振频率 ω_r 总是小于系统的固有频率 ω_n,阻尼越小两者越接近。因此,在小阻尼情况下可以采用 ω_r 作为 ω_n 的估计值;而在相频特性图上,不管系统的阻尼比为多少,在 $\omega/\omega_n = 1$ 时位移始终落后于激振力 90°。这是判别共振频率的一个十分有用的指标。当系统有一定的阻尼后,幅频特性曲线变得较为平坦,这时从幅频特性曲线上不易测准幅值最高点,而且由于阻尼的影响[见式(8.6)]也不易测准系统的固有频率。从相频特性曲线看,在固有频率处相位超过 -90°,而且这段曲线比较陡峭,比较容易测定系统的固有频率。

在激振力频率远小于固有频率时,输出位移随激振频率的变化十分小,几乎和"静态"激振力所引起的位移一样。这时系统响应特性类似于低通滤波器;在激振频率远大于固有频率时,输出位移接近于零,质量块近于静止。这时系统响应特性也类似于低通滤波器;在激振频率接近系统固有频率时,系统的响应特性主要取决于系统的阻尼,并随频率的变化而剧烈变化。

2. 基础运动产生的受迫振动

在许多情况下,振动系统的受迫振动是由基础的运动引起的。设基础的绝对位移为 $y_1(t)$,质量块 m 的绝对位移为 $y_0(t)$,如图 8.3 所示。质量块 m 的运动方程为

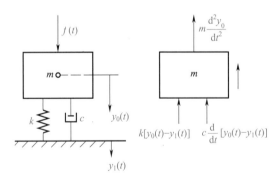

图 8.3　单自由度系统在基础受力所产生的受迫振动

$$m\frac{\mathrm{d}^2 y_0(t)}{\mathrm{d}t^2} + c\frac{\mathrm{d}}{\mathrm{d}t}\big[y_0(t) - y_1(t)\big] + k\big[y_0(t) - y_1(t)\big] = 0 \tag{8.7}$$

令 $y_{01}(t) = y_0(t) - y_1(t)$,则上式为

$$m\frac{\mathrm{d}^2 y_{01}(t)}{\mathrm{d}t^2} + c\frac{\mathrm{d}y_{01}(t)}{\mathrm{d}t} + k y_{01}(t) = -m\frac{\mathrm{d}^2 y_1(t)}{\mathrm{d}t^2} \tag{8.8}$$

其系统频率响应函数 $H(\omega)$ 和幅频特性函数 $A(\omega)$、相频特性函数 $\varphi(\omega)$ 分别为

$$H(\omega) = \frac{\dfrac{\omega}{\omega_n}}{\left[1 - \left(\dfrac{\omega}{\omega_n}\right)^2\right] + 2j\zeta \dfrac{\omega}{\omega_n}} \tag{8.9a}$$

$$A(\omega) = \frac{\dfrac{\omega}{\omega_n}}{\sqrt{\left[1 - \left(\dfrac{\omega}{\omega_n}\right)^2\right]^2 + \left(2\zeta\dfrac{\omega}{\omega_n}\right)^2}} \tag{8.9b}$$

$$\varphi(\omega) = -\arctan\left[\frac{2\zeta\,\omega/\omega_n}{1 - (\omega/\omega_n)^2}\right] \tag{8.9c}$$

按上式绘制的幅频特性曲线见图8.4。

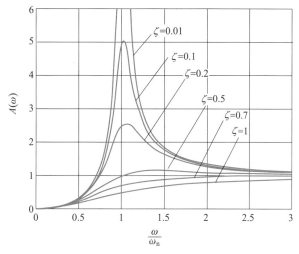

图8.4　单自由度系统在基础运动所产生的受迫振动幅频特性曲线

　　由图可见,当激振频率远小于系统固有频率时,质量块相对于基础的振动幅值为零,这意味着质量块几乎跟随基础一起振动,两者相对运动极小。而当激振频率远高于固有频率时,$A(\omega)$接近于1。这表明质量块和基础之间的相对运动(输出)和基础的振动(输入)近于相等,说明质量块在惯性坐标系中几乎处于静止状态。

　　由上可见,对于单自由度系统,可以用一元二次微分方程进行描述。而对于多自由度系统,则需要用高阶微分方程进行描述,利用线性代数理论进行求解。限于篇幅,这里不再详述。

8.2　振动的激励与激振器

8.2.1　振动的激励

　　在测量机械设备或结构的振动力学参量或动态性能,如固有频率、阻尼、刚度、响应和模态等时,需要对被测对象施加一定的外力,让其作受迫振动或自由振动,以便获得相应的激励及其响应。激励方式通常可以分为稳态正弦激振、随机激振和瞬态激振 3 种。

1. 稳态正弦激振

稳态正弦激振是最普遍的激振方法,它是借助激振设备对被测对象施加一个频率可控的简谐激振力。其优点是激振功率大,信噪比高,能保证响应测试的精度。稳态正弦激振要求在稳态下测定响应和激振力的幅值比和相位差。

为了测得整个频率范围内的频率响应,必须用多个频率进行试验以得到系统的响应数据。需要注意的是,在每个测试频率处,只有当系统达到稳定状态才能进行测试,这对于小阻尼系统尤为重要,因此测试时间相对较长。

2. 瞬态激振

瞬态激振为对被测对象施加一个瞬态变化的力,是一种宽带激励方法。常用的激励方式有以下几种。

1) 快速正弦扫描激振。激振信号由信号发生器供给,其频率可调,激振力为正弦力。但信号发生器能够做快速扫描,激振信号频率在扫描周期 T 内呈线性增加,而幅值保持不变,见图 8.5。

快速正弦扫描激振力信号的函数表达式为

$$\begin{cases} f(t) = A\sin\left[2\pi(at+b)t\right] & 0 < t < T \\ f(t+T) = f(t) \end{cases} \tag{8.10}$$

式中,T 为信号的周期;$a = \dfrac{f_{\max} - f_{\min}}{T}$,$b = f_{\min}$,$f_{\max}$、$f_{\min}$ 为扫描的上、下限频率。扫描频率的上、下限频率和周期根据试验要求可以改变,一般扫描时间为 1~2 s,因而可以快速测试出被测对象的频率特性。

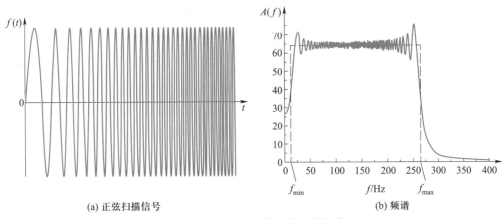

(a) 正弦扫描信号   (b) 频谱

图 8.5　快速正弦扫描信号及其频谱

2) 脉冲激振。脉冲激振是用一个装有传感器的锤子(又称脉冲锤)敲击被测对象,对被测对象施加一个力脉冲,同时测量激励和被测对象。脉冲的形成及有效频率取决于脉冲的持续时间 τ,τ 则取决于锤端的材料,材料越硬,τ 越小,则频率范围越大。

脉冲锤激振简便高效,因此常被选用。但在着力点位置、力的大小、方向的控制等方面,需要熟练的技巧,否则会产生很大的随机误差。

3）阶跃（张弛）激振。阶跃激振的激振力来自一根刚度大、质量轻的弦。试验时，在激振点处，由力传感器将弦的张力施加于被测对象上，使之产生初始变形，然后突然切断张力弦，这相当于对被测对象施加一个负的阶跃激振力。阶跃激振属于宽带激振，在建筑结构的振动测试中被普遍应用。

3. 随机激振

随机激振是一种宽带激振，一般用白噪声或伪随机信号为激励信号。

白噪声的自相关函数是一个单位脉冲函数，即除 $\tau = 0$ 处以外，自相关函数等于零，在 $\tau = 0$ 时，自相关函数为无穷大，而其自功率谱密度函数幅值恒为 1。实际测试中，当白噪声通过功放并控制激振器时，由于功放和激振器的通频带是有限的，所以实际的激振力频谱不能在整个频域中保持恒值，但如果在比所关心的有用频率范围宽得多的频域内具有相等的功率密度时，仍可视为白噪声信号。

在工程上，为了能够重复试验，常采用伪随机信号作为测试信号，把它作为测试的输入激励信号。伪随机信号是一种有周期性的随机信号，将白噪声在时间 T（单位为 s）内截断，然后按周期 T 重复，即形成伪随机信号，见图 8.6。伪随机信号的自相关函数与白噪声的自相关函数相似，但是它有一个重复周期 T，即伪随机信号的自相关函数 $R_x(\tau)$ 在 $\tau = 0, T, 2T, \cdots$ 以及 $-T, -2T, \cdots$ 各点取值 a^2，而在其余各点之值均为零。采用伪随机信号激励的测试方法，既具有纯随机信号的真实性，又因为有一定的周期性，在数据处理中避免了统计误差。

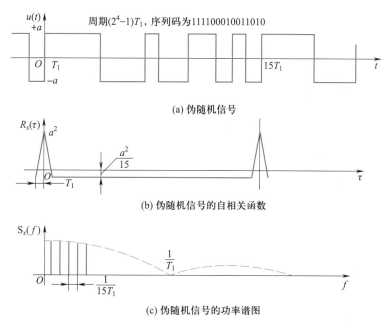

图 8.6　伪随机信号及其自相关函数与功率谱

许多机械或结构在运行状态下所受到的干扰力或动载荷往往都具有随机的性质，因此振动测试可以在被测对象正常的运行状态下进行，如果用传感器测出这种干扰力及其系统的响应，就可以利用分析仪器对正在运行中的被测对象作"在线"分析。

8.2.2 激振器

激振器是按一种预定的要求对被测对象施加一定形式激振力的装置。在测试中要求激振器在其频率范围内应提供波形良好、强度足够和稳定的交变力。某些情况下还需提供一恒力,以便使被激对象受到一个一定的预加载荷,以消除间隙或模拟某种恒定力。

常用的激振器有电动式、电磁式和电液式3种,此外还有用于小型、薄壁结构的压电晶体激振器、高频激振的磁致伸缩激振器和高声强激振器等。这里介绍常用的激振器。

1. 电动式激振器

电动式激振器按其磁场的形成方法分有永磁式和励磁式两种。前者多用于小型激振器,后者多用于较大型的激振器,即振动台。电动式激振器的结构如图8.7所示,驱动线圈固装在顶杆上,并由支承弹簧支承在壳体中,线圈正好位于磁极与铁心的气隙中。当线圈通入经功率放大后的交变电流 i 时,根据磁场中载流体受力的原理,线圈将受到与电流 i 成正比的电动力的作用,此力通过顶杆传到被测对象,即为激振力。

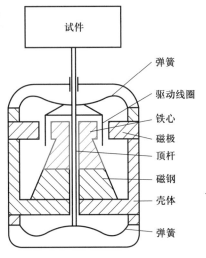

图 8.7　电动式激振器

但是,由顶杆施加到被激对象上的激振力,不等于线圈受到的电动力。传动比(电动力与激振力之比)与激振器运动部分和被测对象本身的质量、刚度、阻尼等因素有关,而且还是频率的函数。只有当激振器可动部分质量与被测对象的质量相比可略去不计,且激振器与被激对象的连接刚度好,顶杆系统刚性也很好的情况下,才可以认为电动力等于激振力。

电动激振器主要用于对被激对象做绝对激振,因而在激振时最好让激振器壳体在空间保持基本静止,使激振器的能量尽量用于对被激对象的激励上。为此,激振器的安装要能满足这一要求。当要求做较高频率的激振时,激振器用软弹簧悬挂起来,如图8.8a所示,并加上必要的配重,以尽量降低悬挂系统的固有频率,使它低于激振频率的 $\frac{1}{3}$。低频激振时则将激振器刚性地安装在地面或刚性很好的架子上,如图8.8b所示。在很多无法找到安装激振器的参考物场合,可将激振器用弹簧支撑在被激对象上,如图8.8c所示。此方法仅适合用于被测对象的质量远远超过激振器质量,且激振频率大于激振器安装固有频率的振动试验。

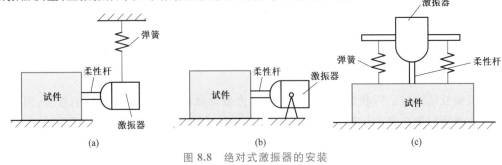

图 8.8　绝对式激振器的安装

为了保证测试精度,做到正确施加激振力,必须在激振器与被激对象之间用一根在激励力方向上刚度很大而横向刚度很小的柔性杆连接,既保证激振力的传递又大大减小对被激对象的附加约束。此外,一般在柔性杆的一端串连接一力传感器,以便能够同时测量出激振力的幅值和相位角。

2. 电磁式激振器

电磁式激振器直接利用电磁力作激振力,常用于非接触激振场合,特别是对回转件的激振,如图8.9所示。励磁线圈包括一组直流线圈和一组交流线圈,当电流通过励磁线圈便产生相应的磁通,从而在铁心和衔铁之间产生电磁力,实现两者之间无接触的相对激振。用力检测线圈检测激振力,位移传感器测量激振器与衔铁之间的相对位移。电磁激振器的工作原理如下。

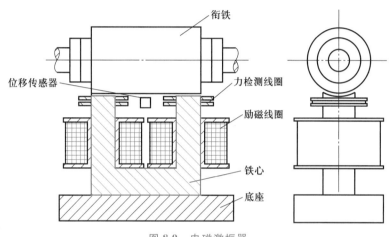

图 8.9　电磁激振器

励磁线圈通过电流时,铁心对衔铁产生的吸引力为

$$F = \frac{B^2 A}{2\mu_0}$$

式中:B——气隙磁感强度,T(1 T = 1 Wb/m²);

　A——导磁体截面积,m²;

　μ_0——真空磁导率,$\mu_0 = 4\pi \times 10^{-7}$ H/m。

直流励磁线圈电流 I_0,交流励磁线圈电流 I_1,则铁心内产生的磁感应强度为

$$B = B_0 + B_1 \sin(\omega t)$$

式中:B_0——直流电流 I_0 产生的不变磁感应强度;

　B_1——交流电流 I_1 产生的交变磁感应强度的峰值。

由上述两式可得电磁吸力为

$$F = \frac{A}{2\mu_0}\left(B_0^2 + \frac{B_1^2}{2}\right) + \frac{AB_0 B_1}{\mu_0}\sin(\omega t) + \frac{AB_1^2}{4\mu_0}\sin(2\omega t)$$

从上式可看出电磁力 F 由三部分组成:

固定分量(静态力)
$$F_0 = \frac{A}{2\mu_0}\left(B_0^2 + \frac{B_1^2}{2}\right)$$

一次分量（交变分量）
$$F_1 = \frac{AB_0 B_1}{\mu_0} \sin(\omega t)$$

二次分量
$$F_2 = \frac{AB_1^2}{4\mu_0} \sin(2\omega t)$$

如果直流电流 $I_0 = 0$，即 $B_0 = 0$，此时工作点在 $B = 0$ 处，则 $F_1 = 0$，亦即力的一次分量消失。由图 8.10 可知，由于 B-F 曲线的非线性，且无论 B_1 是正是负，F 总是正的，因此 B 变化半周而力变化一周，后者的频率为前者的两倍，波形又严重失真，幅值也很小。当加上直流电流后，直流磁感应强度 B_0 不再为零，将工作点移到 B-F 近似直线的中段 B_0 处，这时产生的电磁交变吸力 F_1 的波形与交变磁感应波形基本相同。由于存在二次分量，电磁吸力的波形有一定失真，二次分量与一次分量的幅值比为 $\frac{B_1}{4B_0}$，若取 $B_0 \gg B_1$，则可忽略二次分量的影响。

电磁激振器的特点是与被激对象不接触，因此没有附加质量和刚度的影响，其频率上限一般为 $500 \sim 800$ Hz。

3. 电液式激振器

在激振大型结构时，为得到较大的响应，有时需要很大的激振力，这时可采用电液式激振器。其结构原理如图 8.11 所示。

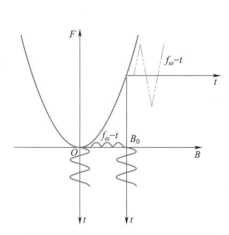

图 8.10　电磁力和磁感应强度的关系

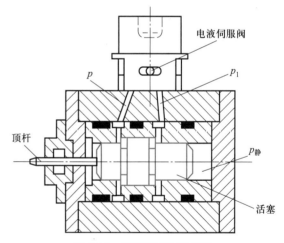

图 8.11　电液激振器原理图

信号发生器的信号经过放大后，经由电动激振器，操纵阀和功率阀所组成的电液伺服阀，控制油路使活塞作往复运动，并以顶杆去激励被激对象。活塞端部输入一定油压的油，形成静压力 $p_{静}$，对被激对象施加预载荷。用力传感器测量交变激励力 p_1 和静压力 $p_{静}$。

电液式激振器的优点是激振力大，行程亦大，单位力的体积小。但由于油液的可压缩性和调整流动压力油的摩擦，使电液式激振器的高频特性变差，一般只适用于较低的频率范围，通常为零点几赫兹到数百赫兹，其波形也比电动式激振器差。此外，它的结构复杂，制造精度要求也高，并需一套液压系统，成本较高。

8.3　振动测量与测振传感器

8.3.1　常用测振传感器

机械振动测试方法一般有机械方法、光学方法和电测方法。机械方法常用于振动频率低、振幅大、精度不高的场合,光学方法主要用于精密测量和振动传感器的标定,电测法应用范围最广。各种方法要采用相应的传感器。

由于传感器的分类原则不同,测振传感器的分类方法很多。

按测振参数分:位移传感器、速度传感器、加速度传感器。

按参考坐标分:相对式传感器、绝对式传感器。

按工作原理分:磁电式、压电式、电阻应变式、电感式、电容式、光学式。

按传感器与被测物关系分:接触式传感器、非接触式传感器。

相对式传感器是以空间某一固定点作为参考点,测量物体上的某点对参考点的相对位移或速度。绝对式传感器是以大地为参考基准,即以惯性空间为基准测量振动物体相对于大地的绝对振动,又称惯性式传感器。

接触式传感器有磁电式、压电式及电阻应变式等,非接触式传感器有涡流式和光学式等。在测试中所用的传感器多数是磁电式、涡流式、电阻应变式和压电式。

拾取振动信息的装置通常称拾振器,传感器是其核心组成部分。表达振动信号特性的基本参数是位移、速度、加速度、频率和相位。拾振器的作用是检测被测对象的振动参数,在要求的频率范围内正确地接收下来,并将此机械量转换成电信号输出。

1. 涡流式位移传感器

涡流式位移传感器是一种非接触式测振传感器,其基本原理是利用金属体在交变磁场中的涡电流效应(见第4章)。传感器线圈的厚度越小,其灵敏度越高。

涡流传感器已成系列,测量范围从 ±0.5 mm 至 ±10 mm 以上,灵敏阈约为测量范围的 0.1%。常用的外径 8 mm 的传感器与工件的安装间隙约 1 mm,在 ±0.5 mm 范围内有良好的线性,灵敏度为 7.87 mV/μm,频响范围为 0~12 000 Hz。图 8.12 为涡流传感器的示意图。

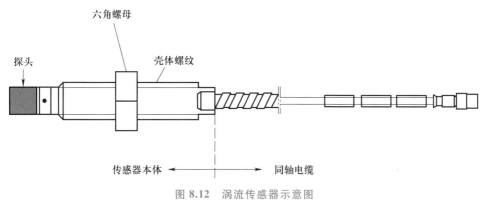

图 8.12　涡流传感器示意图

这类传感器具有线性范围大、灵敏度高、频率范围宽、抗干扰能力强、不受油污等介质影响以及非接触测量等特点。涡流传感器属于相对式拾振器,能方便地测量运动部件与静止部件间的间隙变化。表面粗糙度对测量几乎没有影响,但表面的微裂缝和被测材料的电导率和磁导率对灵敏度有影响。

涡流传感器除用来测量静态位移外,还被广泛用来测量汽轮机、压缩机、电机等旋转轴系的振动、轴向位移、转速等,在工况监测与故障诊断中应用甚广。

2. 磁电式速度传感器

磁电式速度传感器为惯性式速度传感器,其工作原理为:当有一线圈在穿过其的磁通发生变化时,会产生感应电动势,电动势的输出与线圈的运动速度成正比,详见第4章。

磁电式传感器的结构有两种:一种是线圈与壳体连接,磁钢用弹性元件支承;另一种是磁钢与壳体连接,线圈用弹性元件支承。常用的是后者,图8.13所示为磁电式速度计的典型结构。在测振时,传感器固定或紧压于被测系统,磁钢与壳体一起随被测系统的振动而振动,装在心轴上的线圈和阻尼环组成惯性系统的质量块并在磁场中运动。弹簧片径向刚度很大、轴向刚度很小,使惯性系统既得到可靠的径向支承,又保证有很低的轴向固有频率。阻尼环一方面可增加惯性系统质量,降低固有频率,另一方面在磁场中运动产生的阻尼力使振动系统具有合理的阻尼。

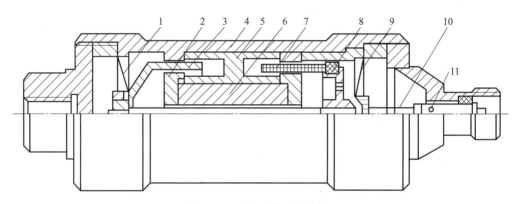

图 8.13 磁电式绝对速度计

1、9—弹簧片;2—磁靴;3—阻尼环;4—外壳;5—铝架;6—磁钢;
7—线圈;8—线圈架;10—导线;11—接线座

因线圈是质量块的组成部分,当它在磁场中运动时,其输出电压与线圈切割磁力线的速度成正比。前已指出,由基础运动所引起的受迫振动,当 $\omega \gg \omega_n$ 时,质量块在绝对空间中近乎静止,从而被测物(它和壳体固接)与质量块的相对位移、相对速度分别近似其绝对位移和绝对速度。这样,绝对式速度计实际上是先由惯性系统将被测物体的振动速度 $\dot{y}_1(t)$ 转换成质块—壳体的相对速度 $\dot{y}_{01}(t)$,而后用磁电变换原理,将 $\dot{y}_{01}(t)$ 转换成输出电压的。

从图8.4可以看出,为了扩展速度拾振器的工作频率下限,应采用 $\zeta = 0.5 \sim 0.7$ 的阻尼比,在幅值误差不超过5%的情况下,工作下限可扩展到 $\dfrac{\omega}{\omega_n} = 1.7$。这样的阻尼比也有助于迅速衰减意外瞬态扰动所引起的瞬态振动。但这时的相频特性曲线与频率不呈线性关系,因此在低频范围内无法保证相位的精确度。

磁电式传感器还可以做成相对式的,如图 8.14 所示,用来测量振动系统中两部件之间的相对振动速度,壳体固定于一部件上,而顶杆与另一部件相连接。从而使传感器内部的线圈与磁钢产生相对运动,产生相应的电动势。

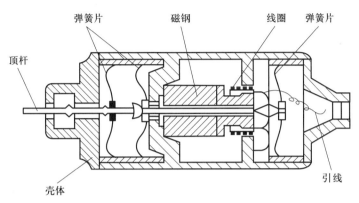

图 8.14　磁电式相对速度传感器

在实际使用中,为了能够测量较低的频率,希望尽量降低绝对式速度计的固有频率,但过大的质量块和过低的弹簧刚度使其在重力场中静变形很大。这不仅引起结构上的困难,而且易受交叉振动的干扰。因此,其固有频率一般取为 10~15 Hz。上限测量频率取决于传感器的惯性质量,一般在 1 kHz 以下。

磁电式振动速度传感器的优点是不需要外加电源,输出信号可以不经调理放大即可远距离传送,这在实际长期监测中是十分方便的。另外,由于磁电式振动速度传感器中存在机械运动部件,它与被测系统同频率振动,不仅限制了传感器的测量上限,而且其疲劳极限造成传感器的寿命比较短。在长期连续测量中必须考虑传感器的寿命,要求传感器的寿命大于被测对象的检修周期。

3. 压电式加速度传感器

(1)压电式加速度计的结构和安装

压电式加速度传感器又称压电加速度计。它也属于惯性式传感器。它是利用某些物质如石英晶体的压电效应,在加速度计受振时,质量块加在压电元件上的力也随之变化。当被测振动频率远低于加速度计的固有频率时,则力的变化与被测加速度成正比。

由于压电式传感器的输出电信号是微弱的电荷,而且传感器本身有很大内阻,故输出能量甚微,这给后接电路带来一定困难。为此,通常把传感器信号先输到高输入阻抗的前置放大器。经过阻抗变换以后,方可用于一般的放大、检测电路将信号输给指示仪表或记录器。目前,制造厂家已推出把压电式加速度传感器与前置放大器集成在一起的产品,不仅方便了使用,而且也大大降低了成本。

常用的压电式加速度计的结构形式如图 8.15 所示。S 是弹簧,M 是质块,B 是基座,P 是压电元件,R 是夹持环。图 8.15a 所示是中央安装压缩型,压电元件-质量块-弹簧系统装在圆形中心支柱上,支柱与基座连接。这种结构有高的共振频率,然而基座 B 与测试对象连接时,如果基座 B 有变形,则将直接影响拾振器输出。此外,测试对象和环境温度变化将影响压电元件,并使预紧力发生变化,易引起温度漂移。图 8.15b 所示为三角剪切型,压电元件由夹持环将其夹牢在三角形中心柱上。加速度计感受轴向振动时,压电元件承受切应力。这种结构对底座变形和温度变化有极好的隔离作用,有较高的共振频率和良好的线性。图 8.15c 所示为环形剪切型,结构简单,能做成极小型、高共振频率的加速度计,环形质量块粘到装在中心支柱上的环形压电元件上。由于黏接剂会随温度增高而变软,因此最高工作温度受到限制。

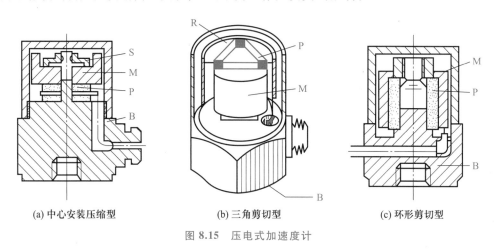

(a) 中心安装压缩型　　　　　(b) 三角剪切型　　　　　(c) 环形剪切型

图 8.15　压电式加速度计

加速度计的使用上限频率取决于幅频特性曲线中的共振频率(图 8.16)。一般小阻尼($\zeta \leqslant$ 0.1)的加速度计,上限频率若取为共振频率的 1/3,便可保证幅值误差低于 1 dB(即 12%);若取为共振频率的 1/5,则可保证幅值误差小于 0.5 dB(即 6%),相移小于 3°。

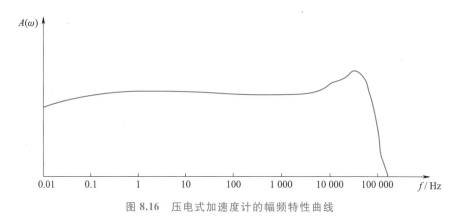

图 8.16　压电式加速度计的幅频特性曲线

但共振频率与加速度计的固定状况有关,加速度计出厂时给出的幅频特性曲线是在刚性连接的固定情况下得到的。实际使用的固定方法往往难于达到刚性连接,因而共振频率和使用上限频率都会有所下降。加速度计与试件的各种固定方法见图 8.17。其中,图 8.17a 所示的采用钢螺栓固定,是使共振频率能达到出厂共振频率的最好方法。螺栓不得全部拧入基座螺孔,以免引起基座变形,影响加速度计的输出。在安装面上涂一层硅脂可增加不平整安装表面的连接可靠性。需要绝缘时可用绝缘螺栓和云母垫片来固定加速度计(图 8.17b),但垫圈应尽量薄。用一层薄蜡把加速度计粘在试件平整表面上(图 8.17c),也可用于低温(40 ℃以下)的场合。手持探针测振方法(图 8.17d)在多点测试时使用特别方便,但测量误差较大,有重复性差,使用上限频率一般不高于 1 000 Hz。用专用永久磁铁固定加速度计(图 8.17e),使用方便,多在低频测量中使用。此法也可使加速度计与试件绝缘。用硬性黏接螺栓(图 8.17f)或黏接剂(图 8.17g)的固定方法也常使用。某种典型的加速度计采用上述各种固定方法的共振频率分别约为:钢螺栓固定法 31 kHz,云母垫圈 28 kHz,涂薄蜡层 29 kHz,手持法 2 kHz,永久磁铁固定法 7 kHz。

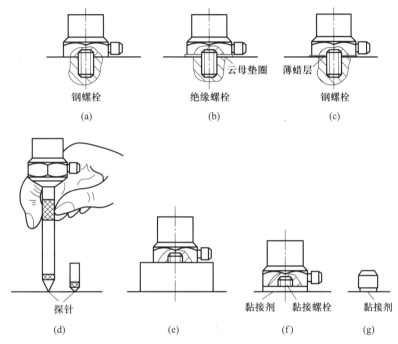

图 8.17　加速度计的固定方法

(2)压电式加速度计的灵敏度

压电式加速度计属发电型传感器,可把它看成电压源或电荷源,故灵敏度有电压灵敏度和电荷灵敏度两种表示方法。前者是加速度计输出电压(mV)与所承受加速度之比;后者是加速度计输出电荷与所承受加速度之比。加速度单位为 m/s^2,但在振动测量中往往用标准重力加速度 g 作单位,$1\ g = 9.806\ 65\ m/s^2$。这是一种已为大家所接受的表示方式,几乎所有测振仪器都用 g 作为加速度单位并在仪器的板面上和说明书中标出。

对给定的压电材料而言,灵敏度随质量块的增大或压电元件的增多而增大。一般来说,加速度计尺寸越大,其固有频率越低。因此,选用加速度计时应当权衡灵敏度和结构尺寸、附加质量的影响和频率响应特性之间的利弊。

压电式晶体加速度计的横向灵敏度表示它对横向(垂直于加速度计轴线)振动的敏感程度,横向灵敏度常以主灵敏度(即加速度计的电压灵敏度或电荷灵敏度)的百分比表示。一般在壳体上用小红点标出最小横向灵敏度方向,一个优良的加速度计的横向灵敏度应小于主灵敏度的3%。因此,压电式加速度计在测试时具有明显的方向性。

(3)压电式加速度计的前置放大器

压电元件受力后产生的电荷量极其微弱,这电荷使压电元件边界和接在边界上的导体充电

到电压 $U = q/C_a$（这里 C_a 是加速度计的内电容）。要测定这样微弱的电荷（或电压）的关键是防止导线、测量电路和加速度计本身的电荷泄漏。换句话讲，压电式加速度计所用的前置放大器应具有极高的输入阻抗，把泄漏减少到测量准确度所要求的限度以内。

压电式传感器的前置放大器有电压放大器和电荷放大器。所用电压放大器就是高输入阻抗的比例放大器。其电路比较简单，但输出受连接电缆对地电容的影响，适用于一般振动测量。电荷放大器以电容作负反馈，使用中基本不受电缆电容的影响。在电荷放大器中，通常用高质量的元器件，输入阻抗高，但价格也比较贵。

从压电式传感器的力学模型看，它具有"低通"特性，原可测量极低频的振动。但实际上由于低频尤其小振幅振动时，加速度值小，传感器的灵敏度有限，因此输出的信号将很微弱，信噪比很低；另外电荷的泄漏，积分电路的漂移（用于测振动速度和位移）、器件的噪声都是不可避免的，所以实际低频端也出现"截止频率"，一般为 0.1~1 Hz。

随着电子技术的发展，目前大部分压电式加速度计在壳体内都集成放大器，由它来完成阻抗变换的功能。这类内装集成放大器的加速度计可使用长电缆而无衰减，并可直接与大多数通用的仪表、计算机等连接。一般采用 2 线制，即用两根电缆给传感器供给 2~10 mA 的恒流电源，而输出信号也由这两根电缆输出，大大方便了现场的接线。表 8.1 为某厂家生产的压电式加速度计的参数表。

表 8.1　常用压电式加速度计的参数表

型号	量程	灵敏度	分辨率	质量	应用及特点
350B04	5 000 g	0.5 mV/g	0.02 g	4.5 g	适用于爆破、撞击等
350B21	100 000 g	0.05 mV/g	0.3 g	4.4 g	适用于爆破、撞击、爆炸分离等
351B03	150 g	10 mV/g	0.003 g	10.5 g	可在 −196 ℃ 的低温环境下工作
352A	5 g	1 000 mV/g	0.000 04 g	35 g	高分辨率型
352C22	500 g	10 mV/g	0.001 5 g	0.5 g	微型，适用于小型结构
352C65	50 g	100 mV/g	0.000 16 g	2 g	小型、高灵敏度、高分辨率，各种用途
353B18	500 g	10 mV/g	0.005 g	2 g	高频、小型、石英剪切，各种用途
353B33	50 g	100 mV/g	0.000 5 g	27 g	三角剪切结构，石英通用加速度传感器
353M255	2 000 g	2.5 mV/g	0.04 g	17.9 g	冲击传感器、内置滤波器，桩基检测
355B03	500 g	10 mV/g	0.000 5 g	10 g	环形
356B08	50 g	100 mV/g	0.000 2 g	20 g	3 轴、结构实验
356A18	5 g	1 000 mV/g	0.000 06 g	24 g	3 轴、高灵敏度
356A40	10 g	100 mV/g	0.000 2 g	180 g/片状	3 轴坐垫传感器，汽车实验
356M41	500 g	10 mV/g	0.001 g	4 g/方形	3 轴、小型，模态、振动、噪声实验
393C	5 g	1 V/g	0.000 1 g	1 000 g	超低频地震传感器，长期稳定性良好
393B31	0.5 g	10 V/g	0.000 001 g	635 g	超低频地震传感器，高灵敏度

（4）压电式速度传感器

由于上述磁电式速度传感器存在响应频率范围小、机械运动部件容易损坏、传感器质量大造成附加质量大等缺点，近年发展了压电式速度传感器，即在压电式加速度传感器的基础上，增加了积分电路，实现了速度输出。同样，这种传感器也全部实现了内置，具有替换磁电式速度传感器的趋向。

4. 测振传感器的合理选择

测振传感器的选择应注意下列几个问题。

（1）直接测量参数的选择

拾振器测量的是位移、速度或加速度，能通过微积分电路来实现它们之间的换算。考虑到低频时加速度的幅值有可小到与测量噪声相当的程度，因此如用加速度计测量低频振动的位移，会因低信噪比使测量不稳定和增大测量误差，不如直接用位移拾振器更合理。用位移拾振器测高频位移有类似的情况发生。

传感器选择时还应力图使最重要的参数能以最直接、最合理的方式测得。例如，考察惯性力可能导致的破坏或故障时，宜做加速度测量；考察振动环境（振动烈度以振动速度的均方值来描述）时，宜做振动速度的测量；要监测机件的位置变化时，宜选用涡流式或电容式传感器做位移的测量。选择时还需要注意能在实际机器设备安装的可行性。

（2）传感器的频率范围、量程、灵敏度等指标

各种拾振传感器都受其结构的限制而有其自身适用的范围，选用时需要根据被测系统的振动频率范围来选用。对于惯性式拾振器，一般质量大的拾振器上限频率低、灵敏度高；质量轻的拾振器上限频率高、灵敏度低。以压电式加速度计为例，做超低振级测量的都是质量超过 100 g、灵敏度很高的加速度计，做高振级（如冲击）测量的都是小到几克或零点几克的加速度计。

对于微积分放大器，因它的输入饱和量是随频率变化的，带有二次积分网络的电荷放大器，其加速度、速度、位移的可测量程和频率范围随积分次数的增加而减小，使用中要充分注意这一点。因此，在选择传感器以及积分电路时，需要考虑是选用模拟积分电路还是选择数字积分问题，数字积分是利用计算机或芯片采用数字积分算法对被测信号进行积分的，具有方便灵活、按需积分等优点，其实时性差的缺点随着微电子的发展有了大大的改进。

（3）使用的环境要求、价格、寿命、可靠性、维修、校准等

例如，激光测振尽管有很高的分辨率和测量精确度，由于对环境（隔振）要求极严、设备又极昂贵，它只适用于实验室做精密测量或校准。涡流式和电容式传感器均属非接触式，但前者对环境要求低而被广泛应用于工业现场对机器振动的测量中。如大型汽轮发电机组、压缩机组振动监测中用的拾振器，要能在高温、油污、蒸汽介质的环境下长期可靠地工作的传感器，常选用涡流传感器。

对相位有严格要求的振动测试项目（如做虚实频谱，幅相图、振型等测量），除了应注意拾振器的相频特性外，还要注意放大器，特别是带微积分网络放大器的相频特性和测试系统中所有其他仪器的相频特性，因为测得的激励和响应之间的相位差包括了测试系统中所有仪器的相移。

（4）传感器附加质量的校正

对于接触式传感器，测振时拾振器将固定在被测物上，其质量将成为被测振动系统的附加质量，使该系统振动特性产生变化。若将被测物简化为图 8.2 所示的质量-弹簧-阻尼系统，则拾振

器的质量 m_t 造成被测系统加速度和固有频率的变化可用下式来估计：

$$a' = \frac{m}{m+m_t}a \tag{8.11}$$

$$\omega_n' = \sqrt{\frac{m}{m+m_t}} \cdot \omega_n \tag{8.12}$$

式中：a、a'——装上拾振器之前、后被测系统的加速度；

$\qquad \omega_n$、ω_n'——装上拾振器之前、后被测系统的固有频率；

$\qquad m$——被测系统原有质量。

由上式可见，只有当 $m_t \ll m$ 时，m_t 的影响才可忽略。

8.3.2　振动量测量及应用

振动量通常指反映振动强弱程度的量，亦即指振动的位移、速度、加速度的大小。这三者之间存在着确定的微分或积分关系，因此在测得其中一个量后便可以通过计算或电路获得另外两个振动量。

由式(8.1)至式(8.3)知，振动位移、速度和加速度三者的幅值之间的关系与频率有关。所以，在低频振动场合，加速度的幅值不大；在高频振动场合，加速度幅值较大。图 8.18 为考虑三类传感器及其后续仪器的特性，并根据振动频率范围而推荐选用振动量测量的范围。

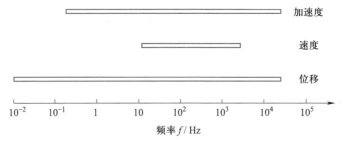

图 8.18　选择振动量测量的参数范围

振动量测量通常有以下两种方式。

（1）模拟量频谱分析

传感器经微/积分放大器后，进入模拟量频谱分析仪。模拟量频谱分析仪由跟踪滤波器或一系列窄带带通滤波器构成。随着滤波器中心频率的变化，信号中相应频率的谐波分量得以通过，从而可以得到不同频率的谐波分量的幅值或功率的值，并由仪表显示或记录。

（2）数字采集频谱分析

随着电子科学技术的发展，现代振动分析系统大多是数字式分析系统。将来自传感器的模拟信号经过 A/D 转换，把模拟信号转换成数字序列信号，然后通过快速傅里叶变换（FFT），获得被测系统的频谱。

振动测量的应用有很多，这里介绍几种典型的应用。

（1）频谱分析

对于被测对象，采用振动传感器及数字采集装置获取设备的振动信号，并进行时域、频域和时频域分析是最常见的一种振动测量与分析方法。图 8.19 所示是某齿轮箱的振动及其分析。齿轮箱的振动信号一般至少由两部分组成:载波信号和调制信号。载波信号一般是齿轮传动中的啮合频率,而调制信号则往往是故障信息,一般为故障齿轮的转动频率。图 8.19a 和图 8.19b 分别是某齿轮箱的时域波形和频谱图。齿轮振动信号无论是调幅还是调频,其特点是在频谱图上都会有对称的边频带,边频带的间隔反映了故障源的频率,幅值的大小表示故障的程度。对 2 974 Hz 附近进行细化分析,得到图 8.19c 所示图形。各相邻峰值之间的频率约为 212.4 Hz,即齿轮箱高速轴的转动频率,说明是此频率为调制频率,也即高速轴存在故障。对 1 487.95 Hz 和 521.6 Hz 附近的频谱细化分析也有相同的结论。

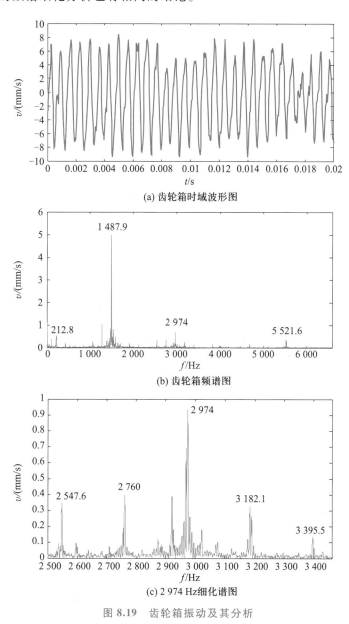

图 8.19　齿轮箱振动及其分析

（2）轴心轨迹

转子在轴承中高速旋转时不仅只围绕自身中心旋转,而且还环绕某一中心作涡动运动。产生涡动运动的原因可能是转子不平衡、对中不良或动静摩擦等,这种涡动运动的轨迹称之为轴心轨迹。

轴心轨迹可以通过将相互垂直的两个振动传感器分别安置于轴的某一截面上,同时刻采集数据获得。通过分析轴心轨迹的运动方向与转轴的旋转方向,可以确定转轴的进动方向(正进动或反进动)。轴心轨迹可用来确定转子的临界转速、空间振型曲线及部分故障,如不对中、摩擦、油膜振荡等。只有在正进动的情况下才有可能发生油膜振荡。

图 8.20 为涡流式位移传感器测量轴振动的示意图,图 8.21 为其轴心轨迹和 2 个振动传感器的时域波形图。

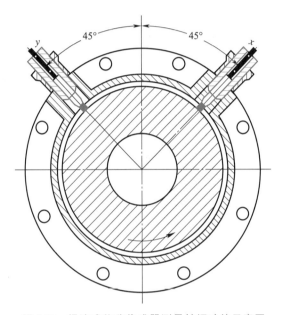

图 8.20 涡流式位移传感器测量轴振动的示意图

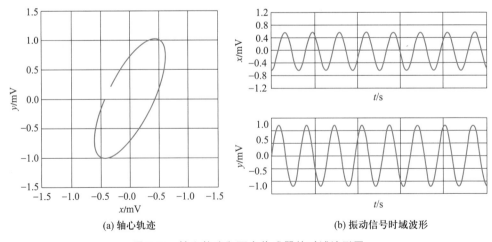

(a) 轴心轨迹   (b) 振动信号时域波形

图 8.21 轴心轨迹和两个传感器的时域波形图

（3）伯德图

伯德图是机器振幅与频率、相位与频率的关系曲线，如图 8.22 所示，图中横坐标为转速频率，纵坐标分别为振幅和相位。一般常使用通频伯德图、1×（即转速频率）滤波伯德图和 2×（二倍转速频率）滤波伯德图。从伯德图中可以得到：转子系统在各个转速下的振幅和相位、转子系统在运行范围内的临界转速值、转子系统阻尼大小和共振放大系数等。综合转子系统上几个测点可以确定转子系统的各阶振型。

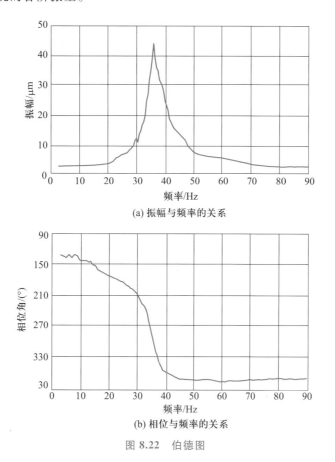

(a) 振幅与频率的关系

(b) 相位与频率的关系

图 8.22　伯德图

（4）瀑布图

当把机器启动或停机时各个不同转速的频谱图画在一张图上时，就得到瀑布图，如图 8.23 所示。图中横坐标为频率，纵坐标为转速和幅值。1×、2×、3×分别代表转速的 1 倍频、2 倍频和 3 倍频。利用瀑布图可以判断机器的临界转速、振动原因和阻尼大小。

8.3.3　机械振动参数的估计

机械振动参数估计的目的是用以大致确定被测结构的固有频率、阻尼比、振型等振动模态参数。实际的一个机械结构或系统大多是多自由度振动系统，具有多个固有频率，在其频率响应曲线上会出现多个峰值，在奈奎斯特曲线中表现为多个圆环，如图 8.24 所示。根据线性振动理论，对于多自由度线性系统，在它任何一点的振动响应可以认为是反映系统特性的多个单自由度响

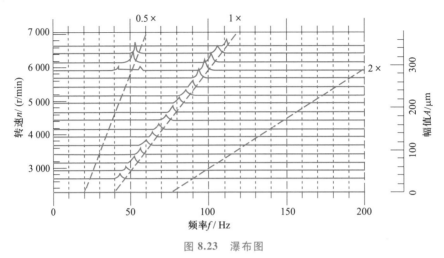

图 8.23 瀑布图

应的叠加。对于小阻尼的系统,在某个固有频率附近,与其相应阶的振动响应就非常突出。因此,本节将着重讨论单自由度振动系统的固有频率和阻尼的测试,这些方法可以用来近似估计多自由度的这两个参数。至于多自由度系统的振型,则可以通过在系统上布置多个固有频率来测定其振型。

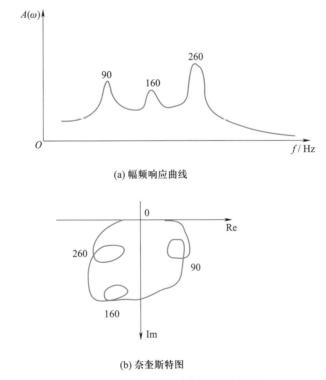

(a) 幅频响应曲线

(b) 奈奎斯特图

图 8.24   多自由度系统的频率响应曲线

对于单自由度系统固有频率和阻尼比的测定,常用自由振动和共振法。

1. 自由振动法

一个单自由度振动系统,若给以初始冲击[其初速度为$\dfrac{\mathrm{d}y(0)}{\mathrm{d}t}$]或初始位移$y_0$,则系统将在阻尼作用下作衰减自由振动,阻尼自由振动的曲线如图 8.25 所示,其表达式为

$$\frac{\mathrm{d}^2y(t)}{\mathrm{d}t^2}+2\zeta\omega_n\frac{\mathrm{d}y(t)}{\mathrm{d}t}+\omega_n^2y(t)=0$$

$$y(t)=y(0)\mathrm{e}^{-\tau\omega_n t}\cos\,\omega_d t+\frac{\mathrm{d}y(0)}{\mathrm{d}t}\frac{\mathrm{e}^{-\zeta\,\omega_n t}}{\omega_d}\sin\,\omega_d t$$

式中,ω_d 为阻尼自由振动的角频率,$\omega_d=\omega_n\sqrt{1-\zeta^2}$。

根据阻尼自由振动的记录曲线,通过时标可以确定周期 T,从而可得 $\omega_d=\dfrac{2\pi}{T}$。在系统阻尼小的时候,由 $\omega_d=\omega_n\sqrt{1-\zeta^2}$,可以用阻尼自由振动角频率 ω_d 代替固有频率 ω_n。当 $\zeta=0.3$ 时,ω_d 和 ω_n 相差不到 5%。

阻尼比 ζ 可以根据阻尼自由振动的记录曲线的相邻峰值的衰减比来确定(见 3.6.2 节)。

$$\zeta=\sqrt{\frac{\delta^2}{\delta^2+4\pi^2}}$$

$$\delta=\ln\frac{M_i}{M_{i+1}}$$

式中,M_i 和 M_{i+1} 分别为阻尼自由振动记录曲线的相邻超调量。

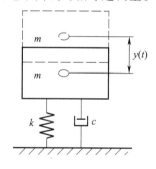

(a) 力学模型

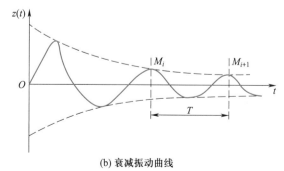

(b) 衰减振动曲线

图 8.25　阻尼自由振动曲线

2. 共振法

单自由度系统在受迫振动过程中,当激振频率接近于系统的固有频率时,其振动幅值会急剧增大,幅频和相频响应曲线见图8.4。根据所用的测试手段和所得记录,可以用下述方法求出系统的固有频率和阻尼比。

（1）总幅值法

对单自由度系统进行正弦扫描激励,振幅可以用位移、速度或加速度计中的任何一种测量。在小阻尼时,可以直接用共振峰对应的频率 ω_r 来近似地估计固有频率 ω_n。

当系统的阻尼较小时,可以从幅频特性曲线估计阻尼比。在 $\omega = \omega_n$ 时,$A(\omega_n) = \dfrac{1}{2\zeta}$。当 ζ 甚小时,$A(\omega_n)$ 非常接近峰值,且幅频特性曲线在 ω_n 的两侧可以认为是对称的。令 $\omega_1 = (1-\zeta)\omega_n$,$\omega_2 = (1+\zeta)\omega_n$ 分别代入式（8.5b）,得

$$A(\omega_1) \approx \frac{1}{2\sqrt{2}\,\zeta} \approx A(\omega_2)$$

因此,可以在幅频特性曲线峰值的 $\dfrac{1}{\sqrt{2}}$ 处作一条水平线,交幅频特性曲线于 a、b 两点,如图 8.26 所示,它们对应的频率为 ω_1、ω_2,其阻尼比可以估计为

$$\zeta = \frac{\omega_2 - \omega_1}{2\omega_r} \tag{8.13}$$

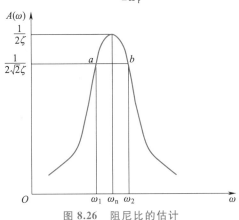

图 8.26　阻尼比的估计

a、b 两点称为"半功率点",因此这种估计方法又称为半功率点法。

（2）分量法

受迫振动的频率响应函数为

$$H(\omega) = \frac{1}{(1 - \eta^2) + j2\zeta\eta}$$

式中,$\eta = \dfrac{\omega}{\omega_n}$。将其虚、实部分开写得

$$\mathrm{Re}\,H(\omega) = \frac{1 - \eta^2}{(1 - \eta^2)^2 + 4\zeta^2\eta^2}$$

$$\text{Im } H(\omega) = \frac{2\zeta\eta}{(1-\eta^2)^2 + 4\zeta^2\eta^2}$$

其图形分别示于图 8.27 和图 8.28。

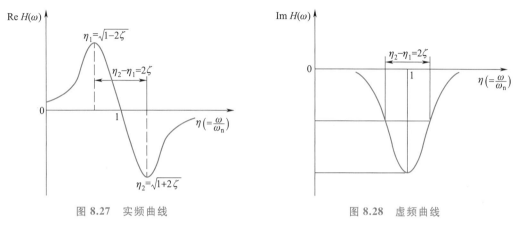

图 8.27　实频曲线　　　　　　　　图 8.28　虚频曲线

由实、虚部的表达式和曲线图可知：

1）在 $\eta = 1$ 处，即 $\omega = \omega_n$ 处，实部为零；虚部为 $-\frac{1}{2\zeta}$，接近极小值。因此，可以依此来确定系统的固有频率 ω_n。

2）实频曲线在 $\eta_1 = \sqrt{1-2\zeta} \approx 1-\zeta$ 处有最大值，而在 $\eta_2 = \sqrt{1+2\zeta} \approx 1+\zeta$ 处有最小值。因而不难从曲线的两个峰值间隔距离来确定系统的阻尼比，即

$$\zeta = \frac{\eta_2 - \eta_1}{2} = \frac{\omega_2 - \omega_1}{2\omega_n}$$

3）虚频曲线在对应 η_1 和 η_2 点的值十分接近 $\frac{1}{4\zeta}$。因此，在虚频曲线上峰值 $\frac{1}{2\zeta}$ 的一半处作水平线，截得曲线横坐标间距约为 2ζ，可近似估计系统的阻尼比。

从上述讨论看，实、虚部曲线都包含有幅频、相频信息。但虚部曲线具有窄尖、陡峭的特点，在研究多自由度系统时，虚部曲线可以提供较精确的结果。

8.3.4　测振装置的校准

在传感器出厂前及使用一定年限后，为了保证振动测试的可靠性和精确度，必须对传感器及其测试系统进行校准。传感器生产厂对于每只拾振器在出厂前都进行了检测，并给出其灵敏度等参数和频率响应特性曲线。拾振器使用一定时间后，其灵敏度会发生变化，如压电材料的老化会使灵敏度每年降低 2%～5%。同样，测试仪器在使用一定时间或检修后也必须进行校准。

对于拾振器来说，主要关心的是灵敏度和频率响应特性，对于常见的接触式传感器（速度计、加速度计）和非接触式（涡流位移传感器）应采用不同的校准方法。

1. 接触式传感器的校准

对于接触式传感器，常用的校准方法有绝对法和相对法。

（1）绝对法

将拾振器固定在校准振动台上，由正弦信号发生器经功率放大器推动振动台，用激光干涉振动仪直接测量振动台的振幅，再和被校准拾振器的输出比较，以确定被校准拾振器的灵敏度，这便是用激光干涉仪的绝对校准法。例如，某种校准仪的校准误差在 20～2 000 Hz 范围内为 1.5%，在 2 000～10 000 Hz 范围内为 2.5%，在 10 000～20 000 Hz 范围内为 5%。此方法可以同时测量拾振器的频率响应。

采用激光干涉仪的绝对校准法设备复杂，操作和环境要求高，只适合计量单位和测振仪器制造厂使用。

振动仪器厂家常生产一种小型的、经过校准的已知振级的激振器。这种激振器只产生加速度为已知定值的几种频率的振动。这种装置不能全面标定频率响应曲线，但可以在现场方便地核查传感器在这给定频率点的灵敏度。

（2）相对法

此法又称为背靠背比较校准法。此法是将待校准的传感器和经过国家计量部门严格校准过的传感器背靠背地（或仔细地并排地）安装在振动试验台上承受相同的振动。将两个传感器的输出进行比较，就可以计算出在该频率点待校准传感器的灵敏度。这时，严格校准过的传感器起着"振动标准传递"的作用，通常称为参考传感器。

2. 涡流式位移传感器的校准

图 8.29 所示为一种涡流式位移传感器的校准仪。它由电动机驱动倾斜的金属板旋转，传感器通过悬臂梁固定在旋转金属板的上方，并可在图示方向左右移动以产生不同幅值的振动，振动由千分尺测得，并由振动监测器获得振动值，通过与已知振动输入比较进行校准。测量的峰值为 50～254 μm，电动机转速为 0～10 000 r/min。

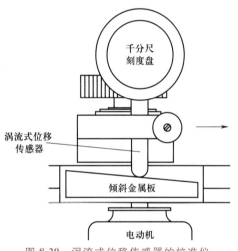

图 8.29　涡流式位移传感器的校准仪

习　题

8.1　某车床加工外圆表面时，表面振纹主要由转动轴上齿轮的不平衡惯性力而使主轴箱振动所引起。主轴箱传动示意图如图 8.30a 所示，振纹的幅值谱如图 8.30b 所示。传动轴 I、传动轴 II 和主轴 III 上的齿轮齿数为 $z_1 = 30$，$z_2 = 40$，$z_3 = 20$，$z_4 = 50$。传动轴转速 $n_1 = 2\ 000$ r/min。试分析哪一根轴上的齿轮不平衡量对加工表面的振纹影响最大？为什么？

8.2　某产品性能试验需要测试溢流阀的压力响应曲线（即流量阶跃变化时，溢流阀压力上升的过渡曲线）。已知，该阀为二阶系统，稳态压力 10 MPa，超调量 <20%。阀的刚度 $K = 6\ 400$ N/m，运动部分质量 $m = 0.1$ kg。试：

（1）计算阀的固有频率。

（2）选用一种精度高、抗振性能好、可靠性高、频率响应特性能满足上述测试要求的压力传感器。写出其名称、工作原理、量程、选用理由等。

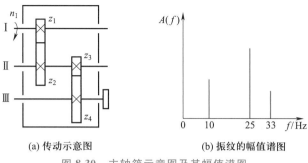

(a) 传动示意图　　　　　　　(b) 振纹的幅值谱图

图 8.30　主轴箱示意图及其幅值谱图

8.3　用压电式加速度传感器及电荷放大器测量振动,若传感器灵敏度为 7 pC/g,电荷放大器灵敏度为 100 mV/pC,试确定输入 $a = 3$ g 时系统的输出电压。

8.4　若某旋转机械的工作转速为 3 000 r/min,为分析机组的动态特性,需要考虑的最高频率为工作频率的 10 倍,问:

(1) 应选择何种类型的振动传感器? 并说明原因。

(2) 在进行 A/D 转换时,选用的采样频率至少为多少?

8.5　利用涡流传感器测量物体的位移。试问:

(1) 如果被测物体由塑料制成,位移测量是否可行? 为什么?

(2) 为了能够对该物体进行位移测量,应采取什么措施? 应考虑什么问题?

8.6　为了分析齿轮箱的工作状态,需要在箱盖上安装传感器,若所分析的频率最高值为 4 000 Hz,试:

(1) 说明选择传感器的基本原则,并针对上述工程问题选择合适的振动传感器及说明理由;

(2) 针对齿轮箱监测与分析,画出从传感器至计算机显示的测试框图,并简要说明各环节的作用;

(3) 若该齿轮箱只有一对齿轮,说明频谱图上至少有哪些频率成分;

(4) 在进行 A/D 转换时,指出选用的采样频率至少为多少 Hz;

(5) 简述采用倒频谱分析的原理。

8.7　某转子试验台工作转速为 3 000 r/min,为了分析其工作状况,需要进行振动数据采集与分析,试:

(1) 选择两种测振传感器,并说明理由;

(2) 若需要构建振动信号数字采集系统,根据所学知识,设计并画出系统框图,并简要说明各环节的作用;

(3) 如果要精确分析该转子转频及其 2×、3×、4×、5×倍频,如何确定采样频率、采样长度? 并说明采样频率与采样长度对分析精度的影响;

(4) 若该转子在运行过程存在 2 倍频为主的不对中故障,如何运用振动分析方法进行诊断? 并说明分析诊断过程。

第 9 章　噪声的测量

　　声音是在某种弹性介质中的一种振动。介质的基本类型有 3 种:气体、液体、固体。在这些弹性介质中,当产生振动的振源频率在 20~20 000 Hz 之间时,人的耳朵可以听到它,称为声波。而当振源频率低于 20 Hz 或高于 20 000 Hz 时,人的耳朵无法听到。低于 20 Hz 的波动称为次声波,高于 20 000 Hz 的波动称为超声波。

　　振动在弹性介质中引起波动,但振动和波动的区别在于:振动是指质量在一定的位置附近作往复运动,亦称为振荡;波动是振动的传播过程,即振动状态的传播。各质点的振动方向与波的传播方向相同,这个波称为纵波,声音是声波以纵波形式在空气介质中的传播。声源的振动形成了声压,噪声测量就是将声压信号变换为相应的电信号。

　　在日常生活中,和谐悦耳的声音是人们所希望的;而另一些刺耳的声音则是不需要的,统称为噪声,在物理意义上噪声是指不规则、间歇的或随机声振源产生的声音。噪声的起源很多,就工业噪声而言,主要有机械性噪声、空气动力性噪声及电磁性噪声等。随着现代工业的高速发展,工业和交通运输业的机械设备都向着大型、高速、大动力方向发展,所引起的噪声越来越大,已成为环境污染的主要公害之一,尤其在繁华的城市更加严重。噪声对人体的危害也很大,长时期受噪声刺激,可导致耳鸣、耳聋、引起心血管系统、神经系统和内分泌系统的疾病。因而,对噪声进行正确的测试、分析,以便采取必要的防治和控制措施,已经成为人们关心的重要科研课题。

9.1　噪声测量的主要参数

在进行噪声测量时,常用声压级、声强级和声功率级表示其强弱,用频率或频谱表示其成分,也可以用人的主观感觉进行量度,如响度级等。

9.1.1　声压与声压级

　　声波是在弹性介质中传播的疏密波,即纵波,其压力随着疏密程度的变化而变化。所谓声压,是指某点上各瞬间的压力与大气压力之差值,单位为 N/m^2,即帕(Pa)。

　　在空气中,正常人耳刚能听到的 1 000 Hz 声音的声压为 2×10^{-5} Pa,称为听阈声压,并规定为基准参考声压,记为 p_0。当声压为 20 Pa 时,能使人耳开始产生疼痛,称之为痛阈声压。声音的强弱变化和人的听觉范围非常宽广,用声压的绝对值来衡量声音的强弱是很不方便的。为此,引用一个成倍比关系的对数量,称为声压级。它是一个量纲为 1 的量。相对于声压 p 的声压级 L_p

（单位为 dB）定义为

$$L_p = 20\lg \frac{p}{p_0} \tag{9.1}$$

式中，p_0 为基准参考声压，即频率在 1 000 Hz 时的听阈声压，其值为 2×10^{-5} Pa。

9.1.2　声强与声强级

声波作为一种波动形式，具有一定的能量。因此，也常用能量的大小来表征其强弱，即用声强和声功率来表示。声强是在传播方向上，单位时间内通过单位面积的声能量。以 I 表示，单位为 W/m^2。声强与参考声强 I_0（取 $I_0 = 10^{-12}$ W/m^2）比值常用对数的 10 倍来表示，称为声强级 L_I（单位为 dB），亦是一种量纲为一的量，定义为

$$L_I = 10\lg \frac{I}{I_0} \tag{9.2}$$

对于球形声源，假设声源在传播过程中没有受到任何阻碍，也不存在能量损失。当声压 p_a（单位为 W）为常数时，两个任意距离 r_1 和 r_2 处的声强为 I_1 和 I_2，则有

$$p_a = I_1 \cdot 4\pi r_1^2 = I_2 \cdot 4\pi r_2^2 \tag{9.3}$$

即

$$\frac{I_1}{I_2} = \frac{r_2^2}{r_1^2} \tag{9.4}$$

这表明声强随着声源的距离的平方增大而减小，也就是说，在距声源的不同距离的两点上的声强之比，等于这两个距离平方的倒数之比。

9.1.3　声功率及声功率级

声功率是声源在单位时间内发射出的总能量，用 W 表示，单位为瓦。声功率 W 和参考基准声功率 W_0（取 10^{-12} W）的比值常用对数的 10 倍来表示声功率级 L_W（单位为 dB），定义为

$$L_W = 10\lg \frac{W}{W_0} \tag{9.5}$$

一般声功率不能直接测量，而要根据测量的声压级来换算确定。

表 9.1 列出了通用语言与若干乐器输出声功率的峰值，可作为实测的参考。如果把这些声源的声功率与一些常用的小型设备所消耗的能量进行比较，如 40 W 日光灯、500 W 烘炉、60 W 台式电风扇、100 W 小搅拌器、1 W 小手电筒等，显然可以看出，人的耳朵是一种灵敏度特别高的声音探测器。

表 9.1　通用语言与若干乐器输出声功率的峰值

声源	峰值功率/W
男生会话	2×10^{-3}
女生会话	4×10^{-3}
单簧管	5×10^{-2}
低音提琴	16×10^{-2}

声源	峰值功率/W
钢琴	27×10^{-2}
管乐器	31×10^{-2}
37 in×36 in 的低音鼓	25.0
75 件乐器的交响乐	$70\sim100$

9.1.4 多声源的噪声强度

在现场环境中,噪声源往往不止一个。两个以上相互独立的声源,同时发出来的声功率和声强可以代数相加,即

$$W = W_1 + W_2 + W_3 + \cdots + W_n$$
$$I = I_1 + I_2 + I_3 + \cdots + I_n \tag{9.6}$$

若用级表示,则总声功率级为

$$L_W = 10\lg \frac{W}{W_0} = 10\lg \frac{W_1 + W_2 + \cdots + W_n}{W_0}$$

总声强级为

$$L_I = 10\lg \frac{I}{I_0} = 10\lg \frac{I_1 + I_2 + \cdots + I_n}{I_0} \tag{9.7}$$

从声压及声压级出发,当两个以上的噪声同时存在时,若声压和声压级分别为 $p_1, p_2, p_3, \cdots, p_n$ 和 $L_{p_1}, L_{p_2}, \cdots, L_{p_n}$,则

$$L_{p_1} = 20\lg \frac{p_1}{p_0}, \quad L_{p_2} = 20\lg \frac{p_2}{p_0}, \quad \cdots, \quad L_{p_n} = 20\lg \frac{p_n}{p_0}$$

式中,$p_1, p_2, \cdots, p_n$ 为声压的有效值。如果从 n 个声源发出的噪声(或是由同一声源发出的噪声频谱中的各频率成分)互不相干,则合成噪声的总声压 p 为

$$p = \sqrt{p_1^2 + p_2^2 + \cdots + p_n^2} \tag{9.8}$$

由此得

$$L_p = 20\lg \frac{p}{p_0} = 20\lg \frac{\sqrt{p_1^2 + p_2^2 + \cdots + p_n^2}}{p_0}$$

$$= 10\lg \frac{p_1^2 + p_2^2 + \cdots + p_n^2}{p_0^2} \tag{9.9}$$

n 个噪声级相同的声源,在离声源距离相同的一点所产生的总声压级为

$$L_p = 10\lg \frac{p_1^2 + p_2^2 + \cdots + p_n^2}{p_0^2} = 10\lg \frac{n \cdot p^2}{p_0^2} = 10\lg \frac{p^2}{p_0^2} + 10\lg n = L_{p_1} + 10\lg n \tag{9.10}$$

由式(9.10)可导出

$$L_W = L_{W_1} + 10\lg n$$
$$L_I = L_{I_1} + 10\lg n$$

当有两个不同声压级 L_{p_1} 和 L_{p_2} 的噪声同时作用,且 $L_1 > L_2$ 时,则从声压级 L_{p_1} 到总声压级 L_p 的增加值 ΔL_p 可由下式求得

$$\Delta L_p = L_p - L_{p_1} = 10\lg \frac{p_1^2 + p_2^2}{p_0^2} - 10\lg \frac{p_1^2}{p_0^2} = 10\lg \frac{p_1^2 + p_2^2}{p_1^2} = 10\lg \left(1 + \frac{p_2^2}{p_1^2}\right)$$

而

$$10\lg \frac{p_2^2}{p_1^2} = 10\lg \frac{p_2^2/p_0^2}{p_1^2/p_2^2} = 10\lg \frac{p_2^2}{p_0^2} - 10\lg \frac{p_1^2}{p_0^2} = L_{p_2} - L_{p_1}$$

即

$$\frac{p_2^2}{p_1^2} = 10^{-(L_{p_1} - L_{p_2})/10}$$

故

$$\Delta L_p = L_p - L_{p_1} = 10\lg \left[1 + 10^{-(L_1 - L_2)/10}\right]$$

或

$$L_p = L_{p_1} + \Delta L_p \tag{9.11}$$

由式(9.11)可导出

$$L_W = L_{W_1} + \Delta L_W \tag{9.12}$$

$$L_I = L_{I_1} + \Delta L_I \tag{9.13}$$

将式(9.11)、式(9.12)和式(9.13)整合一个声级合成公式,即

$$L = L_1 + \Delta L$$

式中,ΔL 为噪声合成时声级的增加值,是两噪声级差数的函数,可以计算或由表9.2查得。

表 9.2　噪声合成时声级的增加值

噪声级差 Δ ($=L_1 - L_2$)/dB	0	1	2	3	4	5	6	7	8	9	10	11	12	13	14	15 以上
增加值 ΔL/dB	3	2.5	2.1	1.8	1.5	1.2	1.0	0.8	0.6	0.5	0.4	0.3	0.3	0.2	0.2	0.1

如果两个噪声中的一个噪声级超出另一个噪声级的 6 dB,则较弱声源的噪声可以不计,因为此时总噪声级附加值小于 1 dB。

例 9.1 若某点同时作用三个声压级为 $L_{p_1} = 85$ dB,$L_{p_2} = 90$ dB,$L_{p_3} = 80$ dB 的声源,求该点的总声压级。

解 先合成 80 dB 和 85 dB 两声压级。两者级差 $\Delta' = (85-80)$ dB $= 5$ dB,查表9.2,合成时增加值 $\Delta L_p' = 1.2$ dB,故两者合成声压级为 $L_{p_{1-3}} = (85+1.2)$ dB $= 86.2$ dB;

再合成 $L_{p_{1-3}}$ 和 L_{p_2}。两者级差 $\Delta'' = (90-86.2)$ dB $= 3.8$ dB,查表9.2,合成时增加值 $\Delta L_p'' = 1.5$ dB。总声压级为:$L_p = (90+1.5)$ dB $= 91.5$ dB

9.2　噪声的分析方法与评价

9.2.1　噪声的频谱分析

1. 倍频程分析

为了研究噪声和消除噪声的影响,须对噪声进行频谱分析,了解其频率组成及相应能量的大

小,从中找出噪声源,进而控制噪声。噪声的频谱分析是按一定宽度的频带来进行的,即分析各个频带对应的声压级。因此,讨论频带声压级时,除了指出参考声压外,还必须指明频带的宽度。在噪声研究中,常采用倍频程分析,有关倍频程概念参见 5.4 滤波器一节。两个频率相差一个倍频程,其中心频率之比为 2,相差 n 个倍频程时两个中心频率之间有关系式

$$\frac{f_2}{f_1} = 2^n$$

或

$$n = \log_2 \frac{f_2}{f_1}$$

式中,n 是任意正实数,其值越小,频程分得越细。

常用的还有 1/3 倍频程,即在两个相距为 1 倍频程的频率之间插入两个频率,其 4 个频率成如下比例:$1 : 2^{1/3} : 2^{2/3} : 2$。按倍频程均匀划分的频带,其中心频率 f_0 分别为各频带上、下限频率之比例中项,即

$$f_0 = \sqrt{f_1 f_2}$$

1 倍频程和 1/3 倍频程的带宽和中心频率见本书 5.4 节。

2. 频谱分析

声源作简谐振动所产生的声波为简谐波,其声压和时间关系为一正弦曲线,这种只有单频率的声音称为纯音,乐器可以发出纯音。而由强度不同的许多频率纯音所组成的声音称为复音,组成复音的强度与频率的关系图称为声频谱,简称频谱。

由一系列分离频率成分所组成的声音,其频谱图为离散线谱。如乐器频谱,其频谱中除有一个频率最低、声压最高的基频音外,还有与基频成整倍数的较高频率的泛音,或称陪音、谐频音。音乐的音调由基音决定,泛音的多少和强弱影响音色。不同的乐器可以有相同的基频,其主要区别在于音色。噪声是由许多频率和强度不同成分组合而成的,其频谱中声能连续分布在宽广的频率范围内,成为一条连续的曲线,称为连续谱。对于宽广连续的噪声谱,很难对每个频率成分进行分析,而是按倍频程和 1/3 倍频程等划分频带。此时的频谱是不同的倍频带与倍频带级即声级的关系。如锣声、鼓风机的声音频谱,既有连续的噪声谱,又有线谱,二者混合,形成有调噪声混合谱。分析有调噪声时,对频谱中较为突出的频率成分应特别注意。

噪声频谱中最高声压级分布在 350 Hz 以下称为低频噪声;最高声压级分布在 350~1 000 Hz 中间称为中频噪声;最高声压级分布在 1 000 Hz 以上称为高频噪声。机械噪声测量和分析中最主要的是噪声频谱,噪声频谱表示一定频带范围内声压级的分布情况,频谱中各峰值所对应的频率(带)就是某种声源产生的,找到了主要峰值声源,就为噪声控制提供了依据。

9.2.2 噪声的响度分析及评价

可听声对人产生的总的效果除了上面提到声压、声频率之外,还有声音持续时间、听声人的主观情况等,人的耳朵对高频声波是敏感的,而对低频声波是迟钝的。为了把客观上存在的物理量和人耳感觉的主观量统一起来,引入一个综合声音强度量度——响度、响度级。

1. 纯音的等响曲线、响度及响度级

听阈和痛阈的数值都是定义在 1 000 Hz 纯音条件下的量,当声音的频率发生变化时,听阈和

痛阈的数值也将随着变化。为使在任何频率条件下主客观量都能统一,就需要在各种频率条件下对人的听力进行试验,这种试验得出的曲线称为等响曲线。经过大量试验测得纯音的等响度曲线如图 9.1 所示,它表达了响度的相同纯音的声压级与频率的关系,图中纵坐标是声压级,横坐标是频率,两者是声音的客观物理量。因为频率不同时,人耳的主观感觉不同,所以对应每个频率都有各自的听阈声压级和痛阈声压级,把它们连接起来就能得到听阈线,两线之间按响度不同又分为 13 个响度级,单位为 phon(方)。听阈线为零方响度线,痛阈线为 120 phon 响度线。凡在同一条曲线上的各点,虽然它们代表着不同频率和声压级,但其响度是相同的,故称等响曲线。每条等响曲线所代表的响度级的大小,由该曲线在 1 000 Hz 时的声压级的 dB 值而定,即选取 1 000 Hz 纯音作为基准音,其噪声听起来与基准纯音一样响,则噪声的响度级就等于这个纯音的声压级(dB 数)。例如,噪声听起来与频率 1 000 Hz 的声压级 85 dB 的基准音一样响,则该噪声的响度级就是 85 phon。

响度级是一个相对量,有时需要用绝对值来表示,故引出响度单位 sone(宋)的概念。1 sone 为 40 phon 的响度级,即 1 sone 是声压 40 dB、频率为 1 000 Hz 的纯音所产生的响度。响度与响度级的关系可由下式决定:

$$S = 2^{(L_S-40)/10}$$

或
$$L_S = 40 + 10\log_2 S \tag{9.14}$$

式中:S——响度,sone;

$\quad\quad L_S$——响度级,phon。

图 9.2 是按式(9.14)算出的响度级和响度间的对应关系图。响度由 40 phon 开始,每增加 10 phon,响度增加一倍,即 40 phon 为 1 sone,50 phon 为 2 sone,60 phon 为 4 sone,70 phon 为 8 sone。

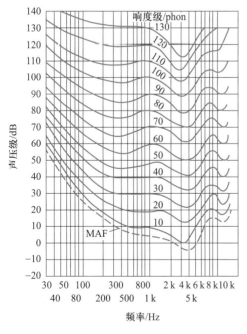

图 9.1 等响曲线

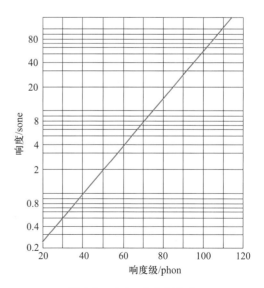

图 9.2 响度-响度级关系

263

响度可以叠加计算,如频率为 3 000 Hz 和 2 000 Hz、声压级均为 70 dB 的两纯音合成,由图 9.1 曲线查得响度级均为 70 phon,对应响度均为 8 sone,总响度为 8 sone+8 sone＝16 sone,查图 9.2 得总响度级为 80 phon,可见响度级不可以叠加。

2. 宽带噪声的响度

纯音响度可以通过测量它的声压级和频率,按等响曲线来确定它的响度级,然后根据响度-响度级关系确定它的响度。但是,绝大多数的噪声是宽带声音,评价它的响度比较复杂,或者计算求得,或者通过计权网络由仪器直接测定。

噪声总响度的计算以响度指数曲线(图 9.3)为依据。这些曲线是在大量试验的基础上并考虑了听觉某些方面的属性后得出的。计算时,先测出噪声的频带声压级,然后从响度指数曲线图 9.3 中查出各频带的响度指数,再按下式计算总响度。

$$S_t = S_m + F(\sum S_i - S_m) \qquad (9.15)$$

式中:S_t——总响度,sone;

　　　S_m——频带中最大的响度指数,sone;

　　　$\sum S_i$——所有频带的响度指数之和;

　　　F——常数,对倍频带、1/2 倍频带和 1/3 倍频带分析仪分别为 0.3、0.2 和 0.15。

例如,用倍频带分析仪测量,其倍频带中心频率对应的声压级和响度指数列在表 9.3。则总响度为

$$S_t = S_m + 0.3(\sum S_i - S_m) = 17.5 \text{ sone} + 0.3 \times 21.8 \text{ sone}$$
$$= 24 \text{ sone}$$

再将总响度 24 sone,按式(9.15)或查表换算成响度级 86 phon。

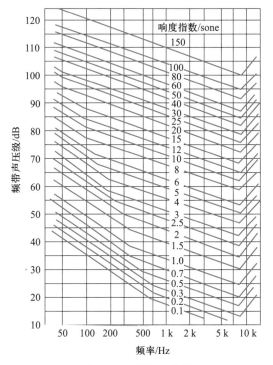

图 9.3　响度指数曲线

表 9.3　与倍频带中心频率相对应的声压级和响度指数

中心频率/Hz	63	125	250	500	1 000	2 000	4 000	8 000
声压级/dB	42	40	47	54	60	58	69	72
响度指数/sone	0.16	0.37	1.44	2.84	4.8	5.2	7.0	17.5

3. 声级计的频率计权网络

从等响曲线出发,测量仪器通过采用某些滤波器网络,对不同频率的声音信号实行不同程度的衰减,使得仪器的读数能近似地表达人对声音的响应,这种网络称为频率计权网络。就声级计而言,设立了 A、B、C 三种计权网络,它们的频率特性如图 9.4 所示。

A 计权网络是效仿倍频程等响曲线中的40 phon 曲线而设计的,它较好地模仿了人耳对低频

段(500 Hz 以下)不敏感,而对于 1 000~5 000 Hz 声敏感的特点,用 A 计权测量的声压级来代表噪声的大小,称为 A 声级,记作 L_A,单位为 dB(A)。由于 A 声级是单一数值,容易直接测量,并且是噪声的所有频率成分的综合反映,与主观反映接近,故目前在噪声测量中得到广泛的应用,并以它作为评价噪声的标准。但是 A 声级代替不了用倍频程声压级表示其他噪声标准,因为 A 声级不能全面地反映噪声的频谱特点,相同的 A 声级其频谱特性可能有很大差异。

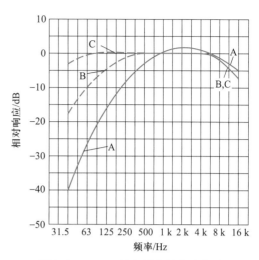

图 9.4　A、B、C 计权网络的衰减曲线

B 计权网络是效仿 70 phon 等响曲线,对低频有衰减;C 计权网络是效仿 100 phon 等响曲线,在整个可听频率范围内近于平直的特点,它让所用频率的声音近于一样程度的通过,基本上不衰减,因此 C 计权网络表示总声压级。

经过计权网络测得的声压级分别为 A 声级(L_A)、B 声级(L_B)和 C 声级(L_C),其单位分别标 dB(A)、dB(B)、dB(C)。

利用 A、B、C 三挡声级读数可初步了解噪声频谱特性,由图 9.4 中各种计权网络的衰减曲线可以看出:当 $L_A = L_B = L_C$ 时,表明噪声的高频成分较突出;当 $L_C = L_B > L_A$ 时,表明噪声的中频成分较多;当 $L_C > L_B > L_A$ 时,表明噪声是低频特性。

4.等效连续声级与噪声评价标准

如果考虑噪声对人们的危害程度,则除了要关注噪声的强度和频率之外,还要关注作用的时间。反映这三者作用效果的噪声量度称为等效连续声级。

我国工业企业噪声检测规范规定:稳定噪声,测量 A 声级;不稳定噪声,测量等效连续声级,或测量不同 A 声级下的暴露时间。计算等效连续声级,即用等效连续声级作为评定间断的、脉动的或随时变化的不稳定噪声的大小。等效连续声级(单位为 dB)可表示为

$$L_{eq} = 10 \lg \left[\frac{1}{T} \int_0^T \frac{I(t)}{I_0} \mathrm{d}t \right] = 10 \lg \left(\frac{1}{T} \int_0^T 10^{0.1L} \mathrm{d}t \right) \tag{9.16}$$

式中:$I(t)$——瞬时声强;

　　　I_0——基准声强;

　　　T——某段统计时间总和,$T = T_1 + T_2 + \cdots + T_n$;

　　　L——t 时刻的瞬时 A 声级。

由式(9.16)可知,某一段时间内的稳定噪声,就是等效连续声级。

以每个工作日 8 h 为基础,低于 78 dB 的不予考虑,则一天的等效声级可按下式近似计算

$$L_{eq} = 80 + 10 \lg \frac{\sum_{i=1}^{n} 10^{\frac{i-1}{2}} T_{i,R}}{480} \quad i = 1, 2, \cdots, n \tag{9.17}$$

式中:$T_{i,R}$——第 i 段声级 L_i 一个工作日的总暴露时间,min。

如果一周工作六天,每周的等效连续声级可按下式近似计算:

$$L_{eq} = 80 + 10\lg \dfrac{\sum_{i=1}^{n} 10^{\frac{i-1}{2}} T_{i,1}}{480 \times 6} \quad i = 1, 2, \cdots, n \tag{9.18}$$

式中:$T_{i,1}$——第 i 段声级 L_i 一周的总暴露时间,min。

根据测量数组,按声级的大小及持续时间进行整理,将 80~120 dB 声级从小到大分成 8 段排列,每段相差 5 dB,每段用中心声级表示,并统计出各段声级的暴露时间,可得表 9.4,然后将已知数据代入式(9.17)或式(9.18),即可求出一天或一周的等效连续声级。

表 9.4　中心声级与暴露时间

i/段	1	2	3	4	5	6	7	8
中心声级 l_i/dB(A)	80	85	90	95	100	105	110	115
暴露时间 T_i/min	T_1	T_2	T_3	T_4	T_5	T_6	T_7	T_8

例 9.2　测量某车间的噪声。有 4 h 中心声级为 90 dB(A),有 3 h 中心声级为 100 dB(A),有 1 h 中心声级为 110 dB(A),计算一天内等效连续声级。

解　将测量的数据代入式(9.15),则车间等效声级为

$$L_{eq} = 80 + 10\lg \dfrac{10^{\frac{3-1}{2}} \times 240 + 10^{\frac{5-1}{2}} \times 180 + 10^{\frac{7-1}{2}} \times 60}{480}$$

$$= 102 \text{ dB(A)}$$

近年来,为了减少噪声的危害,提出了保护听力、保障生活和工作环境安静的噪声允许标准。国际标准化组织(ISO)提出采用噪声评价曲线,以确定噪声容许标准,图 9.5 所示为噪声评价曲线。图中每一条曲线均以一定的噪声评价数 NR 来表征。根据容许标准规定的声级 L_A 来确定容许的噪声评价数 NR,A 声级与噪声评价数 NR 的换算关系为 $NR = L_A - 5$ dB。若噪声的倍频程声压级没有超过该容许评价数所对应的评价曲线,则认为符合标准的规定。国际标准化组织建议,每天工作 8 h,采用噪声评价曲线 $NR = 85$ 作为噪声允许标准,即允许连续噪声不得超过 90 dB(A)。工作时间每减少一半,容许噪声提高 3 dB(A),最坏不超过 115 dB(A)。住宅区室外噪声允许标准为 35~45 dB(A);非住宅区内,如办公室、商店的室内允许噪声标准为 35 dB(A)。

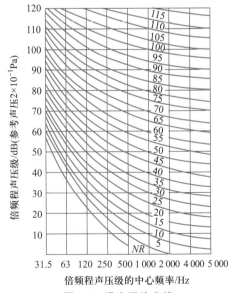

图 9.5　噪声评价曲线

9.3 噪声测量常用仪器

噪声的测量主要是对声压级、声功率级及其噪声频谱的测量。一套声压级测量仪器包括传声器、声级计、频率分析仪、校准器等组成。声功率级不是直接由仪器测量出来的,而是在特定的条件下,由测量的声压级计算出来的。噪声的分析除利用声级计的滤波器进行简易频率分析外,还可以将声级计的输出连接电平记录仪、示波器、磁带记录器进行波形分析,或连接信号分析仪进行精密的频率分析。本节重点介绍传声器、声级计和校准器的原理和使用方法。

9.3.1 传声器

传声器是将声波信号转换为相应的电信号的传感器,其原理是:由声造成的空气压力推动传声器的振动膜振动,进而经变换器将此机械振动变成电参数的变化。工业应用的传声器如图 9.6 所示。

根据变换器的形式不同,常用传声器有电容式、动圈式、压电式和永电体式。

1. 电容式传声器

这是精密测量中最常用的一种传声器,在各种传声器中,这种传声器的稳定性、可靠性、耐振性,以及频率特性均较好。图 9.7 为电容式传声器的结构,振膜是一张拉紧的金属薄膜,其厚度为 0.002 5 ~ 0.05 mm,它在声压的作用下发生变形位移,起着可变电容器的动片作用。可变电容器的定片是背极,背极上有若干个经过特殊设计的阻尼孔。振膜运动时所造成的气流将通过这些小孔产生阻尼效应,以抑制振膜的共振振幅。壳体上开有毛细孔,用来平衡振膜两侧的静压力,以防止振膜的破裂,然而动态的应力变化(声压)很难通过毛细孔作用于内腔,从而保证仅有振膜的外侧受到声压的作用。其电路原理如图 9.7 所示,将传声器的可变电容和一个高阻值的电阻 R 与极化电源串联,u_0 为电源电压,u_t 为输出电压,当振膜受到声压作用而发生变形时,传声器的电容量发生变化从而使通过电阻 R 的电流也随之变化,其输出电压 u_t 也随之变化。根据需要对 u_t 再进行必要的中间变换。电容式传声器幅频特性平直部分的频率范围约一般 10 Hz ~ 20 kHz。

图 9.6 工业应用的传声器

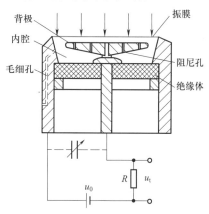

图 9.7 电容式传声器

2. 动圈式传声器

动圈式传声器的结构如图 9.8 所示,一个轻质振膜的中部有一个线圈,线圈放在永久磁场的

267

气隙中,在声压的作用下,振膜和线圈移动并切割磁力线,产生感应电动势 e_t,e_t 同线圈移动速度成正比。

这种传声器精度较低,灵敏度也较低,体积大,其突出特点是输出阻抗小,所以接较长的电缆,也不降低其灵敏度。此外,温度和湿度的变化对其灵敏度也无大的影响。

3. 压电式传声器

图 9.9 为压电式传声器的原理图。图中金属膜片与双压电晶体弯曲梁相连,膜片受到声压作用而变位时,双压电晶体弯曲梁则产生变形,在其端面出现电荷,通过变换电路便可以输出电信号。压电式传声器金属膜片较厚,其固有频率较低,灵敏度较高,频响曲线平坦,结构简单、价格便宜,广泛用于普通声级计中。

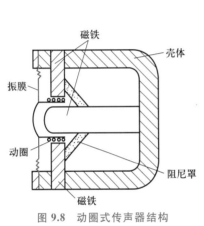

图 9.8 动圈式传声器结构   图 9.9 压电式传声器的原理图

此外,还有永电体传声器(又称驻极体式传声器),工作原理与电容式传声器相似。其特点是尺寸小、价格便宜,可用于高湿度的测量环境,可用于精密测量。

9.3.2 声级计

声级计是噪声测量中测量声压级的主要仪器,是用一定频率和时间计权来测量噪声的一套仪器。声级计的工作原理是:被测的声压信号通过传声器转换成电压信号,该电压信号经衰减器、放大器以及相应的计权网络、滤波器,或者输入记录仪器,或者经过均方根值检波器直接推动以 dB 标定的指示表头,如图 9.10 所示。

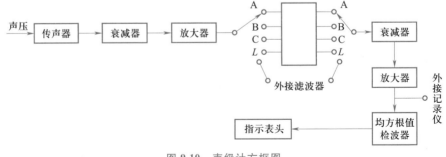

图 9.10 声级计方框图

计权网络可根据需要来选择,以完成声压级 L 和 A、B、C 三种声级的测定,声级计还可以与适当的滤波器、记录器联用,以供对声波作进一步的分析,某些声级计有倍频程或者 1/3 倍频程滤波器,可以直接对噪声进行频谱分析。

应当指出的是,为了保证噪声的测量精度和测量数据的可靠性,使用声级计测量声级时,必须经常校准,否则,将带来不同程度的误差。

声级计的种类很多,如调查用的声级计(三级)只有 A 计权网络;普通声级计(二级)具有 A、B、C 计权网络;精密声级计(一级)除了具有 A、B、C 计权网络外,还有外接滤波器插口,可进行倍频程或 1/3 倍频程滤波分析。此外,还有脉冲声级计等。

图 9.11 为某型声级计实物图,能实现对商业、工业和运输行业环境噪声的测量。

图 9.11 某型声级计的实物图

9.3.3 声级计的校准

使用声级计测量声压级时,必须经常校准,以确保声级计读数的精确度。某些行业标准规定,每次测量开始和结束都必须进行校准,两次差值不得大于 1 dB。目前常用的校准方法有以下几种:

1. 活塞发生器校准法

活塞发生器校准法是一种现场常用的精确、可靠且简便的方法,它主要适用于低频校准(几赫兹到几十赫兹)。其原理是:由电池供电的电动机通过凸轮使两个对称的活塞作正弦移动,造成空腔中气体体积的变化,使腔内产生标准的正弦变化的声压,被校的传声器置于空腔的一端。

2. 扬声器校准法

这是一种更为简单而低成本的校准方法。用一个精确标定过的扬声器,在一个声耦合空腔中产生 1 000 Hz 的精确给定声压级的声压,作为作用在传声器振膜上的标准信号。

3. 互易校准法

互易校准法适用于中频范围可听声的传声器校准,该方法准确度高,声学测量实验室普遍采用。互易校准法既可测定传声器的压力响应,也可以测定其自由场响应。

4. 静电激励校准法

该方法适用于较高频率的扬声器校准。其校准原理是:将一个绝缘的栅状金属板置于传声器振膜之前,并使两者之间的距离尽量小。在栅状金属板和振膜之间加上高达 800 V 的直流电压使两金属板极化,从而使两者之间互相作用着一个稳定的静电力;另外,再加上 30 V 左右的交流电压使其产生一个相互作用的交变力,其值等于 1 Pa 的声压,和电磁激振器一样,若没有直流电压,所产生的交变压力的频率就是交变电压频率的两倍;静电激振器产生的力和频率无关,因此可用来测量电容传声器的响应。

5. 置换法

置换法是用一个已知频率响应的精确基准声级计来校准待校声级计。校准时,将两声级计分别测量同一声压,从两声级计测量结果的差别,可以确定待校声级计的频率响应。

9.4　噪声测量及其应用

9.4.1　噪声测量应注意的问题

噪声的产生原因是各种各样的,噪声测量的环境和要求也不相同。精确的噪声性能数据不但与测量方法、仪器有关系,而且与测量过程中的时间、环境、位置等也有关系,这里提出以下几点注意的问题。

1. 测量位置的选取

传声器与被测机械噪声源的相对位置对测量结果有显著影响,因而在进行数据比较时,必须标明传声器离开噪声源的距离,测点一般按下列原则选取:

根据我国噪声测量规范,一般测点选在距机械表面 1.5 m,并离地面 1.5 m 的位置;

若机械本身尺寸很小(如小于 0.25 m),测点应距所测机械表面较近,如 0.5 m,但应注意测点与测点周围反射面相距在 2~3 m 以上;

机械噪声大,测点宜取在相距 5~10 m 处。对于行驶的机动车辆,测点应距车体 7.5 m,并高出地面 1.2 m 处;

相邻很近的两个噪声源,测点宜距噪声源很近,如 0.2 m 或 0.1 m;

如果研究噪声对操作人员的影响,可把测点选在工作人员经常所在的位置,以人耳的高度为准选择若干个测点。

作为一般噪声源,测点应在所测机械规定表面的四周均布,且不少于 4 点。如相邻测点测出声级相差 5 dB 以上,应在其间增加测点,机械的噪声级应取各测点的算术平均值。如果机械噪声不是均匀地向各个方向辐射,除了找出 A 声级最大的一点作为评价该机器噪声的主要依据外,同时还应当测出若干点(一般多于 5 点)作为评价的参考。

2. 测量时间的选取

当测量城市街道的环境噪声时,白天的理想测定时间为 16 h,即从早上 6 点至晚上 10 点。测夜间的噪声,取 8 h 为宜,即从晚上 10 点至早上 6 点,但有的国家也选取一天中最吵闹的 8 h 作为测量的参考时间。有的进一步简化,确定高交通密度(即每小时通过机动车数目超过 1 000 辆),测 15 min 的平均值即可代表交通噪声值,如果交通密度整天都很小,取 0.5 h 的测量值,也是可靠的。

测量各种动态设备的噪声,当测量最大值时,应取启动时或工作条件变动时的噪声;当测量平均正常噪声时,应取平稳工作时的噪声;当周围环境的噪声很大时,应选择环境噪声最小时(比如深夜)测量。

3. 本底噪声的修正

所谓本底噪声,是指被测定的噪声源停止发声时其周围环境的噪声。测量时,应当避免本底噪声对测量的影响。

对被测对象进行噪声测量,所测得的总噪声级是被测对象噪声和本底噪声的合成。在存在本底噪声的环境里,被测对象的噪声无法直接测出,可由测到的合成噪声内减去本底噪声得到。本底噪声应低于所测机器噪声 10 dB 以上,否则应在所测机器噪声中扣除环境噪声增加值 ΔL,

见表9.2。

4. 干扰的排除

噪声测量所用电子仪器的灵敏度,与供电电压有直接关系,电源电压如达不到规定范围,或者工作不稳定,将直接影响测量的准确性,这时就应当使用稳压器或者更换电源。

进行噪声测量时,要避免气流的影响,若在室外测量,最好选择无风天气,风速超过四级时,可在传声器上戴上防风罩或包上一层绸布;在管道里测量时,在气流大的部位,如管壁口,也应如此;在空气动力设备排气口测量时,应避开风口和气流。

测量时,还应注意反射所造成的影响,应尽可能地减少或排除噪声源周围的障碍物,在不能排除时要注意选择测点的位置。

用声级计进行测量时,其话筒取向不同,测量结果也有一定的误差,因而各测点都要保持同样的入射方向。

5. 噪声测量环境的影响及修正

为实现噪声测量数据可靠,不仅要有精确的仪器,而且还需考虑外界因素对测量的影响。必须考虑的外界因素主要包括以下几个。

（1）大气压力

大气压力主要影响传声器的校准,活塞发生器在 1.01×10^5 Pa 时产生的声压级是 124 dB(国外仪器有的是 118 dB,有的是 114 dB),而在 0.9×10^5 Pa 时则为 123 dB。活塞发生器一般配有气压修正表,当大气压力改变时,可从表中直接读出相应的修正数值。

（2）温度

在现场测量系统中,要使用电池给仪器供电。温度的降低会使电池的使用寿命也随之降低,特别是 0℃ 以下的温度对电池使用寿命影响很大。

（3）风和气流

当有风和气流通过传声器时,在传声器顺流的一侧会产生湍流,使传声器的膜片压力变化而产生风噪声,风噪声的大小与风速成正比。为了检查有无风噪声的影响,可将有无防风罩时的噪声测量数据进行比较。如无差别则说明无风噪声影响;反之则有影响。这时应以加防风罩时的数据为准。

环境噪声的测量,一般应在风速小于 5 m/s 的条件下进行。防风罩一般用于室外风向不定的情况下。在通风管道内,气流方向是恒定的,这时应在传声器上安装防风鼻锥。

（4）湿度

当潮气进入电容式传声器并凝时,就会使电容式传声器的极板与膜片之间发生放电现象,而产生"破裂"与"爆炸"的声响,影响测量结果。

（5）传声器的指向性

传声器在高频时具有较强的指向性。膜片越大,产生指向性的频率就越低。一般国产声级计,当在自由场(声波没有反射的空间)条件下测量时,传声器应指向声源。若声波是无规律入射的(声波反射很强的空间),则需要加上无规律入射校正器。环境噪声测试时,可将传声器指向上方。

（6）反射

在现场测量环境中,被测机器周围往往可能有许多物体,这些物体对声波的反射会影响测量

271

结果。原则上,测点位置应离开反射面 3.5 m 以上,但根据现有试验情况,一般控制在 2 m 以上,反射声的影响就可以认为不用考虑。在无法远离反射面的情况下,也可以在反射噪声的物体表面铺设吸声材料。

（7）其他因素

除上述因素以外,在测量时还应避免受强电磁场的影响,并选择在设备处于正常状态（或合理状态）下进行测试。

9.4.2　声功率级的测量和计算

在一定的条件下,机器辐射的声功率是一个恒定的量,它能够客观地表征机器噪声源的特性。但声功率级不是直接测出的,而是在特定的条件下,由所测得声压级计算出来的,其方法如下。

1. 自由场法

把机器放在室外空旷无噪声干扰的地方或在消声室内,即自由声场中。测量以机器为中心的半球面上或半圆柱面上（长机械）若干均匀分布点的声压级,便可以求得声功率级 L_W

$$L_W = \overline{L}_p + 10\lg S \tag{9.19}$$

式中：S——测试球面或半圆柱面的面积,m^2;

$\overline{L}_p$——n 个测点的平均声压级。

平均声压级 $\overline{L}_p$ 为

$$\overline{L}_p = 20\lg \frac{\overline{p}}{p_0}, \quad \overline{p} = \left(\frac{\sum\limits_{i=1}^{n} p_i^2}{n^2} \right)^{\frac{1}{2}}$$

如果机器在消声室或其他较理想的自由场中,声源以球面波辐射,则式（9.19）可写为

$$L_W = \overline{L}_p + 10\lg (4\pi r^2) = \overline{L}_p + 20\lg r + 11 \tag{9.20}$$

如果机器放在室外坚硬的地面上,周围无反射,这时透声面积为 $2\pi r^2$,则式（9.19）可写为

$$L_W = \overline{L}_p + 10\lg (2\pi r^2) = \overline{L}_p + 20\lg r + 8 \tag{9.21}$$

在这种条件下,距离中心为 r_1 和 r_2 两点的声压级满足下列关系

$$L_{p_1} = L_{p_2} + 20\lg \frac{r_2}{r_1} \tag{9.22}$$

2. 参考声源法

在有限吸声的房间（如工厂、车间）内测量噪声,自由场法要求的条件很难得到满足。这时,可采用一个已知声功率级 L_{W_0} 的参考声源与被测的噪声源相比较来测定机器的声功率。在相同的条件下,噪声源的声功率级 L_W 可用下式表示

$$L_W = L_{W_0} + \overline{L}_r - \overline{L} \tag{9.23}$$

式中：$\overline{L}_r$——以机器为中心,半径为 r 的半球面上测出该噪声源的平均声压级;

$\overline{L}$——关掉噪声源,参考声源置于噪声源的位置,在同样测点上测得的平均声压级。

用此法测量时,可以选用下述方法之一来进行。

1)替代法。把待测的噪声源移开,将参考声源置入原噪声源位置,测点相同。

2)并排法。若待测的噪声源不便移开,可将参考噪声源置于待测量的噪声源上部或旁边,测点相同。

3)比较法。若用并排法测量误差大,这时可用比较法,即将参考噪声源放在现场的另一点,周围反射的情况与待测量的噪声源的周围反射情况相似,然后用式(9.21)计算出待测噪声的功率级。

9.4.3 噪声测量的应用

噪声的测试与诊断在机械工程、航空航天、国防、城市建设、环境保护等方面都有很大的应用价值,随着工业技术的发展,越来越占有更重要的地位。下面以机床噪声测量为实例简要说明其应用情况。

(1)机床噪声源

根据振源的属性,机床噪声一般分为3类,即结构噪声、流体噪声和电磁噪声。

结构噪声由机床内各种运动部件,如齿轮、轴、轴承、离合器、带、凸轮等运动时的冲击、摩擦、不平衡运转所引起。箱体、罩壳等部件受激发也会产生二次空气声。

流体噪声是指机床中的液压、润滑、冷却系统和气动装置所产生的噪声。其原因是液体、气体的流量和压力的急剧变化所引起的冲击使管路、壳体等产生振动,液压系统的空穴和涡流现象引起的振动等。

电磁噪声是由于电机嵌线槽数的组合不平衡,绕组节距、转子与定子间空隙不均匀以及电源的电压不稳定所产生的高次谐波以及由于磁致伸缩所引起的铁心振动等导致的。

(2)机床噪声声压级测量

国家标准规定,测定机床总噪声水平以声压级测量为主,即 GB/T 16769—2008 按《金属切削机床噪声声压级测量方法》标准测量机床噪声的声压级 dB(A)。

1)测点布置

测点位置和测点数的选择原则,是使所测得的声压级能客观地反映机床噪声给工作环境和操作者所带来的影响。参考 GB/T 16769—2008,测点布置如图9.12所示。遵循的原则大体如下。

① 测量外迹距离机床外迹投影面 1 m;若机床外形尺寸不足 1 m 时,距离可缩短为 0.5 m。

② 测量外迹应圈进各种辅助设施,如电气柜、液压箱、操作台等。辅助设施远离机床时应单独测量。

③ 测点应在外迹上离地平面 1.5 m 处,相当于人耳位置高度。相邻测点间距为 1~1.5 m。为了避免漏测噪声级最大的点和利于确定噪声的方向,测点数目应足够多,一般应多于 5 点。

④ 测点应包括操作位置和操作者常到的位置。

2)测量条件

测量的环境条件和机床的工作状态,对机床噪声的测量结果都有影响。为此,一般对测量条件作如下规定。

① 为了减小反射声对测量结果的影响,要求机床外表面距四周声反射表面有一定的距离,一般不少于 2 m。

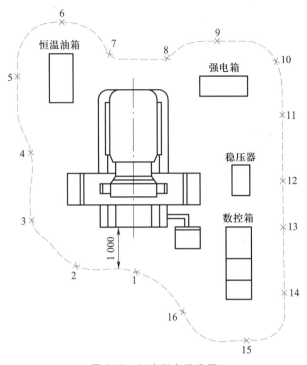

图 9.12　机床测点示意图

② 应预先测量背景噪声,即包括仪器本身在内的周围环境噪声。各国都规定在机床噪声测量位置上测得的背景噪声应比机床噪声低 10 dB(A),否则应适当进行修正。

③ 机床应处于正常安装和使用状态。测量时,机床应由冷态逐步达到正常工作温度。应选择机床产生最大噪声时的切削参数或在规定的生产率状态下进行测量。

④ 机床在空运转、加载和切削状态下噪声级是不同的。我国规定,以机床空运转时的测量值作为机床噪声水平。

3) 测量仪器使用要求

测量机床噪声的声压级应采用精密声级计 A 计权网络。

① 测量前,应检查电源电压,并校准传声器的灵敏度和指针读数。测量结束后,必须重新校准传声器的指针读数。两次差值不得大于 1 dB(A),否则所测数据无效。

② 测量时,声级计的传声器在测点上应水平朝向机床噪声源。为了消除操作者身体引起的反射声影响,可利用三脚架支撑声级计。气流在传声器外壳上形成涡流,会产生附加噪声,可在传声器前安装防风装置以消除气流的影响。

4) 测量数据处理

声级计分快/慢两挡。快挡用于测量随时间波动较小的稳态噪声;慢挡用于测量波动大于 4 dB 的噪声。测量时,应读出表头指针的平均偏摆值。用慢挡测量偏摆大于 4 dB 的噪声时,观察时间不应少于 10 s。读数值视不同情况分别处理:当指针偏摆在 3 dB 以内时,读数值取上、下限的平均值;当指针偏摆在 3~10 dB 时,平均声压级应按标准中给定的公式进行计算;当指针偏摆超过 10 dB 时,应视为脉冲噪声,改用脉冲声级计测量。数显读数也应参照上述情况处理。

声压级的测量与被测机床的周围环境和测量距离密切相关。在不同环境下,测量结果会产生差异。采用声功率级测量可以克服这个缺点,因为声源辐射的声功率是一个恒量,能客观地表证机床噪声源的特性。

习　题

9.1　评价噪声的主要技术参数有哪些? 各代表什么物理意义?

9.2　举例说明如何确定宽带噪声的总响度。

9.3　A、B、C 三种不同计权网络在测试噪声中各有什么用途?

9.4　噪声测试中主要用哪些仪器、仪表?

9.5　噪声测试中应注意哪些具体问题?

9.6　声级计的校准方法有几种?

9.7　单选题

(1) 超声波是频率超过(　　　)的波动。

(A) 20 Hz　　　　　(B) 20 kHz　　　　　(C) 1 000 Hz　　　　　(D) 其他频率

(2) 响度反映噪声对人的听觉影响的强弱程度,其单位是(　　　)。

(A) sone　　　　　(B) phon　　　　　(C) dB　　　　　(D) W

(3) 在与声源距离不同的两个位置的声强之比等于这两个距离的(　　　)。

(A) 倒数之比　　　(B) 倒数的平方之比　　　(C) 比值　　　　　(D) 平方之比

第 10 章　力、扭矩、压力的测量

力是构件最基本和最常见的工作载荷,也是其他载荷形式和有关物理量(弯矩、扭矩、应力、功、功率及刚度等)的基础。

对构件的力、扭矩和压力的测量,可以分析其受力状况和工作状态,验证设计计算,确定工作过程和某些物理现象的机理,对设备的安全运行、自动控制及设计理论的发展等都有重要的指导作用。

在国际单位制中,力是一个导出量,由质量和加速度的乘积来定义。力的基准量取决于质量、时间和长度的基准量。

10.1　力的测量

力的测量方法可以归纳为利用力的静力效应和动力效应两种。

(1) 利用静力效应测力

力的静力效应使物体产生变形,通过测定物体的变形量或用与内部应力相对应参量的物理效应来确定力值。例如,通过测定弹性体变形达到测力的目的,或利用与力有关的物理效应,如压电效应、压磁效应等来测力的大小。

(2) 利用动力效应测力

力的动力效应使物体产生加速度,测定了物体的质量及所获得的加速度大小就测定了力值。在重力场中地球的引力使物体产生重力加速度,因而可以用已知质量的物体在重力场某处的重力来体现力值,例如基准测力机等。

10.1.1　应力、应变的测量

常用的应力、应变测量方法是应用应变片和应变仪测量构件的表面应变,根据应变和应力、力之间的关系,确定构件的受力状态。

1. 电阻应变仪的分类

按照被测应变信号的频率范围,电阻应变仪可以分为以下 4 类。

1) 静态电阻应变仪　用以测量静态载荷下的应变,以及变化十分缓慢或变化后能很快稳定下来的应变。

2) 静动态电阻应变仪　工作频率为 0~200 Hz,用以测量静态应变或频率在 200 Hz 以下的低频动态应变。

3）动态电阻应变仪　工作频率为 0~2 000 Hz,用以测量 2 000 Hz 以下的动态应变。

4）超动态电阻应变仪　工作频率为 0~20 000 Hz,用以测量爆炸冲击等瞬态变化过程下的超动态应变。

2. 布片和组桥方法

在应变仪中,电桥将被测应变转化为电压输出,再经过放大、相敏检波、A/D 转换等处理,最后显示被测应变数值。电桥原理见图 5.1。

电桥输出 U_o 为

$$U_o = \frac{R_1 R_3 - R_2 R_4}{(R_1 + R_2)(R_3 + R_4)} U_i \qquad (10.1)$$

式中,R_1、R_2、R_3 和 R_4 分别为电桥 4 个桥臂的电阻值。在力作用下所产生的阻值变化分别为 ΔR_1、ΔR_2、ΔR_3 和 ΔR_4。如果 $R_1 = R_2 = R_3 = R_4 = R$,且考虑到是微应变,所以有

$$U_o = \frac{U_i}{4}\left(\frac{\Delta R_1}{R} - \frac{\Delta R_2}{R} + \frac{\Delta R_3}{R} - \frac{\Delta R_4}{R}\right) \qquad (10.2)$$

如果各桥臂应变片的灵敏度 S_g 相同,则有

$$U_o = \frac{U_i}{4} S_g (\varepsilon_1 - \varepsilon_2 + \varepsilon_3 - \varepsilon_4) \qquad (10.3)$$

式中,$\varepsilon_i = \dfrac{\Delta R_i / R}{S_g}$,$i = 1,2,3,4$。弹性元件上应变片的布置和电桥组接(简称布片组桥)应根据被测对象受力状况来确定。在温度变化和复合载荷作用下,需要利用适当的布片组桥来获得需要的输出信号。

（1）拉伸(压缩)应变测量

表 10.1 所列为拉伸(压缩)应变测量的布片组桥。未画出的应变片布置在不受力的部位或使用同阻值的固定电阻,标于虚线框内的应变片是电桥的温度补偿片。标于受力弹性元件上的应变片,应严格布置在主应力方向或者垂直于主应力方向。从表中可以看出,不同的布片组桥方式对电桥输出、温度补偿和消除弯矩影响是不同的。一般应优先选择输出信号大、能实现温度补偿、消除弯矩影响和便于分析的方案。

表 10.1　拉伸(压缩)应变测量的布片组桥

序号	受力状态简图	应变片的数量	电桥组合形式		温度补偿情况	电桥输出电压	测量项目及应变值	特点
			电桥形式	电桥接法				
1		2	半桥式		R_2 与 R_1 同温	$U_o = \frac{1}{4} U_i S_g \varepsilon$	拉(压)应变 $\varepsilon = \varepsilon_r$	不能消除弯矩的影响
2		2			互为补偿	$U_o = \frac{1}{4} U_i S_g \varepsilon (1+\mu)$	拉(压)应变 $\varepsilon = \dfrac{\varepsilon_r}{(1+\mu)}$	输出电压提高到 $(1+\mu)$ 倍,不能消除弯矩的影响

序号	受力状态简图	应变片的数量	电桥组合形式		温度补偿情况	电桥输出电压	测量项目及应变值	特点
			电桥形式	电桥接法				
3		4	半桥式		R_1、R_2、R_1'、R_2'、四片同温	$U_o = \dfrac{1}{4}U_i S_g \varepsilon$	拉（压）应变 $\varepsilon = \varepsilon_r$	可以消除弯矩的影响
4		4	全桥式			$U_o = \dfrac{1}{2}U_i S_g \varepsilon$	拉（压）应变 $\varepsilon = \dfrac{\varepsilon_r}{2}$	输出电压提高一倍，且可消除弯矩的影响
5		4	半桥式		互为补偿	$U_o = \dfrac{1}{4}U_i S_g \varepsilon(1+\mu)$	拉（压）应变 $\varepsilon = \dfrac{\varepsilon_r}{(1+\mu)}$	输出电压提高到（1+μ）倍，且可消除弯矩的影响
6		4	全桥式			$U_o = \dfrac{1}{2}U_i S_g \varepsilon(1+\mu)$	拉（压）应变 $\varepsilon = \dfrac{\varepsilon_r}{2(1+\mu)}$	输出电压提高到2（1+μ）倍，且可消除弯矩的影响

注：S_g—应变片的灵敏度；U_i—供桥电压；μ—被测件的泊松比；ε_r—应变仪读数；ε—被测件的应变。

（2）弯曲应变测量

表 10.2 所列是以等强度梁为例，在受垂直于梁臂方向的力 F 作用下，产生挠度和弯矩，在梁的上、下表面形成大小相等、方向相反的应变。从表中可以看出，不同的布片组桥方式对电桥输出、温度补偿和消除弯矩影响是不同的。

表 10.2 弯曲应变测量的布片组桥

序号	受力状态简图	应变片的数量	电桥组合形式		温度补偿情况	电桥输出电压	测量项目及应变值	特点
			电桥形式	电桥接法				
1		2	半桥式		R_2 与 R_1 同温	$U_o = \dfrac{1}{4} U_i S_g \varepsilon$	弯曲最大应变 $\varepsilon = \varepsilon_r$	不能消除拉伸的影响
2		2			互为补偿	$U_o = \dfrac{1}{4} U_i S_g \varepsilon (1+\mu)$	弯曲最大应变 $\varepsilon = \dfrac{\varepsilon_r}{(1+\mu)}$	输出电压提高到 $(1+\mu)$ 倍,不能消除拉伸的影响
3		2	半桥式		互为补偿	$U_o = \dfrac{1}{2} U_i S_g \varepsilon$	弯曲最大应变 $\varepsilon = \dfrac{\varepsilon_r}{2}$	输出电压提高一倍,且可消除拉伸的影响
4		4	全桥式		互为补偿	$U_o = \dfrac{1}{2} U_i S_g \varepsilon (1+\mu)$	弯曲最大应变 $\varepsilon = \dfrac{\varepsilon_r}{2(1+\mu)}$	输出电压提高到 $2(1+\mu)$ 倍,且可消除拉伸的影响

注:S_g—应变片的灵敏度;U_i—供桥电压;μ—被测件的泊松比;ε_r—应变仪读数;ε—被测件的应变。

(3)扭转应变测量

圆轴在扭矩作用下,表面各点都为纯切应力状态,其主应力大小及方向如图 10.1 所示。在与轴线分别成 45°(或 135°)方向的面上,有最大拉应力 σ_1 和最大压应力 σ_3,且 $\sigma_1 = \sigma_3 = \tau$。

如果组成半桥,则电桥输出 $U_o = \dfrac{U_i}{2} S_g \varepsilon$。

(4)其他复杂受力状况下应变测量

表 10.3 所列为复杂受力状况下的应变测量,包括拉(压)扭转组合变形下分别测量扭转主应变和拉(压)应变,以及扭弯组合变形下分别测量扭转主应变和弯曲应变。

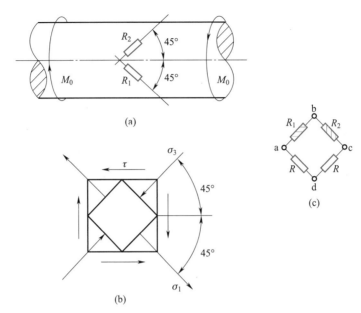

图 10.1 扭转应变的测量

表 10.3 复杂受力状况下的应变测量

变形形式	需测应变	应变片的粘贴位置	电桥连接方法	测量应变 ε 与仪器读数应变 ε_r 间的关系	备注
拉（压）扭组合	扭转主应变			$\varepsilon = \dfrac{\varepsilon_r}{2}$	R_1 和 R_2 均为工作片
	拉（压）			$\varepsilon = \dfrac{\varepsilon_r}{1+\mu}$	R_1、R_2、R_3、R_4 均为工作片
				$\varepsilon = \dfrac{\varepsilon_r}{2(1+\mu)}$	

变形形式	需测应变	应变片的粘贴位置	电桥连接方法	测量应变 ε 与仪器读数应变 ε_r 间的关系	备注
扭弯组合	扭转主应变			$\varepsilon = \dfrac{\varepsilon_r}{4}$	R_1、R_2、R_3、R_4 均为工作片
	弯曲			$\varepsilon = \dfrac{\varepsilon_r}{2}$	R_1 和 R_2 均为工作片

注：ε_r—应变仪读数；ε—被测件的应变。

10.1.2 力的测量装置

测力的形式很多,根据其转换原理的不同,可以分为电阻式、电容式、压电式、压磁式等类型。

1. 电阻应变式测力装置

力的测量可以在被测对象上直接布片组桥,也可以在弹性元件上布片组桥,组成各种测力仪。常用的弹性元件有柱式、梁式、环式、轮辐式等多种形式。电阻应变式测力仪具有结构简单、制造方便、精度高等优点,在静态和动态测量中获得了广泛的应用。

（1）柱式弹性元件

柱式弹性元件分为实心和空心两种,如图 10.2 所示。在外力作用下,若应力在弹性范围内,则应力和应变呈正比关系：

$$\varepsilon = \frac{\Delta l}{l} = \frac{\sigma}{E} = \frac{F}{AE} \qquad (10.4)$$

式中：F——作用在弹性元件上的外力；

　　　E——材料弹性模量；

　　　A——圆柱的横截面积。

1）实心圆柱弹性元件　由式（10.4）可知,若想提高灵敏度,即较小力的作用产生较大应变 ε,必须减小横截面积 A。但 A 的减小受到允许应力和线性要求的限制,同时,A 的减小会增加对横向力干扰的敏感。

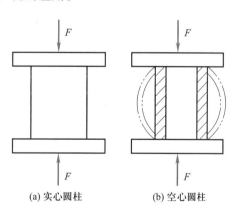

图 10.2　柱式弹性元件

(a) 实心圆柱　　(b) 空心圆柱

2）空心圆柱弹性元件　在集中力测量时,多采用圆筒式弹性元件。在同样横截面积情况下,空心圆柱式弹性元件的横向刚度大,横向稳定性好。

弹性元件上应变片的粘贴和电桥连接,应尽可能消除偏心和弯矩的影响,一般将应变片对称地贴在应力均匀的圆柱中部表面,如图 10.3 所示,共 4 个轴向片和 4 个横向片,并连接成串联全桥电路。

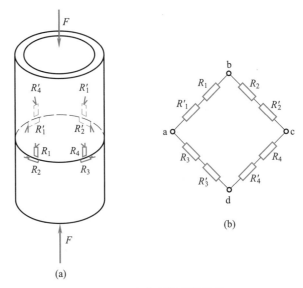

图 10.3　空心圆柱弹性元件

轴向应变为

$$\varepsilon = \frac{\varepsilon_r}{2(1+\mu)}$$

柱式(实心和空心)力传感器可以测量 0.1~3 000 t 的载荷,可用于大型轧钢设备的轧制力测量。

（2）梁式弹性元件

1）等截面梁　弹性元件为一端固定的悬臂梁,如图 10.4a 所示。梁宽为 b,梁厚为 h,梁长为 l。当力作用在自由端时,刚性端截面中产生的应力最大,而自由端产生的挠度最大。在距离受力点为 l_0 的上下表面,沿长度方向贴电阻应变片 R_1 和 R_2,R_3 和 R_4 贴在反面对称位置。该处的应变为

$$\varepsilon = \frac{\sigma}{E} = \frac{6Fl_0}{bh^2E} \tag{10.5}$$

2）等强度梁　如图 10.4b 所示,梁厚为 h,梁长为 l,固定端宽为 b_0,自由端宽为 b。梁的截面呈等腰三角形,集中力 F 作用在三角形顶点,梁内各横截面产生的应力是相等的,表面上任意位置的应变也相等,因此称为等强度梁。梁的各点由于应变相等,故粘贴应变片的位置要求不严格。在粘贴应变片处的应变为

$$\varepsilon = \frac{\sigma}{E} = \frac{6Fl}{b_0h^2E} \tag{10.6}$$

采用梁式弹性元件制作的力传感器适于测量 5 000 kN 以下的载荷,最小可测数量级为 10^{-2} N 的力。这种传感器结构简单,加工容易,灵敏度高,常用于小压力测量中。

3）双端固定梁　梁的两端都固定,中间加载荷,梁宽为 b,梁厚为 h,梁长为 l,应变片 R_1、R_2、R_3 和 R_4 粘贴在中间位置,则梁的应变为

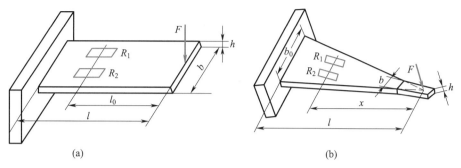

图 10.4 梁式弹性元件

$$\varepsilon = \frac{\sigma}{E} = \frac{3Fl}{4bh^2E} \tag{10.7}$$

这种梁的结构在相同力 F 的作用下产生的挠度比悬臂梁的要小。

（3）环式弹性元件

如图 10.5 所示为圆环式和八角环式弹性元件和组桥。

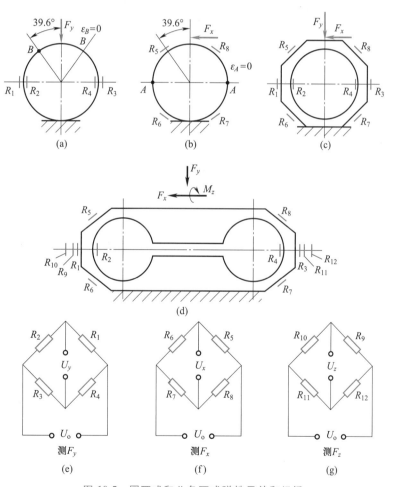

图 10.5 圆环式和八角环式弹性元件和组桥

283

1）圆环式 在圆环上施加径向力 F_y 时,圆环各处的应变不同,在与作用力成 39.6°处(图中 B 点)应变等于零(图 10.5a),称为应变节点,而在水平中心线上应变最大。将应变片 R_1、R_2、R_3 和 R_4 贴在水平中心线上,R_1、R_3 受拉应力,R_2、R_4 受压应力。

如果圆环一侧固定,另一侧受切向力 F_x 时,与受力点成 90°处(图 10.5b 中 A 点)应变等于零。将应变片 R_5、R_6、R_7 和 R_8 贴在与垂直中心线成 39.6°处,R_5、R_7 受拉应力,R_6、R_8 受压应力。这样,当圆环上同时作用着 F_x 和 F_y 时,将应变片 $R_1 \sim R_4$、$R_5 \sim R_8$ 分别组成电桥(图 10.5e 和 f),就可以互不干扰地测力 F_y 和 F_x。

2）八角环式 圆环方式不易夹紧固定,实际上常用八角环代替,如图 10.5c 所示。八角环厚度为 h,平均半径为 r。当 h/r 较小时,零应变点在 39.6°附近。随 h/r 值的增大,当 $h/r = 0.4$ 时,应变节点在 45°处,故一般八角环测力 F_x 时,应变片贴在 45°处。图 10.5d 所示只是将八角环上下表面增大,并无本质差别。当测力 F_z 时(或测力 F_z 形成的弯矩 M_z),在八角环水平中心线产生最大应变,应变片 $R_9 \sim R_{12}$ 贴在该处并成斜向 $\pm 45°$ 布片组成电桥,如图 10.5g 所示。

（4）轮辐式弹性元件

轮辐式弹性元件如图 10.6 所示,应变片沿轮辐轴线成 45°角的方向贴于梁的两个侧面。在受力 F 作用下,辐条的最大切应力及弯曲应力分别为

$$\tau_{max} = \frac{3F}{8bh}$$

$$\sigma_{max} = \frac{3Fl}{4bh^2}$$

如令 $h/l = a$,则有

$$\frac{\tau_{max}}{\sigma_{max}} = \frac{h}{2l} = \frac{a}{2}$$

h/l 值越大,切应力所占比重越大。为了使弹性元件具有足够的输出灵敏度而又不发生弯曲破坏,h/l 比值一般在 1.2~1.6 之间选择。

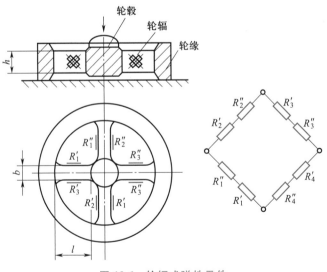

图 10.6 轮辐式弹性元件

2. 其他测力传感器

（1）电容式力传感器

在矩形的特殊弹性元件上,加工若干个贯通的圆孔,每个圆孔内固定两个端面平行的丁字形电极,每个电极上贴有铜箔,构成由多个平行板电容器并联组成的测量电路。在力 F 的作用下,弹性元件变形使极板间距发生变化,从而改变电容量,如图 10.7 所示。

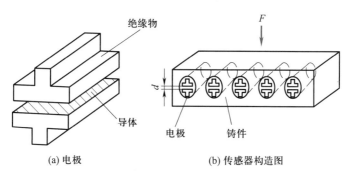

图 10.7　电容式力传感器

其特点是结构简单,灵敏度高,动态响应快,但是由于电荷泄漏难以避免,不适于静态力的测量。

（2）压电式力传感器

压电式力传感器如图 10.8 所示,其特点是体积小,动态响应快,但是也存在电荷泄漏,一般也不适于静态力的测量。使用中应防止承受横向力和施加预紧力。

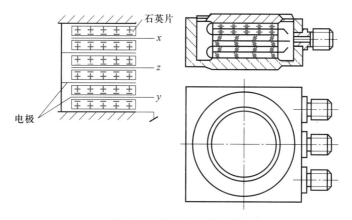

图 10.8　压电式力传感器

（3）压磁式测力装置

利用压磁效应可以制造出压磁式测力装置,常用于大型轧钢机的轧制力测量。这种测力装置具有输出信号大、抗干扰能力强、过载性能好以及能在恶劣环境下工作等优点。但它的精度不高,同时反应速度较低。

（4）差动变压器式测力装置

图 10.9 所示差动变压器式力传感器的弹性元件是薄壁圆筒,在外力 F 的作用下,变形使差

动变压器的铁心产生微位移,变压器二次侧产生相应电信号。其特点是工作温度范围较宽,为了减小横向力或偏心力的影响,传感器的高径比应较小。

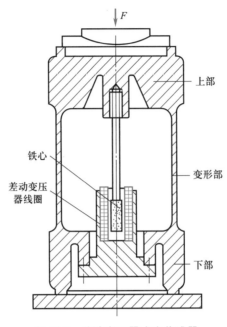

图 10.9　差动变压器式力传感器

3. 工程应用

通过测量螺栓表面的应变,根据胡克定律可计算得到螺栓表面应力。螺栓预紧力的测量是将电阻应变片直接植入被测螺栓头部的细孔内,通过在一定范围内应变计阻值变化与螺栓应变呈线性关系计算出螺栓预紧力,测量原理如图 10.10 所示。

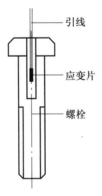

图 10.10　螺栓预紧力测量原理

螺栓预紧力测量时,将被测物体与传感器集成为一体,变传统螺栓为"智能螺栓",直接以螺栓作为测力传感器,结构简单,测量精度可达 3% 以上,对螺栓几乎没有特殊要求,抗干扰能力很强。"智能螺栓"可为结构监测提供关键数据,在航天军工领域得到成功应用。

10.2 扭矩的测量

扭矩为扭力与作用点到扭力作用方向的距离之乘积,单位是 N·m(牛顿·米)。扭矩测量的方法,按照它的基本原理可以分为:传递法、平衡力法及能量转换法三类。

1)传递法又称扭轴法,它是根据弹性轴在传递扭矩时所产生的物理参数的变化而测量扭矩的方法。这些变化的物理参数可以是弹性轴的变形、应变和应力。

2)平衡力法又称反力法,它是用平衡扭矩去平衡被测扭矩,从而求得被测扭矩。该方法仅能测量匀速工作情况下的扭矩,不能测量动态扭矩。

3)能量转换法,它是根据能量守恒定律,间接测量扭矩的方法。

其中,传递法和平衡力法为直接测量扭矩的方法,测量方便、精度高;而能量转换法为间接测量扭矩的方法,测量误差比较大,常达±(10%~15%)。只有在无法进行直接测量的场合下,才采用间接测量法。

相应地,扭矩测量仪大致可以分为三大类:传递类、平衡力类及能量转换类。

扭矩测量传感器可以分为变形型、应力型和应变型。具体分类如下:

$$
传递类扭矩测量传感器
\begin{cases}
变形型
\begin{cases}
光学式 \\
光电式 \\
磁电式 \\
电容式 \\
振弦式 \\
机械式
\end{cases} \\
应力型
\begin{cases}
磁弹式 \\
光弹式
\end{cases} \\
应变型-电阻应变片式
\end{cases}
$$

变形型是利用扭轴产生的扭转变形角及切应变角设计而成的;应力型是利用扭轴截面上的切应力与扭矩成正比的关系以及磁性材料在机械应力作用下,其导磁性能发生相应变化的原理设计而成的;应变型是通过测量扭轴产生的与扭矩对应的应变设计而成的。

10.2.1 应变片式扭矩测量

转轴受扭矩作用时,在其表面任取一主单元体,如图 10.11 所示。可以知道,三个主应力分别是:$\sigma_1 = \tau$,$\sigma_2 = 0$,$\sigma_3 = -\tau$(σ_1、σ_3 在与轴线成 $\pm 45°$ 角的方向上)。σ_1 方向为拉应变 ε_1,σ_3 方向为压应变 ε_3。

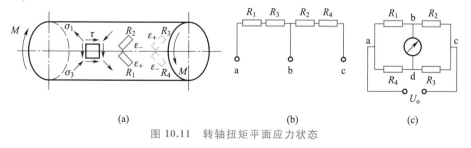

| (a) | (b) | (c) |

图 10.11 转轴扭矩平面应力状态

287

由胡克定律可知

$$\varepsilon_1 = -\varepsilon_3 = \frac{1}{E}(1+\mu)\tau$$

因此有

$$M = W\tau = \frac{WE\varepsilon_1}{1+\mu} \tag{10.8}$$

式中:M——转轴扭矩;

$\quad W$——抗扭截面系数;

$\quad \tau$——切应力;

$\quad \mu$——泊松比。

由式(10.8)可知,通过测试应变,就可以得到转轴扭矩 M。

粘贴在旋转件上的应变片和电桥导线随旋转件转动,而应变仪等测量记录仪器是固定的,需要集电装置将测试信号传送出去。

常用的集电装置有拉线式、电刷式、水银式、感应式4种。拉线式集电装置使用时磨损严重,是一次性使用的集电装置,适用于低速旋转件的应变测量。电刷式集电装置工作性能较好,可用于较高转速下的扭矩测量。但构件高速旋转时,定子、转子发热会导致信号漂移,从而出现测量误差。水银集电装置有毒,近年来已很少使用。感应式集电装置是利用电磁感应传递应变信号的非接触集电装置,但其动静线圈之间的间隙和变压器损耗会引起标定值变化,间隙变化所引起的磁阻变化也会影响测量结果,而且测量的转速不高,且价格较高。

1. 有线传输方式

(1)拉线式集电装置

如图 10.12 所示,尼龙制成的两个半圆形滑环 4,用螺钉 9 固定在转轴上,并随之转动。滑环的外圆加工有 4 条沟槽,槽内嵌有黄铜或铍青铜带 5,两个半圆形滑环上的 4 条铜带端部对头焊接,并将转轴上可粘贴的应变片连接成的电桥端点引线焊接至该处。拉线 6 置于滑环之上,并经绝缘子 7 用弹簧 8 拉紧固定,在拉线 6 上焊接引线连至测量仪。拉线 6 多采用裸钢丝编织成的扁线(从屏蔽电缆线上剥离下的屏蔽网)。

安装时应该注意:① 轴转上固紧滑环,不得有任何松动,滑环的四个滑道特别是端头焊点应光滑平整,滑环平面与转轴严格垂直。② 若拉线在转轴上的包角太小,会因转轴的径向跳动脱离接触。包角太大,磨损过快。一般应使包角在 30° ~ 90° 之间。③ 拉线弹簧张力太小,接触电阻加大甚至接触不好;张力太大,磨损过快。④ 为减少磨损,常在滑道上加入少量凡士林或与石墨粉末混合物。⑤ 拉线固定方式应视现场条件而定,对于高速转轴或正反换向转轴应双端固定。

(2)电刷式集电装置

电刷式集电装置结构如图 10.13 所示。为了保证电刷与滑环接触良好,减少接触电阻,在每条滑道上应对称配置多个并接在一起的电刷,且使各电刷用弹簧压紧在滑道。其压紧力应适当。电刷材料多用石墨与银制成,也可用铍青铜片。集电装置种类、形式很多,其原理、结构与电动机的集电装置相同。

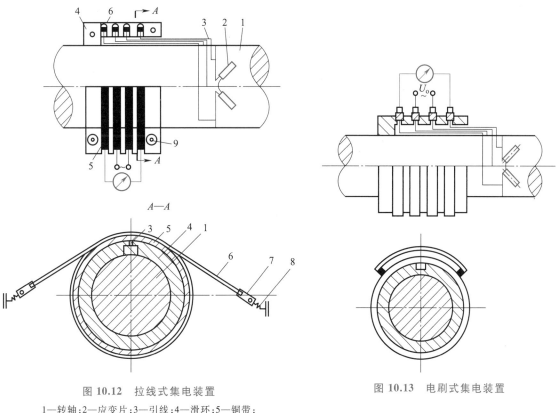

图 10.12 拉线式集电装置

图 10.13 电刷式集电装置

1—转轴；2—应变片；3—引线；4—滑环；5—铜带；

6—拉线；7—绝缘子；8—弹簧；9—螺钉

2. 无线传输方式

无线传输方式是利用在空间传播的无线电波、电磁波或光波来传输信号,较好地解决了有线传输方式存在的一系列问题。它是将应变电桥输出的微弱电压信号经过前置处理后,通过无线的方式传送到地面上静止的分析仪器或设备。

如图 10.14 所示,单片机控制无线发射模块,按照一定的格式将扭矩信号发射出去,同时计算机或单片机再通过无线接收模块将接收到的数据进行处理,最后予以显示或存储。

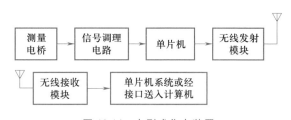

图 10.14 电刷式集电装置

另外,旋转轴上的测量电路、信号无线发送装置都需要有能量输入。能量输入方式有感应供电和电池供电,一般需要根据测试时间长短和安装便易性来决定选用感应供电还是电池供电。

感应供电的基本原理是电磁感应。电感集流环是应用一次线圈与二次线圈之间的电磁感应现象来传输信号的。它的工作原理与变压器很相似,只是普通变压器上一次和二次线圈是同绕在一个磁心上。这里,二次线圈为缠绕在轴上的线圈,一次线圈为固定的 U 形铁心线圈或为套在二次线圈外且和二次线圈同心的外环线圈,后者即为环形变压器。磁心可以用硅钢片或其他强磁性材料制造。静止的和旋转的磁心同轴布置,互相不接触,有一个很小的空气间隙。为了提高两个线圈之间的耦合系数,这个间隙应该尽可能做得小,一般为 0.15 mm。加在一次线圈上的高频电压(一般为 10~60 Hz),通过电磁感应在旋转的二次线圈上感应出电压,经稳压,整流后为应变电桥、信号处理电路及发射模块提供能量。感应供电的优点是适合长时间测量,尤其适合实时运行状态监测。

图 10.15 给出一个扭矩测量实例,该测量装置由采集模块和接收模块构成。采集模块由应变电桥、信号调理单元、单片机和无线传输单元组成。该模块固定在转轴上,随转轴一起转动,完成对扭矩信号的采集、处理和发送。采集模块用锂电池供电,体积小,但系统低功耗的设计尤为重要。单片机 C8051F002 对信号进行第二次放大、A/D 转换,并将封装成数据包由 RF 单元(无线数据传输芯片 nRF2401)以 2.4 GHz 的高频载波发送。接收模块接收采集模块发送来的数据,它被固定在转轴套筒上,不随转轴转动。

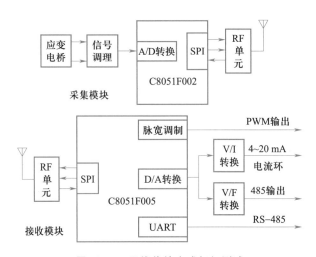

图 10.15 无线传输方式扭矩测试

10.2.2 压磁式扭矩测量

铁磁材料的转轴受扭矩作用时,磁导率发生变化。两个 U 形铁心分别绕有线圈 A-A 和 B-B,其中线圈 A-A 沿轴线方向,线圈 B-B 沿垂直于轴线的方向放置,彼此互相垂直。线圈开口端和转轴表面保持 1~2 mm 空隙,如图 10.16 所示。当 A-A 线圈通入交流电时,形成通过转轴的交变磁场。在转轴不受扭矩时,磁感线和 B-B 线圈不交连。当转轴受扭矩作用后,转轴材料磁导率变化,沿正应力方向磁阻减小,沿负应力方向磁阻增大,磁感线分布从而改变,使部分磁感线与B-B 线圈交连,并在 B-B 线圈产生感应电动势。感应电动势随扭矩增大而增大,并在一定范围内呈线性关系。根据感应电动势的大小,可以测量扭矩的大小。

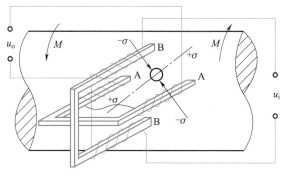

图 10.16　压磁式扭矩传感器

　　压磁式也称为磁弹式,该方法的特点是可以进行非接触式测量,使用方便。但要求旋转过程不出现径向跳动,避免铁心与转轴间隙改变,造成测量误差甚至破坏测量设备。

10.2.3　磁电感应式扭矩测量

　　磁电感应式扭矩传感器原理如图 10.17 所示,它实际上是在转轴上安装两个相距 l 的开磁路磁电式传感器。齿轮盘齿数为 z,转轴每转一周,两磁电式传感器输出 z 个脉冲。

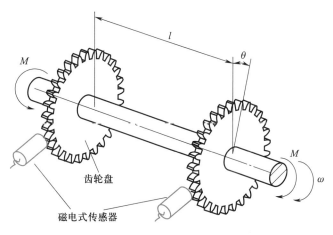

齿轮盘

磁电式传感器

图 10.17　磁电感应式扭矩传感器

　　当转轴受力矩 M 作用,使两齿轮盘产生相对扭转角 $\Delta\theta$ 时,两路脉冲信号便在相位上相差 $\Delta\varphi$,有

$$\Delta\varphi = z \cdot \Delta\theta = Z \cdot \frac{M \cdot l}{GI_p} \tag{10.9}$$

式中:G——转轴剪切弹性模量;

　　　I_p——转轴截面极惯矩。

　　由式(10.9)可知,相位差 $\Delta\varphi$ 与扭矩 M 成正比。通过测量电路转换,可以将 $\Delta\varphi$ 转换成与扭

矩成正比的电信号。z 的选取通常使 $\frac{\pi}{2}<\Delta\varphi<\pi$。当转轴转速很高时,$z$ 可取小一些;当转轴转速很低时,z 可取大一些(可达几百),这样才能使得感应信号幅值不致太强或太弱。

10.2.4　光电式扭矩测量

如图 10.18 所示,在转轴上固定两只圆盘光栅。在不承受扭矩时,两光栅的明暗区正好互相遮挡,光源没有光线透过光栅照射到光敏元件,无输出信号;当转轴受扭矩后,转轴变形将使两光栅出现相对转角,部分光线透过光栅照射到光敏元件上,产生输出信号。扭矩愈大,扭转角愈大,穿过光栅的光通量愈大,输出信号愈大,从而可实现扭矩测量。

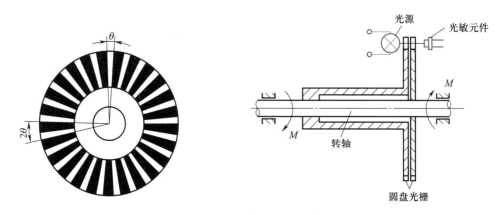

图 10.18　光电式扭矩传感器

这种扭矩测量仪的工作转速为 $100\sim8\ 000$ r/min,精度为 1%。

10.3　压力的测量

垂直作用在单位面积上的力称为压力。压力测量一般用于液体、蒸汽或气体等流体。在工程测量中,压力可以用绝对压力或表压力表示。绝对压力是指流体垂直作用在单位面积上的全部压力,既包括流体的压力,也包括大气压力。压力表显示的数值是绝对压力和大气压力的差值,称为表压力。表压力为正值时简称为压力,表压力为负值时称为负压,或真空度。

压力的单位是 N/m^2,称为帕斯卡,或帕(Pa)。

10.3.1　压力测量弹性元件

当被测压力作用于弹性元件时,弹性元件便产生相应的弹性变形。根据变形量的大小,就可以测得被测压力的数值。

常用的弹性元件有弹簧管、波纹管、膜片等,如表 10.4 所列。其中,波纹膜片和波纹管多用于微压和低压测量,弹簧管用于高、中、低压或真空度的测量。

表 10.4　弹性元件的结构和特性

类别	名称	示意图	压力测量范围/kPa		输出特性	动态性质	
			最小	最大		时间常数/s	自振频率/Hz
薄膜式	平薄膜		$0\sim10$	$0\sim10^5$		$10^{-5}\sim10^{-2}$	$10\sim10^4$
	波纹膜		$0\sim10^{-3}$	$0\sim10^3$		$10^{-2}\sim10^{-1}$	$10\sim100$
	挠性膜		$0\sim10^{-5}$	$0\sim10^2$		$10^{-2}\sim1$	$1\sim100$
波纹管式	波纹管		$0\sim10^{-3}$	$0\sim10^3$		$10^{-2}\sim10^{-1}$	$10\sim100$
弹簧管式	单圈弹簧管		$0\sim10^{-1}$	$0\sim10^6$		—	$100\sim1\,000$
	多圈弹簧管		$0\sim10^{-2}$	$0\sim10^5$		—	$10\sim100$

1. 弹簧管

弹簧管又称为波登管,通常是一根弯曲成 C 形的空心扁管,其截面呈椭圆等非圆形,如图 10.19 所示。弹簧管的一端与接头相连,具有压力 p 的流体由接头通入弹簧管内腔,弹簧管的另一端(自由端)密封并与传感器其他部分相连。在压力 p 作用下,弹簧管的截面有变成圆形截面的趋势,截面的短轴伸长,长轴变短,截面形状的改变导致弹簧趋向伸直,直至与压力作用相平衡。其结果使弹簧管自由端产生位移,在一定压力范围内,位移量与压力成正比。

弹簧管具有较高测量精度,但尺寸和质量较大,固有频率较低,且有明显滞后,故不宜做动态压力测量。

2. 波纹管

波纹管是一种带同心环状波形皱纹的薄壁圆管,一端开口,另一端封闭,将开口端固定,封闭端处于自由状态,如图 10.20 所示。通入一定压力的流体后,波纹管将伸长,其伸长量(自由端位移)与压力成正比。

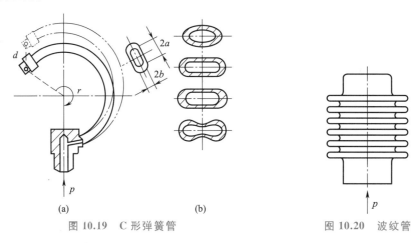

图 10.19　C 形弹簧管　　　　　　　　图 10.20　波纹管

3. 膜片

膜片是用金属或非金属制成的圆形薄片。断面是平的,称为平膜片(图 10.21a);断面呈波纹状,称为波纹膜片(图 10.21b);两个膜片边缘对焊起来,构成膜盒(图 10.21c);几个膜盒连接起来,构成膜盒组(图 10.21d)。平膜片比波纹膜片具有较高的抗振、抗冲击能力,在压力测量中使用最多。

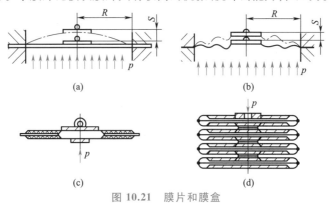

图 10.21　膜片和膜盒

在压力 p 作用下,膜片膜盒的中心位移均与压力近似成正比。

4. 薄壁圆筒

这种弹性元件的壁厚一般小于圆筒直径的 1/20,圆筒的一端开口,一端封闭,如图 10.22 所示。内腔与被测压力相通时,内壁均匀受压,均匀地向外扩张。筒壁在轴向和圆周方向上的应变均与压力 p 成正比。

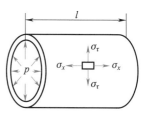

图 10.22　薄壁圆筒

10.3.2　压力测量装置

压力测量装置简称压力计或压力表,按转换原理的不同,可以分为液柱式压力计、弹性压力计和电气压力计等。

液柱式压力计依据流体静力学原理,将被测压力转换成液柱高度的压力计,它被广泛应用于表压力和真空度的测量中。

弹性压力计利用弹性元件受压后所产生的弹性变形来测量压力,包括弹簧管式压力计、波纹管压力计和薄膜式压力计。

电气压力计将被测压力通过机械和电气元件转换成电量来测量压力,包括压阻式压力计、压磁式压力计、电容式压力计、电感式压力计和霍尔式压力计。

下面介绍几种常用的压力计。

1. 弹簧管式压力计

如图 10.23 所示,弹簧管式压力计由弹簧管、拉杆、扇形齿轮、中心齿轮、指针、标尺板、游丝、调整螺钉和接头组成。

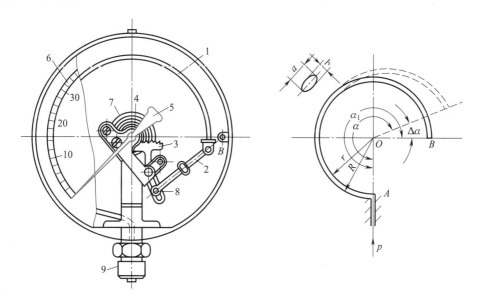

图 10.23　弹簧管式压力计结构示意图

1—弹簧管;2—拉杆;3—扇形齿轮;4—中心齿轮;

5—指针;6—标尺板;7—游丝;8—调整螺钉;9—接头

被测压力由接头 9 进入弹簧管 1,导致自由端 B 向右上方扩张,通过拉杆 2 使扇形齿轮 3 作逆时针偏转,从而使中心齿轮 4 带动同轴的指针 5 作顺时针偏转,在标尺板 6 上指示出被测压力的数值。游丝 7 用来调节扇形齿轮和中心齿轮的间隙,调整螺钉 8 用来改变压力计的量程。

2. 压阻式压力计

硅压阻式压力计由外壳、硅膜片和引线等组成,如图 10.24 所示。其核心部分是做成杯状的硅膜片。在硅膜片上,用半导体工艺中的扩散掺杂法做成 4 个相等的电阻,接成全桥,并用引线引出。4 个电阻中,其中两片受拉应力,另外两片受压应力。膜片的一侧是高压腔,与被测系统相连接,另一侧是低压腔,通常和大气相通。当膜片两侧存在压力差而发生形变时,膜片上各点产生应力,电桥失去平衡,输出相应的电压,其电压值就反映了膜片所受的压力差值。

3. 压电式压力计

压电式压力计是利用某些具有压电效应的压电晶体(如石英、云母等)制成的。图 10.25 所示为压电式压力传感器的结构示意图。它主要由壳体、压电晶片、导电片、压紧螺母、绝缘体、膜片等组成。传感器在装配时用压紧螺母给压电晶片组件一定的预紧力,从而保证绝缘体、压电晶片、导电片之间压紧,避免受冲击时因有间隙使晶片损坏,并可提高传感器的固有频率。传感器工作时,膜片将压力转换为集中力传给压电晶片。

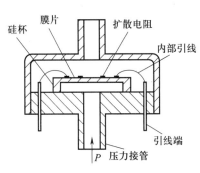

图 10.24　压阻式压力计结构示意图

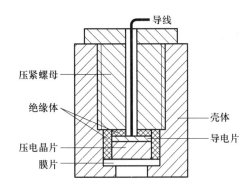

图 10.25　压电式压力传感器结构示意图

压电式压力传感器对温度变化较为敏感,因此必须采取补偿措施。常用的办法有两种:一种是水冷的办法以防止温度的影响;另一种是在压电晶体的前面安装一块金属片作补偿片,选用线膨胀系数大的金属(如纯铝等),当温度变化时补偿片的线膨胀可以弥补压电晶体与金属线膨胀之间的差值,以保证预紧力的稳定。这两种办法常同时使用。压电式压力传感器具有灵敏度高、线性好、刚度大、频率范围宽、稳定性好等特点。

习　　题

10.1　如图 10.26 所示,在一受拉弯综合作用的构件上贴有 4 个电阻应变片。试分析各应变片感受的应变,并分析如何组桥才能进行下述测试:(1) 只测弯矩,消除拉应力的影响;(2) 只测拉力,消除弯矩的影响。电桥输出各为多少?

10.2　一等强度梁上、下表面贴有若干参数相同的应变片,如图 10.27 所示。

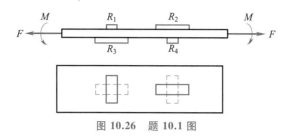

图 10.26　题 10.1 图

在力 F 的作用下,梁的轴向应变为 ε,用静态应变测量时,如何组桥方才能实现下列读数?
(1) ε; (2) $(1+\mu)\varepsilon$; (3) 4ε; (4) $2(1+\mu)\varepsilon$; (5) 0; (6) 2ε

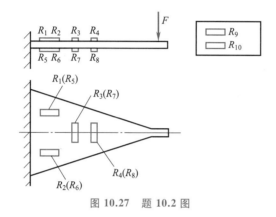

图 10.27　题 10.2 图

10.3　转轴扭矩的测量方法有几种? 试简述采用应变原理测量转轴扭矩的原理及方法。

第 11 章 温度的测量

温度是国际单位制中七个基本物理量之一。

温度的宏观概念是表示物体的冷热程度,当两个物体互为热平衡时其温度相等。温度的微观概念是大量分子运动平均强度的表示。分子运动愈激烈,其温度表现越高。

自然界中几乎所有的物理化学过程都与温度紧密相关,因此温度是工农业生产、科学试验以及日常生活中需要普遍进行测量和控制的一个重要物理量。

11.1 温度标准和测量方法

11.1.1 温度的测量方法

按测量时传感器与被测对象的接触方式,温度测量又可以划分为接触式和非接触式测量。

接触式测温的特点是测温元件直接与被测对象相接触,两者之间进行充分的热交换,最后达到热平衡,这时,感温元件的某一物理参数的量值就代表了被测对象的温度值。其优点是直观可靠。但因测温元件与被测介质之间的热交换需要一定的时间才能达到热平衡,所以存在测温的延迟现象;受耐高温材料的限制,不能应用于很高的温度测量。感温元件会影响被测温度场的分布,接触不良等也会带来测量误差。另外,腐蚀性介质对感温元件的性能和寿命会产生不利影响。接触式测温仪表包括双金属温度计、压力式温度计、玻璃管液体温度计、热电阻温度计和热电偶温度计等。

非接触测温的特点是感温元件不与被测对象相接触,而是通过辐射进行热交换,可避免接触测温法的缺点,具有较高的测温上限。此外,非接触测温法热惯性小,便于测量运动物体的温度和快速变化的温度。但受到物体的发射率、测量距离、烟尘和水汽等外界因素的影响,其测量误差较大。非接触测温仪表有光学高温计和辐射高温计等。表 11.1 列出了接触式和非接触测温仪表及其特点。

表 11.1 接触式与非接触式测温仪表及其特点

测量方式	仪表名称	测温原理	精度范围	特点	测量范围/℃
接触式测温仪表	双金属温度计	固体热膨胀变形量随温度变化	1~2.5	结构简单,指示清楚,读数方便;精度较低,不能远传	−100~600 一般 −80~600

测量方式	仪表名称	测温原理	精度范围	特点	测量范围/℃
接触式 测温 仪表	压力式 温度计	气体、液体在定容条件下,压力随温度变化	1~2.5	结构简单可靠,可较远距离(小于50 m)传送精度较低,受环境温度影响较大	0~600 一般0~300
	玻璃管液体 温度计	液体热膨胀体积量随温度变化	0.1~2.5	结构简单,精度较高;读数不便,不能远传	-200~600 一般-100~600
	热电阻 温度计	金属或半导体电阻值随温度变化	0.5~3.0	精度高,便于远传,需外加电源	-258~1 200 一般-200~650
	热电偶 温度计	热电效应	0.5~1.0	测温范围大,精度高,便于远传;低温测量精度较差	-269~2 800 一般200~1 800
非接触式 测温 仪表	光学 高温计	物体单色辐射强度及亮度随温度变化	1.0~1.5	结构简单,携带方便,不破坏对象温度场;易产生目测主观误差,外界反射辐射会引起测量误差	200~3 200 一般600~2 400
	辐射 高温计	物体全辐射能随温度变化	1.5	结构简单,稳定性好,光路上环境介质吸收辐射,易产生测量误差	100~3 200 一般700~2 000

11.1.2 温标及其传递

温度只能通过物体随温度变化的某些特性来间接测量,而用来度量物体温度数值的标尺叫温标。温标规定了温度的读数起点(零点)和测量温度的基本单位。目前,国际上用得较多的温标有摄氏温标、华氏温标、热力学温标和国际温标等。

1. 摄氏温标

摄氏温标规定,在标准大气压下,纯水冰点为0 ℃,沸点为100 ℃,中间等分成100格,每格1摄氏度,符号为℃。

2. 华氏温标

华氏温标是将纯水的冰点规定为32度,沸点为212度,中间等分成180格,每格1华氏度,符号为°F。

华氏度与摄氏度之间的转换关系为 $t_℃ = \dfrac{5}{9}(t_{°F} - 32)$。

3. 热力学温标

热力学温标又称开氏温标,或绝对温标,其单位为开尔文(符号为K)。它是与测温物质的物理性质无关的一种温标,已被采纳为国际统一的基本温标。

根据热力学的卡诺定理有

$$\frac{Q_1}{Q_2} = \frac{T_1}{T_2}$$

式中:Q_1——热源在温度为 T_1 时放出的热能;

Q_2——温度为 T_2 的冷源所吸收的热能。

1954年国际计量大会决定采用水的三相点作为热力学温标的基本固定点,并定义该点的温度为 273.16 K,相应的换热量为 $Q_{参}$。则有: $T_1 = \dfrac{Q_1}{Q_{参}} 273.16$ K。

理想的卡诺循环实际上是不存在的,所以热力学温标是一种理论的温标,不能付诸实用。因此,必须建立一种能够用计算公式表示的、既接近热力学温标,在使用上又简便的温标,这就是国际温标。

4. 国际温标

国际温标中热力学温度是基本物理量。2018 年 11 月 16 日,第 26 届国际计量大会通过"修订国际单位制"决议,正式更新包括国际标准质量单位"千克"在内的 4 项基本单位定义。新国际单位体系采用物理常数重新定义质量单位"千克"、电流单位"安培"、温度单位"开尔文"和物质的量单位"摩尔"。新的标准定义于 2019 年 5 月 20 日起正式生效。

开尔文温度和人们习惯使用的摄氏温度相差一个常数 273.15,即 $T = t + 273.15$。例如,用摄氏温度表示的水三相点温度为 0.01 ℃,而用开尔文温度表示则为 273.16 K。

为了将各部分标尺中的"度"的正确数值能刻到实用的温度测量器具上,应按标准仪器的传递系统来实行。一等标准仪器是按照国家主管部门的工作基准仪器来校验的;二等标准仪器则是按一等标准仪器来校验的;三等标准仪器则是按二等标准仪器来校验的;而实用的温度测量仪表则是按照二等或三等标准仪器来校验的。

为了保持温度量值的统一,并与国际实用温标相一致,测温仪器应定期按规定进行检定,温度的最高基准由中国计量科学研究院建立并保存。温度标准的传递系统如图 11.1 所示。

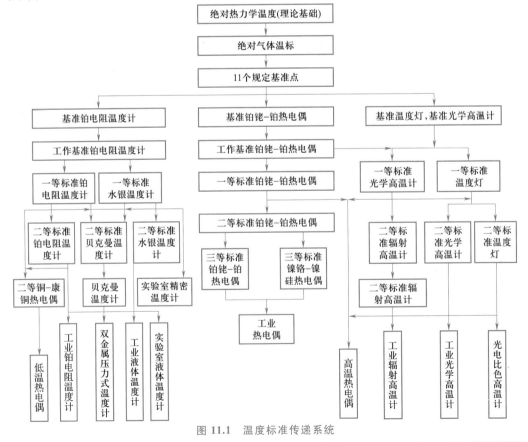

图 11.1　温度标准传递系统

11.2　热电偶温度计

热电偶是工业上最常用的温度检测元件之一。其优点是：① 测量精度高。热电偶直接与被测对象接触，不受中间介质的影响。② 测量范围广。常用的热电偶可在 $-50 \sim +1\,600\,℃$ 范围内连续测量，某些特殊热电偶最低可测到 $-269\,℃$（如金铁镍铬），最高可达 $+2\,800\,℃$（如钨-铼）。③ 构造简单，使用方便。热电偶通常是由两种不同的金属丝组成，外有保护套管，使用起来非常方便。

11.2.1　热电效应和热电偶

1. 热电偶的热电效应

作为温度传感器，热电偶所依据的原理是 1821 年托马斯·约翰·塞贝克（Thomas Johann Seebeck）发现的热电效应。两种不同的导体或半导体 A 和 B 组成的闭合回路中，如果它们的两个接点的温度不同（假定 $T > T_0$），则在回路中会产生电流，如图 11.2 所示。这表明了该回路中存在电动势，这个物理现象称为热电效应或塞贝克效应，相应的电动势称为塞贝克电动势。回路中产生的热电动势大小仅与组成回路的两种导体或半导体 A、B 的材料性质及两个接点的温度 T、T_0 有关，热电动势用符号 $E_{AB}(T, T_0)$ 表示。

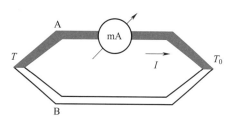

图 11.2　热电偶闭合回路

组成热电偶的两种不同的导体或半导体称为热电极；放置在被测温度为 T 的介质中的接点称为测量端（或工作端、热端）；另一个接点通常置于某个恒定的温度 T_0（如 0 ℃），称为参考端（或自由端、冷端）。

在热电偶回路中，产生的热电动势由两部分组成：温差电动势和接触电动势。

2. 温差电动势

温差电动势是同一导体两端因其温度不同而产生的一种热电动势。当一根均质导体 A 上存在温度梯度时，处于高温端的电子能量比低温端的电子能量大，所以从高温端向低温端移动的电子数比从低温端向高温端移动的电子数多得多。结果高温端因失去电子而带正电，低温端因得到电子而带负电，在高、低温两端之间便形成一个从高温端指向低温端的静电场 E_s，如图 11.3 所示。这个静电场将阻止电子进一步从高温端向低温端移动，并加速电子向相反的方向转移而建立相对的动态平衡。此时，在导体两端产生的电位差称为温差电动势。

用符号 $E_A(T, T_0)$ 表示导体 A 在其两端温度分别为 T 和 T_0时的温差电动势，括号中温度 T 和 T_0 的顺序决定了电动势的方向，若改变这一顺序，也要相应改变电动势的正负号，即 $E_A(T, T_0) = -E_A(T_0, T)$。

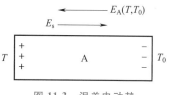

图 11.3　温差电动势

温差电动势 $E_A(T, T_0)$ 可用下式表示为

$$E_A(T, T_0) = \frac{K}{e} \int_{T_0}^{T} \frac{1}{N_A(T)} \mathrm{d}\left[N_A(T) \cdot T \right] \tag{11.1}$$

式中：$E_A(T, T_0)$——导体 A 在两端温度分别为 T 和 T_0 时的温差电动势；

        e——电子电荷量，$e = 1.6 \times 10^{-19}$ C；

        K——玻尔兹曼常数，$K = 1.38 \times 10^{-23}$ J/K；

        $N_A(T)$——导体 A 在温度为 T 时的电子密度。

同理，导体 B 在其两端温度为 T 和 T_0 时产生的温差电动势 $E_B(T, T_0)$ 写为

$$E_B(T, T_0) = \frac{K}{e} \int_{T_0}^{T} \frac{1}{N_B(T)} \mathrm{d}\left[N_B(T) \cdot T \right] \tag{11.2}$$

式中：$E_B(T, T_0)$——导体 B 在两端温度分别为 T 和 T_0 时的温差电动势；

        $N_B(T)$——导体 B 在温度为 T 时的电子密度。

上述两式表明，温差电动势的大小只与导体的种类及导体两端温度 T 和 T_0 有关。

3. 接触电动势

当两种不同导体 A、B 接触时，由于材料不同，两者具有不同的电子密度，如 $N_A > N_B$，则在接触面处产生自由电子扩散现象，从 A 到 B 扩散的电子数要比从 B 到 A 的多。于是，在导体 A、B 之间就产生了电位差，即在其接触处形成一个由 A 到 B 的静电场 E_s，如图 11.4 所示。这个静电场将阻止电子扩散的继续进行，并加速电子向相反的方向转移。当电子扩散的能力与静电场的阻力相平衡时，接触处的自由电子扩散就达到了动平衡状态。此时 A、B 之间所形成的电位差称为接触电动势，其数值不仅取决于两种不同金属导体的性质，还与接触处的温度有关。用符号 $E_{AB}(T)$ 表示金属导体 A 和 B 的接触点在温度为 T 时的接触电动势，其脚注 AB 的顺序代表电位差的方向，如果改变脚注顺序，电动势的正负符号也应改变，即 $E_{AB}(T) = -E_{BA}(T)$。

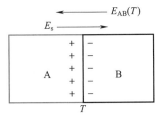

图 11.4 接触电动势

接触电动势 $E_{AB}(T)$ 可用下式表示为

$$E_{AB}(T) = \frac{KT}{e} \ln \frac{N_A(T)}{N_B(T)} \tag{11.3}$$

同理，导体 A 和 B 的接触点温度为 T_0 时的接触电动势 $E_{AB}(T_0)$ 可表示为

$$E_{AB}(T_0) = \frac{KT_0}{e} \ln \frac{N_A(T_0)}{N_B(T_0)} \tag{11.4}$$

式中，T、T_0、$N_A(T_0)$、$N_B(T_0)$、K 和 e 的意义同式（11.1）。

上述两式表明，接触电动势的大小与两种导体的种类及接触处的温度有关。

4. 热电偶回路的热电动势

综上所述，当两种不同的均质导体 A 和 B 首尾相接组成闭合回路时，如果 $N_A > N_B$，而且 $T > T_0$，则在这个回路内，将会产生两个接触电动势 $E_{AB}(T)$、$E_{AB}(T_0)$ 和两个温差电动势 $E_A(T, T_0)$、$E_B(T, T_0)$，如图 11.5 所示。热电偶回路的热电动势 $E_{AB}(T, T_0)$ 为

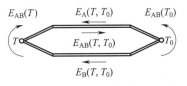

图 11.5 热电偶回路的热电动势

$$E_{AB}(T, T_0) = E_{AB}(T) + E_B(T, T_0) - E_{AB}(T_0) - E_A(T, T_0)$$

$$= \frac{KT}{e}\ln\frac{N_A(T)}{N_B(T)} + \frac{K}{e}\int_{T_0}^{T}\frac{1}{N_B(T)}d\left[N_B(T)\cdot T\right]$$

$$- \frac{KT_0}{e}\ln\frac{N_A(T_0)}{N_B(T_0)} - \frac{K}{e}\int_{T_0}^{T}\frac{1}{N_A(T)}d\left[N_A(T)\cdot T\right] \tag{11.5}$$

将式(11.5)整理后可得

$$E_{AB}(T, T_0) = \frac{K}{e}\int_{T_0}^{T}\ln\frac{N_A(T)}{N_B(T)}dT \tag{11.6}$$

由于温差电动势比接触电动势小,而又有 $T>T_0$,所以在总电动势 $E_{AB}(T, T_0)$ 中,以导体 A、B 在 T 端的接触电动势 $E_{AB}(T)$ 所占的比例最大,总电动势 $E_{AB}(T, T_0)$ 的方向将取决于 $E_{AB}(T)$ 的方向。在热电偶的回路中,因 $N_A > N_B$,所以导体 A 为正极,B 为负极。

式(11.6)表明,热电动势的大小取决于热电偶两个热电极材料的性质和两端接点的温度。因此,当热电极的材料一定时,热电偶的总电动势 $E_{AB}(T, T_0)$ 就仅是两个接点温度 T 和 T_0 的函数差,可用下式表示为

$$E_{AB}(T, T_0) = f_{AB}(T) - f_{AB}(T_0) \tag{11.7}$$

如果能保持热电偶的冷端温度 T_0 恒定,对一定的热电偶材料,则 $f(T_0)$ 亦为常数,可用 C 代替,其热电动势就只与热电偶测量端的温度 T 成单值函数关系,即

$$E_{AB}(T, T_0) = f_{AB}(T) - C = \varphi_{AB}(T) \tag{11.8}$$

这一关系式可通过试验方法获得。在实际测温中,就是保持热电偶冷端温度 T_0 为恒定的已知温度,再用显示仪表测出热电动势 $E_{AB}(T, T_0)$,而间接地求得热电偶测量端的温度,即为被测的温度 T。

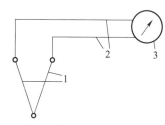

通常,在研究热电偶的热电动势与温度的关系时,规定热电偶冷端温度为 0 ℃,按热电偶的不同种类,分别列成表格形式,这些表格就称为热电偶的分度表。

热电偶温度计由热电偶、连接导线和显示仪表三部分组成。图 11.6 是最简单的热电偶温度计测温系统示意图。

图 11.6　热电偶温度计系统示意图
1—热电偶;2—导线;3—显示仪表

11.2.2　热电偶基本定律

1. 均质导体定律

如果只用一种均质导体组成闭合回路,则不论其导体是否存在温差,回路中均不会产生电流(即不产生电动势);反之,如果回路中出现电流,则恰好证明此导体是非均质的。本定律是校验热电偶的材料是否均匀一致的重要依据。

由均质导体定律可得出以下推论。

(1)组成热电偶的材料必须是均质导体,否则将会给测量带来附加的误差。因此,很有必要根据均质导体定律事先对热电偶进行检测,输出的温差电动势越大,则说明导体材料越不均匀,给测量带来的误差也将越大。

(2)热电偶必须由两种不同性质的导体或半导体 A、B 组成,否则即使两接点的温度不同,

在回路中也不会产生温差电动势。

2. 中间导体定律

在热电偶回路中接入第三种均质材料的导体后,只要中间接入的导体两端具有相同的温度,就不会影响热电偶的热电动势。

这条基本定律十分重要,有了这条基本定律,就可以在热电偶回路中引入各种显示仪表和连接导线等,而且也可以采用各种焊接方法来制作热电偶,只要保证引入的中间导体两端的温度相同,就不致影响热电偶回路的热电动势。

3. 中间温度定律

热电偶 AB 在接点温度为 T_1、T_3 时的热电动势 $E_{AB}(T_1,T_3)$ 等于热电偶 AB 在接点温度为 T_1、T_2 和 T_2、T_3 时热电动势 $E_{AB}(T_1,T_2)$ 和 $E_{AB}(T_2,T_3)$ 的代数和。如图 11.7 所示,即

$$E_{AB}(T_1,T_3) = E_{AB}(T_1,T_2) + E_{AB}(T_2,T_3) \tag{11.9}$$

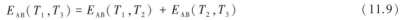
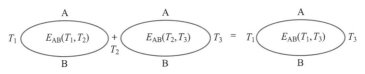

图 11.7　热电偶的中间温度定律

中间温度定律为制定热电偶的分度表奠定了理论基础。而且,这条基本定律也是工业测温中应用补偿导线的理论依据,因为只要匹配与热电偶的热电性质相同的补偿导线,便可使热电偶的冷端远离热源,而不影响热电偶的测量精度。

11.2.3　标准化热电偶

1. 标准化热电偶

根据热电偶测温原理,理论上任意两种导体都可以组成热电偶。但实际情况并非如此,为了保证一定的温度精度,对组成热电偶的材料必须进行严格的选择。工业用热电极材料应满足以下要求:

1）物理和化学性质稳定,温差电特性显著,复现性好,同种材料的电极之间具有良好的互换性,且不为测温介质所腐蚀,高温下不被氧化。

2）电阻温度系数小,电导率高,组成电偶对输出的温差电动势大,且与温度呈线性或简单的函数关系,以便于提高仪表的灵敏度和准确度,并便于仪表的测量。

3）材质均匀,塑性好,易拉丝,成批生产。

在实际生产中,同时具备上述要求的热电极材料是难以找到的。因此,应根据不同的测温范围,选用不同的热电极材料。目前,在国际上被公认的比较好的热电极材料只有几种,这些材料是经过精选而且进行标准化的,现将工业上常用的(标准化的)几种热电偶介绍如下。

（1）铂铑$_{30}$-铂铑$_6$热电偶(分度号 B)

也称双铂铑热电偶,是一种典型的高温热电偶。以铂铑$_{30}$(铂 70%,铑 30%)为正极,铂铑$_6$(铂 94%,铑 6%)为负极。由于两个热电极都是铂铑合金,因而提高了抗污染能力和机械强度,在高温下其热电特性较为稳定,宜在氧化性和中性介质中使用。长期使用的最高温度可达

1 600 ℃,短期使用温度可达 1 800 ℃。这种热电偶的热电动势较小,因此冷端温度在 40 ℃以下使用时,一般不必进行冷端温度的补偿。

（2）铂铑₁₀-铂热电偶(分度号 S)

铂铑₁₀为正极,纯铂丝为负极,适宜在氧化性及中性介质中长期使用。其测温上限长期使用可达 1 300 ℃,短期可达 1 600 ℃。缺点是热电动势较小,价格昂贵,机械强度低;不宜在还原性介质中使用。

（3）镍铬-镍铝或镍铬-镍硅热电偶(分度号 K)

以镍铬合金为正极,镍铝(或镍硅)合金为负极,是一种廉价金属热电偶。它具有较好的抗氧化性和抗腐蚀性;其复现性较好,热电动势大,热电动势与温度关系近似于线性关系;其成本较低,虽然测量精度不高,但能满足工业测温的要求,是工业上最常用的热电偶;其长期使用的最高温度为 1 000 ℃,短期使用温度可达 1 200 ℃。

（4）镍铬-康铜热电偶(分度号 F)

以镍铬合金为正极,康铜(含镍 40%的镍铜合金)为负极。由于康铜在高温下容易氧化,其测温范围为-200~870 ℃。热电动势大,价格便宜,低温下性能稳定,尤其适宜在 0 ℃以下使用。

（5）铜-康铜热电偶(分度号 T)

以纯铜为正极,康铜为负极,其测温范围为-200~300 ℃。铜热电极容易氧化,一般在氧化性气体中使用不宜超过 300 ℃。其热电动势较大,热电特性良好,材料质地均匀,成本低。

2. 热电偶的结构

热电偶的结构形式较多,目前应用最广的主要有普通型热电偶及铠装热电偶。

如图 11.8 所示,普通型热电偶由热电极、绝缘子、保护套及接线盒等部分组成。常用的有螺纹和法兰两种连接方式,还有卡套等连接方式。

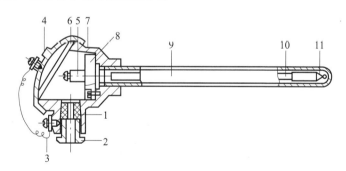

图 11.8　普通型热电偶的基本结构

1—出线孔密封圈;2—出线孔螺母;3—链条;4—盖子;5—接线柱;6—盖子密封圈;
7—接线盒;8—接线座;9—热电偶保护管;10—绝缘子;11—热电极(热电偶芯)

铠装热电偶是将热电偶丝与绝缘材料及金属套管经整体复合拉伸工艺加工而成可弯曲的坚实组合体。铠装热电偶较好地解决了普通热电偶体积及热惯性较大,在结构复杂弯曲的对象上不便安装等问题,其结构如图 11.9 所示。

与普通型热电偶不同的是:热电偶与金属保护套管之间被氧化镁绝缘材料填实,三者成为一体;具有一定的可弯曲性。

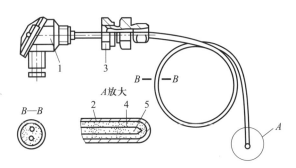

图 11.9　铠装热电偶

1—接线盒;2—金属套管;3—固定装置;4—绝缘材料;5—热电极

3. 热电偶的冷端补偿

从热电效应的原理可知,热电偶产生的热电动势与两端温度有关。只有冷端的温度恒定,热电动势才是热端温度的单值函数。由于热电偶分度表是以冷端温度为 0 ℃ 时制成的,因此在使用时要正确反映热端温度(被测温度),最好设法使冷端温度恒为 0 ℃。但在实际应用中,热电偶的冷端通常靠近被测对象,且受到周围环境温度的影响,其温度不是恒定不变的。为此,必须采取一些相应的措施进行补偿或修正,常用的方法有以下几种。

(1)冰浴法

将热电偶冷端置于冰点恒温槽中,使冷端温度恒定在 0 ℃ 时进行测温,这种方法称为冰浴法。这种方法适用于实验室或精密的温度测量。

(2)冷端温度修正

热电偶分度表是以冷端温度为 0 ℃ 为基础而制成的,所以如果直接利用分度表,根据显示仪表的读数求得温度必须使冷端温度保持为 0 ℃。如果冷端温度不为 0 ℃,则必须对仪表指示值进行修正,例如冷端温度恒定在 $T_0>0$ ℃ 时,则测得的热电动势将小于该热电偶的分度值,因此为了求得所测的真实温度,可利用 $E(T,0)=E(T,T_0)+E(T_0,0)$ 进行修正。

(3)冷端补偿导线

用补偿导线代替部分热电偶丝作为热电偶的延长部分,使冷端移到离开被测介质较远的地方,如图 11.10 所示,这样可节省较多的贵金属热电偶材料。必须注意补偿导线的热电特性与所取代的热电偶丝一致。

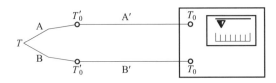

图 11.10　补偿导线在测温回路中的连接

表 11.2 列出了各种热电偶补偿导线的材料,选用时务必不能搞错。同时注意,对于具有补偿导线的热电偶,其冷端温度应该是补偿导线的末端温度。

表 11.2　常用热电偶补偿导线

热电偶名称	补偿导线				工作端为 100 ℃,冷端为 0 ℃ 时的标准热电动势/mV
	正极		负极		
	材料	颜色	材料	颜色	
铂铑–铂	铜	红	镍铜	白	0.64±0.03
镍铬–镍硅	铜	红	康铜	白	4.10±0.15
镍铬–康铜	镍铬	褐绿	康铜	白	6.95±0.30
铜–康铜	铜	红	康铜	白	4.10±0.15

（4）冷端补偿器

上面讲到的热电偶测温可用补偿导线把冷端移到温度较稳定的地方,但不能保持其冷端温度的恒定,用查分度表的方法计算热电动势也不方便,而采用冷端补偿器即可解决矛盾。其原理是利用不平衡电桥所产生的不平衡电压来补偿热电偶冷端温度变化而引起的热电动势的变化。

如图 11.11 所示,虚线圆内的电桥就是冷端补偿器,由 4 个桥臂阻值 R_1、R_2、R_3、R_{Cu} 和桥路稳压源组成。R_1、R_2 和 R_3 是由电阻温度系数很小的锰铜丝绕制的,其电阻值基本不随温度变化。R_{Cu} 是由电阻温度系数很大的铜丝绕制而成的。

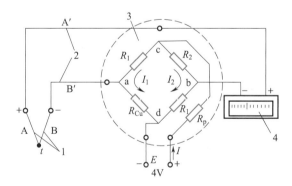

图 11.11　冷端补偿器的应用

1—热电偶;2—补偿导线;3—冷端补偿器;4—显示仪表

设计桥路电压为 4 V,由直流稳压电源供电,R_p 为限流电阻,其阻值因热电偶分度号的不同而不同。电桥输出电压 U_{ab} 串联在热电偶测温回路中。热电偶用补偿导线将其冷端连接到冷端补偿器内,使冷端温度与 R_{Cu} 电阻所处的温度一致。

在常温下(取 20 ℃)电桥平衡,这时电桥的 4 个桥臂阻值 $R_1 = R_2 = R_3 = R_{Cu} = 1\ \Omega$,桥路平衡无输出,$U_{ab} = 0$。当冷端温度 t_0 偏离 20 ℃时,例如 t_0 升高时,将 R_{Cu} 随 t_0 升高而增大,则 U_{ab} 也随之增大,而热电偶回路中的总热电动势却随 t_0 的升高而减小。适当选择桥路电流,可使 U_{ab} 的增加与热电动势的减小数值相等,使 U_{ab} 与热电动势叠加后,保持电动势不变,从而起到了冷端温度补偿的作用。

由于电桥是在 20 ℃时平衡的,所以采用这种温度补偿电桥时,应将显示仪表的零位预先调整到 20 ℃处。

11.3　热电阻温度计

金属材料或半导体材料的电阻值会随着温度而变化,电阻值和温度之间具有单一的函数关系。利用这一函数关系来测量温度的方法,称为热电阻测温法,而用于测温的材料称为热电阻。热电阻性能稳定,测量精度高。工业上广泛用于测量-200~850 ℃范围内的温度。

制作电阻的金属和合金应具有以下条件:温度系数较高,电阻、温度关系线性良好,材料的化学与物理性能稳定,容易提纯和复制,机械加工性能好等。

按感温元件的材料分,热电阻可分为金属热电阻和半导体热敏电阻两类。

用作热电阻的金属材料通常有铂、铜,此外还有镍、铟、铑等。半导体材料电阻主要有锗电阻、热敏电阻、碳电阻等。

11.3.1　金属电阻温度计

利用纯金属丝,如铂和铜等制成的金属热电阻的最大特点是性能稳定,其中铂热电阻测温精度最高。

热电阻材料应具有较高的电阻温度系数(α 值)。金属的纯度对电阻温度系数影响很大,纯度越高,α 值也越大。温度系数的定义为

$$\alpha = \frac{R_{100} - R_0}{R_0 \times 100} = \left(\frac{R_{100}}{R_0} - 1 \right) \times \frac{1}{100}$$

式中,R_0 和 R_{100} 分别为 0 ℃和 100 ℃时热电阻的电阻值。

铂的纯度通常用 $W(100) = R_{100}/R_0$ 表示,R_{100}/R_0 越大,纯度越高,α 值也越大。

1. 铂热电阻

铂丝具有下列特点:纯度高,物理化学性能稳定,电阻值与温度之间线性关系好,电阻率高,机械加工性能好,长时间稳定的复现性可达 0.000 1 K。

利用铂的上述特性制成的传感器称为铂电阻式温度传感器,通常使用的铂电阻式温度传感器零度阻值为 100 Ω,电阻变化率为 0.385 1 Ω/℃。铂电阻式温度传感器精度高,稳定性好,应用温度范围广,是中低温区(-200~850 ℃)最常用的一种温度检测器,不仅广泛应用于工业测温,而且被制成各种标准温度计(涵盖国家和世界基准温度)供计量和校准使用。

铂电阻温度-电阻特性:

$$R_t = R_0 \left[1 + At + Bt^2 + C(t - 100)t^3 \right] \quad (-200 ℃ < t < 0 ℃)$$

$$R_t = R_0 (1 + At + Bt^2) \qquad (0 ℃ < t < 850 ℃)$$

式中:R_t——t 时的电阻值;

R_0——0 ℃时的电阻值;

A、B、C——与铂纯度有关的分度常数。

国内统一设计的工业用标准铂电阻的 $W(100) \geqslant 1.391$。其 R_0 分别为 $50\ \Omega$ 和 $100\ \Omega$ 两种。选定 R_0 值,根据上式即可以列出铂电阻的分度表——温度与电阻值的对照关系表,只要测出热电阻 R_t,通过查分度表就可以确定被测温度。

2. 铜热电阻

工业用铜热电阻的测温范围为 $-50\sim150\ ℃$,它的电阻-温度关系可以近似表示为

$$R_t = R_0(1 + \alpha t)$$

铜热电阻温度计的优点是价格便宜,容易得到较纯的铜。它具有较高的电阻温度系数 α,而且电阻和温度的关系是线性的。它的缺点是容易氧化,因此只能在较低温度和无水分及无腐蚀性的环境下工作。铜热电阻的电阻率小,因此它的体积大,热惯性也大。

国内工业用铜热电阻的分度号有 Cu50 和 Cu100 两种,其 R_0 分别为 $50\ \Omega$ 和 $100\ \Omega$。

3. 热电阻结构

金属热电阻一般由电阻丝、骨架、引线和保护管等组成,其外形与热电偶相似。热电阻通常也有普通型和铠装型等结构形式。

图 11.12 和图 11.13 分别为普通型和铠装型金属热电阻的结构。

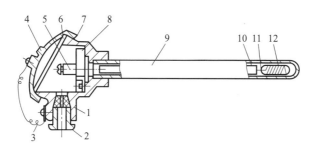

图 11.12　普通热电阻结构

1—出线孔密封圈;2—出线孔螺母;3—链条;4—面盖;5—接线柱;6—密封圈;

7—接线盒;8—接线座;9—保护管;10—绝缘子;11—热电阻;12—骨架

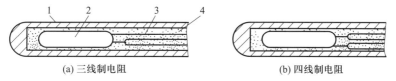

(a) 三线制电阻　　　　　　　　(b) 四线制电阻

图 11.13　铠装热电阻的结构

1—不锈钢管;2—感温元件;3—内引线;4—氧化镁绝缘材料

需要说明的是,热电阻引线有两线制、三线制和四线制三种。

两线制:在热电阻的两端各连一根导线的引线形式为两线制。这种引线形式配线简单,但要带入引线电阻的附加误差,用于测量精度要求不高的场合,并且导线的长度不宜过长。

三线制:在热电阻的一端连接两根导线的引线,另一端连接一根引线,这种引线形式为三线制。设与热电阻 R_t 连接的三根引线阻值均为 r。

当电桥平衡时,有

$$R_2(R_t + r) = R_1(R_3 + r)$$

如果 $R_1 = R_2$,则有 $R_t = R_3$,即 r 的存在不影响电桥平衡。该连接方法可以消除引线电阻的附加误差,精度高于两线制,应用很广。

四线制:在热电阻的两端各连两根导线的引线形式为四线制,在高精度测量时采用。由恒流源供给的已知电流 I 流过热电阻 R_t,使其产生电压降 U,用电位差计测得 U,便可得到 $R_t(R_t = U/I)$。尽管引线存在电阻,但有电流流过的引线上,电压降 rI 不在测量范围内;连接电位差计的引线虽然存在电阻,但没有电流流过,所以四根引线的电阻对测量均无影响。

图 11.14 和图 11.15 分别为热电阻的三线制和四线制接法。

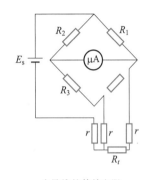

r 为导线的等效电阻

图 11.14　热电阻的三线制接法

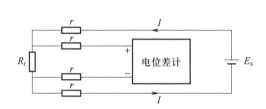

r 为导线的等效电阻

图 11.15　热电阻的四线制接法

4. 热电阻测温电路

图 11.16 是一个电桥式电阻温度计的原理图。R_1、R_2、R_3 和 R_t(R_{ref} 和 R_{FS})组成电桥的四个臂,R_1、R_2 和 R_3 是固定电阻,R_t 是热电阻,R_{ref} 和 R_{FS} 是锰铜电阻,两者分别等于热电阻 R_t 在起始温度(如 0 ℃)及满度(如 100 ℃)时的电阻值。首先将开关 S 接在位置"1",调节 R_0 使指示仪表指示为零;然后将开关 S 接在位置"3",调节 R_F 使指示仪表满度偏转;最后将开关 S 接在位置"2"上,就可以正常工作。

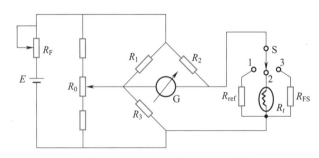

图 11.16　电桥式电阻温度计原理图

11.3.2　半导体热敏电阻

热敏电阻是一种电阻值随温度呈指数变化的多晶半导体感温元件,由过渡金属氧化物的混合物组成。根据热敏电阻的温度特性划分,热敏电阻有负温度系数(negative temperature coefficient,NTC)热敏电阻,正温度系数(positive temperature coefficient,PTC)热敏电阻和临界温度系数(critical temperature resistor,CTR)热敏电阻。用于低温的元件是由锰、镍、钴、铜、铬、铁等复合氧化物烧结而成的,具有负温度系数。用于高温的元件是由氧化钴等稀土元素的氧化物烧结而成的,具有正温度系数。用于温度测量的热敏电阻主要是负温度系数热敏电阻,温度测量范围为 $-100 \sim 300$ ℃。

热敏电阻的形状有珠型和片型等多种,如图 11.17 所示。

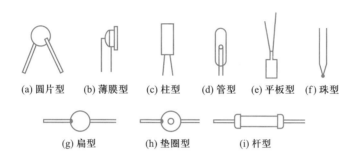

(a) 圆片型　(b) 薄膜型　(c) 柱型　(d) 管型　(e) 平板型　(f) 珠型

(g) 扁型　(h) 垫圈型　(i) 杆型

图 11.17　热敏电阻的结构形式

热敏电阻的主要特点有:热敏电阻输出信号大,灵敏度比热电偶和金属热电阻高;体积小、结构简单、便于成形;热容小,响应时间短;复现性好,互换性好,稳定性好等。

热敏电阻具有如下热电特性。

(1) 负温度系数热敏电阻

它的电阻值随温度升高而呈指数降低,故称为负温度系数热敏电阻。其电阻温度特性表示为

$$R_T = R_0 e^{B\left(\frac{1}{T} - \frac{1}{T_0}\right)}$$

式中: T——被测温度,K;

$\quad\quad T_0$——参考温度,K;

R_T、R_0——温度分别为 T 和 T_0 时的热敏电阻阻值;

$\quad\quad B$——热敏电阻的材料常数,又称为热敏指数。

热敏电阻的温度系数

$$\alpha = -\frac{B}{T^2}$$

可以看出,电阻温度系数是常数 B 和温度 T 的函数,而与电阻 R 无关。同时,它是随温度的变化而变化的。热敏电阻的温度系数比金属丝的高很多,所以它的灵敏度较高。

(2) 正温度系数热敏电阻

它的电阻值随温度升高而呈指数增加,故称为正温度系数热敏电阻。其电阻温度特性表示为

$$R_T = R_0 e^{B(T-T_0)}$$

有的正温度系数热敏电阻达到某一温度时,其阻值会突然增大,可以起报警作用。

(3)临界温度系数热敏电阻

它的热电性质与负温系数热敏电阻相似,不同之处是在某一温度下,其阻值急剧下降,因而可用于低温临界温度报警。

11.4 非接触式测温法

非接触测温主要是利用热辐射来测量物体温度。任何物体温度高于绝对零度时,其内部带电粒子在原子或分子内会始终不断地处于振动状态,并能自发地向外发射能量。这种依赖于物体本身温度向外辐射能量的过程称为热辐射。辐射能以波动形式表现出来,其波长的范围极广,从短波、X光、紫外线、可见光、红外线到电磁波。在温度测量中主要是可见光和红外线。

与膨胀法测温、热电偶测温、热电阻测温等相比,辐射测温有明显的特点。

1)辐射测温的物理基础是基本的辐射定律,它的温度可以和热力学温度直接联系起来,因此可以直接测量热力学温度。

2)辐射测温是非接触测量,测量过程中不干扰被测物体的温度场,从而测量精度较高。

3)响应时间短,最短可以达到微秒级,容易进行快速测量和动态测量。

4)测温范围广,从理论上讲,辐射测温无上限。

5)可以进行远距离遥测。

辐射测温的缺点是:不能测量物体内部的温度;受发射率的影响较大;受中间环境介质的影响较大;设备复杂,价格较高等。

根据测温的原理不同,辐射测温可以分为全辐射测温法、亮度测温法、红外测温法、光纤测温法等。

11.4.1 全辐射温度计

用全辐射温度计测温的理论基础是斯特藩-玻尔兹曼定律,它通过测量辐射物体的全波长的热辐射来确定物体的辐射温度。全辐射温度计测的是被测对象的辐射温度,在实际测量中,需要将辐射温度换算成真实温度。

全辐射温度计的工作原理如图11.18所示。凸透镜1将物体发出的辐射能经过光阑2、3聚集到受热片4上。在受热片上装有热电堆,热电堆是8~12只热电偶或更多只热电偶串联而成的,见图11.19。热电偶的热端汇集到中心一点,冷端位于受热片的四周,受热片输出的热电动势为所有热电偶输出电动势之和。

全辐射温度计能自动测量温度,其输出量为电量,适于远传和自动控制,是在线温度检测常用的一种仪表。

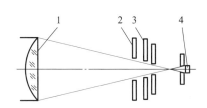

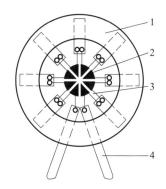

图 11.18　辐射感温器的工作原理图

1—凸透镜;2—可变光阑;3—固定光阑;4—受热片

图 11.19　热电堆的结构

1—云母片;2—受热靶面;3—热电偶丝;4—引线

11.4.2　光学高温计和光电高温计

亮度温度计是根据普朗克定律,通过测量物体在一定波长下的单色辐射亮度来确定它的亮度温度的,又称为单波段温度计。亮度温度计可以分为两类:光学高温计和光电高温计。

(1)光学高温计

光学高温计是发展最早、应用最广的非接触式温度计。它的结构简单、使用方便、测温范围广,被广泛用于高温熔体、高温窑炉的温度测量。

隐丝式光学高温计的工作原理如图 11.20 所示。测温时调整物镜系统,使辐射源或被测物体成像在高温计灯泡的灯丝平面上。然后通过调整目镜系统,使人眼能清晰地看到被测物体和灯丝的成像。再调整电测系统的可变电阻,改变通入灯丝的电流,使被测物体或辐射源的亮度在红色滤光片的光谱范围内处于平衡,即相互间处于相同的亮度温度。由于高温灯泡在检定时其亮度温度与通入电流之间的对应关系已知,因而通过上述方法就可以确定被测物体在红色滤光片波长范围内的亮度温度。

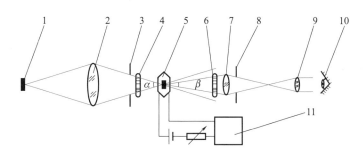

图 11.20　隐丝式光学高温计的工作原理

1—被测物体或辐射源;2—物镜;3—物镜光阑;4—吸收玻璃;5—高温计小灯泡;6—红色滤光片;

7—显微镜物镜;8—目镜光阑;9—显微镜目镜;10—人眼;11—电测仪器

在使用光学高温计的过程中,最经常的工作是用人眼进行亮度平衡。所谓亮度平衡,是指通过调节电流,用人眼观察的高温计灯丝瞄准区域均匀地消失在辐射源或被测物体的背景上,即

"隐丝"或"隐灭"。在"隐丝"时,灯丝与瞄准目标相交的边界无法分辨出来。即它们在高温计视野上具有相同的亮度和亮度温度。高温计电流过高或过低都不能出现"隐丝",也就是不能产生亮度平衡。由于使用这种高温计测温时,必须使被测物体背景与小灯泡灯丝间的亮度达到"隐丝"程度,所以这种光学高温计又称为隐丝式光学高温计。图 11.21 显示了调整亮度时,在高温计视野上灯丝的 3 种情况。

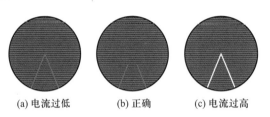

(a) 电流过低   (b) 正确   (c) 电流过高

图 11.21 亮度比较情况示意图

（2）光电高温计

用光学高温计测温时,靠手动的办法改变光学高温计小灯泡的电流,并用人眼进行观察,实现亮度平衡。该方法受到人为因素的影响,可导致测量误差。

光电高温计采用硅光电池作为光敏元件,代替人眼睛感受被测物体辐射亮度的变化,并将此亮度信号转换成电信号,经滤波放大后送检测系统进行后续转换处理,最后显示出被测物体的亮度温度。

与光学高温计相比,光电高温计具有下列特点:灵敏度高、准确度高,使用波长范围宽、测温范围宽,响应时间短、自动化程度高等。

11.4.3 比色高温计

比色高温计利用物体的单色辐射现象来测温,但是,它是利用同一被测物体在两个波长下的单色辐射亮度之比随温度变化这一特性作为测温原理的。因此,在用比色高温计测量物体温度时,没有必要精确地知道被测物体的光谱发射率,而只需知道两个波长下光谱发射率的比值即可。一般说来,测量光谱发射率的比值要比测量光谱发射率的绝对值简便和精确。

采用比色高温计测量物体表面温度时,可以减少被测表面发射率的变化和光路中水蒸气、尘埃等的影响,提高了测量精度。

图 11.22 所示为具有单光路调制系统的比色高温计工作原理。由被测对象 1 辐射来的射线经光学系统聚焦在光敏元件 3 上,在光敏元件之前放置开孔的旋转调制盘 6,调制盘由电动机 7 带动,将光线调制成交变的。在调制盘的开孔上附有两种颜色的滤光片 8 和 9,一般多为红、蓝色。这样使红光、蓝光交替地照在光敏元件上,使光敏元件输出相应的红光和蓝光信号,再将这个信号放大并经运算后送显示仪表。

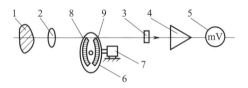

图 11.22 比色高温计工作原理

1—被测对象;2—凸透镜;3—光敏元件;
4—运算放大器;5.显示装置;6—调制盘;
7—电动机;8—滤光片;9—滤光片

11.4.4　红外测温

红外线是一种不可见的电磁波,波长一般为 0.75~1 000 μm,由于其在电磁波的波谱图中位于红光之外,所以称为红外线。

红外测温原理与辐射测温相同,不同是辐射测温所选用的波段一般为可见光,而红外测温所选用的波段为红外线。

红外温度计是将被测物体表面发射的红外波段辐射能量通过光学系统汇聚到红外探测元件上,使其产生电信号,经放大、模数转换等处理,最后以数字形式显示温度值。由此可见,这类温度计与光学高温计或光电高温计相似,由光学系统和电子线路系统两大部分组成。

图 11.23 所示为红外温度计的工作原理。物镜是由主镜与次镜组合的反射系统,主镜为椭球反射面,反射面真空镀铝,反射率达 95% 以上。由于采用了反射系统,使得光谱能量损失很小。光学系统的焦距可通过改变球面次镜位置来调整,使最佳成像位置在热敏电阻表面。次镜到热敏电阻的光路之间装有透过波长 2~15 μm、倾斜 45° 角的锗单晶滤光片,它使红外辐射透射到热敏电阻上,而可见光反射到目镜系统,以便对目标瞄准。

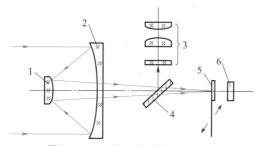

图 11.23　红外温度计的工作原理

1—次镜;2—主镜;3—目镜系统;4—锗单晶滤光片;5—机械调制片;6—热敏电阻

机械调制片是边缘等距开孔的旋转圆盘,光线通过圆盘小孔照射到热敏电阻上,圆盘由电动机带动旋转,使照射到热敏电阻上光线强度为交变的,再经热敏电阻转换为交流电信号以便进行交流放大。

红外测温方法几乎可在所有温度测量场合使用,例如,各种工业窑炉、热处理炉温度测量,感应加热过程中的温度测量等,尤其是钢铁工业中的高速线材、无缝钢管轧制,有色金属连铸、热轧等过程的温度测量等;军事方面的应用,如各种运载工具发动机内部温度测量、导弹红外(测温)制导、夜视仪等;在一般社会生活方面,如快速非接触人体温度测量,防火监测等。

习　　题

11.1　接触式测温与非接触式测温各有什么特点?

11.2　常用温标有哪几种?

11.3　热电偶测温的工作原理是什么?

11.4　金属电阻温度计和半导体热敏电阻各有什么特点?

11.5　全辐射温度计、光学高温计、光电高温计、比色高温计、红外温度计各有什么特点?

第 12 章　流量的测量

流体(包括液体和气体,以及液体、气体、粒状固体两者或三者之间的任意组合)的流量是工程测试领域中的一个重要的物理量,通常所说的流量是指单位时间内流过管道某一截面或明渠横截面的流体量。流体流量一般可分为体积流量 q_V 和质量流量 q_m,它们之间的关系为

$$q_m = \rho q_V$$

式中,ρ 为流体的密度。在某一段时间内流体流量的总和,称为总流量。

目前工业上常用的流量计量仪表种类繁多,按其工作原理大致可分为容积式、压差式、流体阻力式、速度式和涡街流量计等几大类。

12.1　容积式流量计

容积式流量计是利用机械测量元件把流体连续不断地分隔成单位体积并进行累加而计量出总流量的仪表,如椭圆齿轮流量计、腰轮转子流量计和比较新型的齿轮流量计等。

12.1.1　椭圆齿轮流量计

1. 结构和工作原理

椭圆齿轮流量计主要部分是壳体和装在壳体内的一对相互啮合的椭圆齿轮,它们与盖板构成了密闭的流体计量室,流体的进出口分别位于两个椭圆齿轮轴线构成平面的两侧壳体上,如图 12.1 所示。

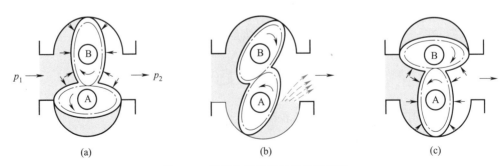

图 12.1　椭圆齿轮流量计工作原理图

流体进入流量计时,进出口的压力差 $\Delta p = p_1 - p_2$ 使得椭圆齿轮受到力矩的作用而转动。在图 12.1a 所示位置时,由于 $p_1 > p_2$,在 p_1 和 p_2 所产生的合力矩作用下,使齿轮 A 与壳体所形成的计量室内的流体排至出口,并带动轮 B 顺时针方向转动,这时 A 为主动轮、B 为从动轮;在图 12.1b 所示位置上,A 与 B 二轮都产生转矩,两轮继续转动,并逐渐将流体封入 B 轮和壳体所形成的计量室内;当继续转到图 12.1c 所示位置时,p_1 和 p_2 作用 A 轮上的转矩为零,而 B 轮入口压力大于出口压力,产生转矩,使 B 轮成为主动轮并继续作顺时针转动,同时把 B 轮与壳体所形成的计量室内的流体排至出口。如此往复循环,A、B 两轮交替带动,以椭圆齿轮与壳体间固定的月牙形计量室为计量单位,不断地把入口处的流体送到出口。图 12.1 所示仅为椭圆齿轮转动 1/4 周的情况,相应排出的流体量为一个月牙形空腔的容积。所以,椭圆齿轮每转一周所排流体的容积为固定的月牙形计量室容积 V_0 的 4 倍。若椭圆齿轮的转数为 n,则通过椭圆齿轮流量计的流量为

$$Q = 4V_0 n = qn \tag{12.1}$$

由此可知,已知排量 q 值的椭圆齿轮流量计,只要测量出转数 n,便可确定通过流量计的流量大小。

2. 工作特性

椭圆齿轮流量计是借助于固定的容积来计量流量的,与流体的流动状态及黏度无关。但是,黏度变化会引起泄漏量的变化,泄漏过大将影响测量精度。椭圆齿轮流量计只要保证加工精度和各运动部件的配合紧密,保证使用中不腐蚀和磨损,便可得到很高的测量精度,一般情况下为 0.5%~1%,较好时可达 0.2%。

值得注意的是,当通过流量计的流量为恒定时,椭圆齿轮在一周的转速是变化的,但每周的平均角速度是不变的。在椭圆齿轮的短轴与长轴之比为 0.5 的情况下,转动角速度的脉动率接近 0.65。由于角速度的脉动,测量瞬时转速并不能表示瞬时流量,而只能测量整数圈的平均转速来确定平均流量。

椭圆齿轮流量计的外伸轴一般带有机械计数器,由它的读数便可确定流量计的总流量。这种流量计同秒表配合,可测出平均流量。但由于用秒表测量的人为误差大,因此测量精度较低。现在大多数椭圆齿轮流量计的外伸轴都带有测速发电机或光电测速盘。再同二次仪表相连,可准确地显示出平均流量和总流量。

椭圆齿轮流量计的缺点是对流体的清洁度要求较高,如果被测介质不清洁,齿轮容易被固体异物卡死。另外,由于齿轮既作计量用又作为驱动用,因此使用时间长后,齿轮容易磨损,导致测量精度下降。特别是在流量计超负荷运行时,磨损更会加速。

12.1.2 腰轮流量计

1. 结构和工作原理

腰轮流量计对流体的测量过程,同椭圆齿轮流量计相类似,是通过腰轮(转子)与壳体之间所形成的固定计量室来实现的。每当腰轮转过一圈,便排出四个固定计量体积的流体,只要记下腰轮的转动转数,就可得到被测流体的体积流量。腰轮的转动也是靠流体的入口和出口的压差 $\Delta p = p_1 - p_2$ 来实现的。其工作过程如图 12.2 所示。

在图 12.2a 所示位置时,腰轮 A 的表面上承受均匀分布的入口和出口压力 p_1、p_2,且 $p_1 > p_2$。由于腰轮的几何形状完全对称,由压力 p_1 和 p_2 作用在腰轮表面所产生的力对转轴 O_2 的合力矩为零,故腰轮 A 在此位置时不能转动。对于腰轮 B,由入口压力 p_1 作用产生的对转轴 O_1 的力矩要大于出口压力 p_2 产生的力矩,将使腰轮 B 顺时针转动,此时腰轮 B 为主动轮、A 为从动轮,并将轮 B 与壳体间的流体排出。在图 12.2b 所示位置时,腰轮 A 和 B 都受有转动力矩的作用,轮 B 继续逆时针转动,轮 A 继续逆时针转动,但此时,轮 B 的驱动力矩将减小,轮 A 的驱动力矩逐渐增加,同时逐渐把被测流体封入轮 A 与壳体间所形成的计量室中。在图 12.2c 位置时,轮 B 的驱动力矩为零,轮 A 变为主动,并继续作逆时针转动,把轮 A 与壳体间所形成计量室的流体排出。如此往复循环,A、B 两轮交替带动,其流量的计算公式与式(12.1)相同。

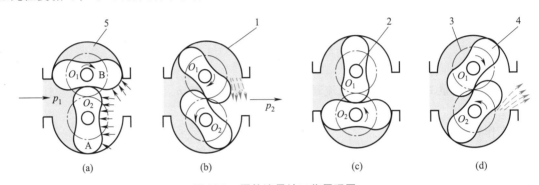

图 12.2　腰轮流量计工作原理图
1—壳体;2—轴;3—驱动齿轮;4—腰轮;5—计量室

2. 工作特性

腰轮流量计中,两个腰轮转子的加工精度和表面粗糙度要求较高,安装时必须要保证两腰轮轴线的平行度要求。普通腰轮流量计随着流量的增大,转子角速度的波动现象较严重,脉冲率为 0.22 左右。对大流量的计量,往往都采用 45°角组合腰轮,可大大减小转子角速度的波动,脉冲率可减小到 0.027 左右。这种流量计具有结构简单,使用寿命长,适用性强等特点,对于不同黏度的流体,均能够保证精确的计量,一般精度可达 ±0.2%。

12.1.3　齿轮流量计

齿轮流量计是一种较新型的容积式流量计,其结构原理如图 12.3 所示。在流量计壳体内装有齿轮状转子,转子齿上沿圆周分布有磁体。当流体进入时推动转子转动,安装在仪表壳体外的霍尔传感器感应到对应的流量的磁脉冲信号,并转化为电脉冲后送出。其输出电脉冲信号通常为如图 12.4 所示相位差为 90°的 A、B 两路方波信号,通过四细分辨向电路处理后送计数器,即可获得流量的大小和方向。

这种流量计体积小、质量轻。测量时振动噪声小,可测量黏度高达 10 000 Pa·s 的流体。齿轮流量计测量精度高,一般可达 ±0.5%,经非线性补偿后甚至可达 ±0.1% ~ ±0.05%。

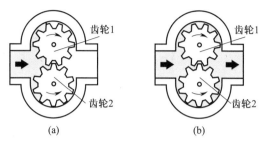

图 12.3　齿轮流量计工作原理图

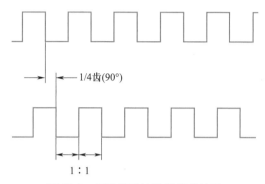

图 12.4　齿轮流量计数输出的波形

12.2　压差式流量计

压差式流量计是利用伯努利方程原理来测量流量的流量仪表。

12.2.1　压差式流量计的计算公式

压差式流量计是通过测定流体经过节流装置时所产生的静压力差来实现流量测量的。管内连续流动的流体流经节流装置时,将产生流体势能和动能的相互转换,致使其压力和流速发生相应的变化。实验证明,流体流经各种节流装置时,其流速和压力沿流动方向的分布情况是类似的。图 12.5 所示为水平管道内装有节流孔板时,沿流动方向的压力分布情况。

体积流量方程为

$$q_V = \alpha \varepsilon A_0 \sqrt{\frac{2}{\rho}(p_1 - p_2)} \tag{12.2}$$

式中:α——流量系数;

ε——流体压缩系数。对不可压缩流体,$\varepsilon = 1$;对可压缩流体,$\varepsilon < 1$;

A_0——节流孔的最小截面积。

对于不同形式的节流装置,由于其压力和流速分布不同,流量系数 α 也不同,它与节流装置开孔的截面比、流体流动的雷诺数 Re 值、取压点位置、管壁粗糙度等有关。所以,流量系数是一个受许多因素影响的综合系数。

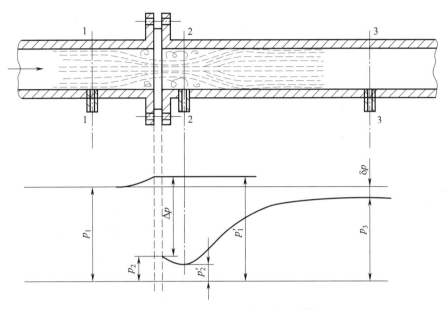

图 12.5　差压流量计原理与压力分布情况

　　实验表明,对于一定形式的节流装置,当雷诺数 Re 值大于某一界限值 Re_K 时,流量系数 α 不再随雷诺数变化,而趋于某一定值。因此,当 $Re>Re_K$ 时,只要测量压力差便可确定流量的大小。

12.2.2　节流装置

　　常用的节流装置有标准孔板,喷嘴和文杜里管等,如图 12.6 所示。流体通过节流装置时,由于克服摩擦阻力和在节流装置后形成旋涡均要消耗一定的能量,所以通过节流装置后有一部分静压力不能恢复,从而造成压力损失即所谓净压力损失 Δp,见图 12.5。

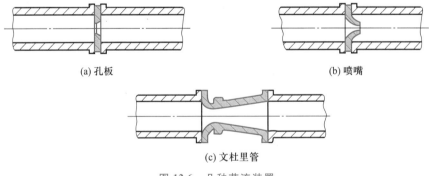

(a) 孔板　　　　　　　　　　　　　　(b) 喷嘴

(c) 文杜里管

图 12.6　几种节流装置

　　对于不同形式的节流装置,其净压力损失 Δp 的数值也不相同。孔板的 Δp 最大,文杜里管由于内表面呈流线型与流束趋向一致,所以净压损失 Δp 最小,而喷嘴的 Δp 值则介于两者之间。因此,对于允许的净压力损失 Δp 较小时,可以采用喷嘴或文杜里管。在加工、安装方面以孔板最方便也最便宜,而文杜里管最复杂价格也贵。所以在一般情况下,多采用孔板。标准节流装置都有规格产品,可以根据实际需要选用。

12.3　流体阻力式流量计

12.3.1　转子流量计(浮子流量计)

转子流量计是工业上和实验室最常用的一种流量计。它具有结构简单、直观、压力损失小且恒定、维修方便等特点。适用于测量通过管道直径 $D<150$ mm 的小流量,也可以测量腐蚀性介质的流量。使用时流量计必须安装在垂直走向的管段上,流体介质自下而上地通过转子流量计。

转子流量计由两个部件组成,如图 12.7 所示。一件是从下向上逐渐扩大的锥形管;另一件是置于锥形管中且可以沿管的中心线上下自由移动的转子。当测量流体的流量时,被测流体从锥形管下端流入,流体的流动冲击着转子,并对它产生一个作用力(这个力的大小随流量大小而变化);当流量足够大时,所产生的作用力将转子托起,并使之升高。同时,被测流体流经转子与锥形管壁间的环形断面,从上端流出。当被测流体流动时对转子的作用力,正好等于转子在流体中的重量时(称为显示重量),转子受力处于平衡状态而停留在某一高度。分析表明:转子在锥形管中的位置高度,与所通过的流量有着相互对应的关系。因此,观测转子在锥形管中的位置高度,就可以求得相应的流量值。

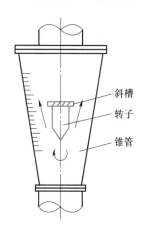

图 12.7　转子流量计原理图

为了使转子在锥形管的中心线上下移动时不碰到管壁,通常采用两种方法:一是在转子中心装有一根导向芯棒,以保持转子在锥形管的中心线作上下运动,如图 12.8 中的 a、b、c、d 四种;另一种是在转子圆盘边缘开有一道道斜槽,如图 12.8e 所示。当流体自下而上流过转子时,一面绕过转子,同时又穿过斜槽产生一反推力,使转子绕中心线不停地旋转,就可保持转子在工作时不致碰到管壁。转子材料可用不锈钢、铝、青铜等制成。

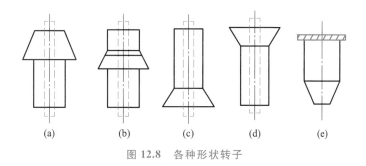

| (a) | (b) | (c) | (d) | (e) |

图 12.8　各种形状转子

12.3.2　靶式流量计

靶式流量计是以管内流动的流体给予插入管中的靶的推力 F 来测量流量的一种测量装置。

它的结构原理如图 12.9 所示。当被测流体通过装有圆靶的管道时,流体冲击圆靶使其受推力 F 作用,经杠杆将力传递给粘有应变片的悬臂梁(也可采用其他形式的力传感器)。这样应变电桥就输出与力 F 成正比的电压。由测得的 F 值就可根据下述关系确定流量的大小。

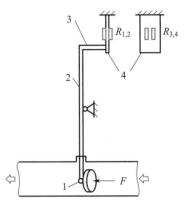

图 12.9 靶式流量计
1—靶;2—传力杠杆;3—推杆;
4—悬臂块

流体流动给予靶的作用力大体可分成三个方面:靶对流体流动的节流作用所产生的净压差 $\Delta p = p_1 - p_2$;流体流动的动压力 $\dfrac{\rho v^2}{2}$;流体的黏性摩擦力,这一项对于目前大多采用圆靶而言,可略去不计。所以,推力 F 主要由静压力差 Δp 和动压力 $\dfrac{\rho v^2}{2}$ 所组成,

$$F = A\left(\Delta p + \frac{\rho v^2}{2}\right) = A\left(k_1 \frac{\rho v^2}{2} + k_2 \frac{\rho v^2}{2}\right) = KA\frac{\rho v^2}{2} \qquad (12.3)$$

式中:A——靶的受力面积,m^2;

ρ——流体的密度,kg/m^3;

v——流体的流速;

k_1,k_2——靶上推力的比例系数,$K = k_1 + k_2$。

由此得流速 v

$$v = \sqrt{\frac{2F}{KA\rho}} \qquad (12.4)$$

则通过管道流体的流量为

$$q_V = A_0 v = A_0 \sqrt{\frac{2F}{KA\rho}} \qquad (12.5)$$

式中:A_0——靶和管壁间的环形间隙面积,$A_0 = \dfrac{\pi}{4}(D^2 - d^2)$,$m^2$;

D——管道内径,m;

d——圆板靶外径,m。

则有

$$q_V = \sqrt{\frac{1}{K}} \frac{D^2 - d^2}{d} \sqrt{\frac{\pi}{2}} \sqrt{\frac{F}{\rho}} \approx 1.25 K_\alpha D\left(\frac{1}{\beta} - \beta\right)\sqrt{\frac{F}{\rho}} \qquad (12.6)$$

式中:K_α——靶式流量计的流量系数,$K_\alpha = \sqrt{\dfrac{1}{K}}$;

β——靶的结构参数,$\beta = \dfrac{d}{D}$。

由式(12.6)可知,在已知 ρ、D、d 及 K_α 的情况下,只要测得靶推力 F 的大小,便可确定被测介质的体积流量。

流量系数 K_α 与 β、D 及流体流动的雷诺数 Re 有关,它的数值由实验确定。例如,当圆靶 $D =$

53 mm, 对于结构系数分别为 $\beta = 0.7$ 和 $\beta = 0.8$ 的 K_α-β-Re 实验曲线如图 12.10 所示。由图可知, 当 Re 值较大时 K_α 趋于某一常数, 而当 Re 较小时, K_α 随 Re 的减小而显著减小。在流量计的测量范围内, 一般总希望 K_α 值能基本上保持常数, 以保证流量计的测量误差不致超过允许值。另外, 这种流量计与差压式流量计相比, 其流量系数 K_α 趋于常数时的临界雷诺数较小, 因此适于测量黏度较大的流体。靶式流量计的测量精度一般为 2%~3%。

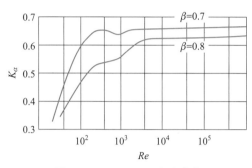

图 12.10 K_α-β-Re 实验曲线

12.4 速度式流量计

12.4.1 涡轮流量计

涡轮流量计的结构如图 12.11 所示。它主要由涡轮、导流器、壳体和磁电式传感器等组成, 涡轮转轴的轴承由固定在壳体上的导流器所支承。壳体由不导磁的不锈钢制成, 涡轮为导磁的不锈钢, 它通常有 4~8 片螺旋形叶片。当流体通过流量计时, 推动涡轮使其以一定的转速旋转, 此转速是流体流量的函数。而装在壳体外的非接触磁电式转速传感器输出脉冲信号的频率与涡轮的转速成正比。因此, 测定传感器的输出频率即可确定流体的流量。

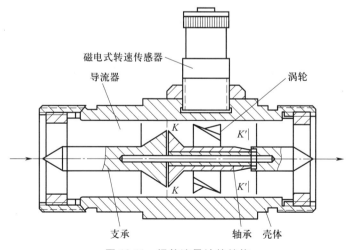

图 12.11 涡轮流量计的结构

为了减小流体作用在涡轮上的轴向推力,采用反推力方法对轴向推力进行自动补偿。从涡轮的几何形状可以看出,当流体流过 $K—K$ 截面时,流速变大而静压力下降,随着流通截面的逐渐扩大,静压力逐渐上升,收缩截面 $K—K$ 与 $K'—K'$ 之间产生了不等的静压场。它所形成的压力差使得作用在涡轮转子上的力(此力的轴向分力与流体的轴向推力反向)抵消一部分流体的轴向推力,从而减轻轴承的轴向负载。采用轴向推力自动补偿可以提高仪表的寿命和精度。

流体进口处设有导向环和导向座组成的导流器,它使流体到达涡轮前先导直,避免因流体自旋而改变流体与涡轮叶片的作用角,从而保证仪表的精度。为了进一步减小流体自旋的影响,流量计前后都应装有与它口径相同的一段直管段。一般流体进口的直管段长度为管道直径 10 倍以上,出口直管段长度不小于直径的 5 倍。

如果忽略轴承的摩擦及涡轮的功率损耗,经分析可知,通过流量计的流体流量 q_v 与传感器输出的脉冲信号频率的关系为

$$q_v = \frac{f}{\xi} \tag{12.7}$$

式中:f——输出电脉冲信号的频率,Hz;

ξ——仪表常数(频率-流量转换系数)。

仪表常数 ξ 反映涡轮流量计的工作特性,它与流量计本身的结构、流体的性质和流体在涡轮周围的流动状态等因素有密切的关系。实验表明,只有当涡轮周围流体的流态为充分湍流状态时,ξ 值才能接近一个常数值,此时流量与涡轮的转速近似呈线性关系。反之,当流体的流态为层流状态时,ξ 值将随流体的流量和黏度的变化而改变。虽然 ξ 值是在非线性范围内,但其复现性仍然很好。因此,只要根据涡轮流量计的输出频率和流体的黏度对 ξ 值作适当修正,同样可以在非线性范围内使用。

流体温度变化也影响 ξ 值,流体温度升高时,流量计本身要膨胀,内径会增大,流速就会降低,因此 ξ 值也就减小。反之,温度下降 ξ 值增大,一般每 10 ℃,ξ 值变化约为 0.05%。同时温度升高使流体黏度减小 ξ 值要增大。ξ 值随温度变化主要是这两个因素的综合影响,因此可以测定所选用的油液在各种温度下输出信号频率 f 与 ξ 值的关系,得出一簇 f-ξ 的特性曲线供测量使用。

12.4.2　超声流量计

超声波在流动的流体中传播时,可以承载流体流速的信息。因此,通过检测穿过流体的超声波就可以检测出流体的流速,从而计算出流量。超声流量计按测量原理可以分为多种不同形式,主要有传播速度差法、多普勒法、波束偏移法、噪声法、旋涡法、相关法、流速-液面法等。下面主要介绍一下传播速度差法与多普勒法。

1. 传播速度差法超声流量计

声波在流体中传播时,处在顺流和逆流的不同条件下,其波速并不相同。顺流时,超声波的传播速度为在静止介质中的传播速度 c 加上流体的速度 v,即传播速度为 $(c+v)$;逆流时,它的传播速度为 $(c-v)$。测出超声波在顺流和逆流时的传播速度,求出两者之差 $(2v)$,就可求得流体的速度 v。

测定超声波顺、逆流传播速度之差的方法很多,主要有测量在超声波发生器上、下游等距离

处接到超声信号的时间差、相位差或频率差等方法。

（1）时差法

设超声波发生器与接收器之间的距离为 L，则超声波到达上、下游接收器的传播时间差为

$$\Delta t = \frac{L}{c - v} - \frac{L}{c + v} = \frac{2Lv}{c^2 - v^2} \qquad (12.8)$$

当 $c \gg v$ 时，

$$\Delta t \approx \frac{2Lv}{c^2} \qquad (12.9)$$

（2）相差法

若超声波发生器发射的是连续正弦波，则上、下游等距离处接收到超声波的相位差为

$$\Delta \varphi = \omega \Delta t = \frac{2\omega Lv}{c^2} \qquad (12.10)$$

式中，ω 为超声波的角频率。

由式（12.9）和式（12.10）可以看出，只要能测出时间差 Δt 或相位差 $\Delta \varphi$，就能求出流速 v，进而求得流量。

（3）频差法

此法是通过测量顺流和逆流时超声波的重复频率差来测量流速的。在上、下游等距离处收到超声波的频率差为

$$\Delta f = \frac{c + v}{L} - \frac{c - v}{L} = \frac{2v}{L} \qquad (12.11)$$

可见，利用频率差测流速时与超声波传播速度 c 无关，因此工业上常用频率差法。

超声流量计的结构原理如图 12.12 所示，在流量计管壁的斜对面固定两个超声波振子 TR_1、TR_2，兼作为超声波的发送和接收元件。由一侧的振子产生的超声波穿过管壁、流体、管壁为另一侧的振子所接收，并转换为电脉冲，经放大后再用此电脉冲激发对面的发送振子，形成所谓单环自激振荡。振荡周期由超声波在流体中的顺流传播速度决定，周期的倒数即为单环频率 f_1。经过一定时间间隔以后，切换电路使发送振子变成接收振子，而接收振子变成发送振子，此时，测出单环频率 f_2（取决于超声波在逆流中的传播速度）。若管径方向流体平均流速为 $\bar{v}_D$，超声波束与管轴的夹角为 θ，管径为 D，则

$$f_2 = \left[\frac{D}{\sin\theta(c + \bar{v}_D \cos\theta)} + \tau \right]^{-1} \qquad (12.12)$$

$$f_1 = \left[\frac{D}{\sin\theta(c - \bar{v}_D \cos\theta)} + \tau \right]^{-1} \qquad (12.13)$$

式中，τ 为超声波在管壁内和电脉冲信号在电路中传输所产生的滞后时间的总和。当 $c \gg \bar{v}_D$，且 τ 很小时，可得

$$\Delta f = f_2 - f_1 = \frac{\sin 2\theta}{D} \bar{v}_D \qquad (12.14)$$

因此，测出频率差 Δf 就可以算出 $\bar{v}_D$。

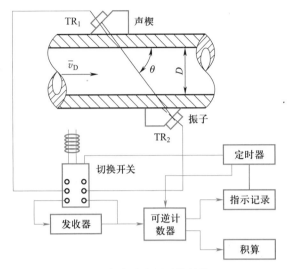

图 12.12　超声波流量计的结构原理

则体积流量为

$$q_V = \frac{\pi D^2}{4}\bar{v} = \frac{\pi D^3}{4\sin 2\theta} \cdot \Delta f \tag{12.15}$$

2. 多普勒法超声流量计

多普勒效应指的是当声源产生点相对接收点发生运动时,接收点接收到的声波频率与声源产生点的声波频率不同,二者之间的频率值差与二者之间的相对运动速率成正比,多普勒法超声流量计利用在静止点检测来自移动源发射声波而产生多普勒频移现象的原理进行流量测量。多普勒法超声流量测量原理如图 12.13 所示。

发射换能器 A 发射超声波信号,遇到管道内被测液体中悬浮的固体杂质(散射体)时会发生散射,然后被接收换能器 B 接收。由于液体的流动,两个换能器的超声波产生了相对运动,接收换能器 B 接收到超声波的频率 f_B 与发射换能器 A 发射信号频率 f_A 相比发生了变化。超声波频率的变化量与液体流速成正比,可计算出液体的流速和流量。

图 12.13　多普勒法超声波
流量测量原理

由多普勒效应的反射原理,可以计算出信号的频移值 f_d,即

$$f_d = f_A - f_B = f_A \frac{2v\cos\theta}{c}$$

式中,v 为散射体的流动速度。

整理后可以得到散射体流动速度

$$v = \frac{c}{2\cos\theta}\frac{f_d}{f_A}$$

由上式可以看出,当 θ、c 与 f_d 确定后,可以计算得到散射体流速 v。

得到管道内散射体流动的速度 v 后,可以计算得到管道中流体的体积流量 Q,即

$$Q = \frac{v}{K_d} \cdot \frac{\pi D^2}{4}$$

式中,K_d 为流速分布修正系数。

由于 K_d 为散射体在管道中心附近的系数,不适用于大管径或含较多散射体(部分散射体未到管道中心附近就进行了散射)的场合。

实际上,多普勒频移信号来自速度参差不齐的散射体,所测得的各散射体速度和管道内液体的平均流速之间存在差异。同时,散射体粒度大小、散射体分布、散射体流速与轴线的不平行、声波被散射体衰减程度等因素均会影响多普勒频移信号,给流量测量造成误差。

超声流量计选用主要考虑的要素包括液体洁净程度或杂质含量、测量精度要求等。时差法超声流量测量适用于水类(海水、江河水、农业用水等)、油类(纯净燃油、润滑油、食用油等)、化学试剂等液体;多普勒法超声流量测量适用于含杂质较多的水类(污水、农业用水等)、浆类(泥浆、矿浆、纸浆、化工料浆等)、油类(非净燃油、重油、原油等)等液体,一般浊度大于 50~100 mg/L。

顺便提一下,为了使流体流经仪表前就达到典型层流分布,仪表前后必须有足够长的直管段。使用中要避免流体中出现气泡并防止其他声源干扰。

超声流量计的最大优点是仪表装在管道外,不破坏管道,价格也与管道大小无关。

12.4.3 电磁式流量计

电磁式流量计由电磁式流量传感器、转换器以及显示仪表等组成,也可由电磁式流量传感器和显示仪表直接组成。传感器的工作原理是基于电磁感应定律,其基本原理请参见第 4 章。

电磁式流量计是应用电磁感应原理来测量导管中导电液体的平均流速,如图 12.14 所示。采用不导磁材料制成的流量测量导管,置于均匀磁场中,其内径为 D,内壁衬有绝缘材料。导电液体在管道中流动时,作切割磁力线的运动,若所有流体质点都以平均流速 v 运动,则液体流速在整个管道截面上是均匀一致的。这样,就可以把液体看成许多直径为 D 的连续运动着的薄圆盘。这种由液体组成的薄圆盘等效于长度为 D 的导电体,其切割磁力线的运动速度为 v。根据上述电磁感应原理可知,在液体圆盘内将产生感应电动势,其大小为

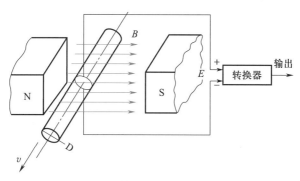

图 12.14 电磁式流量计工作原理

$$E = BvD$$

式中: E——感应电动势;

B——磁感应强度;

v——平均流速;

D——管道内径。

因为这种液体圆盘连续不断地通过磁场,所以就能产生连续的感应电动势。如果磁场是交变磁场,则产生的感应电动势也就是交流感应电动势,其变化频率和磁场变化的频率相同。现在,一般工业用的都是交流磁场的电磁式流量计。

流经圆形导管的体积流量为被测介质的平均流速与导管流通截面积的乘积。即

$$q_V = \frac{\pi}{4}D^2v = \frac{\pi DE}{4B} \tag{12.16}$$

式中: D——两电极间距离(即导管直径),m;

E——感应电动势,V;

B——磁感应强度,T;

v——流体的流速,m/s。

上式可以改写为

$$E = \frac{4Bq_V}{\pi D} = kq_V \tag{12.17}$$

式中: k——仪表的比例常数。

若感应强度不变,流体充满管道流动,电磁式流量计的感应电动势与流量呈线性关系。

电磁式流量计具有下列特点:输出电信号与流量之间呈线性关系,便于仪表做等分刻度;仪表的测量不受被测介质的温度、压力、密度和黏度以及流态的影响;仪表应用范围广,几乎可适用于所有电导率大于 10^{-3} S/m 的导电性液体,且介质的电导率在许可范围内变化也不影响测量结果,流速测量范围可从每秒几厘米至每秒十余米,满量程时流速可从 0.5~10 m/s 内变化,口径范围可从几毫米至几米;变送器内无活动部件,几乎无压力损失,并对安装直管段要求不高;仪表时滞小,能瞬时反应流量变化,可以测脉动流;输出信号的极性与磁场方向及流速方向有关,所以能用于鉴别流向,可测两相流;仪表便于清洗和消毒,便于维护,且能输出标准电信号以便于配套,可靠性高,使用寿命长。

12.5 涡街流量计

涡街流量计是根据"卡门涡街"原理来测量流量的流量仪表。

12.5.1 工作原理

涡街流量计采用的卡门涡街原理如图 12.15 所示。卡门涡街原理为:在测量管道流动的流体中插入一根或多根迎流面为非流线型的旋涡发生体,当雷诺数达到一定值时,从旋涡发生体下

游两侧交替分离释放出两串规则且交错排列的旋涡。

根据卡门涡街原理,设旋涡发生体两侧弓形面积与管道横截面面积之比为 m,其表达式为

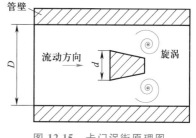

图 12.15　卡门涡街原理图

$$m = 1 - \frac{2}{\pi} \left[\frac{d}{D} \sqrt{1 - \left(\frac{d}{D}\right)^2} + \arcsin \frac{d}{D} \right] \qquad (12.18)$$

式中:d——阻流件的宽度,m;

　　D——测量管内径,m。

旋涡的频率 f 的表达式为

$$f = \frac{S_r u_1}{d} = \frac{S_r u}{md} \qquad (12.19)$$

式中:u_1——旋涡发生两侧平均流速,m/s;

　　u——流经流量计的流体平均流速,m/s;

　　S_r——施特鲁哈尔数(Strouhal number);

　　m——旋涡发生体两侧弓形面积与管道横截面面积之比。

管道内体积流量 q_V 为

$$q_V = \frac{\pi D^2 u_1}{4} = \frac{\pi D^2}{4 S_r} m d f \qquad (12.20)$$

流量计的仪表系数 K 为

$$K = \frac{f}{q_V} = \left(\frac{\pi D^2}{4 S_r} m d \right)^{-1} \qquad (12.21)$$

仪表系数 K 的单位为 $1/m^3$。由式(12.21)可以看出,流量计的仪表系数 K 除与几何结构参数(旋涡发生体几何尺寸、测量管几何尺寸)有关外,还与施特鲁哈尔数有关。图 12.16 为三棱柱状旋涡发生体的施特鲁哈尔数与测量管道雷诺数的关系图。当雷诺数 Re 为 $2 \times 10^4 \sim 7 \times 10^6$,$S_r$ 基本保持不变,一般把这个范围设定为仪表正常工作范围。

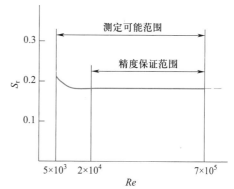

图 12.16　施特鲁哈尔数与测量管道
雷诺数的关系

由上述分析可知,涡街流量计测量流体的体积流量主要是通过测量旋涡频率 f 实现的。由式(12.19)可看出,旋涡频率仅仅与流经流量计的流体平均流速以及旋涡发生体的几何参数(形状和几何尺寸)有关,而与被测流体的特性和组分无关。

当测量气体流量时,涡街流量计的标准体积流量计算式为

$$q_{Vn} = \frac{p T_n Z_n}{p_n T Z} q_V = \frac{f}{K} \times \frac{p T_n Z_n}{p_n T Z} \qquad (12.22)$$

式中:q_{Vn}、q_V——标准参比条件下(20℃,101.325 kPa)和工况下的体积流量,m^3/s;

p_n、p——标准参比条件下和工况下的绝对压力,Pa;

T_n、T——标准参比条件下和工况下的热力学温度,K;

Z_n、Z——标准参比条件下和工况下的气体压缩系数;

由式(12.22)可见,涡街流量计的脉冲频率信号不受流体物性和组分变化的影响,即仪表系数在一定雷诺数范围内仅与旋涡发生体及管道的形状尺寸等有关。

12.5.2 结构特性分析

涡街流量计一般包括两部分:传感器与流量积算仪,如图 12.17 所示。

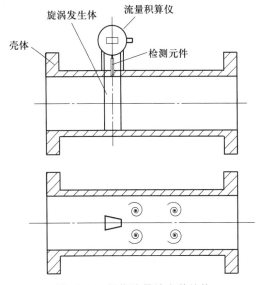

图 12.17 涡街流量计安装结构

传感器由旋涡发生体、检测元件、壳体等部分组成,流量积算仪由信号处理电路(前置放大器、滤波整形电路)、微处理器、A/D 转换电路等组成。

旋涡发生体是流量计的主要部件,其形状、几何参数与涡街流量计的流量特性(仪表参数、线性度、重复性等)和阻力特性密切相关。检测元件安装在壳体上,一般可以采用应变、电容、应力、热敏、磁电、超声等检测方式获取涡旋发生体产生的卡门涡街信号。根据检测传感器的类型,涡街流量计可以分为应变式、电容式、应力式、热敏式、振动体式、超声式等各种类型。

涡街流量计主要优点包括:

(1)涡街流量计结构简单,安装维护方便。

(2)无可动部件,可靠性高。

(3)重量轻,价格便宜。

(4)可用于多种流体介质,包括液体、气体及蒸汽流量等。

(5)量程范围宽。雷诺数 Re 为 $2 \times 10^4 \sim 7 \times 10^6$,施特鲁哈尔数 S_t 或仪表系数 K 才进入平直段,即进入线性工作区域,输出频率信号不受流体物性和组分的影响,仪表系数仅与旋涡发生体及测量管道的形状尺寸有关,输出信号与流量成正比。

（6）测量过程中的压力损失小。

涡街流量计主要有如下缺点。

（1）涡街流量计不适用于低雷诺数测量，其测量雷诺数必须大于 $2×10^4$。同时，旋涡强度越强，信号检测效果越好，由于旋涡强度与流速平方成正比，在低速区，旋涡信号很微弱，信号检测效果受到影响，因此涡街流量计不适用于低流速、小口径、高黏度流体的测量。一般情况下，测量液体流量时，下限流速为 0.3~0.5 m/s。测量气体时，下限流速为 3~5 m/s。

（2）旋涡分离的稳定性受旋涡发生体上游流场畸变及旋涡流的影响，应根据上游阻流件的不同形式，配置足够长度的上、下游直管段，或者安装流动调整器。

（3）管道的振动对不同形式涡街流量计的检测影响各不相同，一般热敏式与超声式涡街流量计受振动的影响较小，应力式涡街流量计对振动最敏感。

（4）与其他脉冲输出型流量计相比，涡街流量计的仪表系数低，由于仪表系数与测量管内径的平方成反比关系，检测时测量管内径一般不宜过大，大多在 300 mm 以下。

（5）目前，对涡街流量计检测混相流体的相关研究还比较缺乏，现场检测经验还比较少。

习　题

12.1 分析容积式流量计的误差及造成误差的原因。为了减小误差，测量时应注意什么？

12.2 超声流量计测量速度差的方法有哪几种？分别说明基本原理。

12.3 椭圆齿轮流量计的排量 $q_V = 8×10^5$ m³/r，若齿轮转速 $n = 80$ r/s，求每小时流体的流量。

第 13 章 误差理论与数据处理

在实际测试中,恰当地处理测量数据,给出正确的测试结果,并对所得结果的可靠性作出确切的估计和评价,是测试工作的基本环节之一。另外,在机械加工等的测试过程中,零件的加工、测量过程以及测试仪器本身,都不可避免地存在误差,没有误差的测量是不存在的。同样,在一些参数的计算及测量数据处理中也含有误差。因此,有关测量误差及其数据处理的理论和方法是测试工作者必须掌握的基本知识和基本技能。本章将主要介绍有关测量误差及其评价的基本理论,以及测量数据处理的基础知识。

13.1 测量误差的基本概念

13.1.1 测量误差的表示方法

测量误差是被测量的测量结果 x 与其相应的真值 x_0 之差。这里的"真值"是指被测量客观存在的真实值。一般来说,真值是未知的,仅在某些特定情况下才是已知的。按国际计量基准规定,将巴黎国际计量局保存的铂-铱合金圆柱体的千克原器的质量定义为 1 kg,这是约定真值。此外,为了实际测量需要,将满足规定精确度的被测量的实际量值来代替真值使用,称为相对真值。例如,在检定工作中,把用高一等级精度的标准器具所测得的量值作为相对真值。

1. 误差

某被测量的测量值 x 和真值 x_0 之差为绝对误差 Δx,通常简称为误差。

$$\Delta x = x - x_0 \tag{13.1}$$

由于真值无法确定,在误差服从正态分布的前提下,一般用多次测量结果的算术平均值作为约定真值。

2. 相对误差

相对误差定义为绝对误差与被测量的真值之比。当测量值的绝对误差很小时,可近似用绝对误差与测量值之比作为相对误差。即

$$\delta = \frac{\Delta x}{x_0} \approx \frac{\Delta x}{x} \tag{13.2}$$

相对误差是一个量纲 1 的数,通常用百分数(%)表示。

对于相同的被测量,绝对误差可以评定其测量精度的高低,但对于不同的被测量,绝对误差有时就难以评定其测量精度的高低,这时采用相对误差来评定就较为合适。

3. 引用误差

引用误差 q 是指仪器仪表的绝对误差 Δx 与仪表满量程值 A 之比,即

$$q = \frac{\Delta x}{A} \tag{13.3}$$

例 13.1 经检定发现,量程为 250 V 的 2.5 级电压表在 126 V 处的示值误差最大,为 5 V。问该电压表是否合格?

解 按电压表精度等级的规定,2.5 级表的最大允许引用误差为 2.5%。该电压表的最大引用误差为

$$q = (5 \text{ V}/250 \text{ V}) \times 100\% = 2\%$$

由此可知,该电压表的最大引用误差小于最大允许引用误差,故该电压表合格。

13.1.2 测量误差的分类

误差的来源可以归纳为以下几方面:① 测试装置带来的误差,包括标准量具的误差、仪器误差和附件误差等;② 测试环境条件带来的误差;③ 测量方法误差;④ 人员误差等。

根据测量误差的性质和特点,可将误差分为系统误差、随机误差和疏失误差(或称粗大误差)三大类。

1. 随机误差

在同一测试条件下,多次重复测量同一量时,误差大小、符号均以不确定的方式变化着的误差称为随机误差。例如,打靶时弹着点偏离靶心的距离、机械加工中的公差等都是随机误差。

由于随机误差无确定规律,因而随机误差之和有正负抵消的可能。随着测量次数的增加,随机误差平均值愈来愈小,这种性质称为抵偿性。因此,如果不存在系统误差,可采用增加测量次数来减小随机误差的影响。随机误差既不能用实验方法消除,也不能修正。随机误差就总体而言服从统计规律。描述随机误差统计特征的主要参数有数学期望、方差(或标准差)、相关系数等。实际统计证明,绝大多数随机误差遵循正态分布统计规律。

2. 系统误差

系统误差是指在相同测试条件下,多次测量同一被测量时,测量误差的大小和符号保持不变或按一定的函数规律变化的误差,它服从确定的分布规律。例如,一个零位调整不对的仪表,其各个刻度线上将产生数值和符号不变的示值误差,即为系统误差。系统误差主要是由于测量设备的缺陷、测量环境变化、测量时使用的方法不完善、所依据的理论不严密或采用了某些近似公式等造成的误差。

系统误差根据需要可以有不同的分类方法:

1)根据对误差掌握的程度可分为已知系统误差和未知系统误差;

2)根据系统误差变化与否分为恒值系统误差与变值系统误差;

3)根据误差的变化规律分为常值、累进性、周期性以及按复杂规律变化的系统误差。

由于系统误差具有一定的规律性,因此它是可以预测的,也是可以消除的。对于已确知的系统误差,应通过适当的"修正"方法从测量结果中消除。

系统误差与随机误差的划分是相对的,二者在一定条件下可以相互转化。例如,在加工一批

轴时,各轴径的误差有大有小,有正有负,是随机的,但仅就一个轴来说,它的轴径误差是确定的,与它配合的孔径可以将它作为系统误差根据配合间隙的要求来确定孔径。

3. 疏失误差

疏失误差是指在一定的测量条件下,测得的值明显偏离其真值,既不具有确定的分布规律,也不具有随机分布规律的误差。疏失误差是由于客观外界条件的突然变化(如机械冲击、外界振动等),使仪器示值或被测对象的状态发生突变,或者由于测试人员对仪器不了解、思想不集中、粗心大意导致错误的读数,使测量结果明显地偏离了真值而造成的。

在判别某个测量值是否含有疏失误差时,应作充分的分析和研究,并根据判别准则予以确定。通常用来判别疏失误差的准则有:3σ准则、罗曼诺夫斯基准则和格拉布斯准则等。

疏失误差就数值大小而言,通常明显地超过正常条件下的系统误差和随机误差,其相应的测量值称为坏值或异常值。正常的测量结果中不应含有坏值。

4. 各类测量误差间的关系

测量误差的区分并不是绝对的,随着考察条件的变化,误差的性质也会发生变化。例如,环境温度对测量结果的影响不能一概归结为系统误差或随机误差。当环境温度相对标准温度有一固定偏差时,则引起的误差是恒定的系统误差;当温度逐渐升高,引起仪器示值漂移,造成系统误差;当温度随机波动时,则会引起测量结果的随机变化,造成随机误差。

任何一个测量结果总是包含随机误差和系统误差,个别数据还包含疏失误差。但在一个具体的测量结果中,它们综合反映在一个具体的数据中,而无法在数量上作出区分。只有在多次测量的系列数据中,不同性质的误差才显露出来。例如,对于射击时弹着点的测量,只进行一次射击,其射击结果并不能充分说明射击水平,更无法区分出射击的系统误差、随机误差和疏失误差。只有通过大量的射击,才能确切地反映射击水平,并区分出系统误差、随机误差和疏失误差。

13.1.3 测量结果的评价

测量结果的质量可从以下几个方面来评价。

(1) 准确度 反映测量结果中系统误差的影响程度。

(2) 精密度 反映测量结果中随机误差的影响程度。

(3) 精确度 反映测量结果中系统误差和随机误差综合的影响程度,是精密度与正确度的综合指标。

图 13.1 所示的打靶结果散点图形象化地说明三者的概念。图 13.1a 所示为系统误差大,随机误差小,即准确度低,精密度高;图 13.1b 所示为系统误差小,随机误差较大,即准确度高;图 13.1c 所示为系统误差和随机误差都小,即精确度高。

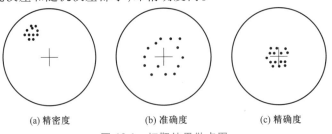

(a) 精密度   (b) 准确度   (c) 精确度

图 13.1 打靶结果散点图

13.2   测量误差的影响及其消除

13.2.1   随机误差

1. 随机误差的分布规律

通过对大量测量数据的观测分析,人们总结出大多数的随机误差具有的 3 个特征,它常被称为随机误差公理。

(1)在一定的测量条件下,随机误差的绝对值不会超过一定界限。

(2)小误差出现的概率比大误差出现的概率要大。

(3)测量次数很多时,绝对值相等、符号相反的随机误差出现的概率相等。

上述特征说明,多数随机误差的统计分布实际上是有界限的和单一的峰值,并当测量次数无穷大时,还具有对称性。这种误差的分布规律即为正态分布律,其概率密度函数表达式(又称高斯方程)为

$$p(\delta) = \frac{1}{\sigma\sqrt{2\pi}}e^{-\frac{\delta^2}{2\sigma^2}} \tag{13.4}$$

式中:δ——测量值的随机误差;

σ——随机误差的标准差(或均方根)。

2. 随机误差的统计分析

对随机误差主要通过随机误差概率分布的数字特征加以描述,主要有算术平均值和标准差。前者是随机误差的分布中心,可以作为多次重复测量的结果,后者是分散性指标,可以描述测量数据和测量结果的精度。

由于随机误差正态分布的均值是多次重复测量的结果,最能代表测量真值,它可以作为测量结果的最佳估计。概率统计的极大似然估计法证明,有限的 n 次测量的理论均值 μ 的无偏估计 $\hat{\mu}$ 为样本均值 $\overline{x}$,即

$$\hat{\mu} = \frac{1}{n}\sum_{i=1}^{n} x_i = \overline{x} \tag{13.5}$$

所以,在已消除了系统误差和疏失误差之后,样本均值就可作为有限次测量结果的最佳估计。

实际测量中总存在随机误差,各个测量值相对最佳测量结果总有一定的分散性,它表明了各次测量的不可信赖程度。评估这种不可信赖程度的参数就是随机误差正态分布的标准差。图 13.2 反映了标准差 σ 的大小对随机误差正态分布的影响。显而易见,σ 愈小,分布曲线的形状愈"高"而"窄",随机误差的分散性愈小,可信赖程度愈大;反之,σ 愈大,分布曲线的形状就愈"低"而"宽",随机误差的分散性愈大,可信赖程度愈小。

考虑纯随机误差对测量精度的影响,在进行单次测量时,其测得值一般会对理论均值产生一定的随机

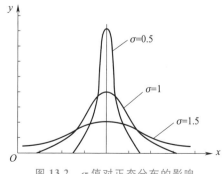

图 13.2 σ 值对正态分布的影响

误差,但它一般又不会超过 3σ(置信概率 $P = 0.9973$, σ 为误差总体正态分布的标准差)。因此,在实用中认为它是误差的极限,称为极限误差 $\delta_{\lim}$,用以表示随机误差,并用它来评定测量的精密度(称为"3σ"准则)。在机械制造和精密测量中,应用最广的评定指标就是标准差 σ 和极限误差 $\delta_{\lim}$。

$$\delta_{\lim} = \pm 3\sigma \approx \pm 3\hat{\sigma} = \pm 3S \tag{13.6}$$

式中: $\hat{\sigma}$——σ 的无偏估计;

　　S——样本标准差。

3. 随机误差的合成

误差合成的目的,就是要根据误差的合成,按一定的规律,把单项误差合成为总误差,借以评定精度,或估计各单项误差的影响。假定 m 个随机误差 $\delta_1, \delta_2, \cdots, \delta_m$ 对测量结果有影响,其标准差分别为 $\sigma_1, \sigma_2, \cdots, \sigma_m$,根据方差运算的规则,测量结果的总随机误差 δ 的标准差 σ 为

$$\sigma = \sqrt{\sum_{i=1}^{m} \sigma_i^2 + 2\sum_{i=1}^{m} \rho_{ij}\sigma_i\sigma_j} \quad i,j = 1,2,3,\cdots,m; i < j \tag{13.7}$$

式中, ρ_{ij} 为第 i 个和第 j 个单项随机误差间的相关系数。

无论各单项随机误差的分布如何,只要它们存在方差,则总的随机误差的标准差均可按上式计算,这是用总标准差表示总的随机误差的优点。但由于不同分布的标准差对应的置信概率是不同的,因此在实际应用中,常采用等置信概率下的极限误差来进行随机误差的合成。它的出发点是:对无论哪种分布(如正态分布、t 分布、F 分布和 χ^2 分布等)的单项随机误差及其合成后的总随机误差,都约定用对应于同一置信概率 $1-\alpha$ 的极限误差 $\delta_{\lim} = \pm t\sigma$ 来表示,其中 t 为置信系数, $t\sigma$ 称为置信限。

设有 m 个不同分布的单项随机误差影响总的测量结果,已知各单项随机误差的极限误差或标准差,则

$$\delta_{\lim j} = \pm t_j \sigma_j \tag{13.8}$$

式中, t_j 为各单项随机误差的置信系数,它不但与置信概率有关,而且与其对应的概率分布有关。根据约定概率及概率分布确定了各单项随机误差对应的置信系数后,各单项随机误差的极限值可用式(13.8)计算,合成后总随机误差的极限误差为

$$\delta_{\lim} = \pm t\sigma = \pm t\sqrt{\sum_{j=1}^{m}\left(\frac{\delta_{\lim j}}{t_j}\right)^2 + 2\sum_{j=2}^{m}\sum_{k=1}^{j-1}\rho_{jk}\left(\frac{\delta_{\lim j}}{t_j}\right)\left(\frac{\delta_{\lim k}}{t_k}\right)} \tag{13.9}$$

在实际测试中,若各单项随机误差间相互独立,这时 $\rho_{jk} = 0$,则上式变为

$$\delta_{\lim} = \pm t\sqrt{\sum_{j=1}^{m}\left(\frac{\delta_{\lim j}}{t_j}\right)^2} \tag{13.10}$$

进而,若约定等置信概率为 0.9973,有 $t = t_j = 3$,则式(13.10)表示为总随机误差的最大极限误差

$$\delta_{\lim} = \pm \sqrt{\sum_{j=1}^{m} \delta_{\lim j}^2}$$

这里, $\delta_{\lim j}$ 为各单项随机误差的最大极限误差。

13.2.2 系统误差

1. 系统误差产生的原因

系统误差是由固定不变的或按确定规律变化的因素所造成,这些误差因素一般是可以掌握的。误差的主要来源可归为如下几方面:

(1)测量装置方面的因素,如等臂天平的臂不相等、标准器随时间不稳定等;

(2)环境方面的因素,如测量过程中温度、湿度、气压等按一定规律变化;

(3)测量方法的因素,如采用近似测量方法或近似的计算公式等;

(4)测量人员方面的因素,如测量者在刻度上估计读数的习惯等。

2. 发现系统误差的方法

实际测量过程中形成系统误差的因素是复杂的,要查明所有的系统误差进而消除全部系统误差的影响是不可能的。但由于系统误差的数值往往比较大,必须尽可能消除系统误差对测量结果的不利影响。检验有无系统误差的方法较多,这里介绍几个比较简单的方法。

(1)对比检定法

对比检定法适用于发现常值系统误差,具体方法是,人为改变产生系统误差的测试条件,观察测量数据大小和符号变化趋向是否有某种规律性,从而发现测量数据有无系统误差。例如,用改变测试条件来发现接触电阻或仪器间相互干扰影响所引起的不变误差;用高一级精度的量具做对比测量,来发现常值系统误差等。

(2)剩余误差观察法

剩余误差观察法是根据测量列的各个剩余误差大小和符号的变化规律,直接由误差数据或误差曲线图形来判断有无系统误差,这种方法适用于发现有规律变化的变值系统误差。

设有测量列:x_1, x_2, $\cdots$, x_n,残差 $\nu_i = x_i - \overline{x}$。假设各次测得值的系统误差分别为 Δx_1, Δx_2, $\cdots$, Δx_n,各次测得值不含系统误差而只含有随机误差的结果分别为 x_1', x_2', $\cdots$, x_n',显然有 $x_1 = x_1' + \Delta x_1$, $\cdots$, $x_n = x_n' + \Delta x_n$,各测得量的算术平均值为 $\overline{x} = \overline{x}' + \Delta\overline{x}$,其中 $\Delta\overline{x} = \dfrac{1}{n}\sum\limits_{i=1}^{n}\Delta x_i$ 为系统误差的平均值。同样,定义去除系统误差后的残差为 $\nu_i' = x_i' - \overline{x}'$,则有

$$\nu_i = \nu_i' + \Delta x_i - \Delta\overline{x}$$

当系统误差显著大于随机误差时,则 ν_i' 可以忽略,故有

$$\nu_i = \Delta x_i - \Delta\overline{x} \tag{13.11}$$

根据式(13.11),可通过整理测量列的残差的变化规律,利用列表或作图进行观察来判断变值系统误差的变化规律。图 13.3 是残差的散点图,总的变化趋势取决于系统误差的变化规律,点图中的微小波动是随机误差的影响。需注意,如果随机误差较大,此法不适用。

若残差大体上正负相同,且无明显的变化规律(图 13.3a),则无根据怀疑存在具有规律性变化的系统误差,但是存在常值误差的可能性尚无法排除。

若残差值有规律地递增或递减,且在测量开始与结束时误差符号相反(图 13.3b),则存在线性系统误差。

若残差值如图 13.3c 所示变化,则存在周期性系统误差。

若残差值如图 13.3d 所示变化,则存在复杂规律系统误差。

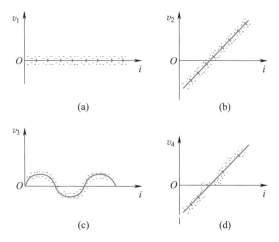

图 13.3　含有系统误差的残差散点图

（3）t 检验法

当两组测量数据服从正态分布时,可用 t 检验法判断两组间是否存在系统误差。设独立测得两组数据:$x_1,x_2,\cdots,x_{n_1};y_1,y_2,\cdots,y_{n_2}$,计算统计量

$$t = (\bar{x} - \bar{y})\sqrt{\frac{n_1 n_2(n_1 + n_2 - 2)}{(n_1 + n_2)(n_1 S_1^2 + n_2 S_2^2)}} \qquad (13.12)$$

式中:$S_1^2 = \dfrac{1}{n_1}\sum(x_i - \bar{x})^2$,$S_2^2 = \dfrac{1}{n_2}\sum(y_i - \bar{y})^2$。由数理统计知,变量 t 是服从自由度为 (n_1+n_2-2) 的 t 分布变量。取显著性水平 α,由 t 分布表查得 $P(|t|>t_\alpha) = \alpha$ 中的 t_α。若实测数据代入式(13.12) 算出的 $|t|$ 小于 t_α,则认为两组数据间无系统误差;反之,则存在系统误差。

3. 减小和消除系统误差的方法

在测量过程中,如果发现有显著的系统误差,就必须采取适当的技术措施将其减小和消除。由于减小和消除系统误差的方法与具体的测量对象、测量方法、测量人员的经验有关,因此要找出普遍有效的方法是比较困难的,下面介绍其中几种基本的常用方法。

（1）从产生误差的根源上消除系统误差

这是消除误差最根本的方法,它要求测试人员对测试过程中可能产生系统误差的环节进行仔细分析,并在正式测试之前就将误差从根源上加以消除。如在测试开始和结束时都要进行零位检查,对仪器都要进行定期检查等。

（2）加修正值法

这种方法是预先将测量器具的系统误差检定出来,作出误差表或误差曲线,然后取与误差数值大小相同而符号相反的值作为修正值,将实际测得值加上相应的修正值,即可得到不包含该系统误差的测量结果。由于修正值本身也含有一定的误差,因此这种方法不可能将全部系统误差修正掉。

（3）消除常值系统误差的方法

1）抵消法　如果改变测量条件能改变常值系统误差的符号,则可以用此法消除该误差。设在测量条件改变前,测得值为 $x_1=a+\varepsilon$。改变测量条件,使误差符号相反,而其绝对值不变。再测一次,测得值改变为 $x_2=a-\varepsilon$,取两次测得值的平均 $x=\dfrac{x_1+x_2}{2}=a$。由此可见,这种方法能完全消除常值系统误差。这里所谓改变测量条件,包括改变某测试部件左右移动的方向,交换两个接线端子上的接线,改变导线中电流的方向等。

2）交换法　这种方法是在一次测量后,将某些测量条件交换一下,以消除常值系统误差。图 13.4 所示是用等臂天平称量重为 x 的重物,第一次测量是用重为 P 的砝码使天平平衡,有 $x=Pl_2/l_1$。再将重物与砝码交换位置（重物在右方,砝码在左方）,如 $l_1\neq l_2$（常值系统误差来源）,砝码将略有增减,即由 P 换为 $P'=P+\Delta P$,才能使天平再次平衡。于是有 $P'=xl_2/l_1$。两式相乘即得 $x=(P'P)^{1/2}$。

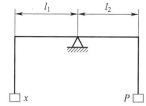

图 13.4　用交换法称重

3）标准量替代法　这种方法是在一定的测量条件下,对某一被测值进行测量后,在不改变测量条件的情况下,再以同样性质的标准值代替被测值,调整标准值的大小,使在仪器上呈现出与前者相同的状态,则此时的标准值即等于被测值。由于两次测量都在测量仪上呈现同一状态,故常值系统误差的影响相同,这样就可消除恒定系统误差。

替代法对大小可连续改变的标准值,使用尤为方便。图 13.5 所示是用电桥测电阻的例子,测量步骤如下：① 调整 R_3 使电桥平衡,电表 G 指零。② 以 $R_{标准}$ 代替 $R_{被测}$,调 $R_{标准}$ 使电桥再次平衡。此时即有 $R_{标准}=R_{被测}$。

（4）消除变值系统误差的方法

1）消除线性变值系统误差的方法——对称法　对称法是消除线性系统误差的有效方法,如图 13.6 所示。随着时间的变化,被测量作线性增加,若选定某时刻为中点,则与此点对称的系统误差算术平均值皆相等。即

$$\frac{\Delta l_1+\Delta l_5}{2}=\frac{\Delta l_2+\Delta l_4}{2}=\Delta l_3$$

利用这一特点,可将测量对称安排,取各对称点两次读数的算术平均值作为测得值,即可消除线性系统误差。

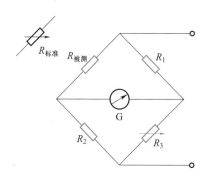

图 13.5　用标准量替代被测电阻

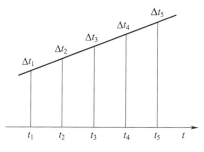

图 13.6　对称法读数

对称法可以有效地消除随时间变化而产生的线性系统误差。很多误差都随时间变化,而在短时间内均可认为是线性规律的。有时,按复杂规律变化的误差,也可近似作为线性误差处理,因此,在一切有条件的场合,均宜采用对称法消除系统误差。

2)消除周期性变值系统误差的方法——半周期法　对周期性误差,可以相隔半个周期进行两次测量,取两次读数平均值,即可有效地消除周期性变值系统误差。

周期性变值系统误差一般可表示为

$$\Delta l = \alpha \sin \varphi$$

设 $\varphi = \varphi_1$ 时,误差为

$$\Delta l_1 = \alpha \sin \varphi_1$$

当 $\varphi_2 = \varphi_1 + \pi$ 时,即相差半周期的误差为

$$\Delta l_2 = \alpha \sin (\varphi_1 + \pi) = - \alpha \sin \varphi_1 = - \Delta l_1$$

取两次读数平均值则有

$$\frac{\Delta l_1 + \Delta l_2}{2} = \frac{\Delta l_1 - \Delta l_2}{2} = 0$$

由此可知半周期法能消除周期性误差。

例如仪器刻度盘安装偏心,测微表指针回转中心与刻度盘中心有偏心等引起的周期性误差,皆可用半周期法予以消除。

13.2.3　疏失误差

1. 防止与消除疏失误差的方法

对疏失误差,除了设法从测量结果中发现和鉴别而加以剔除外,更重要的是要加强测量者的工作责任心和以严格的科学态度对待测量工作;此外,还要保证测量条件的稳定,或者应避免在外界条件发生激烈变化时进行测量。如能达到以上要求,一般情况下是可以防止疏失误差产生的。

在某些情况下,为了及时发现与防止测得值中含有疏失误差,可采用不等精度测量和互相之间进行校核的方法。例如,对某一被测值,可由两位测量者进行测量、读数和记录;或者用两种不同仪器、或两种不同方法进行测量(如测量薄壁圆筒内径,可通过直接测量内径或测量外径和壁厚,再经过计算求得内径,两次测量结果做互相校验)。

2. 判别疏失误差的准则

在判别某个测得值是否含有疏失误差时,要特别慎重,应作充分的分析和研究,并根据判别准则予以确定。这里介绍几个常见的判别疏失误差的准则。

(1)莱特准则(3σ准则)

我们知道,服从正态分布的随机误差超出 $\pm 3\sigma$ 极限的可能性只有 0.27%,可认为不大可能出现。因此,如果测量列中发现有大于 3σ 的剩余误差,就认作疏失误差予以剔除(对有限次测量, σ 用样本标准差 S 估计)。这就是所谓的"3σ 准则",它适用于测量次数较多的场合。

(2)肖维勒准则

肖维勒准则也是以正态分布为前提的。假设多次重复测量所得 n 个测得值中,某数据的残

差绝对值 $|\nu|>Z\sigma$，则判断该数据为异常值，剔除此数据。其中，Z 为相应于置信概率为 $1-\dfrac{1}{2n}$ 的置信系数，也可查表 13.1 得到。实用中通常 $Z<3$，这在一定程度上弥补了 3σ 准则的不足。

表 13.1　肖维勒准则中的 Z 值

n	3	4	5	6	7	8	9	10
Z	1.38	1.54	1.65	1.73	1.80	1.86	1.92	1.96
n	11	12	13	14	15	16	18	20
Z	2.00	2.03	2.07	2.10	2.13	2.15	2.20	2.24
n	25	30	35	40	50	60	75	100
Z	2.33	2.39	2.45	2.49	2.58	2.64	2.71	2.81

（3）格拉布斯准则

格拉布斯准则的来源推导较繁，这里只介绍具体用法。在测量列中某一数据的残差的绝对值 $|\nu|>G\sigma$ 时，则判断此值中含有疏失误差，应予以剔除，此即格拉布斯准则。G 值按重复测量次数 n 和置信概率 P_α 由表 13.2 给出。

表 13.2　格拉布斯准则中的 G 值

测量次数 n	置信概率 P_α		测量次数 n	置信概率 P_α	
	0.99	0.95		0.99	0.95
3	1.16	1.15	11	2.48	2.23
4	1.49	1.46	12	2.55	2.28
5	1.75	1.67	13	2.61	2.33
6	1.94	1.82	14	2.66	2.37
7	2.10	1.94	15	2.70	2.41
8	2.22	2.03	16	2.74	2.44
9	2.32	2.11	18	2.82	2.50
10	2.41	2.18	20	2.88	2.56

（4）拉依达准则

拉依达准则检验法适用于大样本，样本容量 n 至少为 20，最好 $n>30$。对一组测得值，如果其中某个测得值 x_k 的残差绝对值 $|\nu_k|=|x_k-\bar{x}|>3S$（S 为样本标准差），则 x_k 是异常值；否则 x_k 不是异常值。

拉依达准则检验方法简单，无须查表，但它在理论上不够严谨，当样本 $n<20$ 时，异常值难以检出。

（5）罗曼诺夫斯基准则

当测量次数较少时，按 t 分布的实际误差分布范围来判别疏失误差较为合理。罗曼诺夫斯

基准则又称 t 检验准则,其特点是首先剔除一个可疑的测得值,然后按 t 分布检验被剔除的测得值是否含有疏失误差。

设对某量作多次等精度独立测量,得 $x_1, x_2, \cdots, x_n$,若认为测量值 x_j 为可疑数据,将其剔除后计算平均值为(计算时不包括 x_j)

$$\overline{x} = \frac{1}{n-1} \sum_{i=1, i \neq j}^{n} x_i$$

并求得测量列的标准差(计算时不包括 $\nu_j = x_j - \overline{x}$)

$$\sigma = \sqrt{\frac{\sum_{i=1}^{n} \nu_i^2}{n-2}}$$

根据测量次数 n 和选取的显著度 α,即可查有关表 13.3 得 t 分布的检验系数 $K(n, \alpha)$。若 $|x_j - \overline{x}| > K\sigma$,则认为测量值 x_j 含有疏失误差,剔除 x_j 是正确的,否则认为 x_j 不含有疏失误差,应予保留。

表 13.3 t 检验准则中的系数 K 值

n	α		n	α		n	α	
	0.05	0.01		0.05	0.01		0.05	0.01
4	4.97	11.46	13	2.29	3.23	22	2.14	2.91
5	3.56	6.53	14	2.26	3.17	23	2.13	2.90
6	3.04	5.04	15	2.24	3.12	24	2.12	2.88
7	2.78	4.36	16	2.22	3.08	25	2.11	2.86
8	2.62	3.96	17	2.20	3.04	26	2.10	2.85
9	2.51	3.71	18	2.18	3.01	27	2.10	2.84
10	2.43	3.54	19	2.17	3.00	28	2.09	2.83
11	2.37	3.41	20	2.16	2.95	29	2.09	2.82
12	2.33	3.31	21	2.15	2.93	30	2.08	2.81

3. 应用举例

例 13.2 为了了解某恒温室实际温度对标准温度 20 ℃ 的波动情况,连续对室温进行了 15 次重复测量,所得结果列于表 13.4,试检查其中有无疏失误差。

解 从表中数据知,第 8 个测得值可疑。

(1)按 3σ 准则

$$|\nu_8| = 0.104, \quad 3\sigma = 3 \times 0.033 = 0.099, \quad |\nu_8| > 3\sigma$$

故可判断 $t_8 = 20.30$ ℃ 含有疏失误差,应予剔除。再按余下的 14 个数值计算(表中右方),有

$$3\sigma' = 0.016 \times 3 = 0.048$$

因而所有 14 个 $|\nu'_i|$ 值均小于 $3\sigma'$,故不再需剔除坏值。

（2）按肖维勒准则

以 $n=15$ 查表 13.1，得 $Z=2.13$。$Z\sigma=2.13\times0.033=0.07$；$|\nu_8|=0.104>Z\sigma$，故 t_8 应剔除。再按 $n=14$ 查表 13.1，得 $Z=2.10$。从而 $Z\sigma'=2.10\times0.016=0.034$，所有 $|\nu_i'|$ 值均小于 $Z\sigma'$，故已无坏值。

表 13.4　例 13.2 数据表　　　　　　　　　　　　　　℃

测量顺序	测得值 t_i	按 15 个数据计算		按 14 个数据计算	
		$\nu_i = t_i - \bar{t}_{15}$	$\nu_i^2 \times 10^6$	$\nu_i' = t_i - \bar{t}_{14}$	$\nu_i'^2 \times 10^6$
1	20.42	+0.016	256	+0.009	81
2	20.43	+0.026	676	+0.019	361
3	20.40	−0.004	16	−0.011	121
4	20.43	+0.026	676	+0.019	361
5	20.42	+0.016	256	+0.009	81
6	20.43	+0.026	676	+0.019	361
7	20.39	−0.014	196	−0.021	441
8	20.30	(−0.104)	10 816	（已剔除）	（已剔除）
9	20.40	−0.004	16	−0.011	121
10	20.43	+0.026	676	+0.019	361
11	20.42	+0.016	256	+0.009	81
12	20.41	+0.006	36	−0.001	1
13	20.39	−0.014	196	−0.021	441
14	20.39	−0.014	196	−0.021	441
15	20.40	−0.004	16	−0.011	121

$$\bar{t}_{15} = \frac{\sum_{i=1}^{15} t_i}{15} = 20.404$$

$$\bar{t}_{14} = \frac{\sum_{i=1}^{14} t_i}{14} = 20.404$$

$$\sum_{i=1}^{15} \nu_i^2 = 0.014\ 96$$

$$\sigma = \sqrt{\frac{0.014\ 96}{15-1}} = 0.033$$

$$\sum_{i=1}^{14} \nu_i'^2 = 0.003\ 374$$

$$\sigma' = \sqrt{\frac{0.003\ 374}{14-1}} = 0.016$$

（3）按格拉布斯准则

以 $n=15$ 取置信概率 $P_\alpha=0.99$，查表 13.2 得 G 值为 2.70。$G\sigma=2.7\times0.033=0.09<|\nu_8|$，故 t_8 应剔除，再按 $n=14$，$P_\alpha=0.99$ 查表 13.2，得 G 值为 2.66。$G\sigma'=2.66\times0.016=0.04$，所有 $|\nu_i'|$ 值均小于 $G\sigma'$，故无坏值。

（4）按罗曼诺夫斯基准则

先将可疑值 t_8 除外，按余下的 14 个数据计算得：$\overline{t}_{14} = 20.411$，$\sigma' = 0.016$。取显著度 $\alpha = 0.01$，已知 $n = 15$，查表 13.3 得系数 $K = 3.12$，则 $K\sigma' = 0.05$。因

$$|t_8 - \overline{t}_{14}| = |20.30 - 20.411| = 0.111 > 0.05$$

故可判断 t_8 含有疏失误差，应予剔除。

再对余下的 14 个数据继续判断，先提出 $t_7(|\nu_7'|$ 最大)，计算得 $\overline{t}_{13} = 20.410\ 3$，$\sigma'' = 0.015\ 6$。取显著度 $\alpha = 0.01$，已知 $n = 14$，查表 13.3 得系数 $K' = 3.17$，则 $K'\sigma'' = 0.049$，$|t_7 - \overline{t}_{13}| = |20.41 - 20.39| = 0.02 < 0.049$。故数据中已不含疏失误差。

13.3 数据处理的一般方法

在生产与科学研究中，人们常需要通过实验测量与数据处理的方法，寻求两个变量或多个变量之间的内在相互关系，利用数学经验公式加以表达。而数据拟合是获得数学经验公式的常用方法。

13.3.1 最小二乘线性拟合

一元回归是处理两个变量之间关系的常用方法，它通过分析试验所得数据，找出两者之间关系的经验公式。如果两个变量之间的关系是线性的即为一元线性回归，这就是工程科研中常遇到的直线拟合问题。

（1）基于最小二乘法的一元线性回归方法

设经验公式的自变量 x 与因变量 y 存在的线性规律形式为

$$y = a + bx + \varepsilon$$

式中：a、b 是待定的常系数；ε 是测量的随机误差。

当 x 的测量值为 x_1，x_2，$\cdots$，x_n 时，相应地与因变量 y 观测值有关系

$$y_i = a + bx_i + \varepsilon_i \qquad (i = 1, 2, \cdots, n)$$

假定测量误差 ε_i 服从同一正态分布 $N(0, \sigma)$。则关于变量 x、y 就可得到一元线性回归方程

$$\hat{y} = a + bx \qquad\qquad\qquad\qquad\qquad (13.13)$$

式中，$\hat{y}$ 为对因变量 y 的回归值，a、b 也称为回归参数。对于 x 的各次测量值，相应的回归值为

$$\hat{y}_i = a + bx_i \qquad (i = 1, 2, \cdots, n)$$

则因变量观测值与回归值之间的残差为

$$\nu_i = y_i - \hat{y}_i = y_i - (a + bx_i) \qquad (i = 1, 2, \cdots, n)$$

设全部观测值与回归直线的偏离平方和为 Q，则

$$Q = \sum_{i=1}^{n} \nu_i^2$$

它反映了全部观测值相对于回归直线的偏离程度。要使回归直线与全部观测值拟合得最好，即两者的偏离程度最小，由最小二乘原理，应使 Q 最小。待求的回归参数 a、b 应满足

$$\frac{\partial Q}{\partial a} = -2\sum_{i=1}^{n} (y_i - a - bx_i) = 0 \tag{13.14}$$

$$\frac{\partial Q}{\partial b} = -2\sum_{i=1}^{n} (y_i - a - bx_i)x_i = 0 \tag{13.15}$$

式(13.14)和式(13.15)为正规方程组,可用代数法求解此方程组。

令 $\bar{x} = \dfrac{1}{n}\sum_{i=1}^{n} x_i$, $\bar{y} = \dfrac{1}{n}\sum_{i=1}^{n} y_i$, $L_{xx} = \sum_{i=1}^{n} (x_i - \bar{x})^2$, $L_{xy} = \sum_{i=1}^{n} (x_i - \bar{x})(y_i - \bar{y})$, 则得

$$b = L_{xy}/L_{xx} \tag{13.16}$$

$$a = \bar{y} - b\bar{x} \tag{13.17}$$

求出 a 和 b 后代入式(13.13),即可得到回归方程。将式(13.17)代入式(13.13),可得回归方程的另一种形式为

$$\hat{y} - \bar{y} = b(x - \bar{x}) \tag{13.18}$$

为了相关系数计算的方便,数据处理时还可顺便计算 L_{yy}

$$L_{yy} = \sum_{i=1}^{n} (y_i - \bar{y})^2 = \sum_{i=1}^{n} y_i^2 - \frac{1}{n}\left[\sum_{i=1}^{n} (y_i)\right]^2$$

(2)最小二乘一元线性回归方法的回归精度

测量数据 y_i 和回归值 $\hat{y}_i$ 的精度一般用回归方程的剩余标准偏差 s 来表征,有

$$s = \sqrt{\frac{Q}{n-q}} = \sqrt{\frac{\sum_{i=1}^{n} (y_i - \hat{y}_i)^2}{n-q}} = \sqrt{\frac{\sum_{i=1}^{n} \nu_i^2}{n-q}} \tag{13.19}$$

式中:n——测量次数或成对测量数据的对数;

q——回归方程中待定参数的个数。

s 越小,回归精度越高,表示回归方程对测试数据拟合越好。

此外,利用相关系数 $\rho = L_{xy}/\sqrt{L_{xx}L_{yy}}$ 也可以衡量线性回归的效果。ρ 的绝对值越接近于 1 时,回归的效果越好。

13.3.2 最小二乘多元线性拟合

设因变量 y 依赖若干个自变量 $x_j(j=1,2,\cdots,m)$ 的变化,按照间接测量的原理,对上述变量进行测量,可获得 $\{x_1,x_2,\cdots,x_m,y\}$ 数据对,设观测次数为 n,则有测量数据对

$$x_{1i}, x_{2i}, \cdots, x_{mi}, y_i \qquad (i=1,2,\cdots,n)$$

此时回归方程的一般形式为

$$\hat{y} = k_0 + k_1x_1 + k_2x_2 + \cdots + k_mx_m \tag{13.20}$$

观测值 y_i 在某点上与上述回归方程的偏差值为

$$\Delta y_i = y_i - \hat{y}_i = y_i - (k_0 + k_1x_{1i} + k_2x_{2i} + \cdots + k_mx_{mi}) \tag{13.21}$$

利用最小二乘原理,即有

$$\frac{\partial\left(\sum_{i=1}^{n} \Delta y_i^2\right)}{\partial k_0} = \frac{\partial\left(\sum_{i=1}^{n} \Delta y_i^2\right)}{\partial k_1} = \cdots = \frac{\partial\left(\sum_{i=1}^{n} \Delta y_i^2\right)}{\partial k_m} = 0 \tag{13.22}$$

345

进而,得到正规方程组

$$\begin{bmatrix} n & \sum x_{1i} & \sum x_{2i} & \cdots & \sum x_{mi} \\ \sum x_{1i} & \sum x_{1i}x_{1i} & \sum x_{1i}x_{2i} & \cdots & \sum x_{1i}x_{mi} \\ \sum x_{2i} & \sum x_{2i}x_{1i} & \sum x_{2i}x_{2i} & \cdots & \sum x_{2i}x_{mi} \\ \vdots & \vdots & \vdots & & \vdots \\ \sum x_{mi} & \sum x_{mi}x_{1i} & \sum x_{mi}x_{2i} & \cdots & \sum x_{mi}x_{mi} \end{bmatrix} \begin{bmatrix} k_0 \\ k_1 \\ k_2 \\ \vdots \\ k_m \end{bmatrix} = \begin{bmatrix} \sum y_i \\ \sum y_i x_{1i} \\ \sum y_i x_{2i} \\ \vdots \\ \sum y_i x_{mi} \end{bmatrix} \tag{13.23}$$

式中求和范围均为 $1 \sim n$,故省略。由上式可解出回归系数 $k_0, k_1, k_2, \cdots, k_m$。

关于多元线性回归的精度估计,令

$$S = \sum_{j=1}^{m} k_j \Big[\sum_{i=1}^{n} y_i x_{ji} - \Big(\sum_{i=1}^{n} x_{ji} \sum_{i=1}^{n} y_i \Big) / n \Big] \tag{13.24}$$

$$L = \sum_{i=1}^{n} y_i^2 - \Big(\sum_{i=1}^{n} y_i \Big)^2 / n \tag{13.25}$$

则有相关系数和标准差分别为

$$\rho = \sqrt{S/L} \tag{13.26}$$

$$\sigma = \sqrt{\frac{L - S}{N - m - 1}} \tag{13.27}$$

对于常用的二元线性回归方程,有

$$\hat{y} = k_0 + k_1 x_1 + k_2 x_2 \tag{13.28}$$

得

$$\begin{bmatrix} n & \sum x_{1i} & \sum x_{2i} \\ \sum x_{1i} & \sum x_{1i}x_{1i} & \sum x_{1i}x_{2i} \\ \sum x_{2i} & \sum x_{2i}x_{1i} & \sum x_{2i}x_{2i} \end{bmatrix} \begin{bmatrix} k_0 \\ k_1 \\ k_2 \end{bmatrix} = \begin{bmatrix} \sum y_i \\ \sum y_i x_{1i} \\ \sum y_i x_{2i} \end{bmatrix} \tag{13.29}$$

式中求和范围均为 $1 \sim n$,故省略。从上式可解出回归系数 k_0、k_1、k_2,令

$$L = \sum y_i^2 - \left(\sum y_i \right)^2 / n \tag{13.30}$$

$$S = k_1 \Big[\sum_{i=1}^{n} y_i x_{1i} - \Big(\sum_{i=1}^{n} y_i \sum_{i=1}^{n} x_{1i} \Big) / n \Big] + k_2 \Big[\sum_{i=1}^{n} y_i x_{2i} - \Big(\sum_{i=1}^{n} y_i \sum_{i=1}^{n} x_{2i} \Big) / n \Big] \tag{13.31}$$

得二元线性回归的精度估计

$$\rho = \sqrt{S/L} \tag{13.32}$$

$$\sigma = \sqrt{\frac{L - S}{n - 3}} \tag{13.33}$$

例 13.3 一位移测量系统,经大量试验表明,其系统输出 y 与被测位移量 x_1 变化及环境温度 x_2 的变化线性相关,某次试验数据如表 13.5 所示。试用多元线性回归法,建立系统输出与位移及温度的经验公式。

表 13.5 例 13.3 位移测量系统试验数据表

x_1/mm	10	20	30	10	15	25	20	30	30	25	15	20
x_2/℃	11	15	16	20	26	30	25	29	12	14	12	30
y/mV	36	68	98	37	69	92	71	102	96	82	54	76

解 按题意,位移测量系统输出与位移及温度的回归方程为 $y=k_0+k_1x_1+k_2x_2$,由多元线性回归法可得回归正规方程

$$\begin{bmatrix} 12 & 250 & 240 \\ 250 & 5\ 800 & 5\ 090 \\ 240 & 5\ 090 & 5\ 428 \end{bmatrix} \begin{bmatrix} k_0 \\ k_1 \\ k_2 \end{bmatrix} = \begin{bmatrix} 881 \\ 20\ 105 \\ 18\ 239 \end{bmatrix}$$

及 $\sum y_i^2 = 70\ 195$。由此求得 $k_1 = 2.871\ 8, k_2 = 0.574\ 1, k_0 = 2.104\ 9$。从而得回归方程为

$$y = 2.104\ 9 + 2.871\ 8x_1 + 0.574\ 1x_2$$

根据试验数据及该回归方程计算得

$$L = \sum y_i^2 - (\sum y_i)^2/n = 70\ 195 - 881^2/12 = 5\ 515$$

$$S = k_1 \left[\sum y_i x_{1i} - (\sum y_i \sum x_{1i})/n \right] + k_2 \left[\sum y_i x_{2i} - (\sum y_i \sum x_{2i})/n \right]$$

$$= 2.871\ 8(20\ 105 - 881 \times 250/12) + 0.574\ 1(18\ 239 - 881 \times 240/12) = 5\ 383.4$$

进而回归精度估计为

$$\rho = \sqrt{S/L} = 0.988$$

$$\sigma = \sqrt{\frac{L-S}{n-3}} = \sqrt{\frac{5\ 515 - 5\ 383.4}{9}} = 3.824$$

13.3.3 简单的一元非线性拟合

在很多测试过程中,被测量之间是非线性关系,常见的求解非线性回归模型的方法有:

1)利用变量变换把非线性模型转化为线性模型;

2)利用最小二乘原理推导出非线性模型回归的正规方程,然后求解;

3)采用直接最优化方法,以残差平方和为目标函数,寻找最优化回归函数。

下面介绍几种简单的一元非线性回归方法。

(1)模型转换

一些常见的非线性模型,可用变量变换等方法使其转化为线性模型,然后利用线性回归方法即可求解。例如对指数函数 $y=Ae^{Bx}$,两边取对数可得 $\ln y = \ln A + Bx$。令 $\ln y = t, \ln A = C$,则方程可化为线性方程 $t = Bx + C$。对幂函数 $y = Ax^B$ 同样有 $\ln y = \ln A + B\ln x$,令 $\ln y = t_1, \ln x = t_2, \ln A = C$,则可转化为线性关系 $t_1 = t_2B + C$。实际应用时可根据具体情况确定变量变换方法。

(2)简单的多项式非线性回归分析

并不是所有非线性模型都能用上述方法进行转化。如对于 $y = b_0(x^c - a)$ 就无法用上述办法来处理。这一类问题,可采用多项式回归方法来解决。对于若干测量数据对 (x_i, y_i),经绘图发

现存在着非线性关系时,可用含 $m+1$ 个待定系数的 m 阶多项式来逼近,即

$$y_i = k_0 + k_1 x_i + k_2 x_i^2 + \cdots + k_m x_i^m \qquad (13.34)$$

将式(13.34)作如下变量置换,令 $x_{1i} = x_i, x_{2i} = x_i^2, \cdots, x_{mi} = x_i^m$,即可转化为形如式(13.20)的多元线性回归模型,利用多元线性回归方法,可列出正规方程组求解。

（3）一元非线性回归的效果与精度估计

非线性回归效果的好坏可用如下定义的相关系数衡量。

$$\rho = \sqrt{1 - \frac{\sum\limits_{i=1}^{n} (y_i - \hat{y}_i)^2}{\sum\limits_{i=1}^{n} (y_i - \bar{y})^2}} \qquad (13.35)$$

ρ 越接近 1,表明对观测数据拟合的效果越好。但要特别注意两点:第一,这里的相关系数 ρ 与模型转换后的线性模型的线性相关系数不能等同;第二,式(13.35)中的残差平方和 $\sum\limits_{i=1}^{n} (y_i - \hat{y}_i)^2$ 的计算必须根据每个观测值的残差 $(y_i - \hat{y}_i)$ 求得。

与一元线性回归类似,残差标准差 $s = \left[\sum\limits_{i=1}^{n} (y_i - \hat{y}_i)^2 / (n - q) \right]^{\frac{1}{2}}$ 可以作为根据回归方程预测 y 值的精度标准。

习　题

13.1 说明测量误差的分类,各类误差的性质、特点及对测量结果的影响。

13.2 测得某三角块的三个角度之和为 $180°00'02''$,试求测量的绝对误差和相对误差。

13.3 多级弹道火箭的射程为 10 000 km 时,其射击偏离预定点不超过 0.1 km,优秀射手能在距离 50 m 远处准确地射中直径为 2 cm 的靶心,试评述哪一个射击精度高。

13.4 被测压力为 50 kPa,现分别有量程为 0~100 kPa,准确度等级为 0.1 级的压力传感器和量程为 0~300 kPa,准确度等级为 0.05 级的压力传感器,问选择哪一个传感器更合适?

13.5 用温度计重复测量某个不变的温度,得 11 个测得值序列(单位:℃):528、531、529、527、531、533、529、530、532、530、531。求测得值的平均值及其标准差。

13.6 对某量进行 6 次测量,测得数据如下:802.40,802.50,802.38,802.48,802.42,802.46。求算术平均值及其极限误差。

13.7 对某量测得两组数据

x	1.9	0.8	1.1	0.1	-0.1	4.4	5.5	1.6	4.6	3.4
y	0.7	-1.6	-0.2	-1.2	-0.1	3.4	3.7	0.8	0.0	2.0

取显著性水平 $\alpha = 0.05$,用 t 检验法判断两组数据之间是否存在系统误差。

13.8 对某量进行 12 次测置,得数据为 20.06,20.07,20.06,20.08,20.10,20.12,20.11,20.14,20.18,20.18,20.21,20.19,试判断该测量列中是否存在系统误差。

13.9 对某量进行 15 次测量,测得数据为 28.53,28.52,28.50,28.52,28.53,28.53,28.50,28.49,28.49,28.51,28.53,28.52,28.49,28.40,28.50,若这些测得值已消除系统误差,试用莱特准则、肖维勒准则、格拉布斯准则和罗曼诺夫斯基准则分别判别该测量列中是否含有疏失误差的测量值。

13.10 某涡流式位移传感器静态标定结果如表 13.6 所列,x 为线圈平面与试件间的相对距离,u 为电压读

数。试作出其静态特性曲线,求出该传感器的灵敏度及非线性误差。

表 13.6 题 13.10 试验数据表

x/mm	0	0.4	0.8	1.2	1.6	2.0	2.4	2.8	3.2	3.6	4.0	4.4	4.8	5.2	5.6	6.0
u/mV	2.02	2.47	3.02	3.60	4.23	4.87	5.52	6.16	6.78	7.37	7.93	8.45	8.93	9.36	9.75	10.10

13.11 某金属棒的长度随温度变化的关系为 $y_i = y_0(1+\alpha t)$,其中 y_0 为 0 ℃时的金属棒长度,α 为该种金属的线膨胀系数。对其在不同温度 t_i 下的长度 s_i 进行了 6 次测量,所得结果列入表 13.7 中,试给出这种金属的线膨胀系数。

表 13.7 题 13.11 测量数据表

i	1	2	3	4	5	6
t_i/℃	10	20	30	40	50	60
s_i/mm	999.990	1 000.003	1 000.010	1 000.015	1 000.029	1 000.037

13.12 为了测定椭圆齿轮流量计在介质黏度变化时的误差,先测定 10 号变压器油的黏度 y 与温度 x 的变化曲线,以便试验时测出油温就可以知道黏度。通过试验获得一组数据(表 13.8),试求出黏度(恩氏黏度)与温度(单位为℃)之间的经验公式。

表 13.8 题 13.12 试验数据表

x/℃	10	15	20	25	30	35	40	45	50	55	60	65	70	75	80
y/°E[①]	4.24	3.51	2.92	2.52	2.20	2.00	1.81	1.70	1.60	1.50	1.43	1.37	1.32	1.29	1.25

① °E 是恩式黏度,而我国主要采用运动黏度 ν。它们之间的近似换算关系为 $\nu = [7.31 \cdot °E - (6.31/°E)] \times 10^{-6}$,$\nu$ 的单位是 m^2/s。

附录1 实验指导原则

1. 实验的地位、作用和任务

测试是人类认识客观世界的手段,是科学研究的基础方法。在工程技术领域中,工程研究、产品开发、生产监督、质量控制和性能试验等都离不开测试技术,测试技术在国民经济的各个领域起着越来越重要的作用,成为国民经济发展和社会进步的一项必不可少的重要基础技术。

实验教学在测试技术教学中具有十分重要的地位和作用,它和课堂教学相辅相成,相得益彰,是对课堂教学内容的补充、延伸和深化,通过与课堂教学的密切配合,共同达到课堂教学的基本目的和要求。

实验教学使学生进一步巩固所学理论知识,提高分析和解决问题的能力,能针对问题合理地选用测试装置并掌握进行动态测试所需要的基本知识和技能,为进一步学习、研究和处理机械工程复杂问题打下基础。同时,实验教学还能培养学生实事求是、严肃认真的科学作风和良好的实验习惯,为今后工作打下良好的基础。

2. 课程实验目的与要求

测试技术课程实验的目的与要求如下:

1)使学生进一步巩固和加深对基本理论知识的理解,提高综合应用所学知识、独立设计测试系统的能力。

2)培养学生实际动手能力,具备各类仪器仪表的操作技能和实验能力,逐步形成解决工程技术问题的能力。

3)掌握各类传感器的应用,并能根据工程要求对各类检测系统进行设计和实施。

4)学会独立分析问题、解决问题,具有一定的创新能力。

5)能正确使用实验仪器设备,掌握工作原理。

6)能独立撰写实验报告、准确分析实验结果,并提出改进建议。

3. 建议本课程的基本实验内容

实验和实验设备密切相关。各学校的实验设备不尽相同,但为了保证课程的教学效果,这里给出本课程的指导性实验建议。需要明确的是,所建议的实验是最基本的实验,各学校可以根据情况增加实验项目和实验内容,以进一步拓宽学生的知识面、增强学生的动手能力和分析解决问题的能力。

（1）实验 1　传感器特性实验

传感器的特性直接影响测试结果的正确性,根据其对被测量变化的快慢可以分为静态特性和动态特性。

所谓传感器的静态特性,是指被测量的幅值不随时间变化或其随时间变化的周期远远大于测试时间,根据所测得的传感器特性可以达到标定传感器的目的。实验传感器可以采用电容式、涡流式位移传感器等非接触式传感器。实验要求完成以下任务:

1）掌握实验传感器的工作原理;

2）熟悉传感器及测量仪的使用及标定方法。

传感器的动态特性是指输入随时间变化,其输出随输入变化的关系。实验传感器仍可以采用电容式、涡流式位移传感器等非接触式传感器,也可以采用压电式振动加速度传感器等接触式传感器。实验要求完成以下任务:

1）熟悉传感器的结构特点和主要性能,掌握动态标定的方法及各仪器的使用方法;

2）作出传感器的标定曲线和动态特性曲线,如幅频特性曲线,并对结果进行分析,提出改进建议。

（2）实验 2　测试仪器动态特性测定实验

测试仪器本身的动态特性直接关系到被测量的正确性,其理论与方法同实验 1。若测试仪器由多个环节构成,则应考虑各个环节对测量精度的影响。本实验要求完成以下任务:

1）了解常见测试仪器的使用方法;

2）掌握测定测试仪器幅频特性和相频特性的方法,作出幅、相频特性图,明确各仪器的使用范围。

（3）实验 3　动态信号检测及其分析实验

动态信号测试是本课程的主要目的,实验选择一常见的动态信号,选择合适的传感器,信号调理、显示、记录装置等检测该信号,并对信号进行分析与处理,完成一完整的动态信号检测及其分析过程。

实验可以以机械设备的振动、噪声信号为测试对象,建议采用可以改变转速的机械设备,如转子系统,这样就可以作不同转速下的振动信号检测及其频谱分析。通过幅值谱、相位谱以及相关分析等,可以找出振动原因,以利于消除或利用振动。

实验要求完成以下任务:

1）熟悉传感器的结构特点和主要性能,掌握测试仪器的使用方法;

2）掌握周期信号与非周期信号的特性、傅里叶变换、相关分析的理论与方法;

3）掌握频谱分析及其在测试技术中的应用。

（4）实验 4　应变、应力的测量

在机械工程中,应变、应力的测量甚为重要。通过对它们的测量可以分析和研究零件、机构或结构的受力状况和工作状态,验证设计计算结果的正确性,确定整机工作过程中的负载和某些物理现象的机理。

本实验应用电阻应变片和应变仪测定机械设备的表面应变,然后再根据应变与应力的关系式,确定其表面应力状态。

本实验要求完成以下任务:

1）了解应变片的测量基本原理,掌握应变片的粘贴方法;

2）掌握应变仪的使用方法。

附录 2 课程项目设计

1. 项目设计内容

项目设计围绕课程讲授的动态信号采集、分析与处理的基本原理与方法进行,通过信号仿真、声或振动信号的采集与深入分析,使得学生加深对本课程的理解与掌握。具体包括以下三个部分内容。

(1) 信号仿真、采集与分析处理

信号采集过程中一般需要考虑以下几个参数:信号频率、采样频率、采样长度等,不同参数的选择对于信号采集的效果会产生直接影响。为了掌握信号采集过程中这些参数对采集过程及其效果产生的影响,请利用 MATLAB、C 语言或其他计算机语言对信号采集与分析处理的过程进行仿真分析,具体要求如下:

利用 MATLAB 或 C 语言产生如下信号

$$x(t) = a_1 \sin(2\pi f_1 t + \varphi_1) + a_2 \sin(2\pi f_2 t + \varphi_2) + a_3 \sin(2\pi f_3 t + \varphi_3) + a_4 n(t)$$

式中:$f_1 = 30$ Hz、$f_2 = 400$ Hz、$f_3 = 2\ 000$ Hz;$n(t)$ 为白噪声,均值为零,方差为 0.7;幅值 a_1, a_2, a_3, a_4 及相位 $\varphi_1, \varphi_2, \varphi_3$ 任意设定。

对上述等式进行离散时间傅里叶变换(DFFT)处理。

讨论:

1) 设置不同的采样频率,画出时域波形和傅里叶变换后的幅值谱图,并验证采样定理;

2) 分析采样频率、采样长度(采样点数)与频率分辨率的关系;

3) 不同幅值的噪声(即不同信噪比)对信号时域分析和频域分析的影响;

4) 信号加不同窗函数对频谱泄漏的影响;

5) 分析整周期采样对频谱分析的影响。

(2) 基于计算机的声信号采集与分析

现代计算机集成了声卡等硬件,具有对声音、视频进行采样的功能,把模拟信号转换为数字信号。通过计算机上的麦克风及声卡,录制 3 人以上在不同环境噪声、不同发声状态下讲的同一句话。先录制语音转换为数据文件 ASCⅡ码(txt 文本)等,再进行频谱分析,画出时域、频域图形。

讨论:

1) 观察 APE、MP3、WMA 等音频格式文件的采样频率及其对音质的影响;

2）对于人的讲话声音采样频率至少为多少？

3）不同人讲话声音的时域、频域分别有什么特点？对声音信号如何进行分析可以用来识别某个人？

4）要使他人不易识别你的讲话声音,该怎么处理？

（3）机械运行数据分析与处理

对于采集的或给定的转子实验台、齿轮箱或滚动轴承的振动数据,利用上述分析方法对其进行频谱分析,得到其时域和频域特征,分析机器振动的原因:不平衡、不对中,齿轮啮合故障,或滚动轴承内圈、外圈、滚珠等故障的特征及其诊断方法。

讨论：

1）如何设定采样频率和采样点数,给出频谱分辨率；

2）进一步掌握整周期采样的机理及其实现方法；

3）了解旋转机械常见故障及其诊断方法；

4）拓展信号分析处理方法,如频谱细化、希尔伯特包络谱分析、经验模式分解、小波变换等。

2. 技术报告要求

1）项目报告题目:根据报告内容自拟,要求紧扣主题,一般 25 个字以内；

2）报告正文:采用五号字体,报告中应详细描述每一步骤对应的过程与结果,并针对该过程中得到的图或表进行详细的分析与讨论；

3）参考文献:对于报告中需要引用参考文献的部分必须添加引用标注,并在报告后附相应的参考文献。

常用术语（词汇）中英文对照表

B

八角环	octagonal ring
半导体	semiconductor
倍频程	octave
本底噪声	background noise
编码	encode
变磁阻传感器	variable reluctance pickup
标定,校正	calibration
标准偏差	standard deviation
并行总线	parallel bus
波纹管	ripple pipe
伯德图	Bode plot
不确定性	uncertainty

C

采样	sampling
采样保持	sample track and hold
采样定理	sampling theorem
残差	residual error
测量	measurement
超声	ultrosound
超声波	ultrasonic wave
传感器	sensor
串行总线	serial bus
窗函数	window function
次声波	infrasonic wave
粗大误差	gross error

D

带通	pass band
单位阶跃函数	unit step function
单自由度系统	single-degree-of-freedom systems
倒频谱	cepstrum
低通	low pass
电感式传感器	inductive sensor
电桥	electric bridge
电容式传感器	capacitive sensor
电阻	resistance
调制	modulation
动态特性	dynamic characteristics
多路模拟开关	multiplexer

F

方差	variance
放大	amplification
非周期信号	aperiodic signal
符号函数	symbol function
幅值谱	amplitude spectrum
辐射	radiation
傅里叶级数	Fourier series

G

概率密度	probability density
感应传感器	inductive sensor
高通	high-pass
各态历经	ergodic
工业计算机	industrial computer
功率信号	power signal
故障诊断	fault diagnosis
光电式传感器	photoelectric sensor
光敏电阻	photoresistor
光纤传感器	optical fiber sensor

H

红外	ultrared

互功率谱密度	cross power spectral density
互相关函数	cross-correlation function
互相关系数	cross-correlation coefficient
惠斯通电桥	Wheastone bridge
混叠	aliasing
霍尔传感器	Hall sensor

J

基波	fundamental wave
激振器	vibration exciter
计权网络	weighting network
计算机辅助测试	computer aided testing
加速度计	accelerometer
截断	truncation
解调	demodulation
精度	accuracy
矩形窗函数	rectange window function
绝对平均值	absolute average value
均方差	mean square deviation
均方根	root mean square

K

| 可互换虚拟仪器 | interchangeable virtual instruments |
| 快速傅里叶变换 | FFT(fast Fourier transform) |

L

离散信号	discrete signal
力	force
连续信号	continuous signal
量化	quantization
灵敏度	sensitivity
流量计	flowmeter
滤波器	filter

M

模拟开关	analog switch
模拟信号	analog signal
模数转换	analog-to-digital conversion

模数转换器	analog to digital converter
膜片	diaphragm

N

能量信号	energy signal
扭矩	torsional moment
扭转	torsion

P

拍	beats
喷嘴	nozzle
偏差	bias
漂移	drift
频谱	spectrum
频谱分析	spectral analysis
频响函数	frequence response function
频域信号	frequency domain signal
平均值	mean
平稳随机过程	stationary stochastic process

Q

确定性信号	deterministic signal

R

热电偶	thermocouple
热电阻	thermal resistor
热力学	thermodynamic
热敏电阻	thermistor

S

声	sound
声波	sound wave
声功率级	sound power level
声级计	sound level meter
声强级	sound intensity level
声学测量	acoustic measurement
声压	sound pressure
声压级	sound pressure level

时域信号	time domain signal
数据采集	data acquisition
数模转换	digital-to-analog converter
数字存储示波器	digital storage oscilloscope
数字信号	digital signal
瞬变信号	transient signal
随机过程	random process
随机误差	random error
随机信号	random signal

T

弹簧管	bourdon tube
弹性元件	elastic element
听阈	hearing threshold
同步数据采集	synchronous data acquisition
痛阈	pain threshold

W

弯曲	bend
万用表	multimeter
网络	network
位移	displacement
温标	thermometric scale
温度	temperature
温度计	thermometer
涡流式传感器	eddy-current transducer
误差	error

X

系统误差	systematic error
现场总线	field bus
现场总线控制系统	fieldbus control system
相对误差	relative error
相干函数	coherence function
相关系数	correlation coefficient
相位谱	phase spectrum
相位	phase
响度	loudness

谐波	harmonic wave
谐波信号	harmonic signal
泄漏	leakage
信号调理	signal conditioning
虚拟仪器	virtual instrument

Y

压电传感器	piezoelectric sensor
压力	pressure
压力计	pressure gage
样本标准差	sample standard deviation
应变	strain
应变仪	strainmeter

Z

噪声	noise
振动	vibration
振动计	vibrometer
直方图	histogram
指数衰减函数	exponent attenuation function
智能传感器	intelligent sensor
周期单位脉冲序列	period unit impulse sequence
周期信号	periodic signal
转速表	tachometer
状态监测	condition monitoring
准周期信号	quasi-periodic signal
自功率谱密度	auto-power spectral density
自相关函数	autocorrelation function
总线	bus
纵波	longitudinal wave
阻尼	damping
组态	configuration

其　　他

1/3 倍频程	one-third octave
CompactPCI 总线	compact peripheral component interconnect bus
GPIB 总线	general purpose interface bus
ISA 总线	industrial standard architecture bus

PCI 总线	peripheral component interconnect bus
PXI 总线	PCI extension for instrumentation
USB	universal serial bus
VME 总线	versa module europe bus
VXI 总线	VME bus extension for instrumentation
δ 函数,单位脉冲函数	unit impulse function

参考文献

［1］ FIGLIOLA R S, BEASLEY D E.Theory and design for mechanical measurements［M］.5th ed. New York:John Wiley & Sons, 2011.

［2］ 贾民平,张洪亭.测试技术［M］.3 版.北京:高等教育出版社,2016.

［3］ 熊诗波.机械工程测试技术基础［M］.4 版.北京:机械工业出版社,2018.

［4］ 祝海林.机械工程测试技术［M］.2 版.北京:机械工业出版社,2017.

［5］ 孙红春,李佳,谢里阳.机械工程测试技术［M］.2 版.北京:机械工业出版社,2020.

［6］ THOMAS G B, MARANGOINI R D, LIENHARD V J H. Mechanical measurements［M］.6th ed. New York:Prentice Hall, 2006.

［7］ 吴镇扬.数字信号处理［M］.3 版.北京:高等教育出版社,2016.

［8］ 钟秉林,黄仁.机械故障诊断学［M］.3 版.北京:机械工业出版社,2007.

［9］ Oppenheim A V,Willsky A S.信号与系统［M］.2 版.刘树棠,译,北京:电子工业出版社,2020.

［10］ 费业泰.误差理论与数据处理［M］.7 版.北京:机械工业出版社,2017.

郑重声明

高等教育出版社依法对本书享有专有出版权。任何未经许可的复制、销售行为均违反《中华人民共和国著作权法》,其行为人将承担相应的民事责任和行政责任;构成犯罪的,将被依法追究刑事责任。为了维护市场秩序,保护读者的合法权益,避免读者误用盗版书造成不良后果,我社将配合行政执法部门和司法机关对违法犯罪的单位和个人进行严厉打击。社会各界人士如发现上述侵权行为,希望及时举报,我社将奖励举报有功人员。

反盗版举报电话　(010) 58581999　58582371

反盗版举报邮箱　dd@ hep.com.cn

通信地址　北京市西城区德外大街 4 号

　　　　　高等教育出版社法律事务部

邮政编码　100120

防伪查询说明

用户购书后刮开封底防伪涂层,使用手机微信等软件扫描二维码,会跳转至防伪查询网页,获得所购图书详细信息。

防伪客服电话　(010) 58582300